“中高职贯通”职业院校数控技术专业规划教材

SolidWorks 基础与实例教程

主编　张　平
参编　汤勇杲　杨　凤
主审　杨秀英　沈瑞华

机 械 工 业 出 版 社

SolidWorks是机械设计自动化软件，是基于Microsoft Windows操作系统开发的三维CAD软件。SolidWorks软件简单易学，使用该软件能快速地绘制草图，制作模型，绘制工程图。目前该软件为Dassault Systèmes公司所有。

本书通过精选的实例覆盖SolidWorks软件的设计功能，按照零件设计、曲面设计、装配体设计和工程图设计依次展开，并对列举的各个实例的创作思路、制作方法与相关技巧进行了细致的分析。本书主要包括SolidWorks入门基础、参数化草图、基本特征与编辑、创建复杂特征、装配体设计和工程图设计六章内容，每章配有多个实例，在重要实例附近以二维码的形式嵌入了操作步骤，以方便读者学习。在实例的制作过程中，除了有详细的操作步骤说明外，还列举了使用SolidWorks软件建模的注意事项。

本书可作为职业院校机械类相关专业教材，也可供相关技术人员自学参考。初学者和具有一定基础的中级读者，都能通过书中给出的操作步骤完成示范案例的制作，并通过技巧的提示达到优化设计、触类旁通的目的。

本书包含素材文件、操作视频和操作结果，使用本书的读者可登录机工教育服务网（www.cmpedu.com）注册并免费下载。

图书在版编目（CIP）数据

SolidWorks基础与实例教程/张平主编. —北京：机械工业出版社，2018.8（2024.7重印）

“中高职贯通”职业院校数控技术专业规划教材

ISBN 978-7-111-60855-4

Ⅰ.①S… Ⅱ.①张… Ⅲ.①机械设计-计算机辅助设计-应用软件-高等职业教育-教材 Ⅳ.①TH122

中国版本图书馆CIP数据核字（2018）第208021号

机械工业出版社（北京市百万庄大街22号 邮政编码100037）

策划编辑：齐志刚 责任编辑：赵文婕

责任校对：王明欣 封面设计：张 静

责任印制：张 博

北京建宏印刷有限公司印刷

2024年7月第1版第5次印刷

184mm×260mm · 16印张 · 385千字

标准书号：ISBN 978-7-111-60855-4

定价：55.00元

电话服务

客服电话：010-88361066

010-88379833

010-68326294

网络服务

机 工 官 网：www.cmpbook.com

机 工 官 博：weibo.com/cmp1952

金 书 网：www.golden-book.com

机工教育服务网：www.cmpedu.com

前　言

本书是为了贯彻落实教育部关于“加强职业教育教材建设，保证教学资源基本质量”的要求，适应中高职贯通培养的办学模式，结合专业培养目标以及现阶段的教学实际需求进行编写的。

本书主要介绍 SolidWorks 软件的功能与操作方法，分析了其在零件设计方面的特点以及创建思路、创建方法，注重对学生进行设计过程整体思路和设计观念的培养。本书重点强调培养学生的动手能力，在编写过程中力求体现理论与实操相结合的特色。本书内容丰富，注重结构性和条理性，实例大都来自实际案例，具有很强的针对性。

本书建议学时数为 64 学时，各章的学时分配见下表。

序号	章　　名	学　时　数		
		合计	理论讲述	上机操作
1	SolidWorks 入门基础	6	2	4
2	参数化草图	10	4	6
3	基本特征与编辑	16	4	12
4	创建复杂特征	14	4	10
5	装配体设计	10	2	8
6	工程图设计	8	2	6
总学时数		64	18	46

本书由张平任主编并编写第 2 章~第 6 章；汤勇杲、杨凤参编，编写第 1 章。

本书由杨秀英、沈瑞华主审，两位专家在评审及审稿过程中对本书内容提出了很多宝贵的修改意见和建议，在此对他们表示衷心的感谢！

在本书编写过程中，编者参阅了国内外出版的有关教材和资料，得到了上海灿态信息科技有限公司王国鸿、李翔鹏的技术支持，在此一并表示感谢！

由于编者水平有限，书中不妥之处在所难免，恳请读者批评指正。

编　者

二维码索引

目　录

第 1 章

SolidWorks入门基础

在开始进入 SolidWorks 软件实施三维机械设计方案之前，有必要对 SolidWorks 软件中关于三维设计的基本理论、方法有一个大致的了解。本章将介绍 SolidWorks 软件中，与三维设计相关的概念、操作命令，主要包括建模方法、用户界面、工作环境、三维实体建模涉及的各种操作等，这些知识的具体运用，将会在后续各章节中有所体现。

1.1 SolidWorks 的参数化技术

SolidWorks 机械设计自动化软件是一个基于特征的参数化实体建模设计工具，它具有图形化的操作界面，可以用它创建完全关联的三维实体模型（带有或不带有几何约束），也可以利用其中系统自带或自定义关联来捕捉设计意图。

参数化的主要特点：基于特征、基于约束、数据相关和尺寸驱动设计修改。接下来将介绍 SolidWorks 软件中一些基本的建模准则，关于 SolidWorks 软件特征参数化技术的应用，将贯穿本书始终。

1.1.1 基于特征

就像装配体是由许多单独零件组成一样，SolidWorks 软件中的模型是由许多单独的元素组成，这些元素被称为特征。

在 SolidWorks 软件中，特征是建模的基础。一般说来，特征构成一个零件或组件的单元，虽然从几何形状上看，它包含作为一般三维模型的基础的点、线、面或者实体单元，但更重要的是，它具有工程意义。

当使用 SolidWorks 软件建模时，模型使用智能化的、易于理解的几何特征（例如拉伸体、旋转体、孔、筋、圆角、倒角和斜度）来创建，在创建模型时就可以直接将特征加到零件中。

SolidWorks 软件中的特征可以分为如下四种。

1）基础特征：基于草图的特征，通常草图可以通过拉伸、旋转、扫描或放样转换为实体。

2）处理特征：用于在基础特征上进行修饰，圆角、倒角、抽壳和斜度就属于这类特征。

3）操作特征：在基础特征和处理特征基础上进行操作，例如阵列特征、镜像特征等。

4）参考特征：用于创建其他特征时的参考，例如基准平面、基准轴和参考点等。

在 SolidWorks 软件的特征管理器中显示模型基于特征的结构，特征管理器不仅可以显示特征创建的顺序，而且还可以很容易地获得所有特征的信息，如图 1-1 所示。

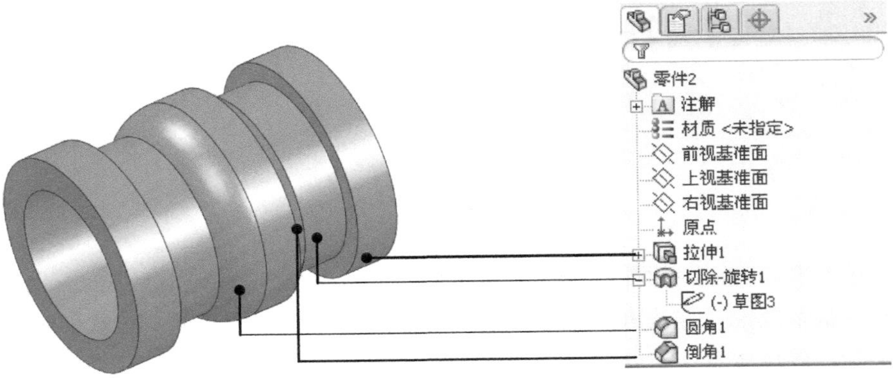

图 1-1　模型及其特征管理器

特征参数化造型时需要注意如下两点：

1）建模时要尽量使用简单的特征组合形成模型，SolidWorks 软件是由尺寸驱动的，越简单的特征，尺寸越少，越容易编辑修改，这样可以使设计意图更具灵活性。

2）特征的次序对模型的意图影响很大。因为基础特征将作为其他特征的建模基准，因此基础特征是模型的几何基础，应将其作为设计中心。

SolidWorks 是以实体造型为主的三维设计软件，而其创建实体造型的方法是基于特征并运用布尔运算及一系列几何约束生成模型。也就是说 SolidWorks 软件在造型时必须有一个基础特征作为基础，然后在其上添加或去除特征以生成最终的复杂模型，这个基础特征通常称为基体特征。图 1-2 所示为一个盒盖模型的生成过程，其中图 1-2a 所示的特征就是基体特征。

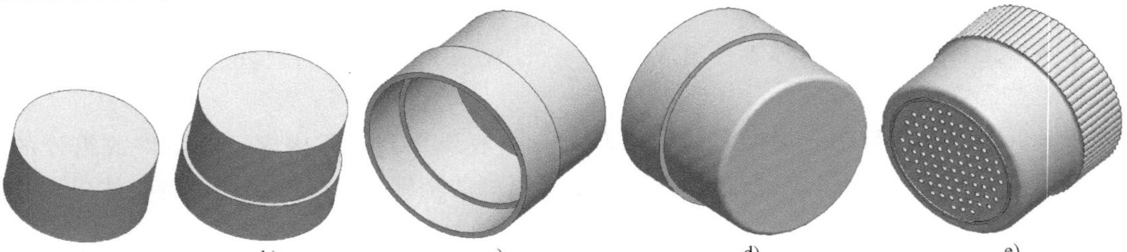

图 1-2　盒盖模型的生成过程

基体是模型的第一个特征，也是创建模型的第一步，因此基体特征的确定对于合理构造模型来说是比较重要的。一般选择一个既符合建模设计思想，轮廓又尽可能大的实体作为基体。

基体特征应当是添加材料的特征，例如【拉伸凸台/基体】特征就可以用作基体特征，而【拉伸切除】特征是去除材料的，不能作为基体特征。同样的，对于旋转、拉伸和放样特征，如果是添加材料的，可以作为基体特征；反之则不能作为基体特征。

1.1.2 基于约束

SolidWorks 软件支持平行、垂直、水平、竖直、相切、同心等几何关联约束。此外，还可以通过方程来建立参数间的数学关联。利用约束和方程，可以保证捕捉并维持像通孔或等半径这样的设计意图。

SolidWorks 软件的建模是基于约束的。特征的约束数目如果少于必须要求的约束数目，则会形成欠约束，如果约束数目过多，则会形成过约束。图 1-3 为绘制的支架截面草图通过【拉伸凸台/基体】特征得到实体。

用于创建的尺寸和关系可以捕捉并存于模型中，这不仅方便实现捕捉意图，而且还便于快速而容易地修改模型。

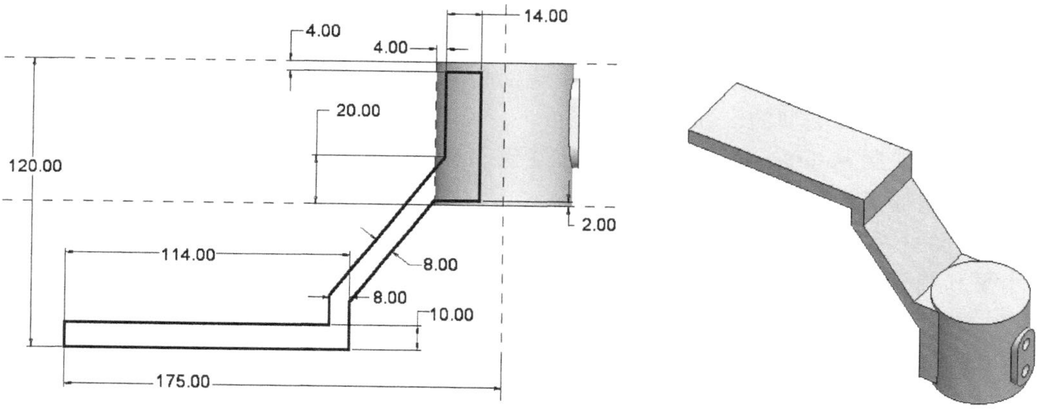

图 1-3 支架截面草图通过【拉伸凸台/基体】特征形成实体

1.1.3 基于尺寸

驱动尺寸是指创建特征时所用的尺寸，包括与草图几何体相关的尺寸和与特征自身相关的尺寸。如圆柱体的直径由草绘圆的直径控制，高度由创建特征时的拉伸深度决定。

SolidWorks 软件使用尺寸驱动特征，已建立的模型可以随着尺寸变化而改变大小。这一特性也为修改设计意图带来方便。一般来说，在建立设计意图时，对要设计的模型不可能事先决定所有的细节，驱动尺寸可以很方便地修改模型尺寸，

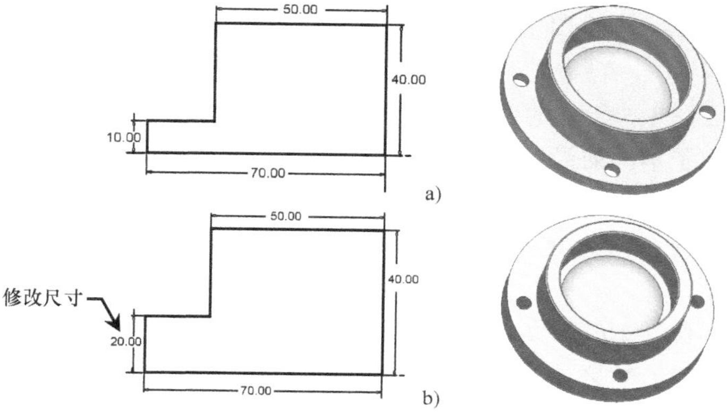

图 1-4 修改尺寸后模型的变化

从而改变模型形状，达到设计要求，如图 1-4 所示。

1.1.4 基于单一数据库

实体模型是 CAD 软件中所使用的最完全的几何模型类型，它包含了完整描述模型边、表面所必需的所有线架和表面几何信息，除了几何信息，它还包括了把这些几何体关联到一起的拓扑信息。

SolidWorks 软件的零件模型、装配模型、制造模型、工程图等工具之间是全相关的，该软件将所有数据放置在单一数据库上，如果整个设计过程中的任何一处参数发生变化，则变化都可以反映到整个设计过程的相关环节上。这意味着在产品开发过程中某一处进行的修改能够扩展到整个设计中，同时自动更新所有的工程文档，包括装配体、设计图样以及制造数据，这样可以减少资料数据转换的时间，大大提高设计效率。

1.1.5 设计意图

设计意图是关于模型改变后如何表现的计划。例如创建具有五个等距孔的环形阵列，如果将孔的数目改为六个后，则孔间的角度也应能自动变化。用来创建模型的技术决定了将如何捕捉和捕捉到何种类型的设计意图。

为了有效使用 SolidWorks 软件的参数化建模工具，必须在建模前明确设计意图，有如下因素可以帮助捕捉设计意图。

1）自动（草图）关联：根据草图图形特点，可以加入基本几何关联，例如平行、垂直、水平和竖直等。

2）方程：建立尺寸间的代数关联，它提供了一种强制模型修改的外部方法。

3）加入关联：创建模型时加入的关联，这些关联提供与相关几何体连接的另一种方式，一些基本的关联为同心、相切、重合和共线等。

4）标注尺寸：草图标注尺寸的方法对捕捉设计意图有影响，加入尺寸的方法能反映尺寸的修改。

5）特征的选择：设计意图不仅受草图尺寸的影响，特征的选择和建模的方式对设计意图也有很大影响。

图 1-5 所示的两个草图体现了不同的设计意图，图 1-5a 表示不管板宽为多少，始终使孔与边界保持 25mm 的距离。

图 1-5b 表示不管板宽为多少，始终使第一个孔与边界保持 25mm 的距离，两孔间距保持 50mm 的距离。

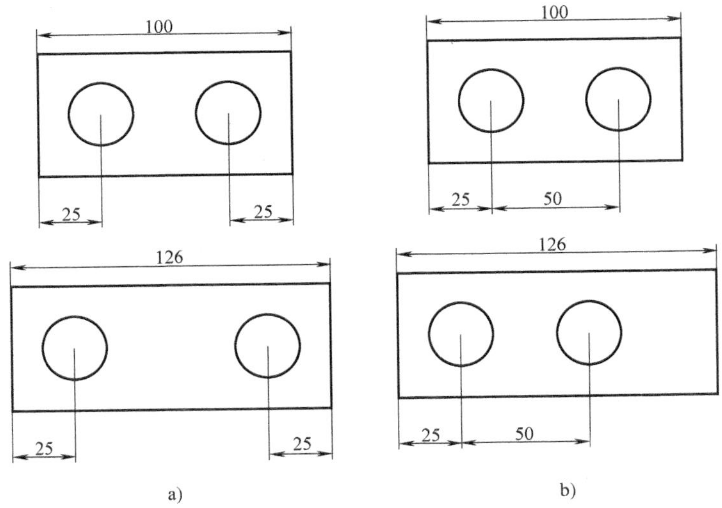

图 1-5 标注尺寸的方法对设计意图的影响

1.2　SolidWorks 的用户界面

SolidWorks 软件的用户界面中包括菜单栏、标准工具栏、图形工作区、命令管理器、任务窗格、状态栏、管理区等，如图 1-6 所示。

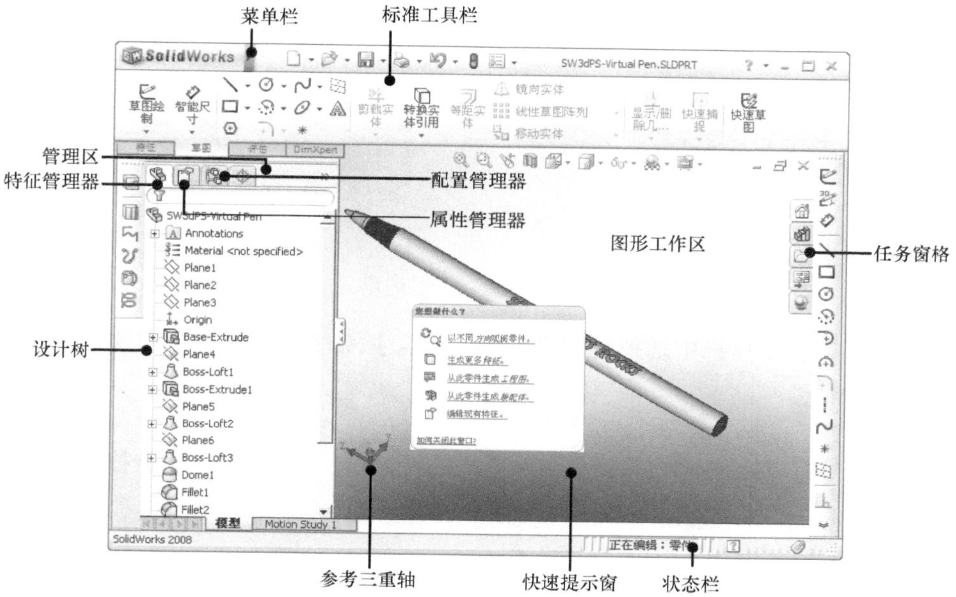

图 1-6　SolidWorks 软件的用户界面

1.2.1　菜单栏与工具栏

1. 菜单栏

菜单栏用于调用 SolidWorks 软件中各功能模块和命令。默认情况下，菜单栏中的各命令会折叠起来，单击菜单栏上的三角形按钮 ▸ ，可以展开菜单栏，如图 1-7 所示。

图 1-7　菜单栏

2. 工具栏

SolidWorks 软件将常用的命令做成图形按钮，放置在相应的工具栏中，通过单击这些按钮可以操作常用命令，从而提高建模效率。

操作指引

❶ 在工具栏空白处右击。

❷ 在弹出的菜单中选择【自定义】命令。

❸ 选中/取消选中工具栏名称前的复选框，界面中将显示/隐藏对应的工具栏，如图 1-8 所示。

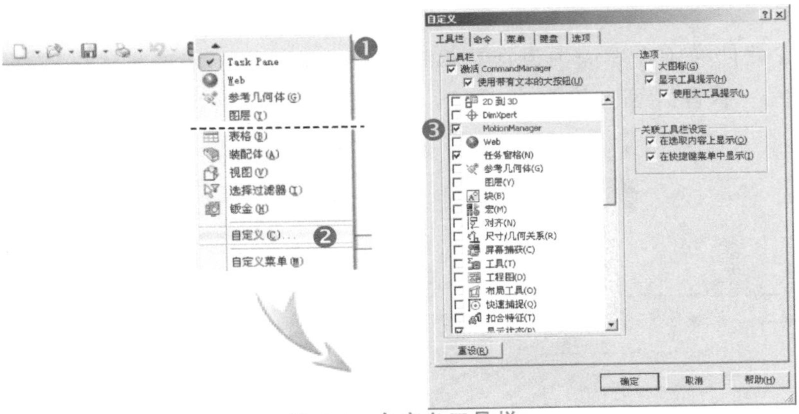

图 1-8　自定义工具栏

提示：还可以在菜单栏中选择【工具】|【自定义】命令，调出【自定义】对话框。

操作指引

❶ 在【自定义】对话框的【命令】选项卡下的【类别】下拉列表中，选择【标准】选项。

❷ 在【Buttons】选项区域中单击【关闭】按钮。

❸ 按住鼠标左键，将【关闭】按钮拖到工具栏的合适位置后释放鼠标左键，即可添加按钮，如图 1-9 所示。

提示：在工具栏上选择按钮后，按住鼠标左键将其拖到工具栏外，即可删除按钮。

在【自定义】对话框的【菜单】选项卡中，可以对所有菜单命令进行编辑、删除、修改名称和改变菜单位置等操作，如图 1-10 所示。

在【自定义】对话框的【键盘】选项卡中可以为菜单命令定义快捷键，也可以删除已有快捷键。

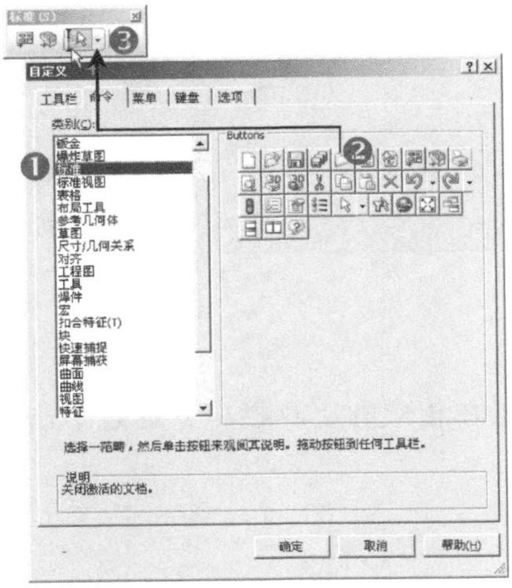

图 1-9　添加工具按钮

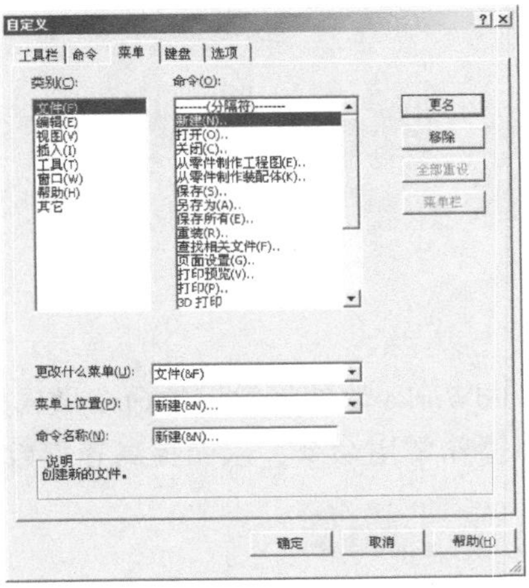

图 1-10　【菜单】选项卡

操作指引

❶ 在【自定义】对话框的【键盘】选项卡中选择【重装】命令 重装(R)…。

❷ 在相应的【快捷键】框格中单击。

❸ 按<Ctrl+D>组合键后，单击【确定】按钮 确定，如图 1-11 所示。

在【自定义】对话框的【选项】选项卡中可以通过【显示所有】按钮 显示所有 显示所有隐藏的菜单或快捷键，也可以通过【重设到默认】按钮 重设到默认 使菜单或快捷键恢复到系统默认状态，如图 1-12 所示。在【工作流程自定义】选项区域中提供了三个复选框，可以根据自己从事的工作方便地选择默认的界面，例如选中【模具设计】复选框，界面会显示【模具工具】工具栏和【曲面】工具栏。

图 1-11　为菜单命令定义快捷键

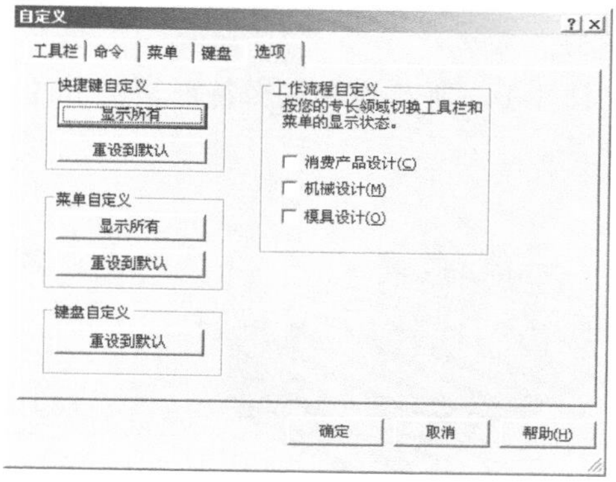

图 1-12　显示所有隐藏菜单

为了解决菜单命令过多的问题，可以将菜单中一些不常用命令隐藏起来，下面以【窗口】菜单命令为例进行介绍。

操作指引

❶ 在工具栏中选择【窗口】|【自定义菜单】命令。

❷ 在弹出的菜单中单击要隐藏命令前的复选框，在空白区域单击，恢复到菜单状态，则被选中的菜单命令即被隐藏，如图 1-13 所示。

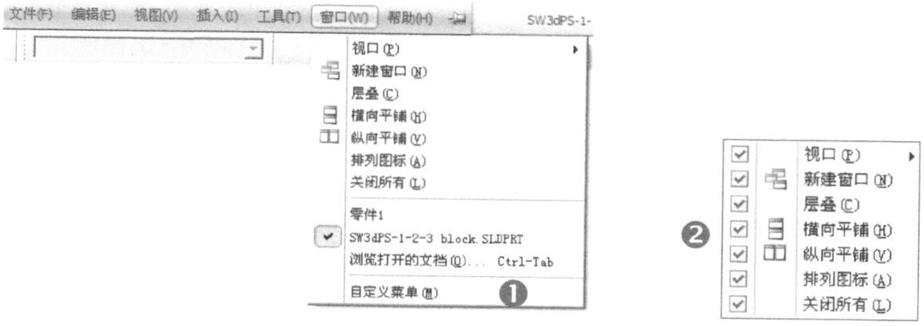

图 1-13　隐藏菜单命令

1.2.2 图形工作区

SolidWorks 软件中的每个零件、装配体、工程图都称为一个文档，都可以在图形工作区中显示、设计和编辑。

1. 参考三重轴

参考三重轴只在零件和装配设计环境显示，其作用是帮助查看模型的空间视图位置，三个箭头分别代表坐标系中 X 轴、Y 轴、Z 轴的正方向，随着模型视图的旋转而旋转。

需要注意的是，参考三重轴只是用于指示模型空间视图的位置，其所在位置并不代表坐标系原点。用户不能选择参考三重轴，但是用户可将其隐藏或者修改每个箭头的颜色。

2. 确认角落

当模型处于特征、草图等编辑状态时，图形工作区的右上角出现两个按钮，称为确认角落。其作用就是为了方便用户快速确定或放弃编辑内容，与【确定】或【取消】按钮的功能类似。

图 1-14a 所示为在编辑特征情况下的确认角落，图 1-14b 所示为在编辑草图情况下的确认角落。

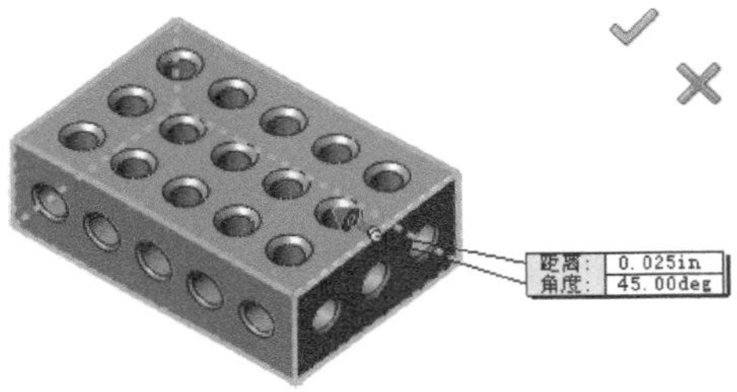

a)

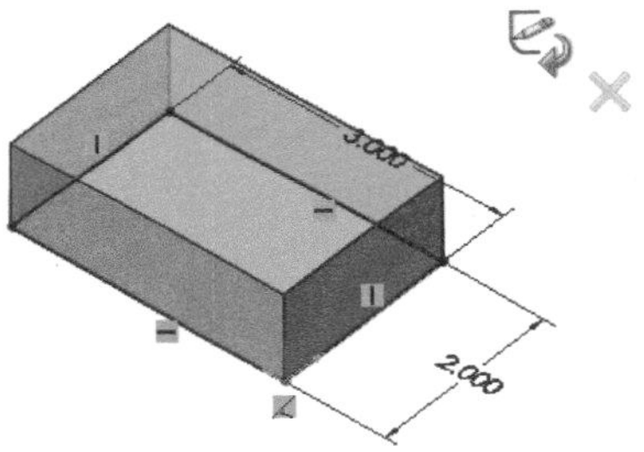

b)

图 1-14 确认角落

1.2.3 命令管理器

使用命令管理器可以将工具栏中的命令按钮集中起来使用，从而为图形工作区节省空间。它可以根据当前文档类型、设置的工程流程以及当前的设计状态，动态更新上面工具栏的命令按钮。命令管理器由两部分组成：控制区和按钮显示区，如图 1-15 所示。

图 1-15 命令管理器

为了节省空间，将当前环境下需要的某些命令集中起来，以弹出工具栏的形式分组放置在控制区，当要使用某一组命令时，在控制区中单击代表该组命令的工具栏的弹出按钮，相关命令会显示在右侧的按钮显示区中；也可以单击工具栏底侧的三角按钮 ▼ 展开相关命令，然后从中选择所需的命令。

1.2.4 任务窗格

任务窗格是一个浮动窗格，通过任务窗格可以查找和使用 SolidWorks 软件中的文件。任务窗格可以缩放，既可以使操作更方便，也可以增大图形工作区的可视面积。

任务窗格由如下面板组成。

1）【SolidWorks 资源】：提供了 SolidWorks 软件中的在线指导、社区连接、在线资源和设计知识。

2）【设计库】：可以管理常用特征库、常用零件库、常用注解符号和 ToolBox 等。

3）【文件搜索器】：通过搜索器，可以更方便地查找和定位 SolidWorks 文件。

4）【查看调色板】：利用现有模型生成工程视图。

5）【RealView】：在 RealView 兼容系统上，如果选取【RealView】面板，可以添加外观和布景来显示逼真的模型和环境。

1.2.5 管理区

在 SolidWorks 软件的图形工作区左侧有一个窗口，用户进行设计、编辑、管理等操作大都需要在该区域实现，称为管理区。管理区包括特征管理器、属性管理器、配置管理器和标注专家管理器。

1. 特征管理器

特征管理器是 SolidWorks 软件中的常用部分。在特征管理器中可以显示零件或装配体中的所有特征，当一个特征创建好后，便自动加入特征管理器，因此特征管理器代表建模操作的时间序列，通过特征管理器可以编辑特征。

提示：默认情况下，特征管理器总显示在窗口中，如果没有显示，可以单击【特征管理器】按钮，切换到特征管理器。

特征管理器设计树用来组织和记录模型中各个要素及要素之间的参数信息和相互关系，所有项目以树状结构排列，每一个项目都由一个图标和名称组成，如图 1-16 所示。

利用特征管理器设计树，可以完成如下操作。

（1）项目重命名　修改模型中的特征名称。

操作指引

❶ 单击特征管理器设计树中的【circle】按钮，该特征在图形工作区的模型中的对应部分会加亮，并显示驱动尺寸。

❷ 右击【circle】按钮，在弹出的菜单中选择【特征属性】命令。

❸ 在【特征属性】对话框中的【名称】文本框中输入新的名称。

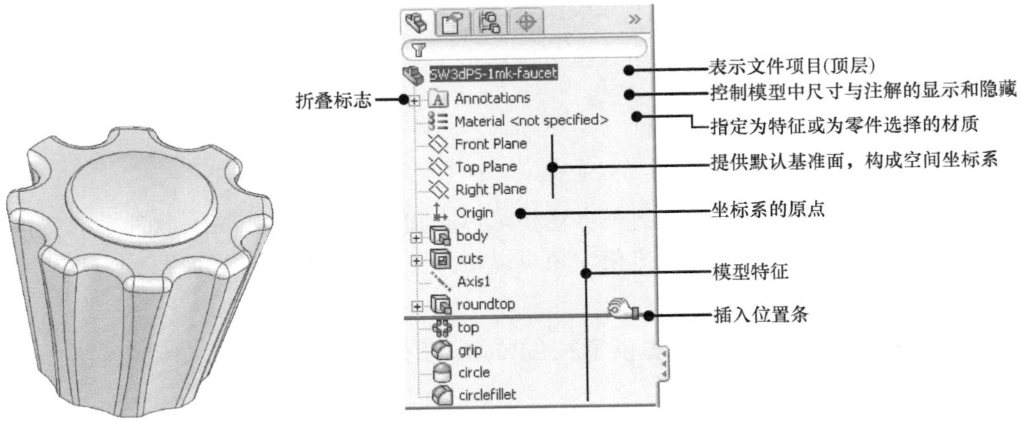

图 1-16　特征管理器设计树

❹ 单击【确定】按钮，完成特征名称的修改，如图 1-17 所示。

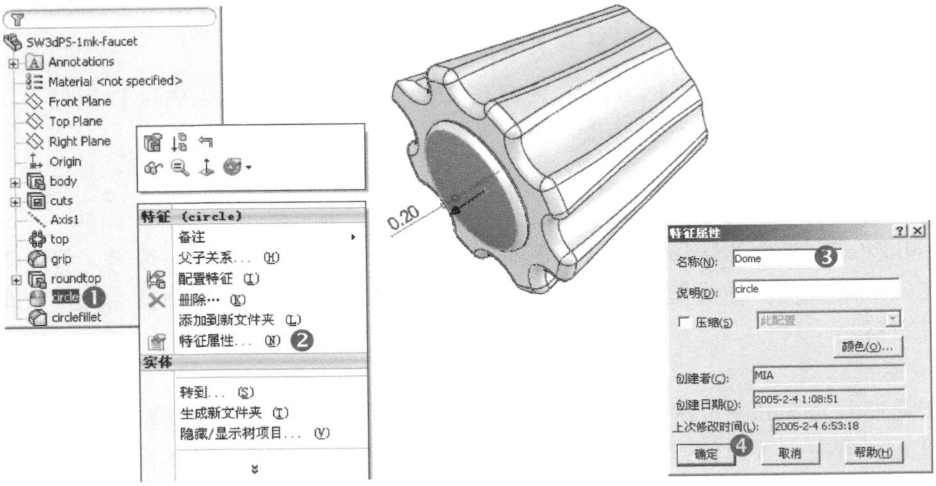

图 1-17　在特征管理器设计树中修改特征名称

提示：可以单击【circle】按钮的同时按<F2>键，直接在设计树中修改特征名称。

（2）将特征重新排序与压缩　在设计树中可以拖动项目图标，重新排列生成特征的顺序。利用特征的压缩/解压缩功能，可以隐含/显示某个特征，以便于设计。

操作指引

❶ 改变特征顺序。选择【roundtop】按钮，按住鼠标左键将其拖至【Axis1】按钮处释放鼠标左键。

❷ 压缩特征。右击【grip】按钮，在弹出的菜单中单击【压缩】按钮，可以启动压缩，如图 1-18 所示。

提示：压缩后的项目图标变成灰色，同时在图形工作区中对应特征也不可见。解压缩是图标从灰色变成彩色。在压缩的特征上右击，在弹出的快捷工具栏中单击【解压缩】按钮 ，可以解除压缩。

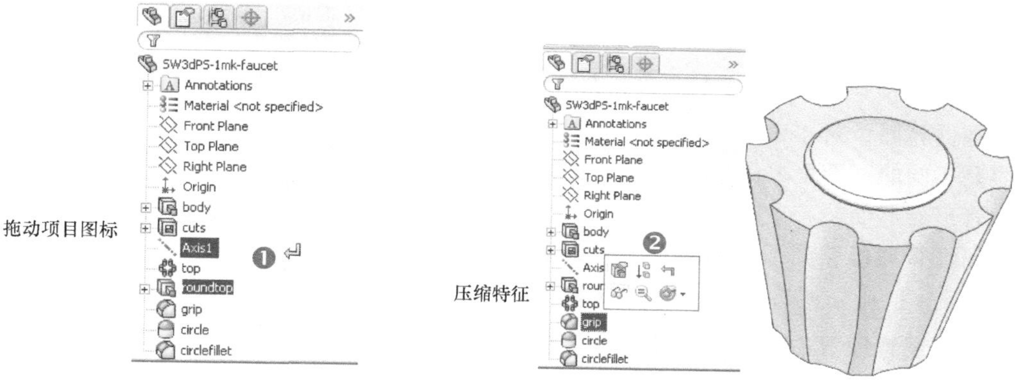

图 1-18 将特征重新排序与压缩

（3）分割特征管理器 当模型很复杂时，其在特征管理器设计树中的项目数量很多，为了解决这个问题，SolidWorks 软件提供了分割特征管理器功能，该功能类似于窗口分割，就是将特征管理器一分为二，变成两个。

操作指引

❶ 光标指向特征管理器顶部边框，光标将变成 。

❷ 单击并向下拖动鼠标即可分割特征管理器，如图 1-19 所示。

提示：单击并向上拖动分割后的特征管理器，可以将特征管理器恢复成一个。

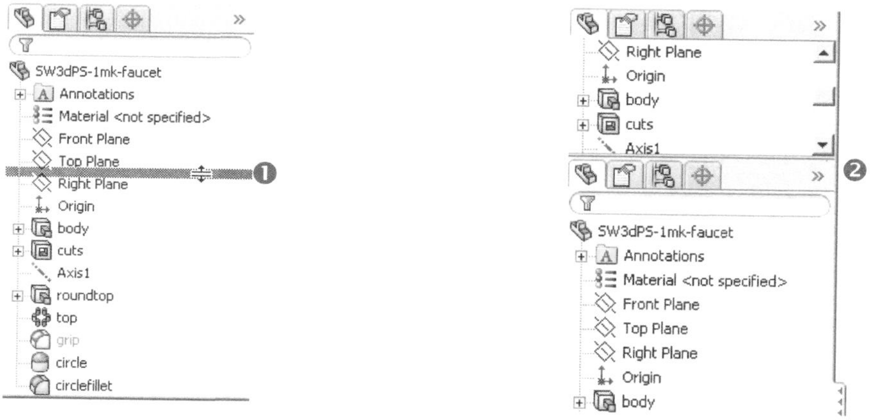

图 1-19 分割特征管理器

在管理区右侧单击【更多】按钮 »，可以展开【显示窗格】。在【显示窗格】中可以查看零件、装配体和工程图文件的各种设置，其中有不同的图标，代表模型的不同状态，例如【隐藏/显示模式】【颜色】【纹理】【透明度】【工程视图显示/隐藏】等，如图 1-20 所示。

2. 属性管理器

SolidWorks 软件中的许多命令是通过属性管理器执行的，属性管理器与特征管理器处于同一侧，当打开属性管理器时，会自动替换特征管理器的位置。

单击管理区中的【属性管理器】按钮，切换到属性管理器界面。对于不同的操作，属性管理器中提供的内容是不同的，图 1-21a 为【grip】（圆角特征）对应的属性管理器界面。

在属性管理器界面下可同时显示特征管理器，单击【特征管理器】按钮，SolidWorks 软件会在图形工作区中展开特征管理器中的所有项目，如图 1-21b 所示。

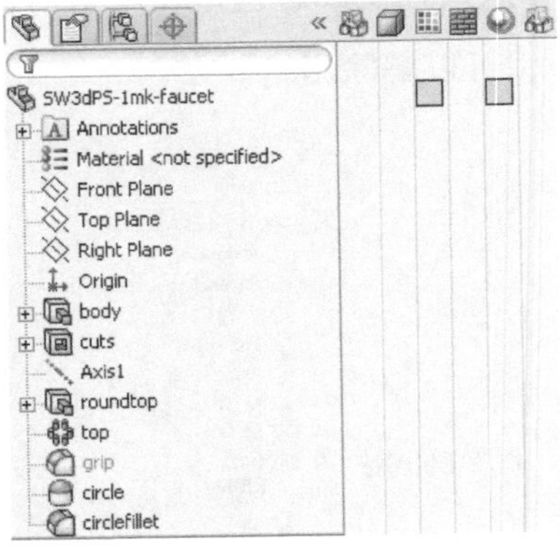

图 1-20 展开【显示窗格】

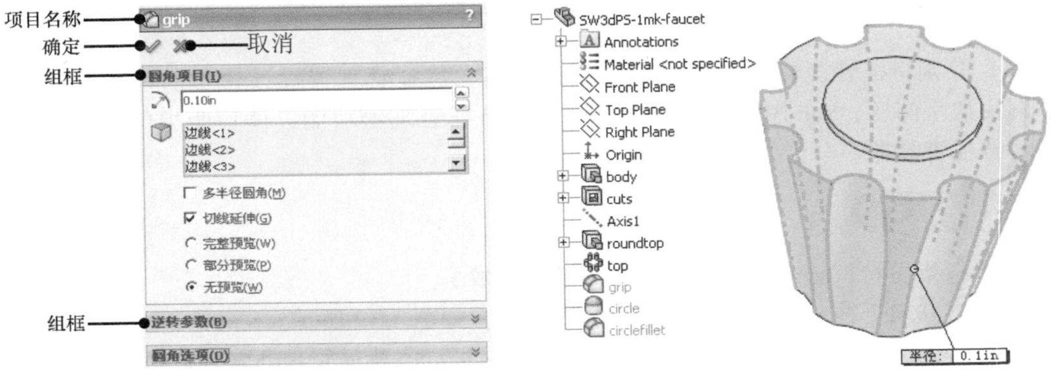

a) b)

图 1-21 【grip】属性管理器界面

3. 配置管理器

单击管理区中的【配置管理器】按钮，切换到配置管理器界面，可以生成、选择和查看一个文件中零件和装配体的多个配置，如图 1-22 所示。

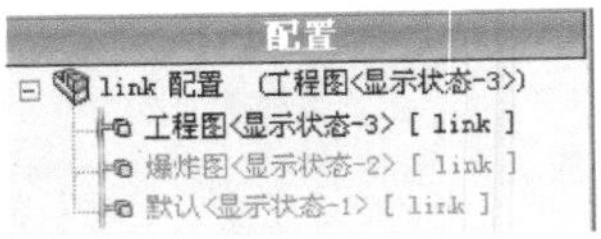

图 1-22 配置管理器界面

4. DimXpert（标注专家）管理器

单击管理区中的【DimXpert Mananger】按钮，切换到 DimXpert 管理器界面，该管理器用来管理使用零件的 DimXpert 功能生成的尺寸和公差。

1.3 SolidWorks 的基本操作

鼠标和功能键是 SolidWorks 软件建模的两大交互手段，下面介绍它们的具体应用。

1.3.1 鼠标操作

在 SolidWorks 软件的操作过程中，将鼠标与<Ctrl><Shift><Alt>等功能键配合使用，可以快速执行某类命令，从而提高设计效率。表 1-1 所示为三键鼠标的使用方法。

注意：要最大限度地发挥鼠标在 SolidWorks 软件的建模过程中的作用，用户最好使用三键鼠标。两键鼠标的用户，可以用<Enter>键代替鼠标中键。

表 1-1 三键鼠标的使用方法

鼠标按键及动作	作　用
左键(单击)	选择或取消选择对象，例如模型、菜单按钮和特征管理器中的特征。选择命令(包括菜单命令、工具栏命令等)，例如单击草图实体，单击命令按钮
左键(双击)	将光标指向目标并双击，主要用于激活目标，例如双击草图的尺寸，可以打开修改尺寸的对话框
中键	单击鼠标中键并移动鼠标，可以旋转模型
右键	激活快捷菜单列表，列表的内容取决于光标所处的位置，其中也包含常用命令
<Ctrl+中键>	按住<Ctrl>键单击鼠标中键并移动鼠标，可以缩放模型
<Shift+中键>	按住<Shift>键单击鼠标中键并移动鼠标，可以移动模型

带滚轮的鼠标可以把滚轮当作中键使用，直接滚动滚轮，可以放大、缩小模型的视图。

1.3.2 文件操作

SolidWorks 软件的文件操作主要包括新建文件、打开文件、保存文件和关闭文件，这些操作可以通过【文件】菜单或标准工具栏完成。

1. 新建文件

操作指引

❶ 单击【新建】按钮（或选择菜单栏中的【文件】|【新建】命令）。

❷ 在【新建 SolidWorks 文件】对话框中选择【模板】选项卡。

❸ 在【模板】选项卡中选择【零件】模板。

❹ 单击【确定】按钮，如图 1-23a 所示。

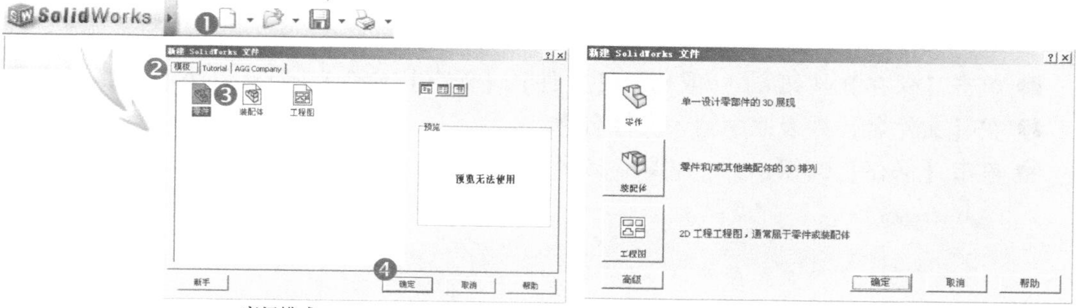

高级模式
a)

新手模式
b)

图 1-23 新建文件

提示：在【新建 SolidWorks 文件】对话框中单击【新手】按钮，可以切换到图 1-23b 所示新手模式，通过单击不同的按钮，可以选用不同的模板创建文件。单击【高级】按钮，返回高级模式。

2. 打开文件

操作指引

❶ 单击【打开】按钮（或选择菜单栏中的【文件】|【打开】命令），打开【打开】

对话框。

❷ 选择要打开的文件。

❸ 单击【打开】按钮打开文件，如图 1-24 所示。

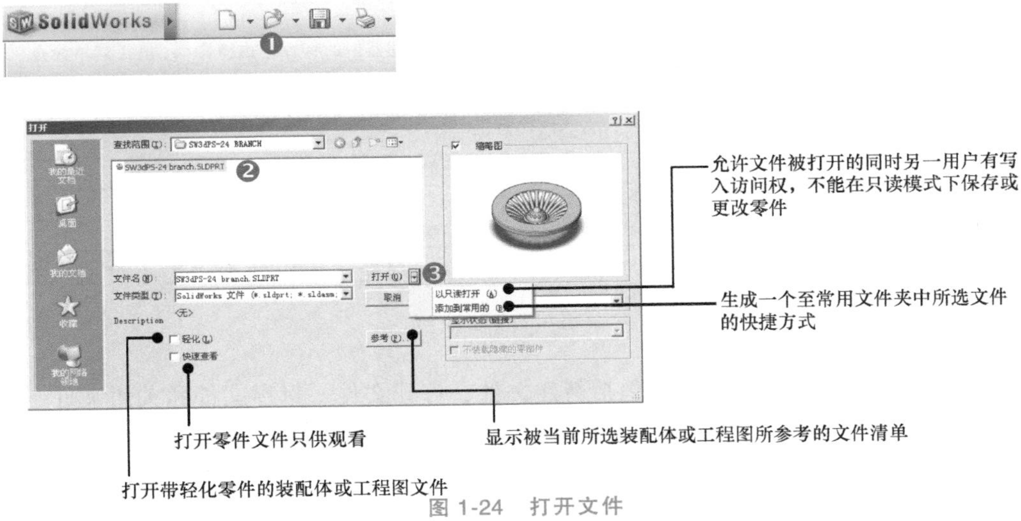
允许文件被打开的同时另一用户有写入访问权，不能在只读模式下保存或更改零件
生成一个至常用文件夹中所选文件的快捷方式
打开零件文件只供观看
显示被当前所选装配体或工程图所参考的文件清单
打开带轻化零件的装配体或工程图文件

图 1-24　打开文件

3. 保存文件

SolidWorks 软件的文件格式可以是 *.sldprt，*.sldasm，*.slddrw，分别对应零件、装配体和工程图的保存格式。除此之外，还可以保存为 IGES、STEP、DWG、ACIS 和 Parasolid 等常用文件格式。

操作指引

❶ 单击【保存】按钮（或选择【文件】|【保存】命令），打开【另存为】对话框。

❷ 在【文件名】列表框中输入文件名称。

❸ 单击【保存】按钮，如图 1-25 所示。

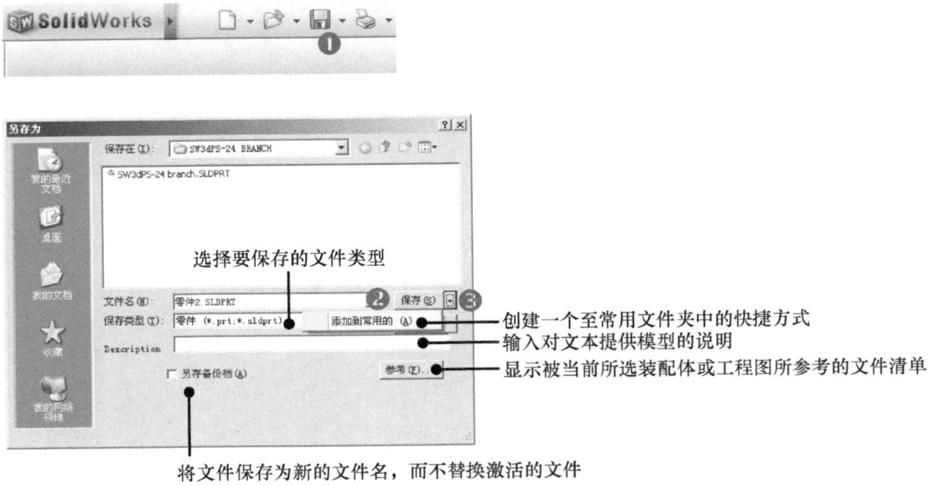
选择要保存的文件类型
创建一个至常用文件夹中的快捷方式
输入对文本提供模型的说明
显示被当前所选装配体或工程图所参考的文件清单
将文件保存为新的文件名，而不替换激活的文件

图 1-25　保存文件

提示：选择【文件】|【另存为】命令，同样可以调出图 1-25 所示对话框保存文件。

4. 关闭文件

如果要关闭当前文件，选择【文件】|【关闭】命令即可。如果对当前文件做了修改，系统会弹出对话框（图 1-26），提示是否保存修改后的文件。

1.3.3　视图操作

在 SolidWorks 软件中，视图操作包含三个方面：一是指以何种方式显示模型；二是指以不同的视角观察模型；三是定义视向。

视图操作一般可以通过图形工作区上方的【前导视图】工具栏中的按钮实现，如图 1-27所示。还可以通过【视图】工具栏和【标准视图】工具栏上的按钮实现。

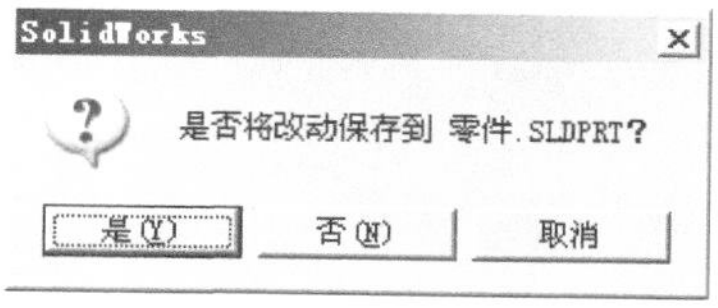

图 1-26　提示对话框

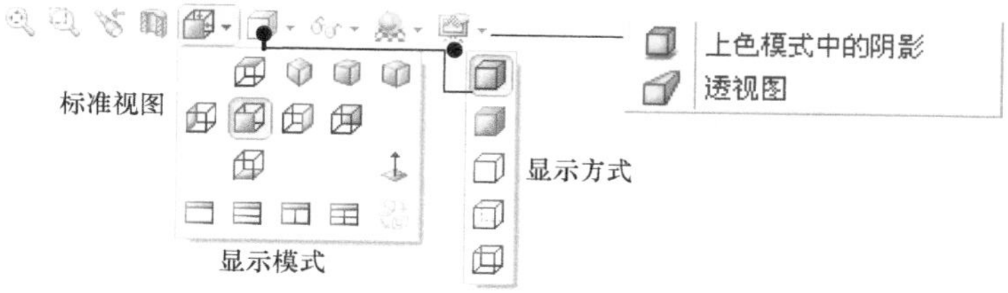

图 1-27　【前导视图】工具栏

1. 显示方式

打开范例文件“1-1\ car. SLDPRT”。

范例 1-1

操作指引

❶ 单击【线框图】按钮，显示所有边缘线和轮廓线，不论其是否可见，如图 1-28 所示。

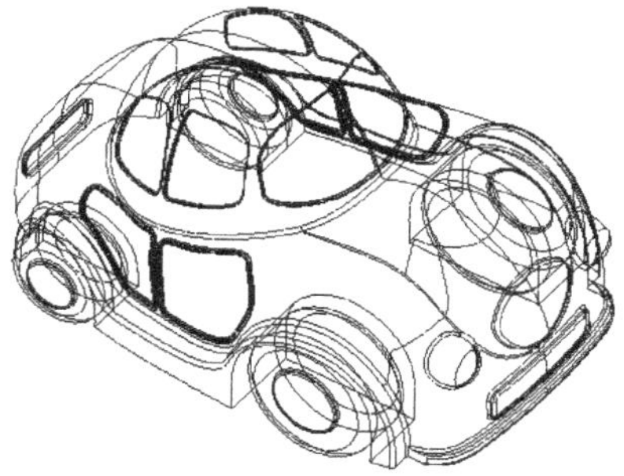

图 1-28　【线框图】显示方式

❷ 单击【隐藏线可见】按钮，对不可见的边缘线，用灰色线段或虚线来显示，其他可见的线则可以是粗或细的彩色实线，如图 1-29 所示。

❸ 单击【消除隐藏线】按钮，隐藏不可见的边缘线，如图 1-30 所示。

❹ 单击【带边线上色】按钮，用各种颜色显示三维模型的各表面的情况，模型的边缘线和轮廓线可以显示，如图 1-31 所示。

❺ 单击【上色】按钮，用各种颜色显示三维模型的各表面的情况，模型的边缘线和轮廓线不显示，如图 1-32 所示。

❻ 单击【草稿品质 HLR/HLG】按钮，将【消除隐藏线】和【隐藏线变暗】显示方式更改为更快速的显示方式。

提示：【草稿品质 HLR/HLG】按钮不在图形工作区上方的【前导视图】工具栏中，可以通过【自定义】对话框添加该按钮到【视图】工具栏。

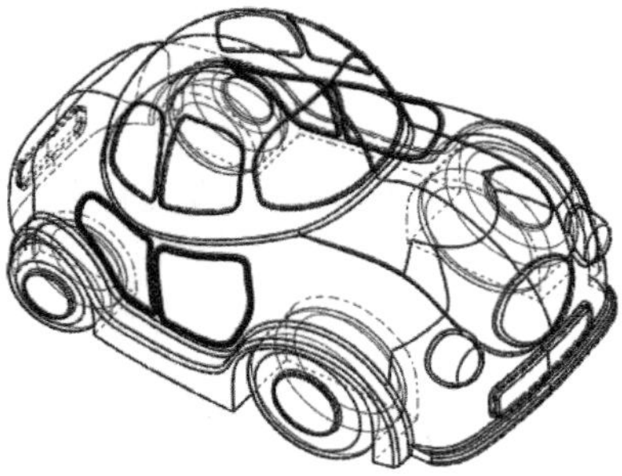

图 1-29 【隐藏线可见】显示方式

图 1-30 【消除隐藏线】显示方式

图 1-31 【带边线上色】显示方式

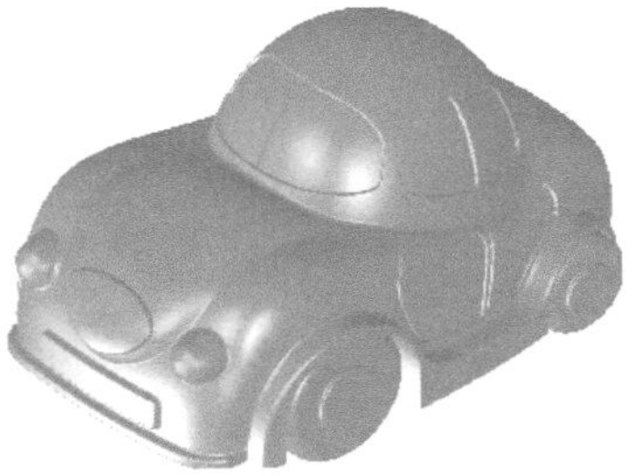

图 1-32 【上色】显示方式

❼ 单击【上色模式中的阴影】按钮，在上色模式下显示模型的阴影，如图 1-33 所示。

❽ 单击【透视图】按钮，将模型以透视图模式显示，更加符合人的视觉感受，如图 1-34 所示。

图 1-33 【上色模式中的阴影】视图设定

图 1-34 【透视图】视图设定

2. 调整视角

在三维设计环境中，经常需要以不同的视角观察模型，SolidWorks 软件中可以对视图进行移动、旋转或缩放等操作，但设计环境中的模型数据并未移动、旋转或缩放。

打开范例文件“1-2\ hel. SLDPRT”。

操作指引

❶ 整屏显示全图。单击【前导视图】工具栏中的【整屏显示全图】按钮，或按<F>键，将当前图形工作区的模型以适当比例全屏显示。

❷ 局部放大。单击【前导视图】工具栏中的【局部放大】按钮，光标将变成形状，在希望放大的区域单击并拖动鼠标左键，用动态引导线构成的矩形框选该区域，然后释放鼠标左键，框选区域即被放大，如图 1-35 所示。

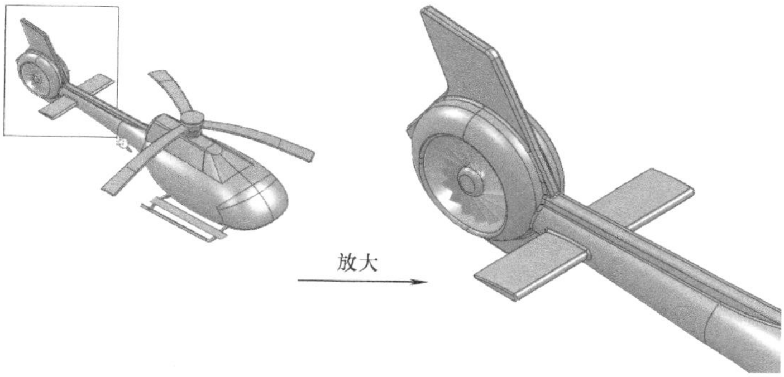

图 1-35 局部放大

❸ 动态放大或缩小。单击【放大或缩小】按钮，光标将变成形状，此时只需单击一下视图，然后向上或向下移动鼠标，即可使视图放大或缩小。也可以通过按<Shift+Z>组合键使视图放大，或按<Z>键使视图缩小。

❹ 放大所选范围。该功能与【局部放大】功能类似，作用是在当前图形工作区尽可能大的显示模型所选部位，但不能超出图形工作区的范围。操作时，先用鼠标框选希望放大部位，再单击【放大所选范围】按钮所选部位即可被放大，如图 1-36 所示。

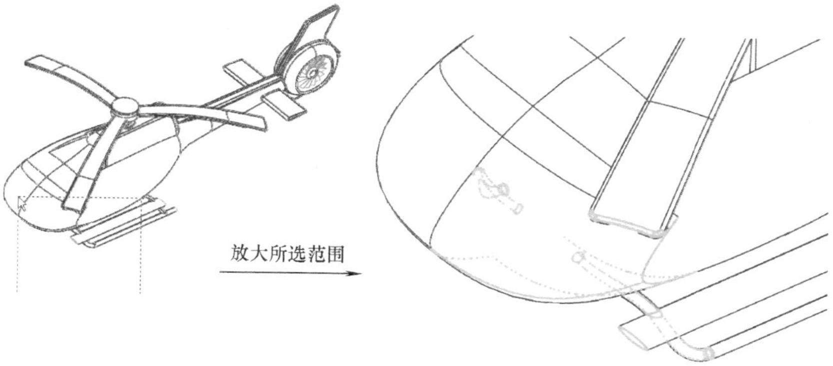

图 1-36 放大所选范围

❺ 移动视图。移动视图功能可以将视图移动到屏幕上的任何位置，但基本坐标关系并不改变。单击【前导视图】工具栏中的【移动】按钮，选择要移动的对象，然后就可以

通过移动鼠标将模型移动到任意位置。

提示：移动视图是整个坐标系移动，而不是视图相对于坐标系移动。

❻ 旋转视图。单击【旋转】按钮，光标将变成形状，单击并拖动鼠标可使模型以坐标原点为中心进行旋转，如图 1-37 所示。

❼ 绕指定对象旋转。单击【旋转】按钮，单击模型的某个顶点、边线或面，光标将变成形状，单击并拖动鼠标可使模型以所选对象为中心进行旋转，如图 1-38 所示。

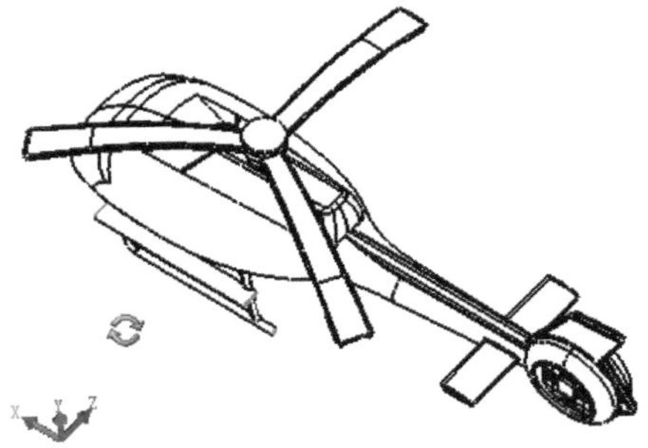

图 1-37　绕原点旋转

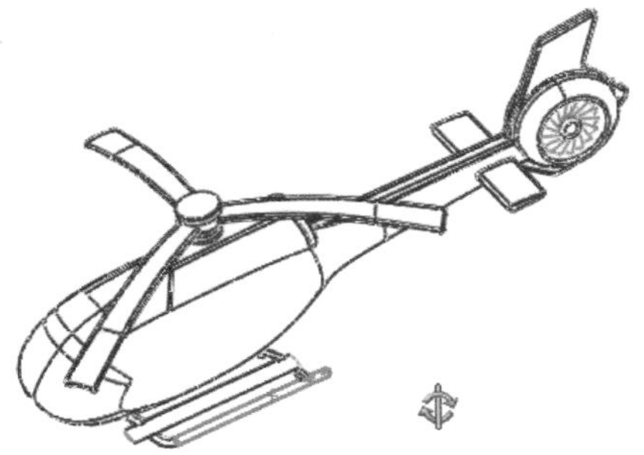
图 1-38　绕指定对象旋转

❽ 复原视图。单击【上一视图】按钮，将模型或工程图恢复到先前的视图。

❾ 重画视图。单击【重画】按钮，可以刷新模型在显示器上显示的视图，而不保存修改。

3. 显示模式

SolidWorks 软件默认打开的是单一视图显示模式，在执行不同的工作时，可能会使用其他显示模式。

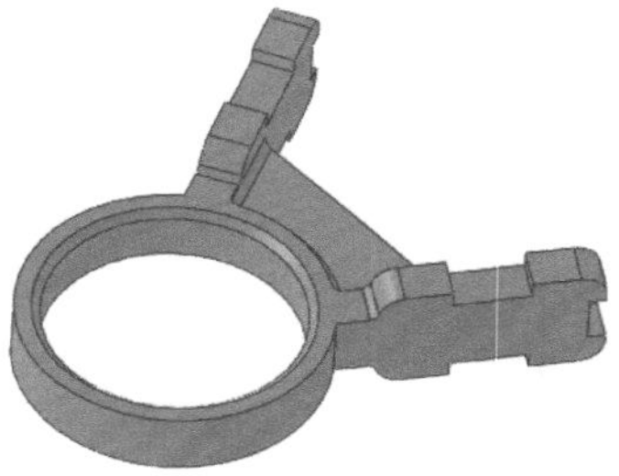
图 1-39　范例文件 cycle

打开范例文件“1-3 \ cycle. SLDPRT”，如图 1-39 所示。

操作指引

❶ 单击【前导视图】工具栏【二视图-水平】按钮，切换到二视图模式，如图 1-40a 所示。

❷ 单击【四视图】按钮，切换到四视图模式，如图 1-40b 所示。

❸ 在上视图区域中单击，【前导视图】工具栏将移至该区域，说明该区域为激活视图，如图 1-40b 所示。在该区域平移模型，此时其余视图区域中模型不会被移动。

❹ 单击【连接视图】按钮。在上视图区域中平移模型，前视图和右视图区域中的模型也会同步平移。

4. 定义视向

在三维模型的设计过程中，常希望从不同角度观察模型，如果所要观察或选择的平面是标准的投影面，那么可以直接使用标准视向。

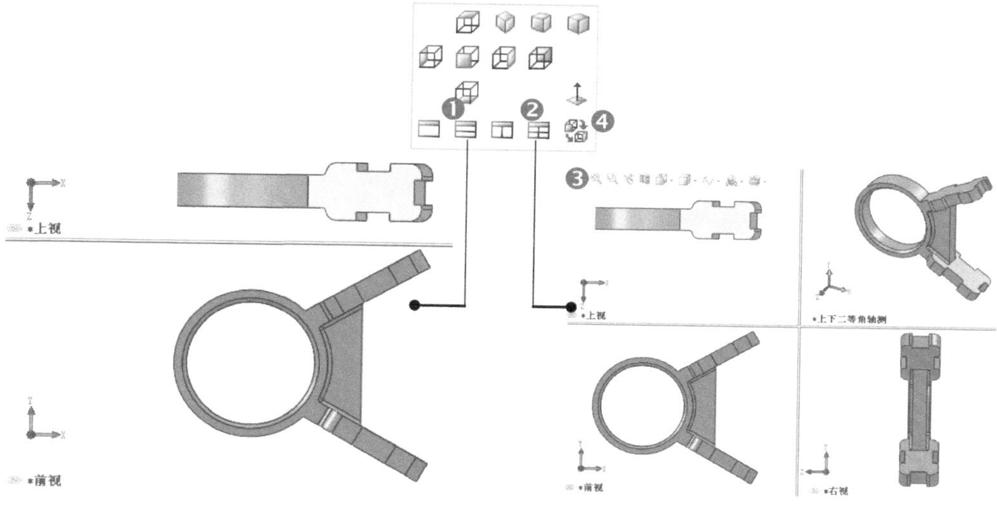

a) b)

图 1-40 【二视图-水平】和【四视图】显示模式

默认情况下，SolidWorks 软件提供了九种视向，可以通过【标准视图】工具栏、【视图】工具栏或工作区上方的【前导视图】工具栏调用相关视向。

打开范例文件“1-4\ box. SLDPRT”，如图 1-41 所示。

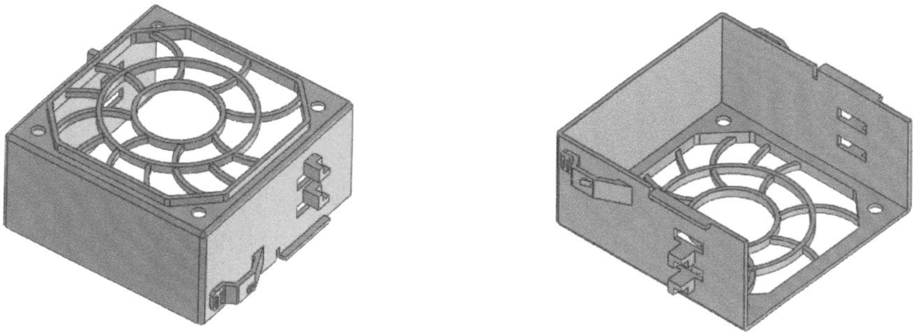

a) b)

图 1-41 范例文件 box

操作指引

❶ 单击【上视】按钮，视图转至俯视图方向。

❷ 单击【前视】按钮，视图转至主视图方向。

❸ 单击【下视】按钮，视图转至仰视图方向。

❹ 单击【左视】按钮，视图转至左视图方向。

❺ 单击【右视】按钮，视图转至右视图方向，如图 1-42 所示。

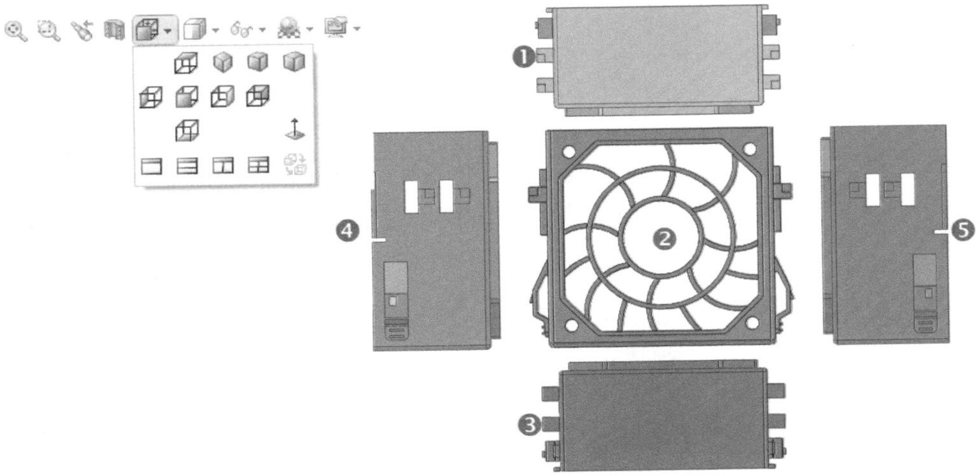

图 1-42　SolidWorks 软件中的五种视向

提示：除了上面列举的标准视图，还有【后视】、【等轴测】、【上下二等角轴测】、【左右二等角轴测】方向。

❻ 旋转模型至图 1-43a 所示方向，并选择模型端面。

❼ 单击【正视于】按钮，平面将与显示屏平行，如图 1-43b 所示。

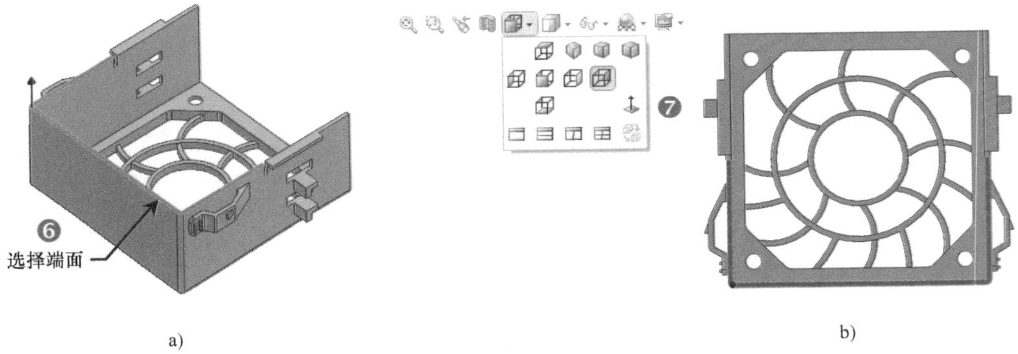

图 1-43　【正视于】功能

提示：【正视于】按钮在草图设计时经常使用，可以将草图平面转至与显示屏平行。在 SolidWorks 软件中，可以将指定视向定义为标准视向供调用，即用户可自定义标准视向。

打开范例文件“1-5\ bdy. SLDPRT”，如图 1-44 所示。

操作指引

❶ 将模型旋转至图 1-45a 所示方向。

❷ 单击【视图定向】按钮。

❸ 在弹出的【方向】对话框中单击【新视图】按钮。

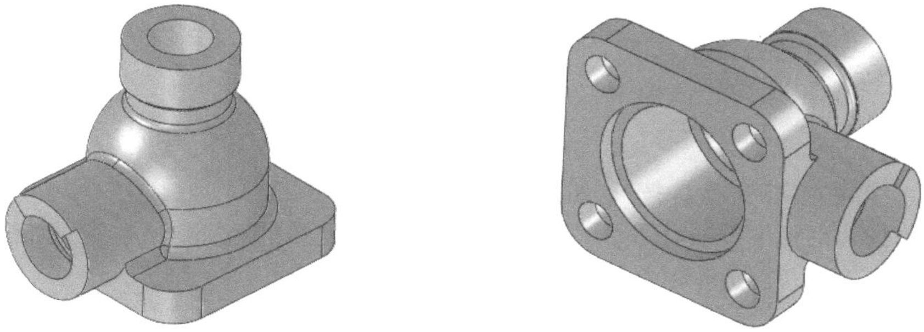

a)　　　　b)

图 1-44　范例文件 bdy

❹ 在【命名视图】对话框中的【视图名称】文本框中输入新视图的名称 UsrView，单击【确定】按钮 确定 ，此时在【方向】对话框中新增加了一项，如图 1-45b 所示。

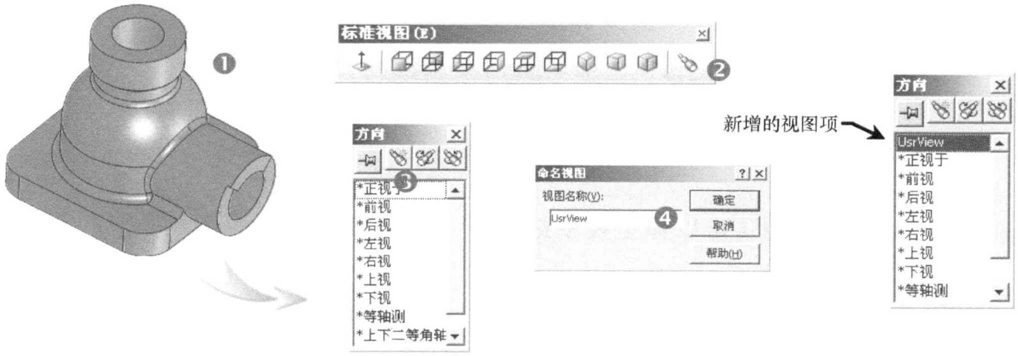

a)　　　　b)

图 1-45　自定义标准视向

SolidWorks 软件还允许对标准视图进行更新和重设。

打开范例文件 "1-6\ BAS. SLDPRT"，如图 1-46 所示。

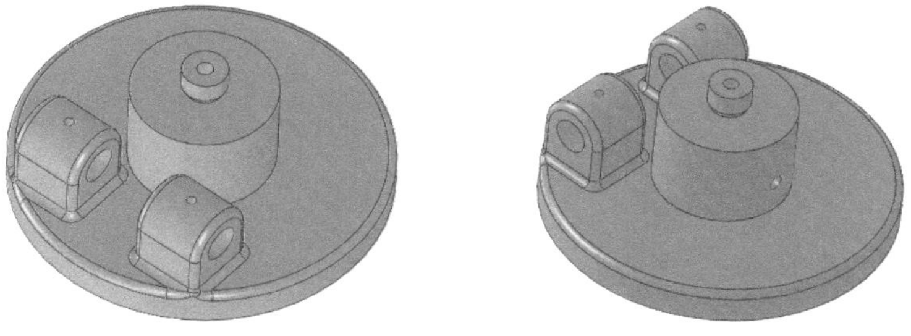

a)　　　　b)

图 1-46　范例文件 BAS

范例 1-6

操作指引

❶ 按实例 1-5 步骤打开【方向】对话框。
❷ 双击【后视】视向，使模型处于后视视向。
❸ 单击【左视】视向。
❹ 单击【更新标准视图】按钮。
❺ 在弹出的对话框中单击【是】按钮，确认将原来的后视变成左视，如图 1-47 所示。

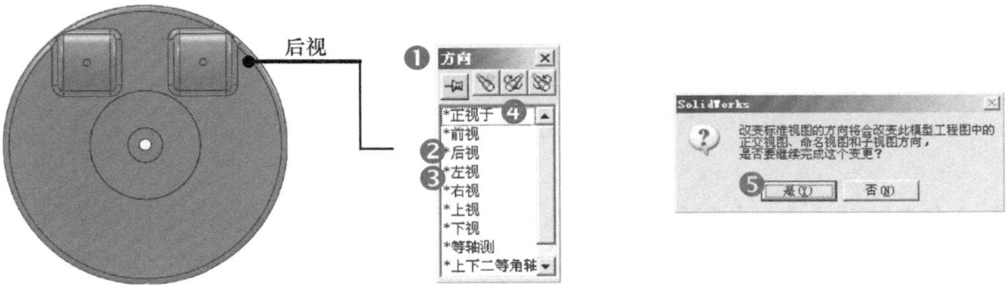

图 1-47 更新标准视图

提示：此时双击【左视】视向，如果视向不会改变，则说明标准视图已更新。此外，单击【重设标准视图】按钮，可以恢复到系统默认状态。

5. 视图背景

在 SolidWorks 软件中，可以像更换壁纸一样来更换视图的背景。

打开范例文件“1-7 \ tpq. SLDPRT”，如图 1-48 所示。

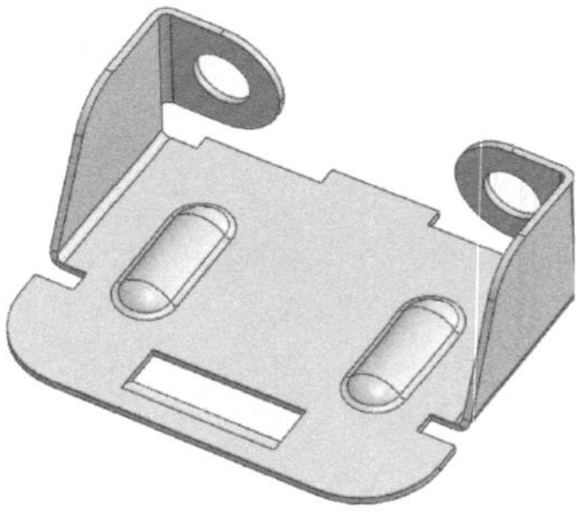

图 1-48 范例文件 tpq

操作指引

❶ 单击【前导视图】工具栏中的【应用布景】按钮。
❷ 在出现的列表框中选择【条状光】命令，如图 1-49 所示。

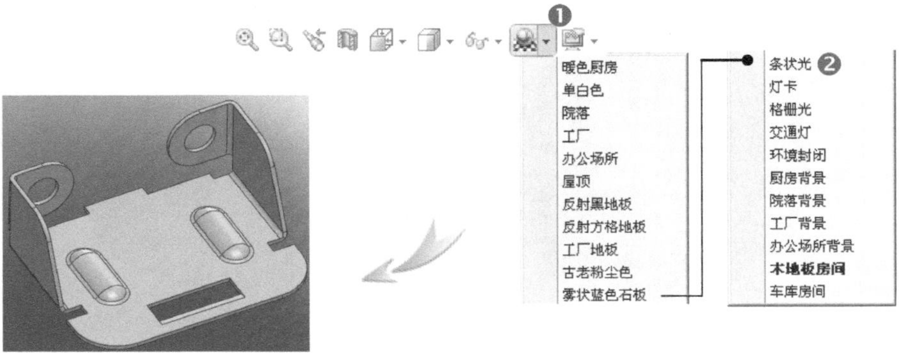

图 1-49 【应用布景】功能

提示：如果想要恢复为原来背景，从打开的菜单中选择原来的命令即可。

1.3.4　选择操作

选择操作是 SolidWorks 软件建模的基础，当光标移动并靠近实体某一部分时，比如点、线或面，它会高亮显示，默认设置是红色，然后通过单击即可选择，选择后的对象会变颜色。

图 1-50　范例文件 key

打开范例文件“1-8 \ key. SLDPRT”，如图 1-50 所示。

（1）一般性选择

操作指引

❶ 将光标移近模型的边缘，光标变成，单击可以选择模型的边，如图 1-51a 所示。

❷ 将光标移近模型的表面，光标变成，单击可以选择模型的表面，如图 1-51b 所示。

图 1-51　一般性选择

（2）交叉选择或框选

操作指引

❶ 展开特征管理器中的拉伸特征 Boss-Extrude1，双击其中的草图 Sketch1，进入草图编辑状态。

❷ 单击【选择】按钮，选择【交叉选择】选择方式或【框选】选择方式，在图形工作区单击并拖动鼠标，从右至左框选，则跨方框边界和方框内的项目均被选中，如图 1-52a 所示。

❸ 单击【选择】按钮，选择【交叉选择】选择方式或【框选】选择方式，在图形工作区单击并拖动鼠标，从左至右框选，则仅选中完全在方框内的项目，如图 1-52b 所示。

提示：当进行框选时，方框以实线显示；当进行交叉选择时，方框以虚线显示。如果按住<Shift>键的同时进行框选，则会选定框内的所有项目。如果按住<Ctrl>键的同时进行框选，则会逆转方框内的当前选择。在这两种情况下，框外任何先前选择的项目仍保持不变。

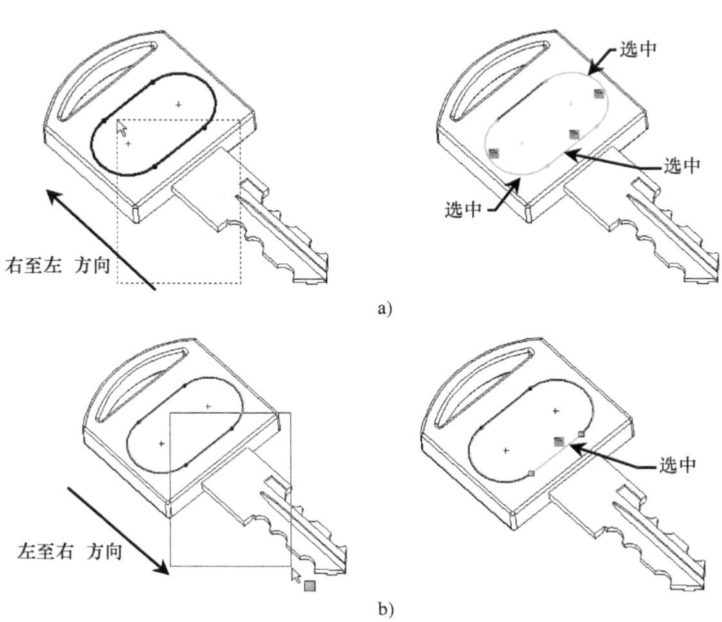

图 1-52 交叉选择

（3）逆转选择

操作指引

❶ 选择图 1-53a 所示椭圆草图中的直线。

❷ 单击【选择过滤器】工具栏的【逆转选择】按钮，系统取消对直线的选择，并选择椭圆草图上的其余线段。

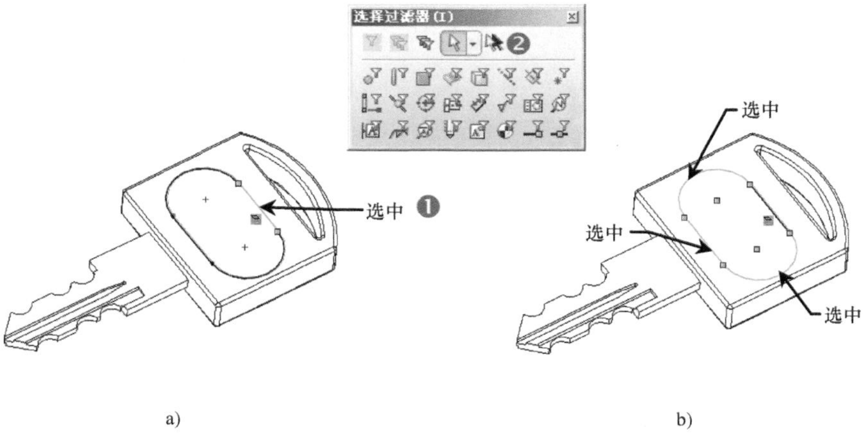

图 1-53 逆转选择

（4）选择环

操作指引

❶ 光标移至曲面边缘，光标变成。

❷ 右击，在弹出的菜单中选择【选择环】命令，图形工作区中将显示控标，指示选择环的方向。

❸ 单击控标，将环选择更改为其他相连面的边线，如图 1-54 所示。

图 1-54 选择环

提示：如果要在草图中选择相连的实体，需要右击草图，然后从弹出的菜单中选择【选择链】命令。

1.3.5 查看帮助

在 SolidWorks 软件中，可以通过【帮助】菜单查看软件的学习内容，完整的帮助内容可以选择【SolidWorks 帮助】命令，分类学习可以选择【SolidWorks 指导教程】命令，如图 1-55 所示。

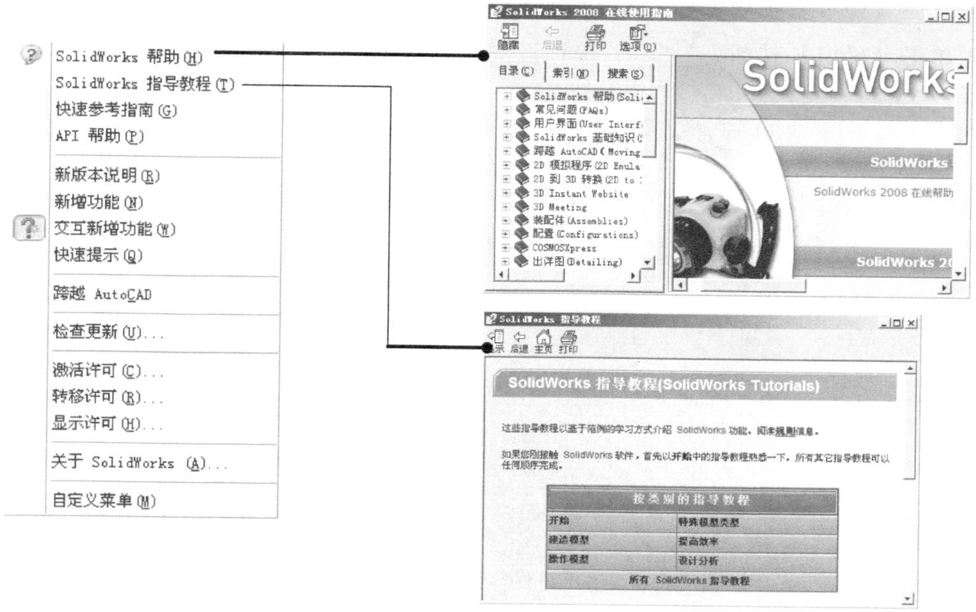

图 1-55 【帮助】菜单

1.4 工作环境的设置

每个使用 SolidWorks 软件的用户都有自己的习惯与爱好，可以根据习惯来对 SolidWorks

软件进行个性化的设置。

1.4.1 系统选项

选择【工具】|【选项】命令，就可以打开【系统选项-常规】对话框，如图 1-56 所示。在此对话框的【系统选项】选项卡中设置的参数或选项，其结果保存在注册表中，这些参数或选项对当前和将来的所有文档有效。

比如将图形工作区的背景设置为白色，可以通过如下步骤进行。

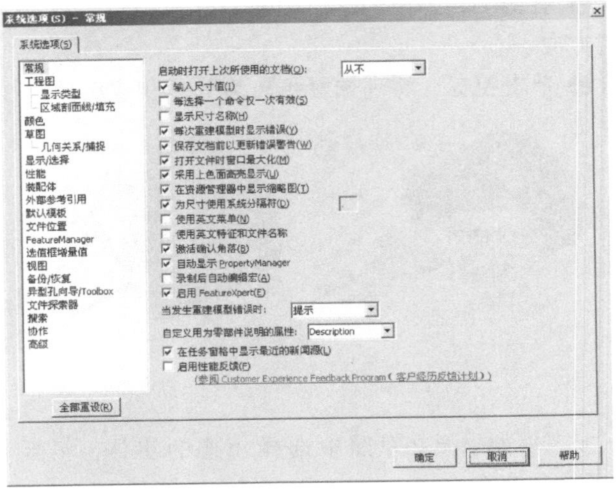

图 1-56 【系统选项-常规】对话框

操作指引

❶ 在【系统选项】选项卡的列表框中选择【颜色】选项。

❷ 在【颜色方案设置】选项区域中单击【编辑】按钮 编辑(E)... 。

❸ 在弹出的【颜色】对话框中，选择【基本颜色】选项区域中的白色块。

❹ 单击【确定】按钮 确定 ，完成颜色选择。

❺ 单击【确定】按钮 确定 ，保存设置退出，如图 1-57 所示。

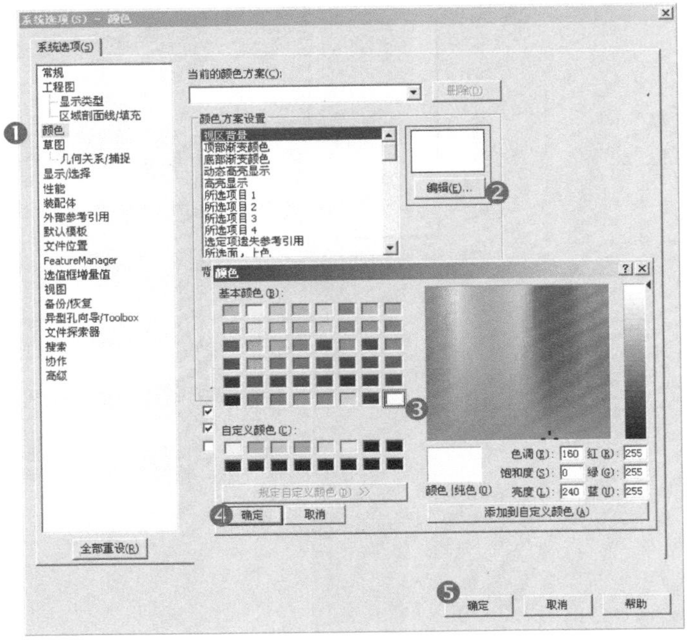

图 1-57 设置图形工作区的背景颜色

1.4.2　文件属性

像【单位】【绘图标准】【材料属性（密度）】等选项，其在所有文档中都需要进行设置，它们随文档一起被保存，并且不会因为文档在不同的系统环境中打开而改变。

如果在图形工作区中有打开的文件，则选择【工具】|【选项】命令，在【文件属性】对话框中多出一个【文件属性】选项卡（图 1-58），选项卡中也提供了一系列参数，这些参数仅对当前文档有效。

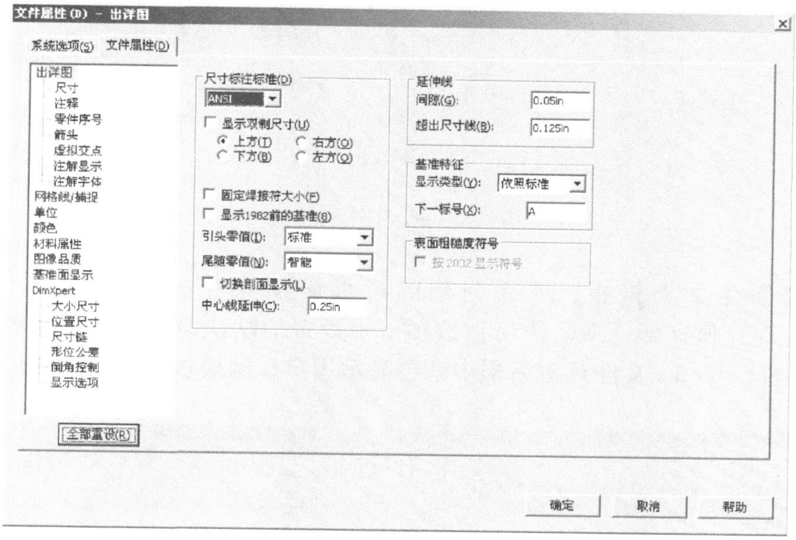

图 1-58　【文件属性】选项卡

1.4.3　自定义模板

文档模板是预定义好的文档样板，SolidWorks 软件中有三种文档，也就有三种模板（零件、装配体和工程图），模板决定文档的基本结构和文档设置，包括用户定义的参数。用户既可以创建新的文档模板，也可以修改已有的文档模板。下面以修改零件文档模板为例，介绍文档模板的编辑和创建。

操作指引

❶ 单击菜单栏中的【打开】按钮。

❷ 在弹出的【打开】对话框中的【文件类型】列表框中选择 Template 文档类型，系统会自动切换到【文件模板】对话框。

❸ 在列表框中单击【零件，prtdot】文件，单击【打开】按钮 打开(O)，打开该文件。

❹ 选择【工具】|【选项】命令，在弹出的【系统选项】对话框的【系统选项】选项卡中选择【选值框增量值】选项，在【公制单位】文本框中，将公差单位改为 1.00mm。

❺ 单击【确定】按钮 确定 ，选择【文件】|【保存】命令，保存修改后的模板，如图 1-59 所示。

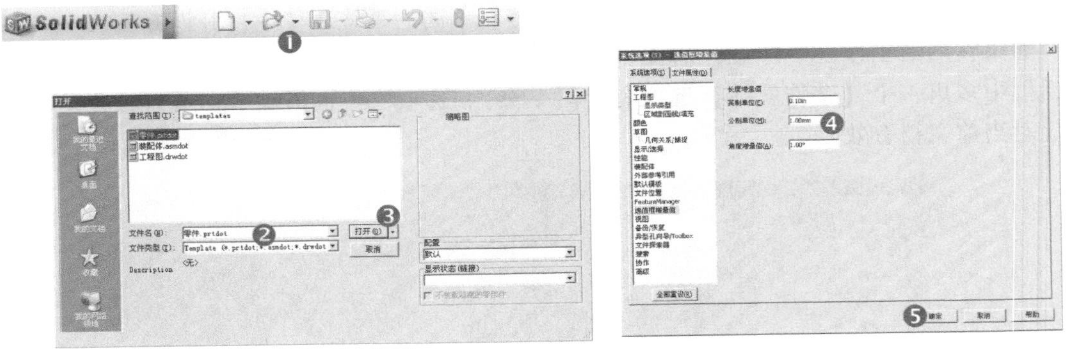

图 1-59 编辑文档模板

如果希望创建文档模板，那么创建的模板必须保存成模板文件（格式后缀为 *.sldprtdot），而且保存到【系统选项】选项卡中设置的默认模板存放的位置（图 1-60a），这样在【新建 SolidWorks 文件】对话框中就会显示用户自制模板，如图 1-60b 所示。

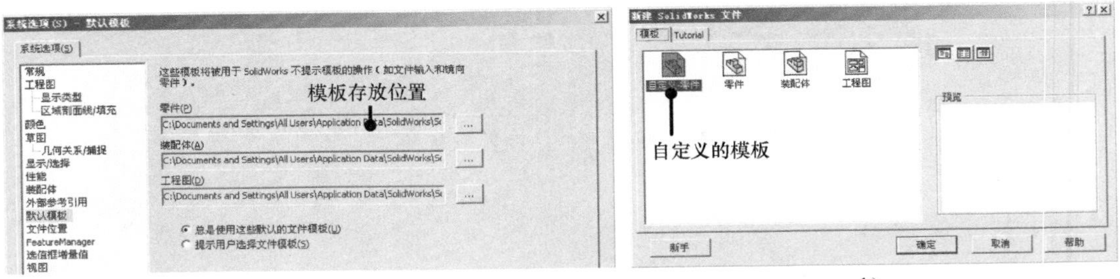

a)　　b)

图 1-60 创建文档模板

提示：如果将自己创建的文档模板文件存放到自己创建的文件夹中，首先要让系统知道自己创建的用于存放文档模板文件的文件夹位置。

操作指引

❶ 选择【工具】|【选项】命令，打开【系统选项】对话框，选择【文件位置】选项。

❷ 在【显示下项的文件夹】下拉列表中选择【文件模板】选项。

❸ 单击【文件夹】选项区域中的【添加】按钮 添加(D)... 。

❹ 在弹出的【浏览文件夹】对话框中选择自定义的文件夹位置和名称，例如“sss”，将其加入到“文件夹”列表中。

❺ 加入的文件夹将以选项标签的形式显示在【新建 SolidWorks 文件】对话框中，如图 1-61 所示。

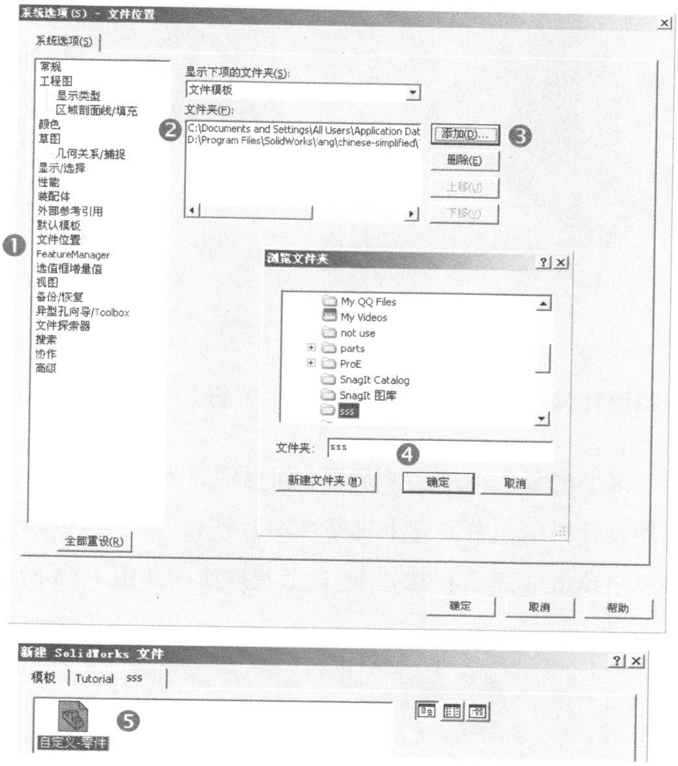

图 1-61 保存创建的文档模板

1.5 参考与基准

为了完成特定操作，SolidWorks 软件提供了参考与基准，可用于定义曲面或实体的形状或组成。参考与基准包括基准面、基准轴、坐标系和点，在 SolidWorks 软件中提供了多种创建基准的方法。

1.5.1 基准面

基准面是建立实体对象的参考平面，可以用来绘制草图、生成模型的剖面视图，以及用于拔模特征的中性面等。

SolidWorks 软件为新建文档提供了默认的三个基准面：前视基准面、上视基准面和右视基准面，它们分别对应着工程图的三个基准面，数学上的平面是无边界的，为了观测方便，SolidWorks 软件为基准面添加了一个边框。可以显示/隐藏基准面，调整基准面的边框。

打开范例文件“1-9\stn. SLDPRT”，如图 1-62 所示。

(1) 调整基准面边框显示基准面

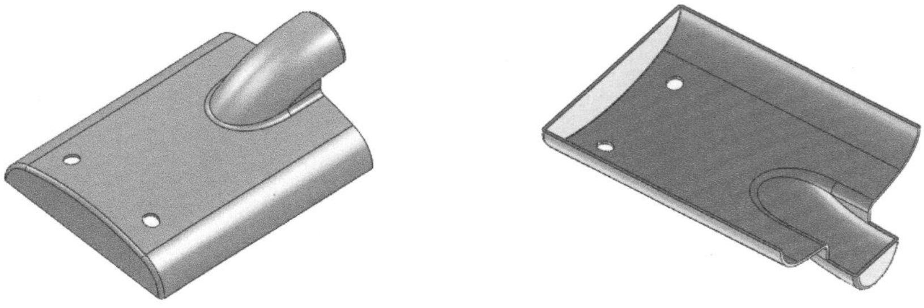

a) b)

图 1-62 范例文件 stn

❶ 在特征管理器设计树中单击【上视基准面】按钮 上视基准面，在图形工作区显示基准面及其名称。

❷ 拖动图形工作区上的蓝色小球，扩大基准面显示边界。

❸ 在特征管理器设计树中，右击【上视基准面】按钮 上视基准面。

❹ 在弹出的菜单中单击【显示】按钮显示基准面，如图 1-63 所示。

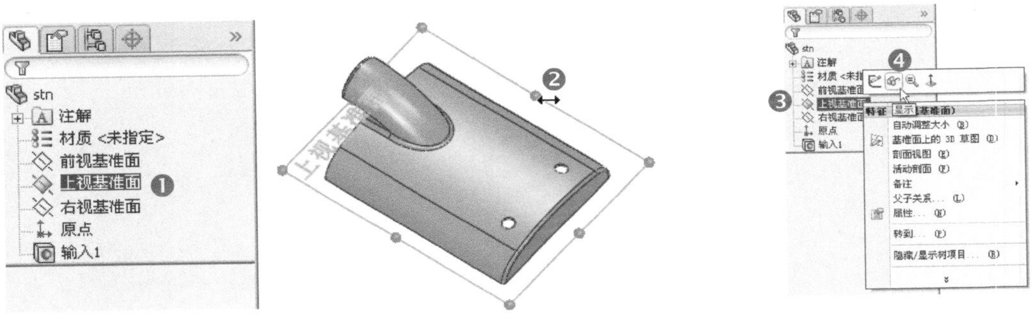

图 1-63 显示基准面

提示：要隐藏显示的基准面，仍然可以按步骤❸、❹进行。选择【视图】|【基准面】命令，可以显示/隐藏基准面。

（2）【通过直线/点】选项生成基准面

❶ 单击【参考几何体】工具栏中的【基准面】按钮。

❷ 在属性管理器中弹出【基准面】属性管理器，单击【通过直线/点】按钮。

❸ 依次捕捉模型的一条边缘和边缘中点。

❹ 单击【确定】按钮，生成一个通过边线和边线中点的基准面，如图 1-64 所示。

（3）【点和平行面】选项生成基准面

❶ 单击【参考几何体】工具栏中的【基准面】按钮。

❷ 在属性管理器中弹出【基准面】属性管理器，单击【点和平行面】按钮。

❸ 依次单击模型平面和曲线中点。

❹ 单击【确定】按钮，生成一个通过曲线中点且平行于选择的模型平面的基准面，

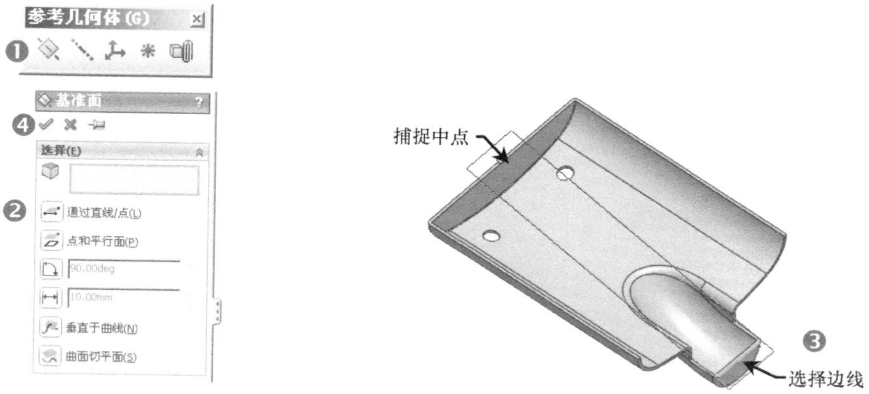

图 1-64 【通过直线/点】功能生成基准面

如图 1-65 所示。

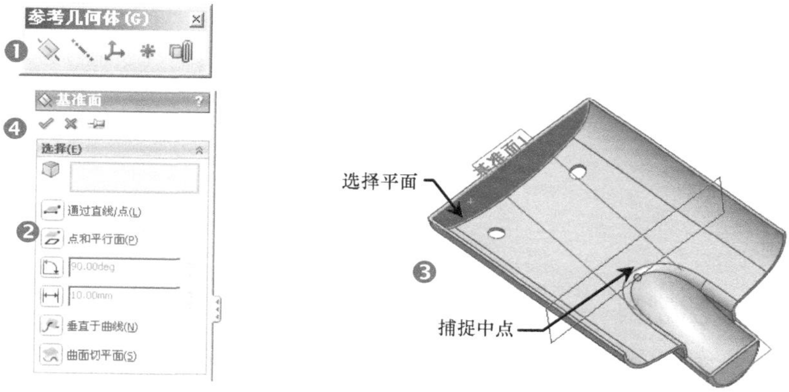

图 1-65 【点和平行面】选项生成基准面

(4)【两面夹角】选项生成基准面

❶【参考几何体】工具栏中的单击【基准面】按钮。

❷ 在属性管理器中弹出【基准面】属性管理器，单击【两面夹角】按钮。

❸ 依次单击基准平面和模型边线。

❹ 在【两面夹角】文本框中输入旋转角度为 240。

❺ 单击【确定】按钮，生成一个通过模型边缘并与选择的模型基准平面成 240°夹角的基准面，如图 1-66 所示。

(5)【等距距离】选项生成基准面

❶【参考几何体】工具栏中的单击【基准面】按钮。

❷ 在属性管理器中弹出【基准面】属性管理器，单击【等距距离】按钮。

❸ 在【等距距离】文本框中输入距离为 20mm。

❹ 在【数量】文本框中输入要生成基准面的数目。

❺ 选择模型端面。

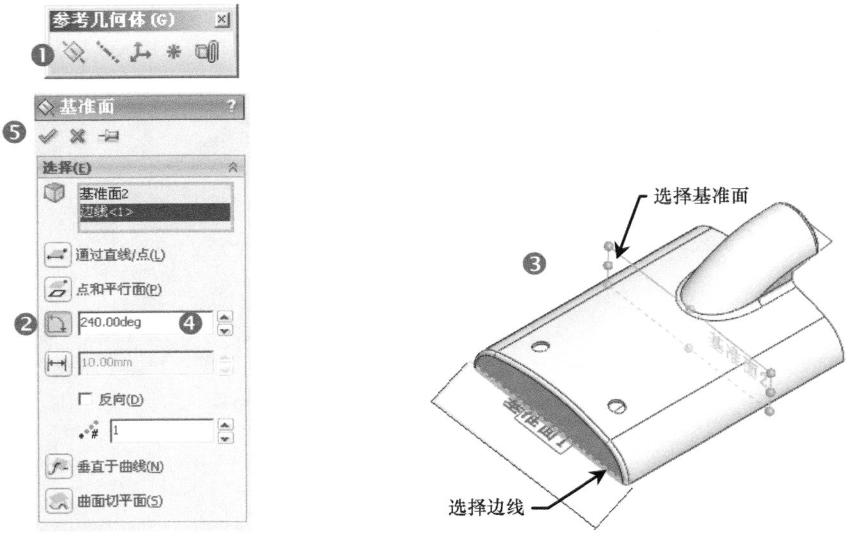

图 1-66 【两面夹角】选项生成基准面

❻ 单击按钮 ✔，生成三个平行于选择的模型端面的基准面，且生成的基准面的间距为 20mm，如图 1-67 所示。

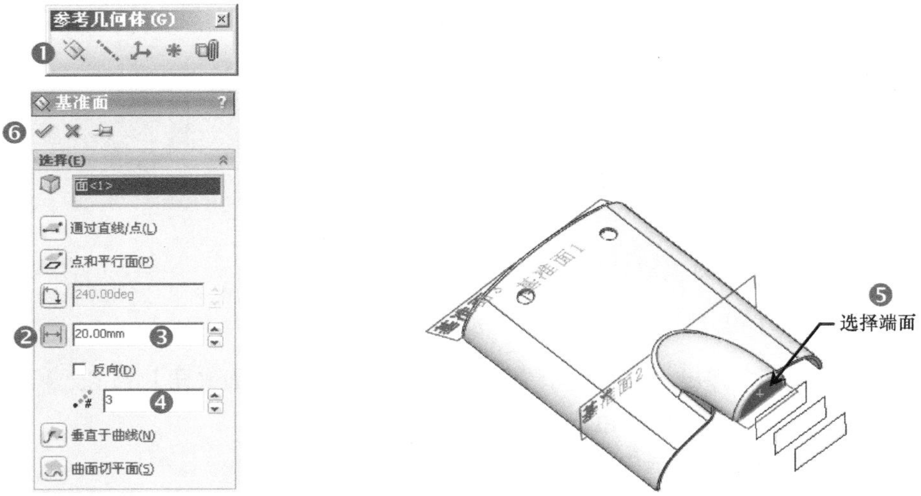

图 1-67 【等距距离】选项生成基准面

(6)【垂直于曲线】选项生成基准面

❶ 在特征管理器中隐藏前面创建的基准面。单击【参考几何体】工具栏中的【基准面】按钮 。

❷ 在属性管理器中弹出【基准面】属性管理器，单击【垂直于曲线】按钮 。

❸ 依次捕捉模型边线中点和曲面边线。

❹ 单击【确定】按钮 ✔ 生成一个通过边缘中点且垂直于选择的模型曲面的基准面，如

图 1-68 所示。

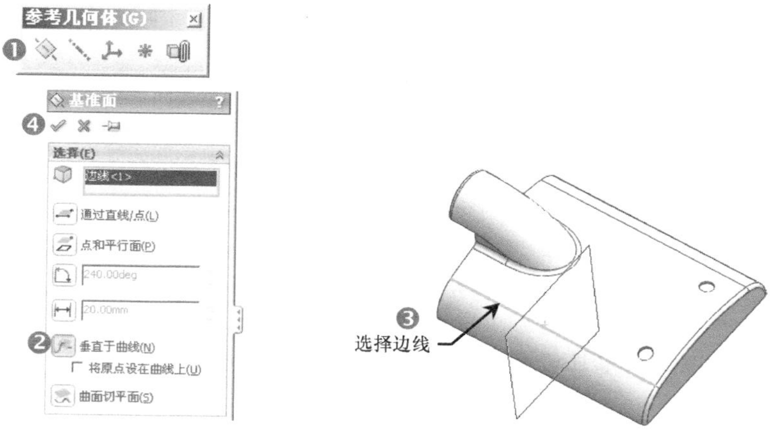

图 1-68 【垂直于曲线】选项生成基准面

（7）【曲面切平面】选项生成基准面

❶ 单击【参考几何体】工具栏中的【基准面】按钮。

❷ 在属性管理器中弹出【基准面】属性管理器，单击【曲面切平面】按钮。

❸ 依次捕捉模型边缘端点、曲面边缘和曲面。

❹ 单击【确定】按钮，生成一个与选择的模型曲线相切的基准面，如图 1-69 所示。

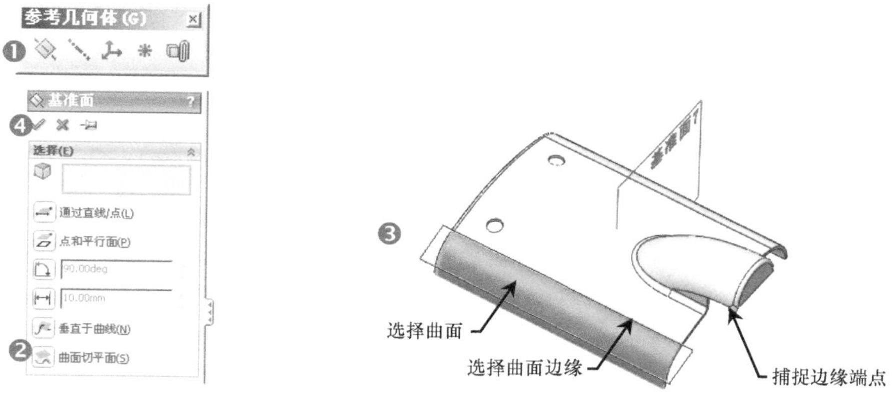

图 1-69 【曲面切平面】选项生成基准面

1.5.2 基准轴

基准轴是建立实体对象时的参考轴，在生成草图几何体或在圆周阵列中经常使用基准轴。每一个圆柱和圆锥面都有一条轴线，临时轴是由模型中圆锥和圆柱隐含生成的。

打开范例文件“1-10 \ dti. SLDPRT”，如图 1-70 所示。

（1）显示/隐藏基准轴

❶ 选择【视图】|【基准轴】命令，显示基准轴。

❷ 选择【视图】|【临时轴】命令，显示临时轴。

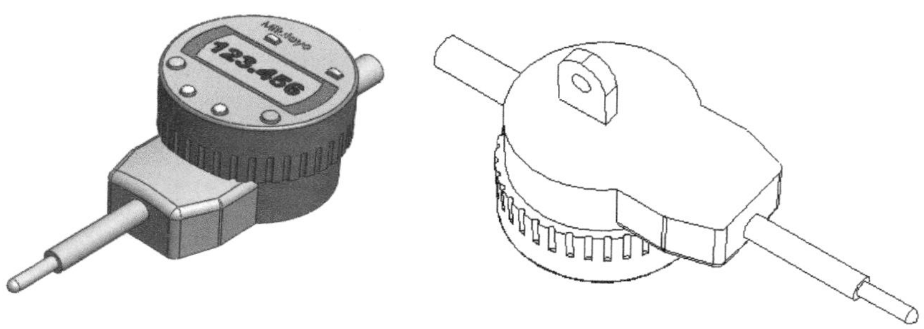

a)　　　　　　　　　　b)

图 1-70　范例文件 dti

❸ 单击【前导视图】工具栏中的【隐藏/显示项目】按钮，单击【关闭基准轴】按钮，取消基准轴。

❹ 单击【关闭临时轴】按钮，取消临时轴。

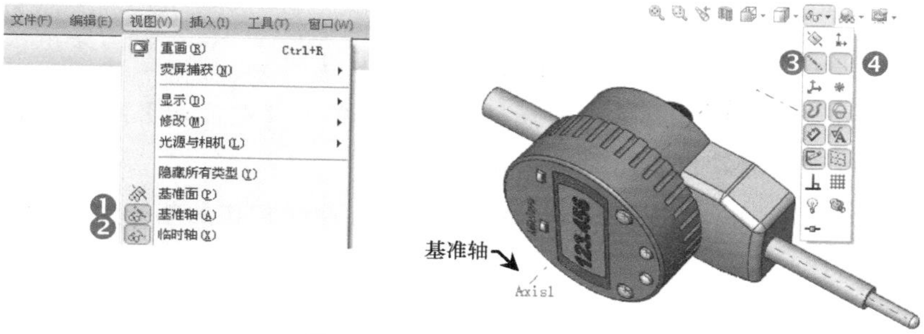

图 1-71　显示/隐藏基准轴

（2）【一直线/边线/轴】选项生成基准轴

❶ 单击【参考几何体】工具栏中的【基准轴】按钮。

❷ 在属性管理器中弹出【基准轴】属性管理器，单击【一直线/边线/轴】按钮。

❸ 选择曲面边线。

❹ 单击【确定】按钮，该边缘即为基准轴，如图 1-72 所示。

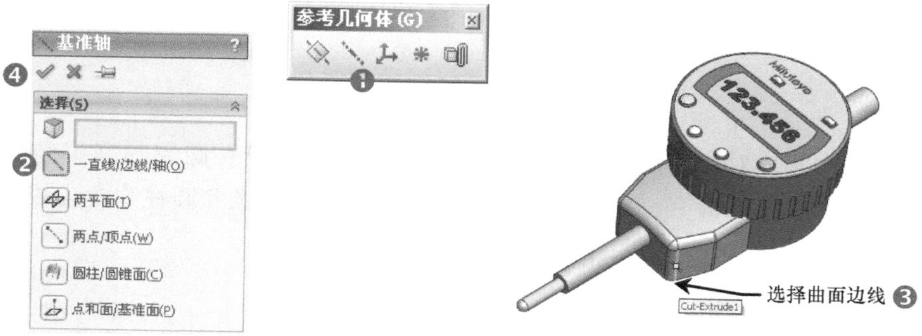

图 1-72　【一直线/边线/轴】选项生成基准轴

(3)【两平面】选项生成基准轴

❶ 单击【参考几何体】工具栏中的【基准轴】按钮。

❷ 在属性管理器中弹出【基准轴】属性管理器，单击【两平面】按钮。

❸ 依次选择两个平面。

❹ 单击【确定】按钮，选择的两个平面的交线即为基准轴，如图 1-73 所示。

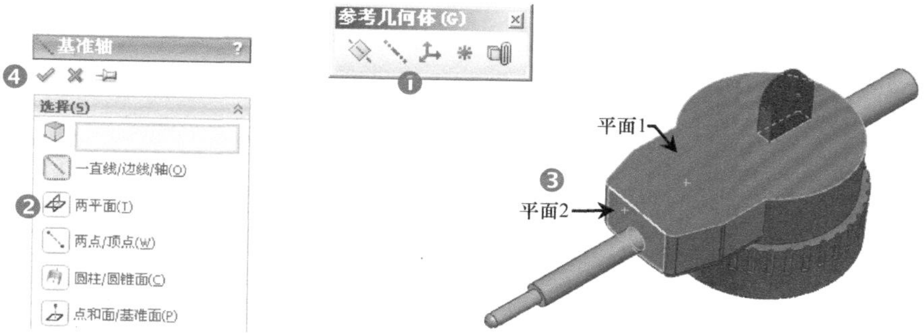

图 1-73 【两平面】选项生成基准轴

(4)【两点/顶点】选项生成基准轴

❶ 单击【参考几何体】工具栏中的【基准轴】按钮。

❷ 在属性管理器中弹出【基准轴】属性管理器，单击【两点/顶点】按钮。

❸ 依次选择两边缘的端点。

❹ 单击【确定】按钮，选择的两个端点的连线即为基准轴，如图 1-74 所示。

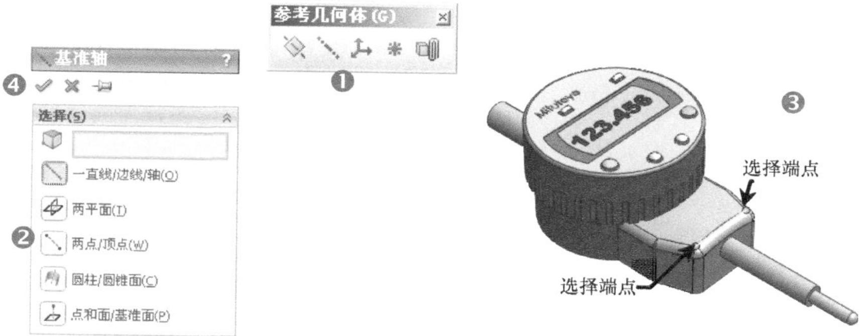

图 1-74 【两点/顶点】选项生成基准轴

(5)【圆柱/圆锥面】选项生成基准轴

❶ 单击【参考几何体】工具栏中的【基准轴】按钮。

❷ 在属性管理器中弹出【基准轴】属性管理器，单击【圆柱/圆锥面】按钮。

❸ 选择圆柱面。

❹ 单击【确定】按钮，选择的圆柱面的轴线即为基准轴，如图 1-75 所示。

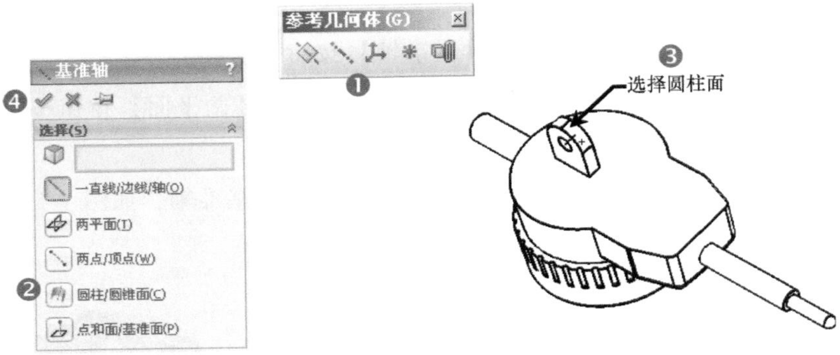

图 1-75 【圆柱/圆锥面】选项生成基准轴

(6)【点和面/基准面】选项生成基准轴

❶ 单击【参考几何体】工具栏中的【基准轴】按钮。

❷ 在属性管理器中弹出【基准轴】属性管理器，单击【点和面/基准面】按钮。

❸ 选择曲面并捕捉圆心。

❹ 单击【确定】按钮，生成的基准轴通过选择的圆心，且垂直于所选的曲面，如图 1-76 所示。

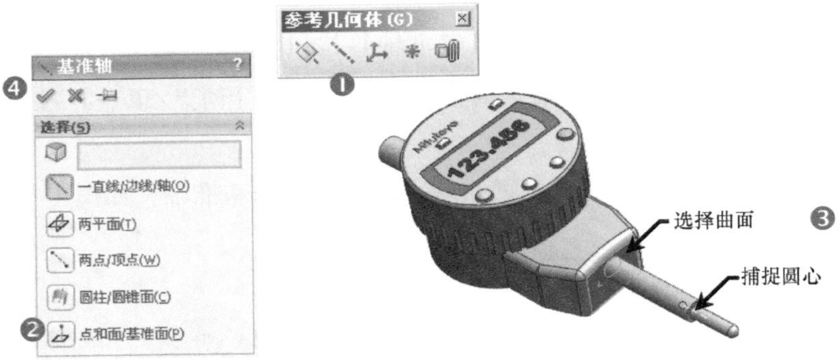

图 1-76 【点和面/基准面】选项生成基准轴

1.5.3 坐标系

SolidWorks 软件中能使用的坐标系有两种：一种是系统坐标系，它由软件默认设定；一种是用户坐标系，由用户根据需要定义。

用户可以定义零件或装配体的坐标系，也可以将坐标系与【测量】和【质量特征】工具一同使用，坐标系在将 SolidWorks 文件输出到其他格式文件中起到了定位作用。

打开范例文件“1-11 \ API. SLDPRT”，如图 1-77 所示。

操作指引

❶ 选择【插入】|【参考几何体】|【坐标系】命令。

❷ 单击捕捉模型端点作为原点代表模型的（0，0，0）坐标。

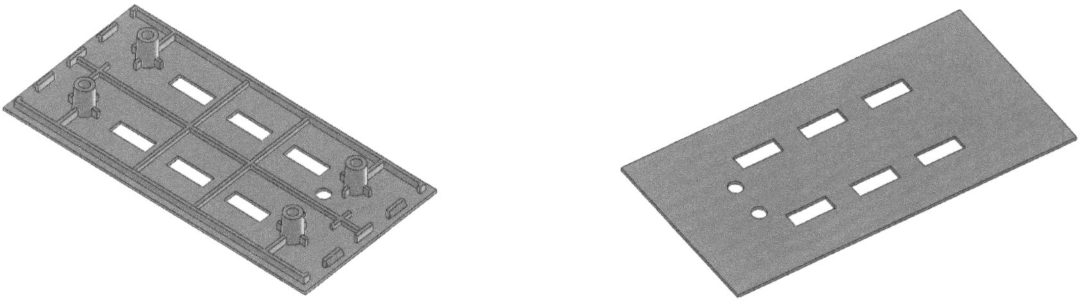

a) b)

图 1-77 范例文件 API

❸ 依次单击选择边线作为 X 轴、Y 轴，选择的边线会显示在属性管理器相应列表中。

❹ 单击【反转轴方向】按钮，可以改变坐标轴的方向。

❺ 单击【确定】按钮，建立模型的坐标系，如图 1-78 所示。

图 1-78 建立模型坐标系

提示：选择【视图】|【坐标系】命令，可以显示/隐藏坐标系。

第 2 章

参数化草图

草图是特殊的平面图形，与前面介绍的曲线不同，草图中的图形对象可以通过几何约束与尺寸约束加以控制，从而实现尺寸的驱动。应用 SolidWorks 软件的草图工具，用户可以绘制近似的曲线轮廓，在添加精确约束定义后，就可以完整表达设计意图。通过实体造型工具进行拉伸、旋转等操作后，可以生成与草图相关联的实体模型。修改草图时，关联的实体模型也会自动更新。

2.1 草图基本概念

SolidWorks 软件中提供了非常完备的草图绘制功能，包括各种草图图元的创建命令和编辑工具，并且操作简单，便于绘制和编辑。

2.1.1 草图类型

SolidWorks 软件中的草图不是平时所说的在绘制正式图样前随手画的草图，在 SolidWorks 软件中，草图有如下两种类型。

1）2D 草图：三维实体模型在某个平面上的二维轮廓。二维草图描述了一个特征的截面或轮廓，很多特征都是创建于平面（包括基准面、模型平面）上的草图通过某种造型功能生成的，如图 2-1 所示。

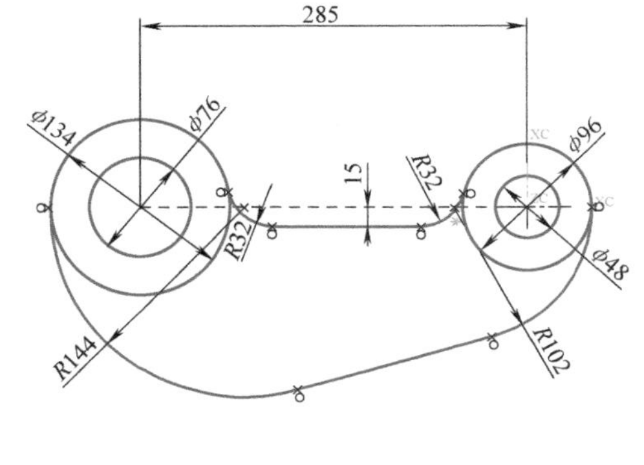

图 2-1　2D 草图

2）3D 草图：空间草图，不属于哪一个平面。三维草图一般用作扫描路径，因此三维草图也可称为三维路径。

草图是特征造型的基础，构成草图的点、直线、圆弧等元素称为草图实体，又称图素或图元。

根据草图的形状，可将草图分为如下三种类型。

1）单一开环轮廓：可用于拉伸、旋

转、剖面、路径、引导线和钣金。典型的单一开环轮廓以直线或其他草图实体绘制，如图 2-2 所示。

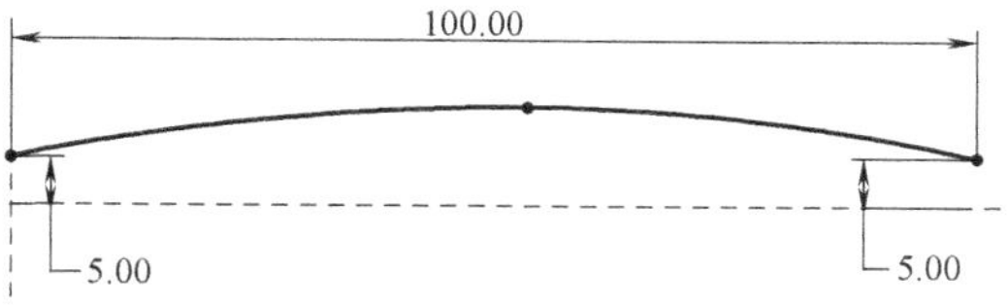

图 2-2　单一开环轮廓

2）单一闭环轮廓：可用于拉伸、旋转、剖面、路径、引导线和钣金。典型的单一闭环轮廓是用圆、矩形、闭环样条曲线和其他封闭几何形状绘制的，如图 2-3 所示。

3）多重封闭轮廓：可用于拉伸、旋转和钣金。如果有一个以上轮廓，其中一个轮廓必须包含其他轮廓。多重封闭也可以分离，称为多重封闭环轮廓。典型的多重封闭轮廓是用圆、矩形和其他封闭几何形状绘制的，如图 2-4 所示。

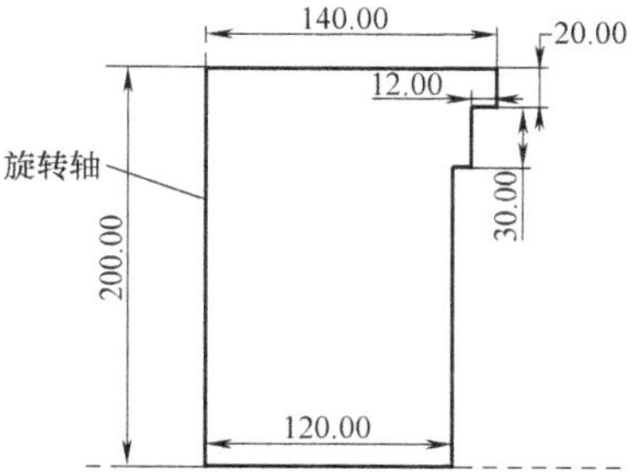

图 2-3　单一闭环轮廓

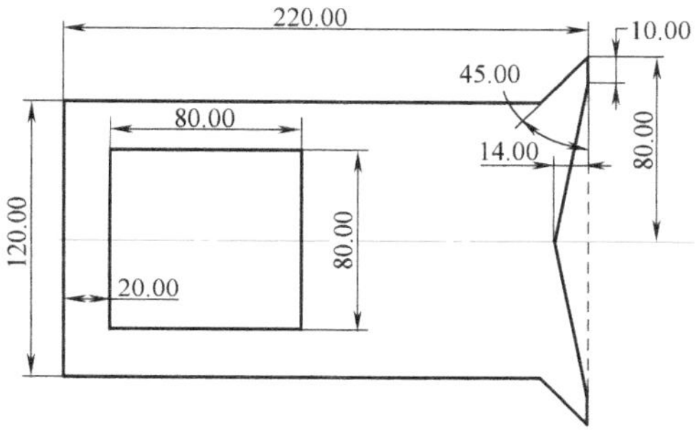

图 2-4　多重封闭轮廓

2.1.2　草图平面

创建草图首先要选择草图平面，草图平面是草图对象的依附平面。在一个草图中创建的所有草图对象（曲线或点）都是在该草图平面上的。

草图平面包括如下三类。

1）系统给定的三个默认初始平面，即在特征管理器中提供的三个面（图 2-5a）。它们也是构成系统坐标系的三个面。

2）已有特征的某个轮廓表面所在的平面（图 2-5b）。

3）辅助基准面。在上面两类参考面都不能满足使用的情况下，必须专门创建基准面（图 2-5c）。

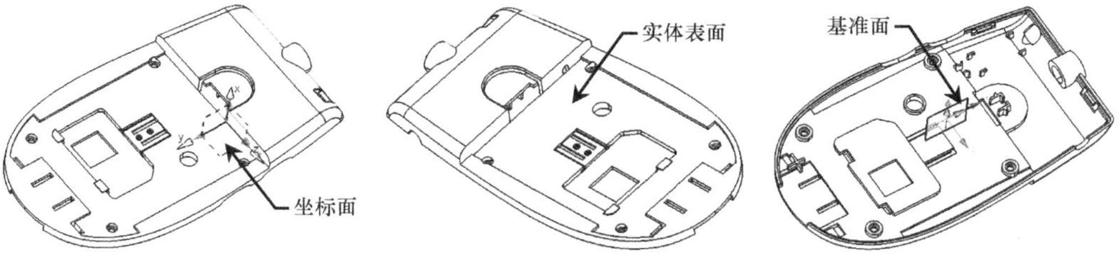

a)　　b)　　c)

图 2-5　草图平面

提示：选择草图平面后，SolidWorks 软件并不会自动将草图平面转至与屏幕平行的方向，应当单击【正视于】按钮，使草图平面转至与屏幕平行方向，便于作图。

2.1.3 草图约束

二维 CAD 软件是面向工程图样的，因此尺寸、标注和技术要求十分重要，所以并不一定要创建真实尺寸的图素，只要比例、标注的尺寸正确即可。而对于三维 CAD 软件，草图是特征的基础，草图实体间的位置有严格限制，相互之间存在关联。

约束是利用法则或限制条件来规定构成实体元素间的关系，也是参数化造型的一个关键因素。关联是指图元间的平行、相切、同心等信息，通过在草图中捕捉关联，可以在模型设计中完整捕捉设计意图。

草图约束有如下三种类型（图 2-6）。

1）数值约束：对大小、角度、直径、半径、坐标位置等可以具体测量的数值量进行的限制。

2）几何约束：对平行、垂直、共线、相切等非数值的几何关系方面的限制。

3）代数约束：可以形成一个简单的关系式的限制，例如两圆的半径相等。

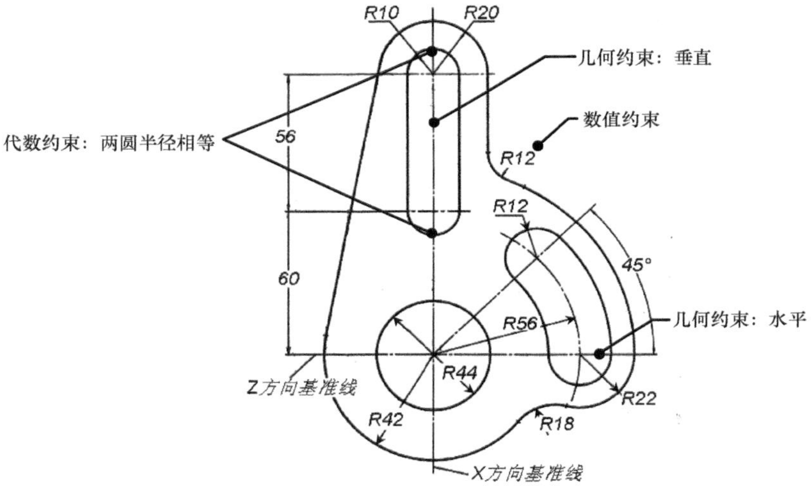

图 2-6 草图约束的类型

2.1.4 草图复杂性

在很多情况下，利用一个复杂轮廓草图生成一个拉伸特征，与利用一个较简单的轮廓草图与几个额外的特征生成一个拉伸特征，具有相同的结果。

例如，一个拉伸的边线需进行圆角处理，可以绘制一个包含草图圆角的复杂草图（图 2-7a），或绘制一个较简单的草图并在稍后再添加圆角为单独特征（图 2-7b）。

应当根据设计意图选用建模方式，创建过程中要注意如下五点。

1）复杂草图的重建速度比较快。草图圆角的重新计算速度比圆角特征快，但是复杂草图的绘制和编辑都比较麻烦。所以每个草图要尽可能简单，可以将一个复杂草图分解为若干

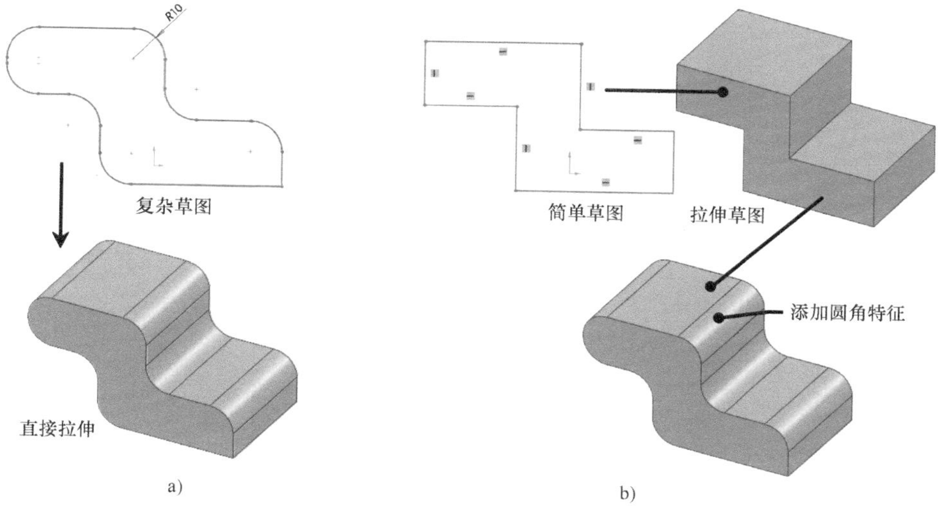

图 2-7　圆角特征的创建方式

简单草图，这样可以便于约束和修改。

2）简单草图比较容易管理且比较灵活。如有必要，可以对个别特征进行重新排序和压缩。

3）添加约束的一般次序：先定位主要曲线至外部几何体，再按设计意图施加大量几何约束，最后施加少量尺寸约束（表达设计的关键尺寸）。

4）一般不用剪裁曲线操作方法，而是用直线相交、点在曲线上等约束。

5）有些草图对象的定位需要使用参考线和参考点。

2.1.5　草图绘制步骤

构建合理的草图对模型整体设计非常重要，在绘制前首先考虑草图在当前坐标系的放置位置，然后根据草图形状，考虑是否采用镜像、阵列等草图编辑功能提高设计效率，再进行绘制。绘制时，应先绘制草图的基本轮廓，基本轮廓绘制完成后，再进行精确修改。

一般情况下，草图绘制可以遵循如下步骤。

1）选择绘制草图平面。在进行三维模型设计时，草图绘制都是基于平面的，这些平面平行于模型的投影面，所以在绘制草图时，首先设定草图所依附的参考平面。对于软件系统提供的基准平面，可以通过设计树选取，被选中的平面将高亮显示；对于模型平面，必须直接在模型上选择。

2）进入草图设计环境。草图的绘制必须在草图设计环境中进行，所以选择绘制的草图平面后，就可以进入草图设计环境。

3）先绘制基本轮廓（图 2-8a），再绘制必要的小图素，例如圆角、倒角等，对于多个重复的图素或对称的图素，尽量采用复制、阵列和镜像等草图编辑功能。

4）加入约束（图 2-8b）。

5）结束草图绘制。草图绘制完成，并编辑修改无误后，就可以结束草图绘制了。

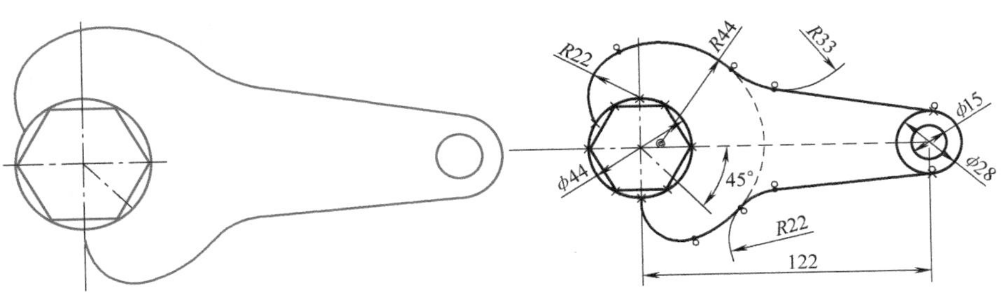

绘制基本轮廓
a)

添加约束
b)

图 2-8　草图绘制步骤

2.2　草图基本操作

草图的基本操作包括创建草图、关闭草图和草图对象的选择。

2.2.1　创建草图

在 SolidWorks 软件中，有多种方法可以进入草图环境，用户可以根据需要选择草图的创建方法。

1. 从设计树进入草图环境

操作指引

❶ 在特征管理器设计树中右击要绘制草图的基准面。

❷ 在弹出的快捷工具栏中单击【草图绘制】按钮，即可进入草图环境，如图 2-9 所示。

提示：如果绘制的是文件中的第一幅草图，并且所选草图基准面不是前视基准面，系统会自动将草图所在平面转至与屏幕平行的位置。

2. 从模型表面进入草图环境

操作指引

❶ 在图形工作区中右击要绘制草图的模型表面。

❷ 在弹出的快捷工具栏中单击【草图绘制】按钮，即可进入草图环境，如图 2-10 所示。

3. 从工具栏进入草图环境

操作指引

❶ 在特征管理器设计树中选择要绘制草图的基准面，或在图形工作区右击要绘制草图的模型平面。

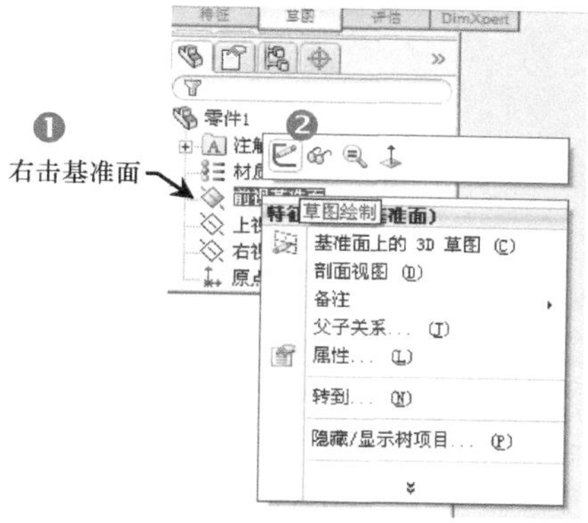

图 2-9 从设计树进入草图环境

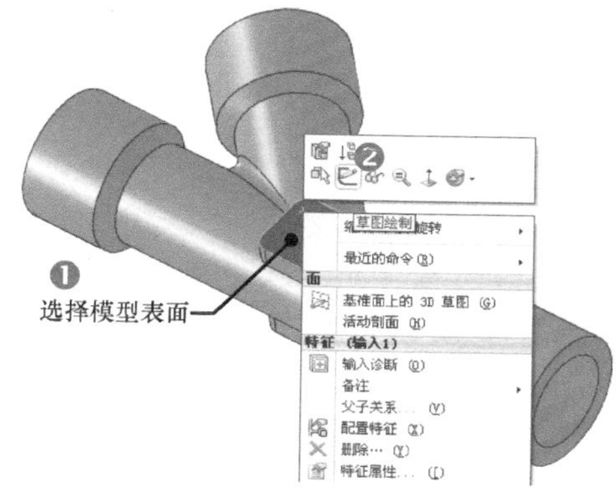

图 2-10 从模型表面进入草图环境

❷ 单击【草图】工具栏上的【草图绘制】按钮，或在弹出的快捷工具栏中单击（草图绘制）按钮，如图 2-11 所示。

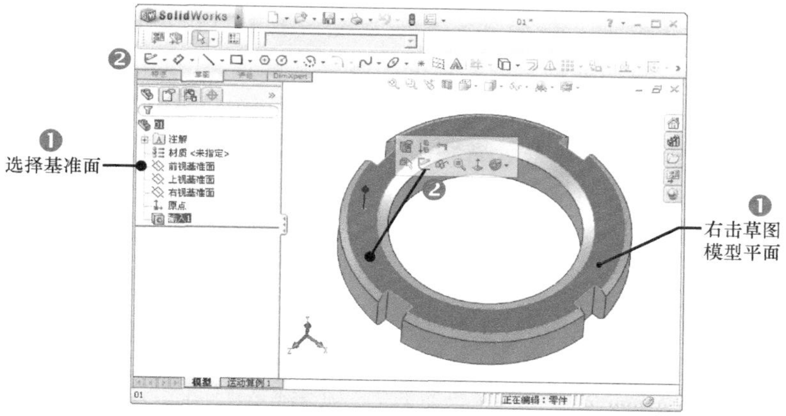

图 2-11 从工具栏进入草图环境

4. 通过特征创建进入草图环境

如果特征的创建需要草图，例如拉伸特征需要草图截面，则单击【特征】工具栏中的【拉伸凸台/基体】按钮后，系统会提供选择草图平面，选择草图平面后会自动进入草图环境。

此外，单击【草图】工具栏中的任一创建草图实体按钮，光标将变成，此时可以选择任一平面或基准平面作为草图平面，进入草图环境。

2.2.2 退出草图

草图绘制完成后，可以退出草图环境。退出草图的方式包括如下四种（图 2-12）。

1）单击【草图】工具栏中的【退出草图】按钮。

2）单击图形工作区右上角的【退出草图】按钮，放弃草图绘制的内容。

3）在图形工作区右击，在弹出的菜单中选择【退出草图】命令。

4）单击菜单栏的【重建模型】按钮 。

2.2.3 选择草图对象

1. 动态导航与过滤

动态导航就是光标位于某些特定位置或进行某项工作时，SolidWorks 软件根据当前的命令状态、光标位置、几何元素的类型和相互关系，显示不同的光标和图形，并且自动捕捉端点、中点、相交点、面等关键点，推测设计意图，引导设计者进行设计。

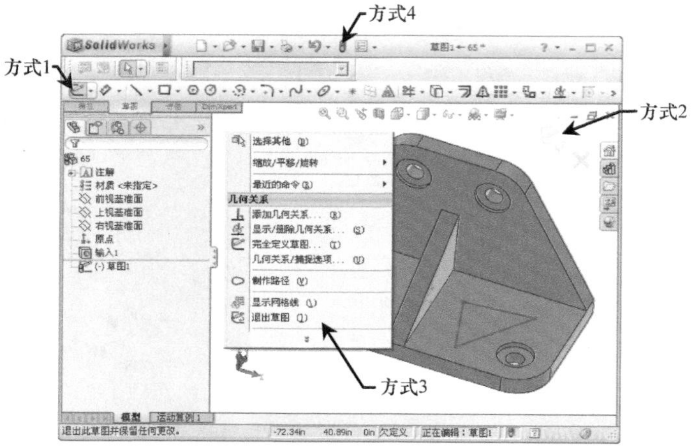

图 2-12 退出草图

在草图状态下标注尺寸时，借助动态导航功能，系统可以智能识别不同的尺寸类型（线性尺寸、角度尺寸），自动捕捉草图实体的关键点（端点、中点、相交点、圆心等），也可以根据草图实体的绘制趋势自动捕捉位置关系。与此同时，草图会出现许多反馈信息，这些信息包括光标状态、数字反馈信息，各种引导线等，用来显示捕捉对象的种类和正在绘制的草图实体类型，这些光标或引导线称为推理指针和推理引导线。

表 2-1 所示为草图绘制过程中常见的推理指针。

表 2-1 常见的推理指针

指针形状	说明	指针形状	说明
	当前绘制的是直线或中心线		当前绘制的是矩形
	当前绘制的是点		当前绘制的是多边形
	当前绘制的是圆		当前绘制的是通过三个点的圆
	当前绘制的是圆弧		当前绘制的是样条曲线
	正在剪裁草图实体		正在延伸草图实体
	正在线型阵列草图实体		正在圆周阵列草图实体
	绘制的直线处于水平状态		绘制的直线处于竖直状态
	绘制的直线与另一条直线垂直		绘制的直线与另一条直线平行
	捕捉到的是曲线端点或圆心		捕捉到的是线段的中点
	捕捉到的是曲线的相交点		当前点与某个草图实体重合
	捕捉到的是切点		标注智能尺寸

虽然运用动态导航功能能迅速捕捉对象，但捕捉目标附近有多个关键点或位置关系时，容易受到干扰。例如图 2-13 中，在圆与直线的交点位置绘制第三条线段，由于交点位置附近有两个线段交点，不仔细操作，容易捕捉到中点和圆心。为了解决这个问题，SolidWorks 软件提供了过滤功能，通过该功能，可以只捕捉某类或几类对象，而过滤掉其他不需要捕捉的类型。

过滤功能通过【选择过滤器】工具栏实现，工具栏分为两个区域，上面区域的三个按钮控制下面区域的按钮状态，下面区域的每个按钮代表了模型和草图中可以被捕捉的对象类型，例如点、面、线、尺寸等，如图 2-14 所示。当某个（某几个）按钮处于选中状态，则按钮所代表的对象类型可以被捕捉。

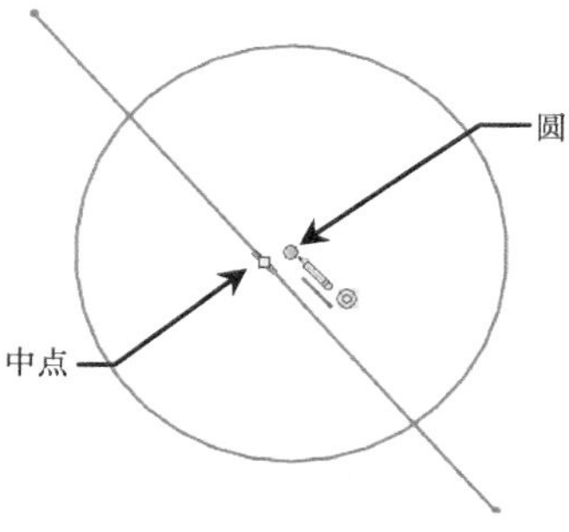

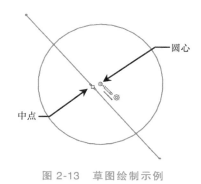

图 2-13　草图绘制示例

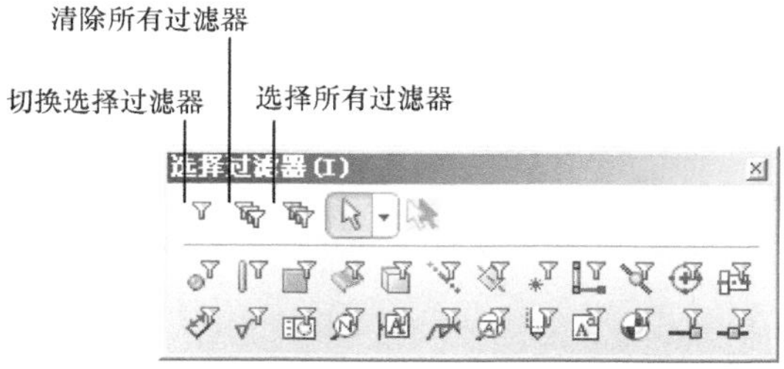

图 2-14　【选择过滤器】工具栏

2. 网格与捕捉

在 SolidWorks 软件中绘制草图时，为精确起见，可以使用网格线。

打开范例文件“2-1 \ BAM. SLDPRT”，如图 2-15 所示。

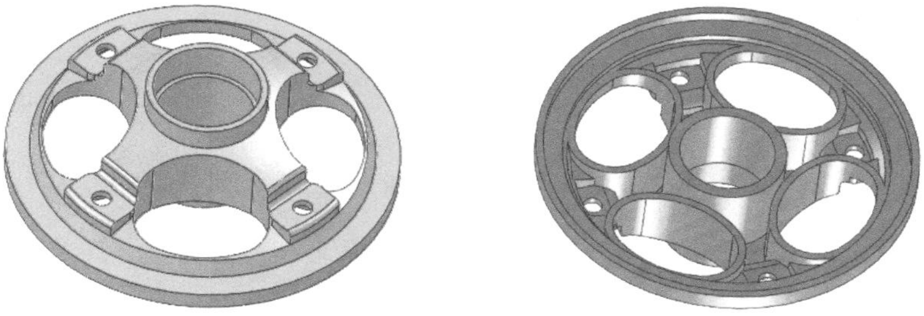

a)　　　　b)

图 2-15　范例文件 BAM

范例 2-1

操作指引

❶ 选择上视基准面作为草图平面。在图形工作区右击，在弹出的菜单中选择【显示网格线】命令，结果如图 2-16 所示。

提示：要隐藏网格线，只要取消对该命令的选择即可。

❷ 选择【工具】|【选项】命令，在弹出的【文件属性】对话框的【文件属性】选项卡中选择【网格线/捕捉】命令。

❸ 在【网格线】选项区域中取消选中【显示网格线】复选框，隐藏网格线。

❹ 单击【转到系统捕捉】按钮 转到系统捕捉 ，转到【系统选项】选项卡的【几何关系/捕捉】命令，设置捕捉对象，如图 2-17 所示。

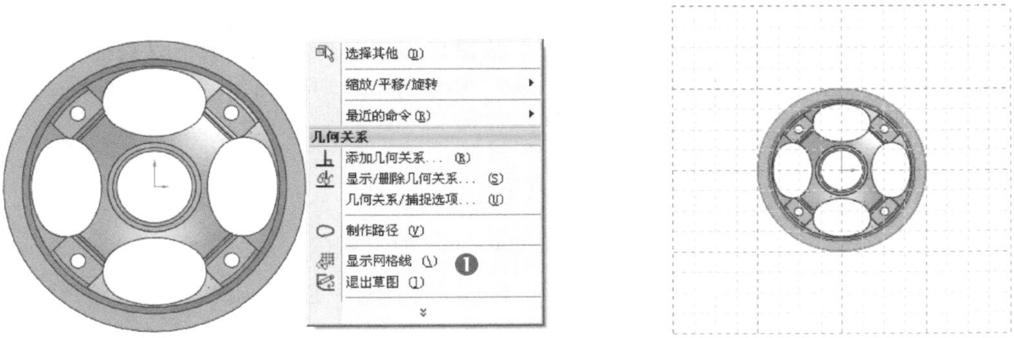

图 2-16　显示网格线

图 2-17　捕捉对象设置

2.2.4　检查草图合法性

对于不同特征的草图，会有不同的要求，SolidWorks软件提供了检查草图合法性的功能，可以检查草图中，可能妨碍生成特征的错误条件。

打开范例文件“2-2 \ check. SLDPRT”，如图 2-18所示。

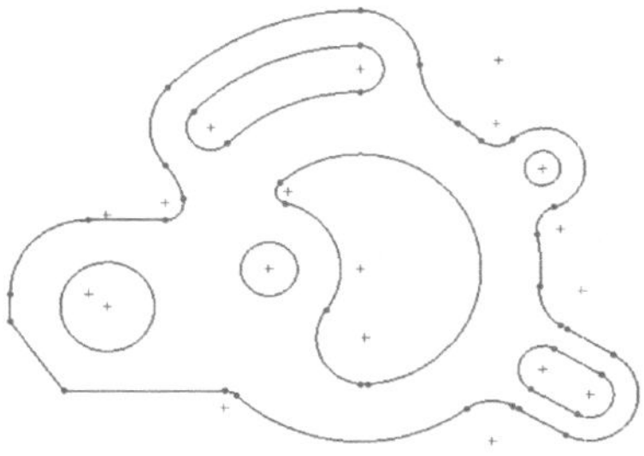

图 2-18　范例文件 check

操作指引

❶ 选择【工具】|【草图工具】|【检查草图合法性】命令，在弹出的【检查有关特征草图合法性】对话框的【特征用法】列表框中，选择【基体拉伸】选项，表示检查草图作为基体拉伸特征的草图应满足的条件。

❷ 单击【检查】按钮 检查(C) ，系统提示有开环轮廓，并在图形工作区中加亮显示不满足要求的地方。

❸ 单击【确定】按钮 确定 。

❹ 按<Ctrl>键的同时，选择不满足条件的两段圆弧。

❺ 在属性管理器中单击【相切】按钮。

❻ 放大圆弧相接区域，按<Ctrl>键的同时，选择圆弧的两个端点。

❼ 单击属性管理器中的【合并】按钮。

❽ 重复步骤❶的操作，在弹出的【检查有关特征草图合法性】对话框中，单击【检查】按钮 检查(C) ，系统提示通过检查。

❾ 单击【确定】按钮 确定 ，完成草图合法性的检查，如图 2-19 所示。

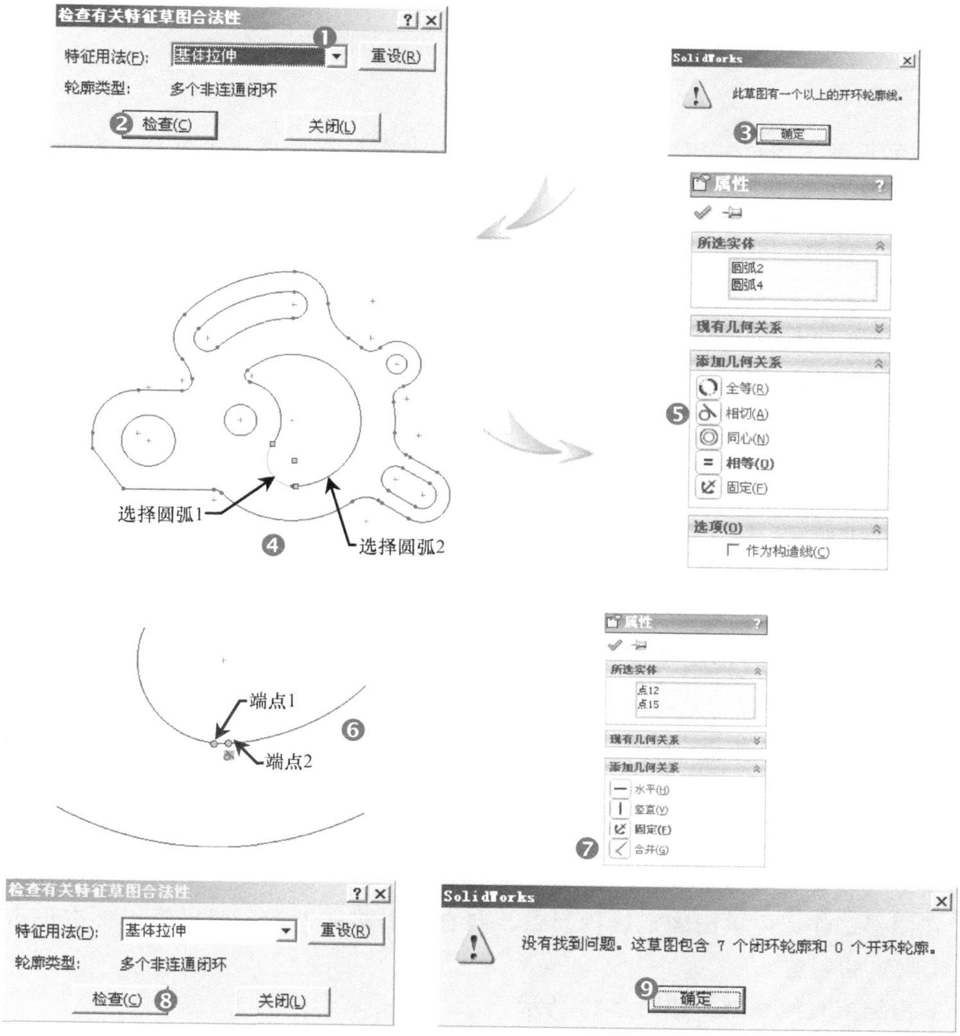

图 2-19 检查草图合法性

提示：通过步骤❺~❻的操作，使不相接的两段圆弧相切连接。

2.3 创建草图对象

草图对象是指草图中的曲线和点。利用【草图】工具栏（图 2-20）和相关属性管理器的各个按钮，可以在草图平面中直接绘制和编辑草图曲线。这些命令包括直线、弧、圆形、点、矩形、样条曲线、圆角、延伸和裁剪等常用的曲线创建及编辑的操作功能。

图 2-20 【草图】工具栏

2.3.1 创建点

草图中的点并不能单独用来生成实体，一般用来作为参考点或定位点，例如定位圆心，定位插入的库特征等。

操作指引

❶ 单击【草图】工具栏中的【点】按钮，光标变成。

❷ 在图形工作区中单击，添加草图点。

❸ 在【点】属性管理中输入 X、Y 坐标值。

❹ 单击【确定】按钮，完成指定位置上点的创建，如图 2-21 所示。

图 2-21 创建点

2.3.2 创建直线和中心线

SolidWorks 软件中的直线是指线段，如果希望绘制真正意义上无限长的直线，则需在属性管理器中进行相关设置。

（1）绘制水平线段和竖直线段

操作指引

❶ 单击【草图】工具栏中的【直线】按钮。

❷ 在图形工作区中单击确定线段起点，向右水平移动光标至线段终点再次单击，完成直线（线段）的创建。

❸ 双击结束直线绘制，如图 2-22 所示。

提示：如果不希望接着当前线段绘制，可以结束绘制。除了双击可以结束直线绘制外，还可以按<Esc>键退出线命令，或者在右键菜单中选择【结束链】命令。

按照上述方法，可以继续创建竖直线段，此时光标变成。

（2）绘制平行线段和垂直线段

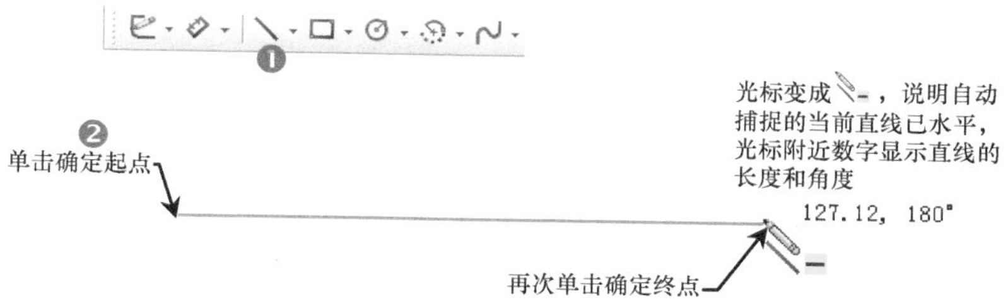

图 2-22 创建直线（线段）

操作指引

❶ 先绘制一条左斜向下的线段 A。

❷ 单击【草图】工具栏中的【直线】按钮 ，将光标移至线段 A 上，线段 A 被红色亮显。

❸ 在线段 A 右下侧与其大致平行方向单击并拖动鼠标，出现第二条线段 B，此时光标将变成 。

❹ 双击结束线段 B 的绘制，如图 2-23 所示。

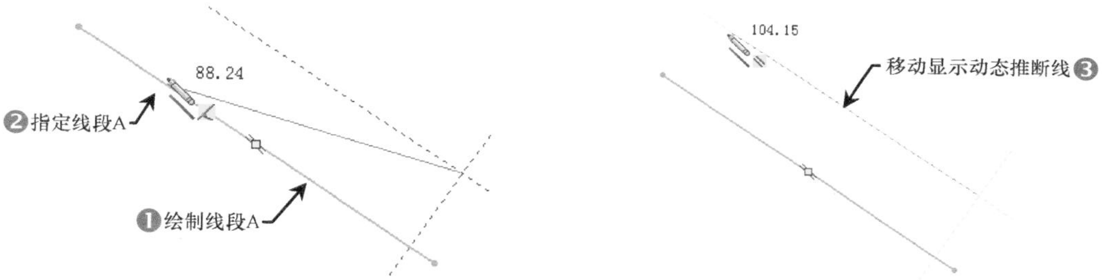

图 2-23 绘制平行线段

❺ 单击【草图】工具栏中的【直线】按钮 。将光标移至线段 B 上，线段 B 被红色亮显。

❻ 在线段 B 斜上方与其大致垂直方向单击并拖动鼠标，出现第三条线段 C，此时光标将变成 。

❼ 双击结束线段 C 的绘制，如图 2-24 所示。

提示：为了在设计时尽量避开引导虚线和系统的自动捕捉功能，可以在绘制过程中按住 <Ctrl>键，取消自动捕捉功能。

（3）利用【插入线条】属性管理器绘制指定线段

操作指引

❶ 单击【草图】工具栏中的【直线】按钮 。

❷ 在【插入线条】属性管理器的【方向】选项区域中选中【角度】单选按钮。

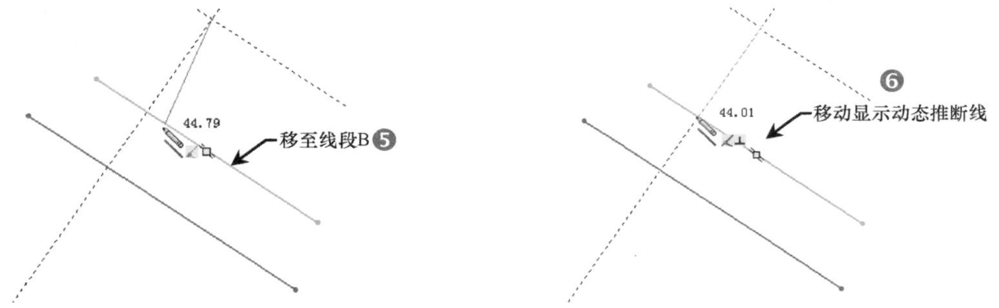

图 2-24　绘制垂直线段

❸ 在【参数】选项区域中设置长度为 100mm，角度为 45°。
❹ 在图形工作区中单击，确定直线的起点。
❺ 移动光标，指向直线的方向。
❻ 双击结束直线的绘制，如图 2-25 所示。

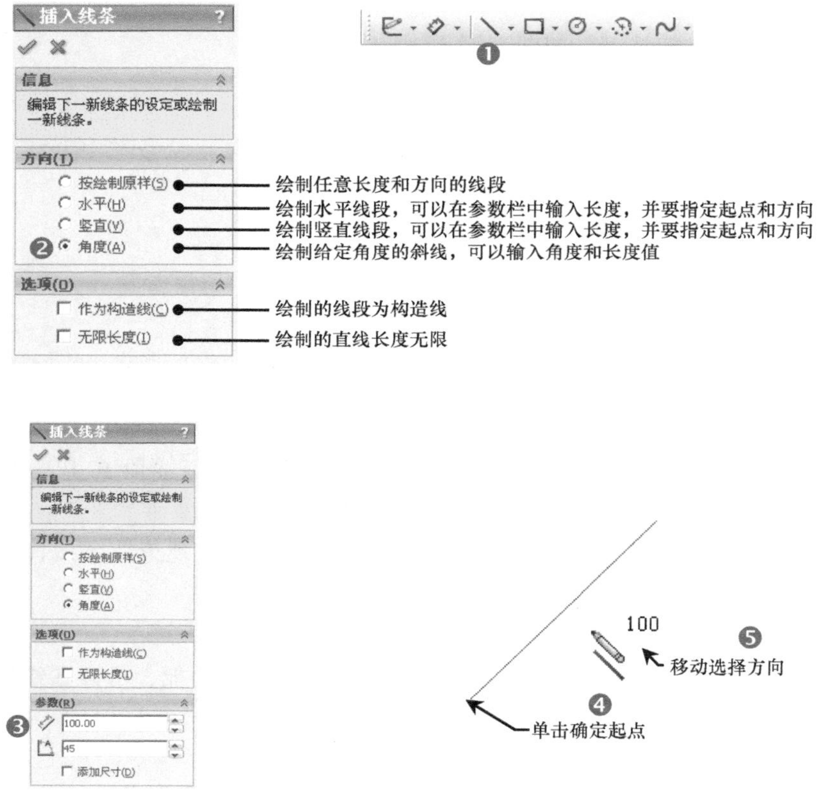

图 2-25　利用【插入线条】属性管理器绘制指定线段

中心线的绘制方法与直线相同，单击【草图】工具栏中的【中心线】按钮 即可创建中心线。

2.3.3 创建圆弧、圆和椭圆

圆弧、圆和椭圆是机械零件设计中常用的草图实体，在 SolidWorks 软件中可以用多种方法创建这三类实体。

（1）【圆心/起/终点画弧】选项绘制圆弧

操作指引

❶ 单击【草图】工具栏中的【圆心/起/终点画弧】按钮。

❷ 在图形工作区单击确定圆弧的圆心点 A，向外拖动调整圆弧半径大小。

❸ 在图形工作区任一位置（点 B）单击，确认半径大小。

❹ 系统自动将点 B 作为圆弧起点，拖动光标确定圆弧的长度与方向。

❺ 在图形工作区单击，确定圆弧终点（C 点）。双击完成圆弧绘制，如图 2-26 所示。

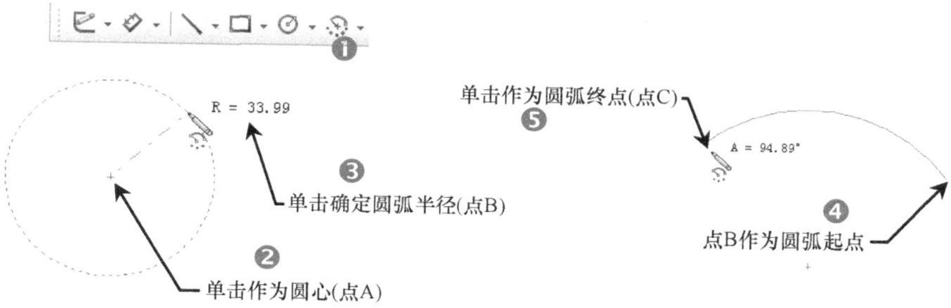

图 2-26 【圆心/起/终点画弧】选项绘制圆弧

（2）【切线弧】选项绘制圆弧

操作指引

❶ 单击【草图】工具栏中的【切线弧】按钮。

❷ 在图形工作区中已知线段端点处单击并拖动鼠标确定圆弧的半径，拖动过程中圆弧始终保持与直线段相切。

❸ 至合适位置后，在图形工作区中单击确定圆弧终点。

❹ 双击完成圆弧绘制，如图 2-27 所示。

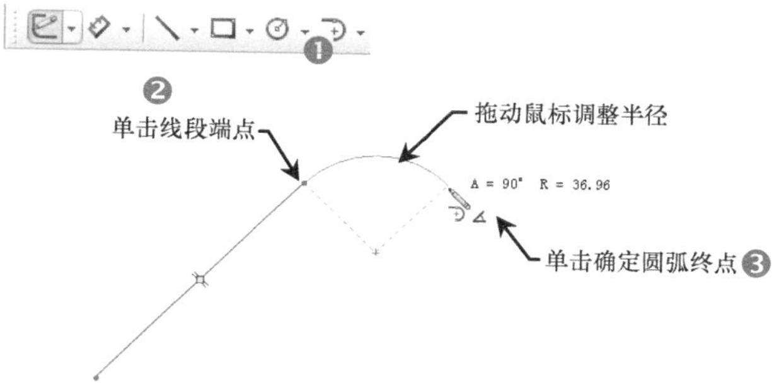

图 2-27 【切线弧】选项绘制圆弧

（3）【三点圆弧】选项绘制圆弧

操作指引

❶ 单击【草图】工具栏中的【三点圆弧】按钮。

❷ 在图形工作区中单击，确定圆弧起点（点 A）。

❸ 至合适位置后，在图形工作区中单击，确定圆弧终点（点 B）。

❹ 拖动鼠标至合适位置，单击确定圆弧中点（点 C）。

❺ 双击完成圆弧绘制，如图 2-28 所示。

图 2-28 【三点圆弧】选项绘制圆弧

在上述三种圆弧的生成方式中，单击任一圆弧创建按钮后，还可以在【圆弧】属性管理器（图 2-29）中切换圆弧的创建方式。选择一个圆弧，可以在【圆弧】属性管理器中查看其相关参数。

圆的绘制与圆弧绘制相似，SolidWorks 软件提供了两种创建圆的方法。在【圆】属性管理器（图 2-30）中可以切换圆的创建方法，并查看圆的相关参数。

1）【中心圆】选项：选择圆心，拖动确定圆的半径。

2）【周边圆】选项：按其周边创建一个圆，需要依次选择三个点。

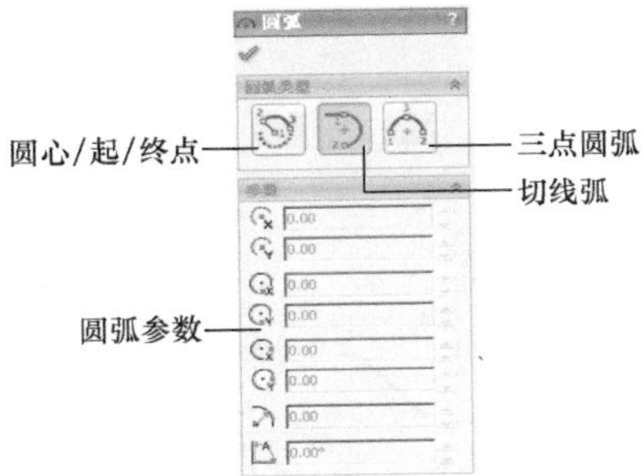

图 2-29 【圆弧】属性管理器

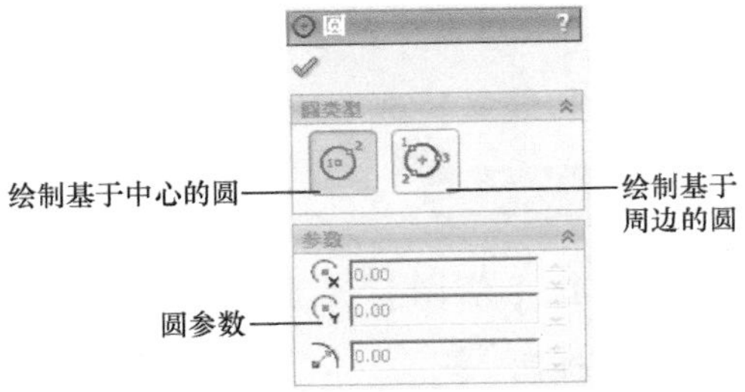

图 2-30 【圆】属性管理器

单击【草图】工具栏中的【椭圆】按钮，可以在【椭圆】属性管理器中，通过设置椭圆的圆心、长半轴和短半轴来创建椭圆。单击【部分椭圆】按钮，可以创建椭圆弧。

2.3.4 创建矩形和多边形

在 SolidWorks 软件中，提供了多种方式创建矩形、平行四边形和正多边形。

（1）【矩形】选项绘制矩形

操作指引

❶ 单击【草图】工具栏中的【矩形】按钮。

❷ 在图形工作区中单击，确定矩形的第一点。

❸ 拖动鼠标，显示矩形引导线，确定矩形大小。

❹ 至合适位置后，在图形工作区单击确定矩形的第二点。双击完成矩形的绘制，如图 2-31 所示。

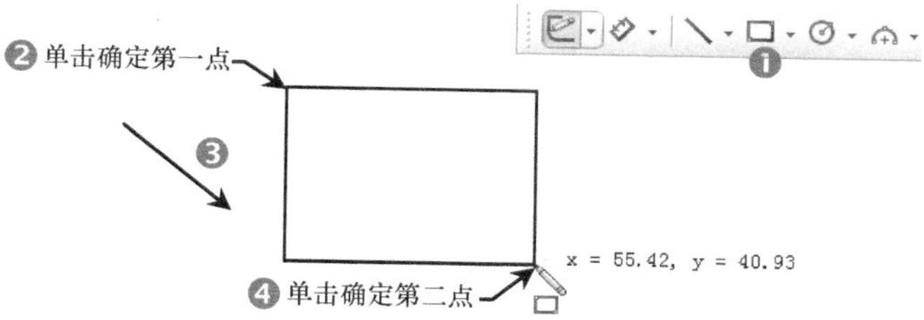

图 2-31　【矩形】选项绘制矩形

单击【矩形】按钮□后，还可以在【矩形】属性管理器（图 2-32）中指定矩形生成的方式，并在参数栏指定矩形参数。

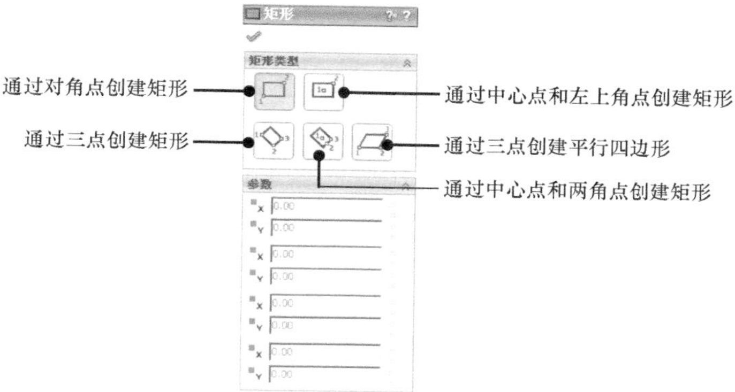

图 2-32　【矩形】属性管理器

（2）【多边形】选项绘制多边形

操作指引

❶ 单击【草图】工具栏中的【多边形】按钮⊕。

❷ 在【多边形】属性管理器的【参数】选项区域中设置多边形的边数为 8。

❸ 选中【外接圆】单选按钮。

❹ 在图形工作区中单击，确定多边形中心点。拖动鼠标调整多边形外接圆直径和旋转角度。

❺ 至合适位置后单击确定多边形的大小。双击完成多边形的绘制，如图 2-33 所示。

2.3.5　创建抛物线

抛物线是二次曲线，在 SolidWorks 软件中创建抛物线的步骤如下。

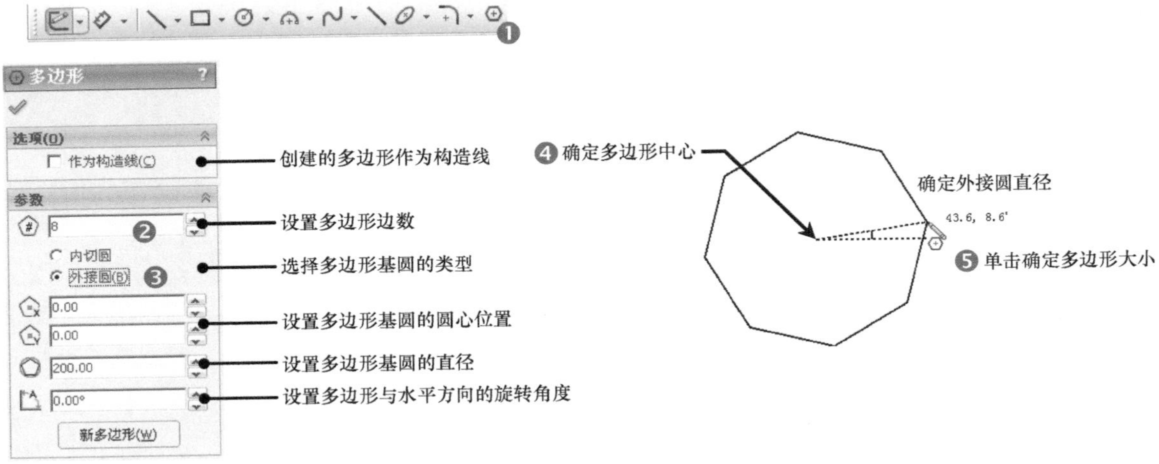

图 2-33 【多边形】选项绘制多边形

操作指引

❶ 单击【草图】工具栏中的【抛物线】按钮，光标变成。

❷ 在图形工作区单击，确定抛物线的焦点。

❸ 拖动鼠标，系统显示虚线抛物线，在顶点处单击，确定抛物线的焦距。

❹ 继续拖动鼠标，在合适的位置单击，确定抛物线的起点。

❺ 继续拖动鼠标，在合适的位置单击，确定抛物线的终点。双击完成抛物线的绘制，如图 2-34 所示。

在【抛物线】属性管理器中修改抛物线的起点、终点和坐标参数等。

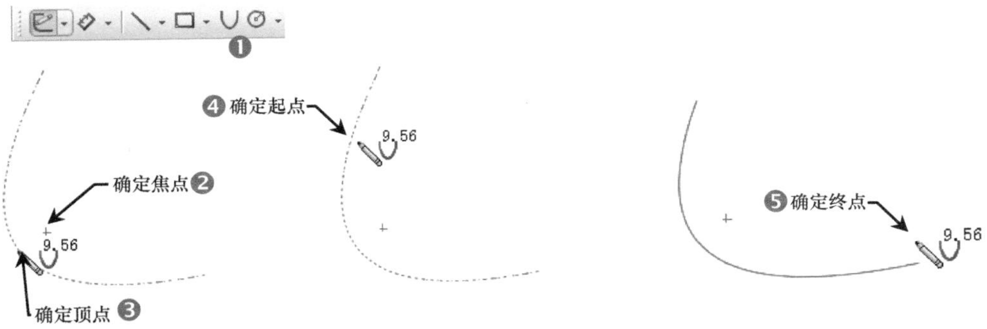

图 2-34 创建抛物线

2.3.6 创建样条曲线

样条曲线是创建复杂特征常用的图元，它是由一系列的型值点连接起来的光滑曲线，SolidWorks 软件提供了较强的样条曲线功能。

（1）创建样条曲线

操作指引

❶ 单击【草图】工具栏中的【样条曲线】按钮，光标变成。

❷ 在图形工作区中依次单击四个点，系统将通过四个点和当前点创建动态样条曲线。

❸ 按<Esc>键结束样条曲线绘制，如图 2-35 所示。

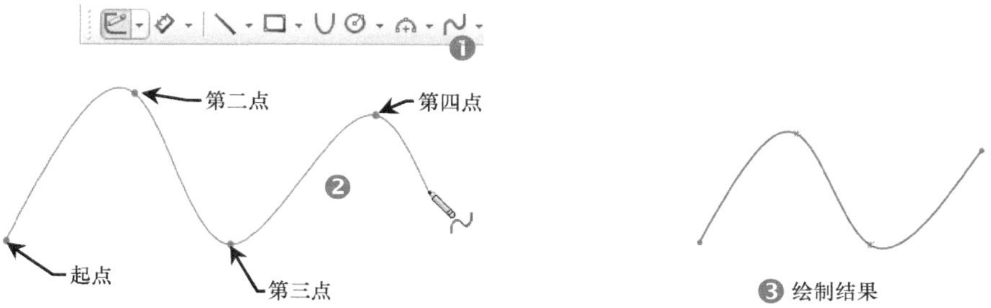

图 2-35　创建样条曲线

（2）调整样条曲线控标

操作指引

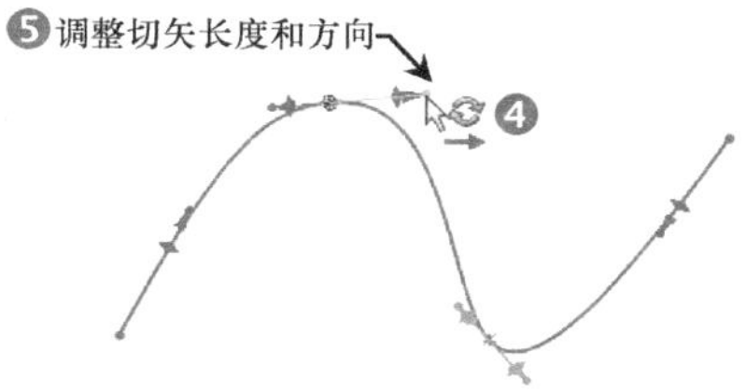

图 2-36　调整样条曲线

❶ 选择需要调整的样条曲线，确定样条曲线的各点的控标以浅灰色显示。

❷ 将光标移至控标上的箭头部分，光标将变成。

❸ 单击并拖动鼠标，调整控标处的切矢长度。

❹ 光标移至控标上的球状部分，光标将变成。

❺ 单击并拖动鼠标，同时调整控标处的切矢长度和方向，如图 2-36 所示。

注意：样条曲线的控标可以分为三个部分，各部分作用如图 2-37 所示。

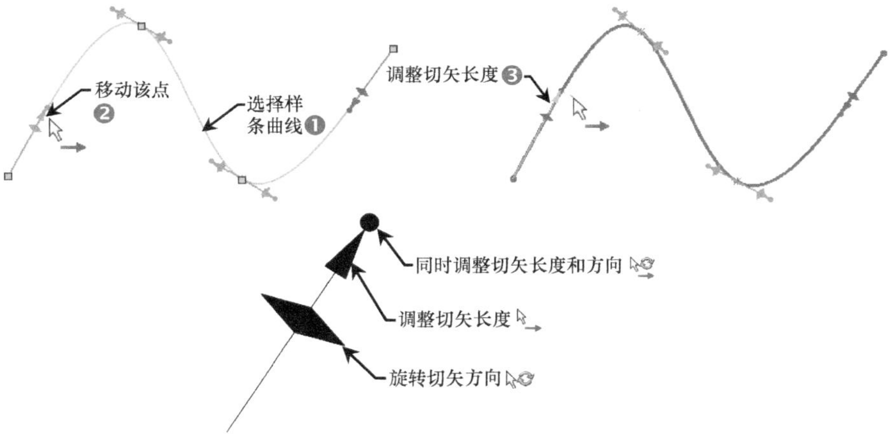

图 2-37　样条曲线控标的各部分作用

(3) 添加样条曲线的相切控制

❶ 单击【样条曲线工具】工具栏中的【添加相切控制】按钮，光标将变成。

❷ 移动光标，控标将跟随光标在样条曲线上移动。

❸ 在合适位置处单击添加控标，如图 2-38 所示。

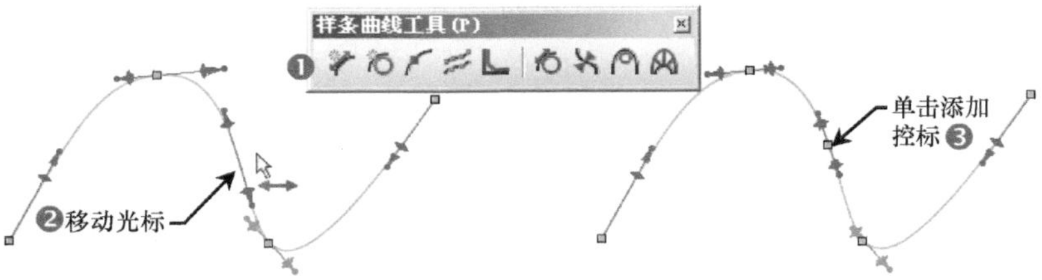

图 2-38　添加样条曲线的相切控制

提示：还可以在样条曲线上右击，在弹出菜单中选择可用于样条曲线编辑的命令。

除了可以调整样条曲线的相切控制外，还可以对样条曲线进行添加曲率控制、插入型值点、简化样条曲线等操作，以及通过【样条曲线】属性管理器控制样条曲线。

2.3.7　创建草图文字

在 SolidWorks 软件中，还可以按需要创建文字。创建的草图文字能被拉伸成实体。

操作指引

❶ 单击【草图】工具栏中的【文字】按钮。

❷ 在图形工作区中选择样条曲线，所选样条曲线显示在【草图文字】属性管理器的【曲线】列表中。

❸ 在【草图文字】属性管理器的【文字】选项区域的文本框中输入 SolidWorks。

❹ 取消选择【使用文档字体】复选框。

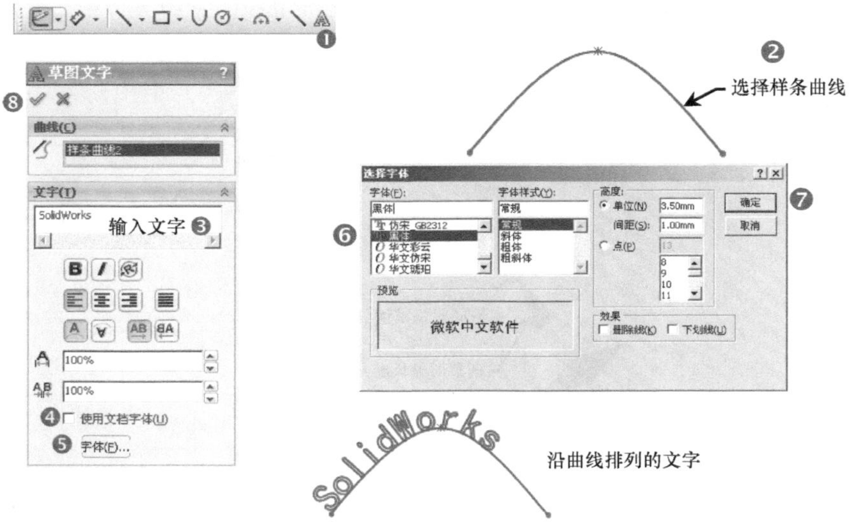

图 2-39　创建草图文字

❺ 单击【字体】按钮 字体(F)... 。

❻ 弹出【选择字体】对话框，在【字体】下拉列表框中选择字体为黑体。

❼ 单击【确定】按钮 确定 。

❽ 单击【草图文字】属性管理器中的【确定】按钮✓，完成草图文字的创建，如图 2-39 所示。

提示：应用【草图文字】属性管理器中的其他选项，可以设置文字的加粗、斜体、旋转、对齐、反转、宽度因子、间距等属性。

2.3.8　转换草图实体

通过将实体的平面、曲线、外部草图轮廓线、一组边线或一组草图曲线投影到草图的基准面上，可以在草图上生成一或多个草图对象。

打开范例文件“2-3\ addexist. SLDPRT”，如图 2-40 所示。

操作指引

图 2-40　范例文件 addexist

❶ 单击【草图】工具栏中的【绘制草图】按钮，进入草图环境。

❷ 单击零件表面作为草图平面。

❸ 按住<Ctrl>键的同时依次单击零件的四个凸台边缘。

❹ 单击【转换实体引用】按钮。

❺ 在特征管理器设计树中右击【输入 1】按钮 输入1，在弹出菜单中单击【隐藏】按钮，查看边缘转换后的草图曲线，如图 2-41 所示。

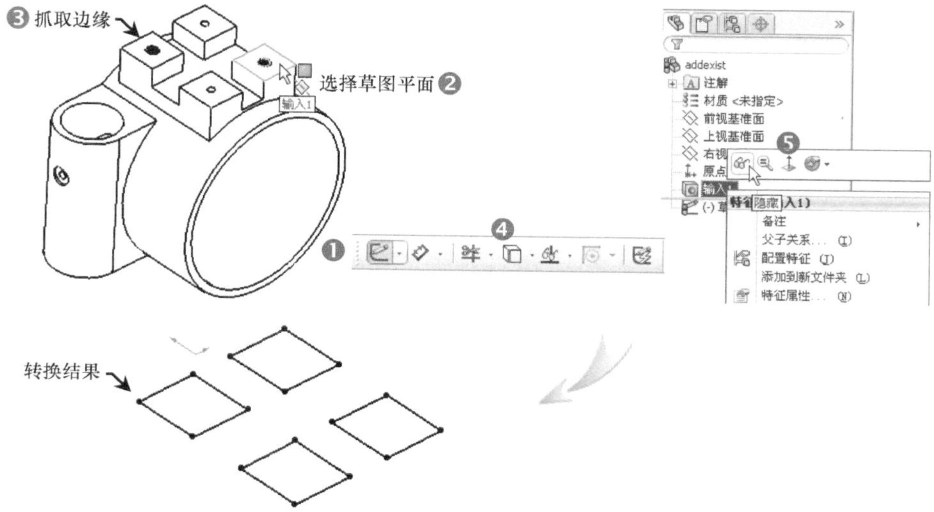

图 2-41　转换草图实体

2.4 应用草图工具编辑草图

应用草图工具可以对草图对象进行各种编辑，从而创建更复杂的草图。

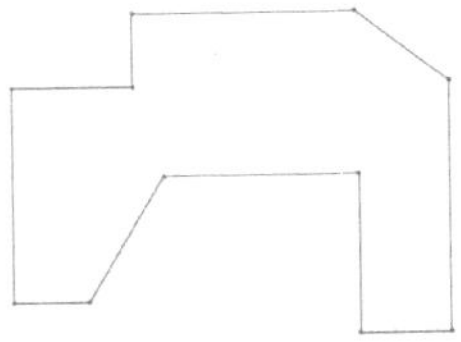

图 2-42 范例文件 fillet

2.4.1 草图圆角

利用草图的圆角功能可以在两个草图实体的交叉处生成圆角。

打开范例文件“2-4\ fillet. SLDPRT”，如图 2-42 所示。

操作指引

❶ 单击【草图】工具栏中的【绘制圆角】按钮。

❷ 在【绘制圆角】属性管理器的【圆角参数】选项区域的【半径】文本框中设置圆角半径为 10mm。

❸ 在图形工作区中依次单击要生成圆角的两条线段，生成圆角，并自动添加尺寸约束。

❹ 在【绘制圆角】属性管理器的【圆角参数】选项区域中取消选择【保持拐角处约束条件】复选框。

❺ 在图形工作区中依次单击要生成圆角的两条线段。

❻ 在弹出的提示框中单击【是】按钮，生成圆角，并自动添加尺寸约束，原来的圆角半径 10mm 将被删除。

❼ 在【绘制圆角】属性管理器的【圆角参数】选项区域中选中【保持拐角处约束条件】复选框。

❽ 在图形工作区中依次单击要生成圆角的两条线段，生成圆角，顶点尖角将被保留，并且半径与上一个圆角相等，如图 2-43 所示。

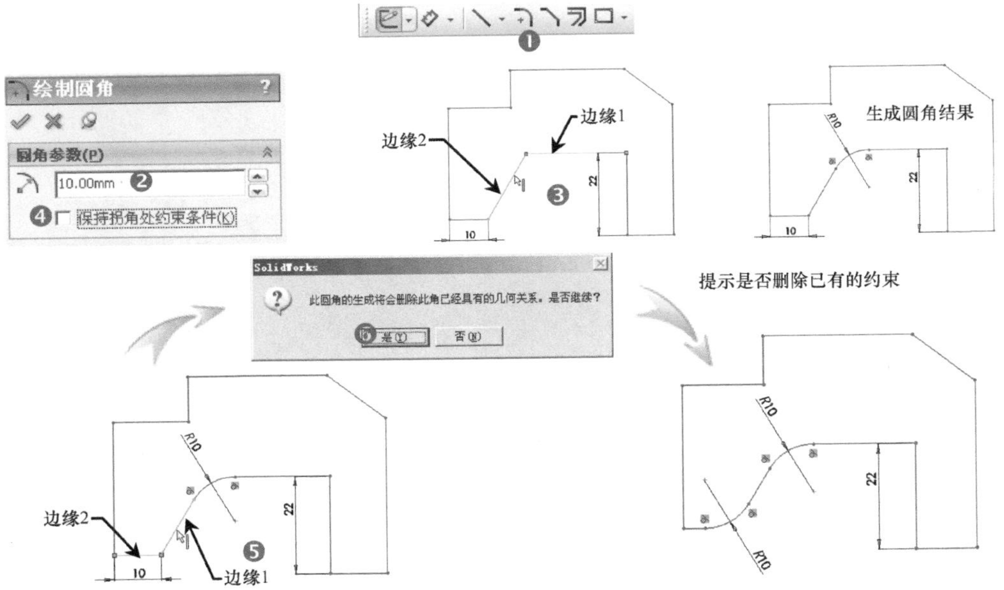

图 2-43 绘制圆角

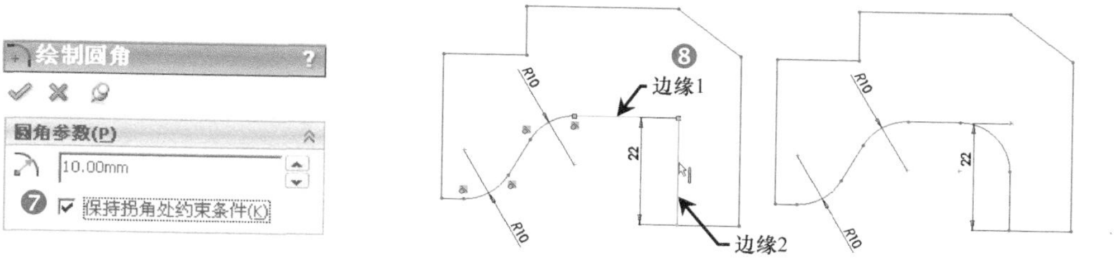

图 2-43　绘制圆角（续）

2.4.2　草图倒角

在 SolidWorks 软件中，有三种方式绘制倒角，下面分别介绍。

打开范例文件“2-5 \ chamfer. SLDPRT”，如图 2-44 所示。

（1）【角度距离】选项绘制倒角

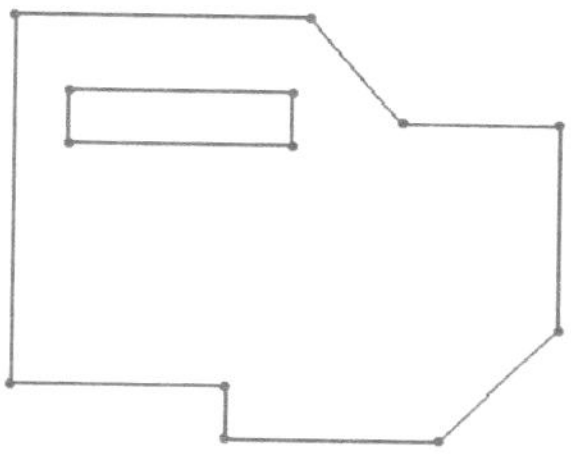

图 2-44　范例文件 chamfer

操作指引

❶ 单击【草图】工具栏中的【绘制倒角】按钮。

❷ 在【绘制倒角】属性管理器的【倒角参数】选项区域中，选中【角度距离】单选按钮。

❸ 在【距离】文本框设置距离为 10mm，在【角度】文本框设置角度为 45°。

❹ 在图形工作区中依次单击要生成倒角的两条线段，生成倒角，并自动添加尺寸约束。双击完成倒角的绘制，如图 2-45 所示。

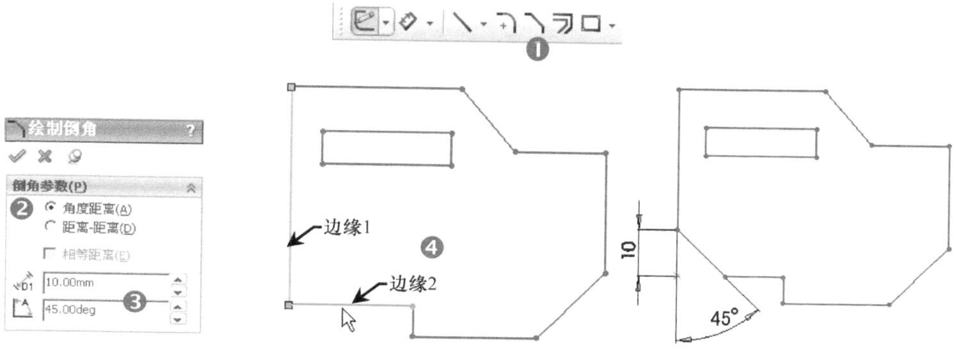

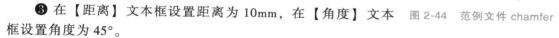

图 2-45　【角度距离】选项绘制倒角

（2）不同距离利用【距离-距离】选项绘制倒角

❶ 在【草图】工具栏中单击【绘制倒角】按钮，在【绘制倒角】属性管理器的【倒角参数】选项区域中，选中【距离-距离】单选按钮。

❷ 在【距离】文本框中输入倒角的两个距离，分别为 10mm 和 5mm。

❸ 在图形工作区依次单击要生成倒角的两条线段，生成倒角，并自动添加尺寸约束。双击完成倒角的绘制，如图 2-46 所示。

（3）相等距离利用【距离-距离】选项绘制倒角

❶ 在【草图】工具栏中单击【绘制倒角】按钮，在【绘制倒角】属性管理器的【倒角参数】选项区域中，选中【距离-距离】单选按钮。

❷ 选中【相等距离】复选框。

❸ 在【距离】文本框中输入倒角距离为 10mm。

❹ 在图形工作区依次单击要生成倒角的两条线段，生成倒角，并自动添加尺寸约束。双击完成倒角的绘制，如图 2-47 所示。

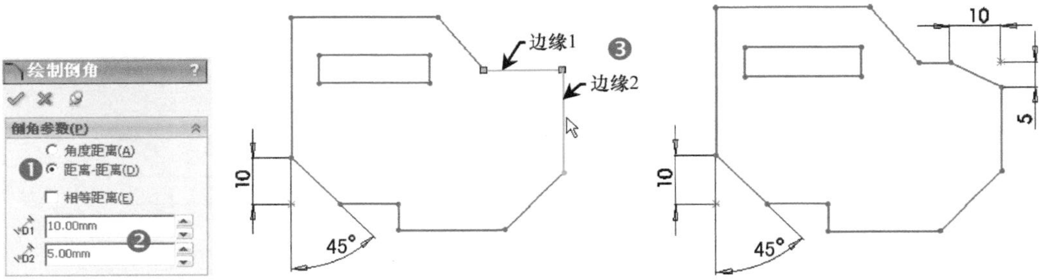

图 2-46　不同距离利用【距离-距离】选项绘制倒角

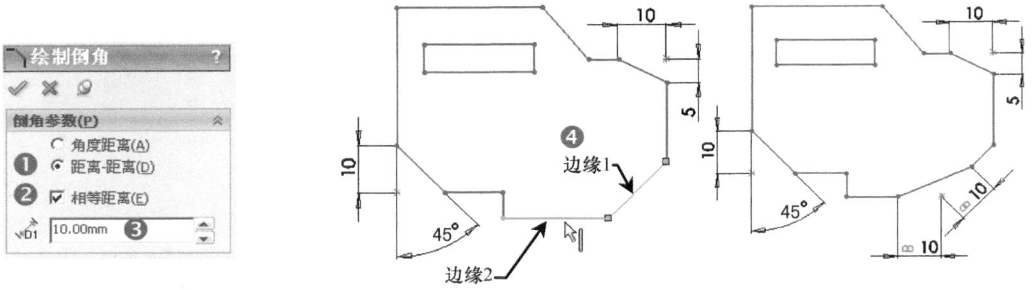

图 2-47　相等距离利用【距离-距离】选项绘制倒角

2.4.3　草图剪裁

【剪裁实体】功能可以快速剪裁不需要的曲线，还可以延伸草图线段直至与另一草图实体重合。

1.【强劲剪裁】选项剪裁草图

【强劲剪裁】功能可以延伸草图实体，一次性剪裁一个或多个实体。

打开范例文件“2-6\trim_ strong. SLDPRT”，如图 2-48 所示。

操作指引

❶ 单击【草图】工具栏中的【剪裁实体】按钮。

❷ 在【剪裁】属性管理器的【选项】选项区域中单击【强劲剪裁】按钮。

❸ 单击并拖动鼠标，在范例文件中要裁剪的部分划过，则与光标轨迹相交的草图线段被截断。

❹ 选择草图实体的中心线。

❺ 向上拖动鼠标，被选中的中心线会随着鼠标的移动而延伸。

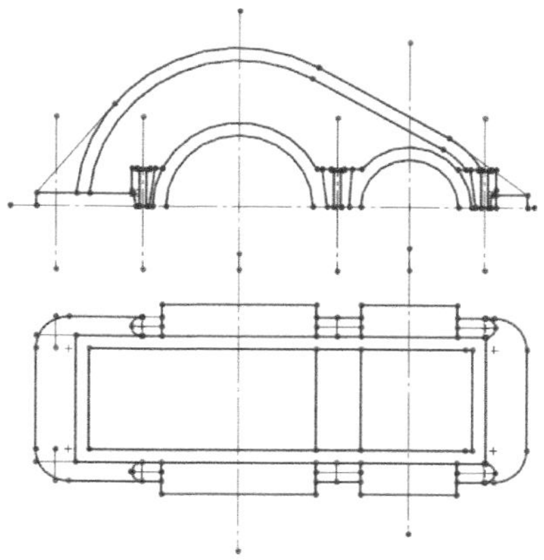

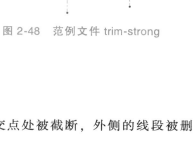

图 2-48　范例文件 trim-strong

❻ 至合适位置后单击确定中心线长度。

提示：拖动时不能按住鼠标左键。

❼ 单击要被删除的线段作为被剪裁实体。

❽ 单击圆弧作为用于剪裁的实体，则线段在与圆弧的交点处被截断，外侧的线段被删除，如图 2-49 所示。

注意：如果划过的是单个或未相交的草图实体，则被划过的实体被删除。

2. 【边角】选项剪裁草图

【边角】剪裁功能可以在两实体的实际交点和虚交点处进行剪裁。

打开范例文件“2-7\ trim_ corner. SLDPRT”，如图 2-50 所示。

范例 2-7

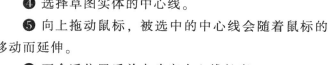

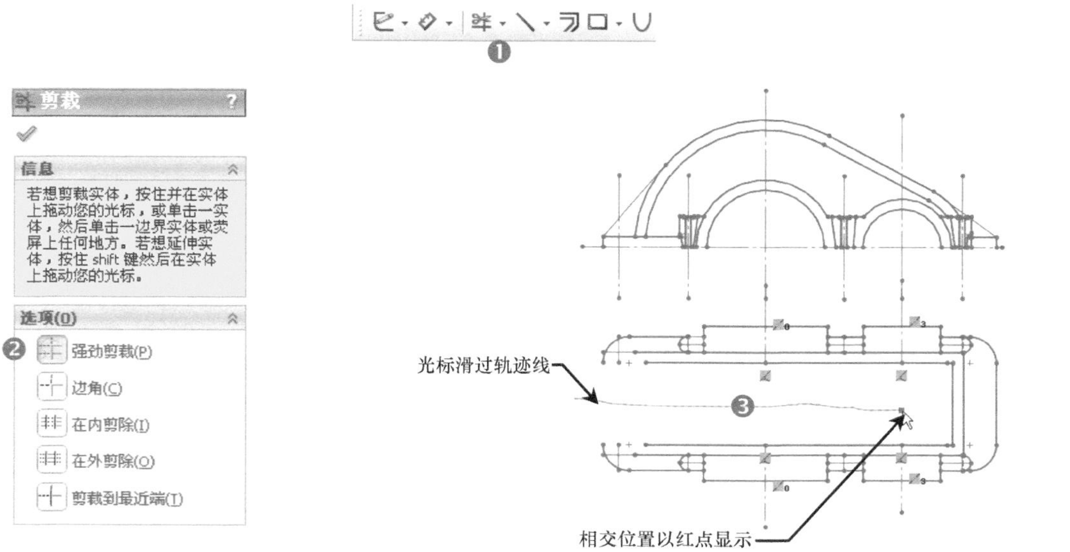

图 2-49　【强劲剪裁】选项剪裁草图

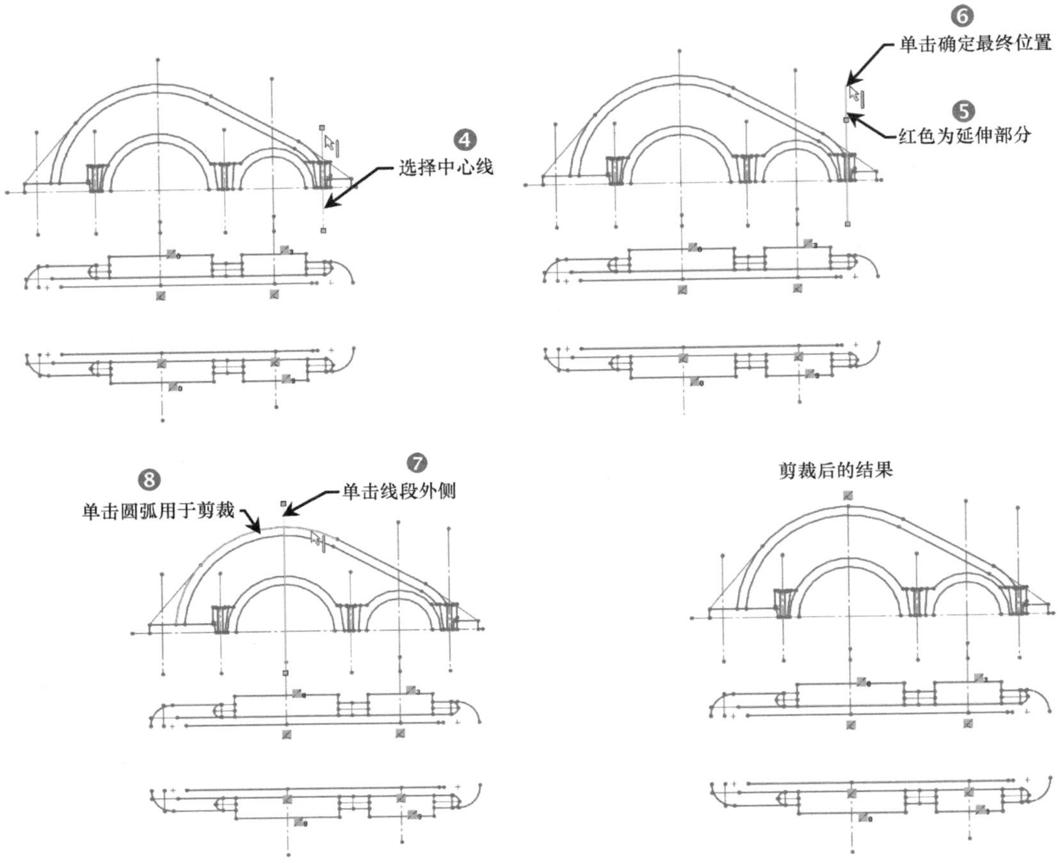

图 2-49 【强劲剪裁】选项剪裁草图（续）

操作指引

❶ 单击【草图】工具栏中的【剪裁实体】按钮。

❷ 在【剪裁】属性管理器的【选项】选项区域中单击【边角】按钮。在图形工作区依次单击相交的两条中心线，线段在交点处被分割，单击一侧被保留，未被单击一侧被删除。

❸ 在图形工作区依次单击看上去没有相交的两条线段，则线段被延伸到虚交点处，如图 2-51 所示。

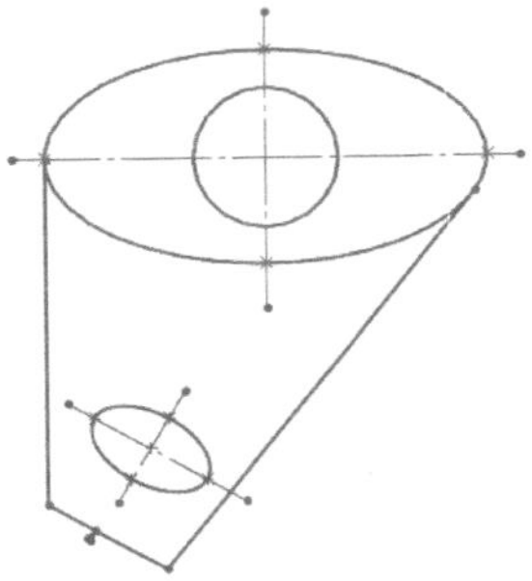

图 2-50 范例文件 trim_ corner

3. 【在内剪除】选项与【在外剪除】选项剪裁草图

【在内剪除】功能用于剪裁与所选两条边界相交或完全位于两条边界之内的实体。

打开范例文件“2-8 \ trim_ inner. SLDPRT”，如图 2-52 所示。

操作指引

❶ 单击【剪裁实体】按钮。

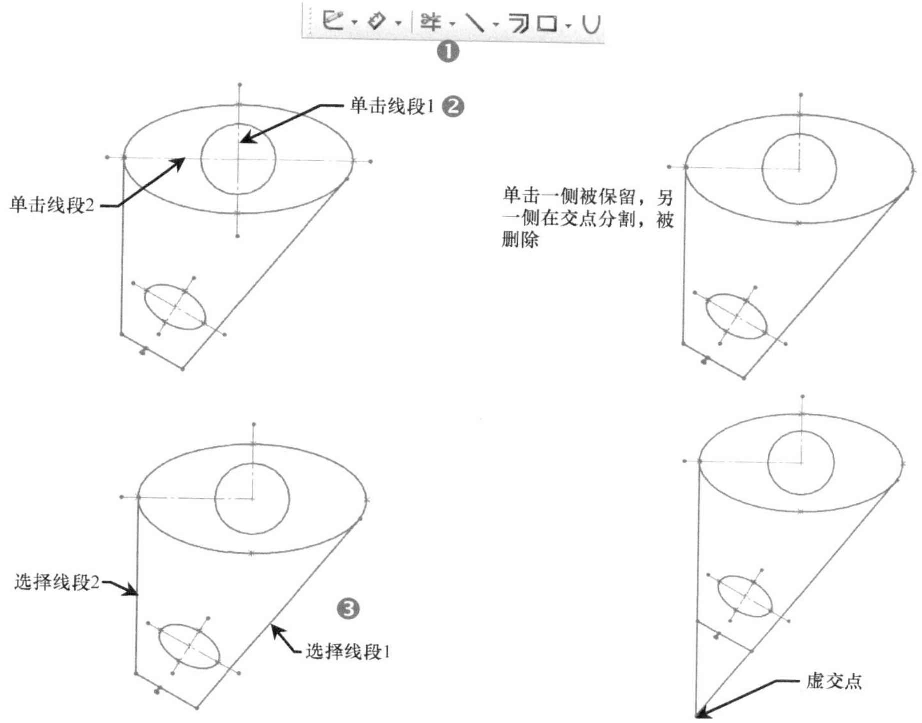

图 2-51　【边角】选项剪裁草图

❷ 在【剪裁】属性管理器的【选项】选项区域中单击【在内剪除】按钮。在图形工作区依次单击两条边界线，选择过程中状态栏会有提示。在图形工作区依次选择希望剪裁的对象，完成剪裁，如图 2-53 所示。

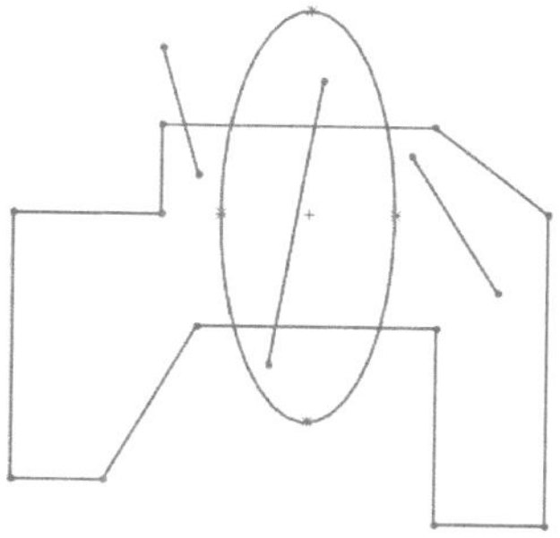

图 2-52　范例文件 trim_ inner

提示：被裁剪对象必须完全位于两条边界线之间，或同时与两条边界线相交，并且不能是封闭草图。从图 2-53 中可以看出，只有被剪裁对象 1 和被剪裁对象 4 被剪裁，而被剪裁对象 3 只与一个边界线相交，被剪裁对象 1 是封闭草图，所以不能被剪裁。

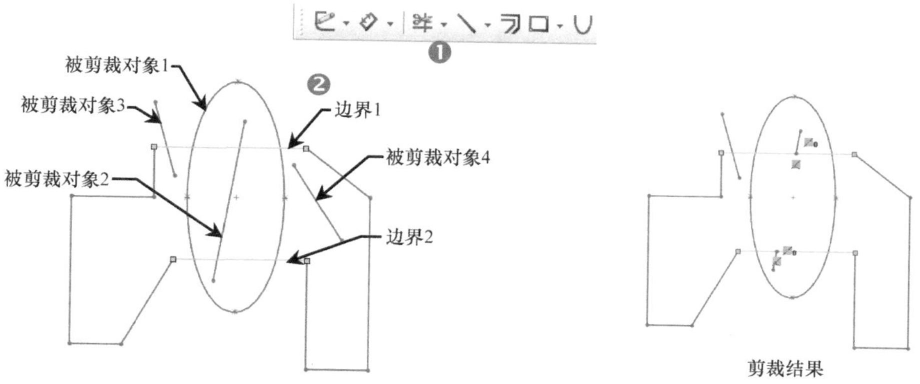

图 2-53　【在内剪除】选项剪裁草图

【在外剪除】功能用于剪裁与所选两条边界相交或完全位于两条边界之外的实体。与【在内剪除】功能相同，被裁剪对象必须同时与两条边界相交，或完全不与两条边界相交，并且不能是封闭草图。

4. 【剪裁到最近端】选项剪裁草图

【剪裁到最近端】功能将被剪裁实体在与其他实体最近的交叉点处删除。

打开范例文件“2-9\ trim_ least. SLDPRT”，如图 2-54 所示。

操作指引

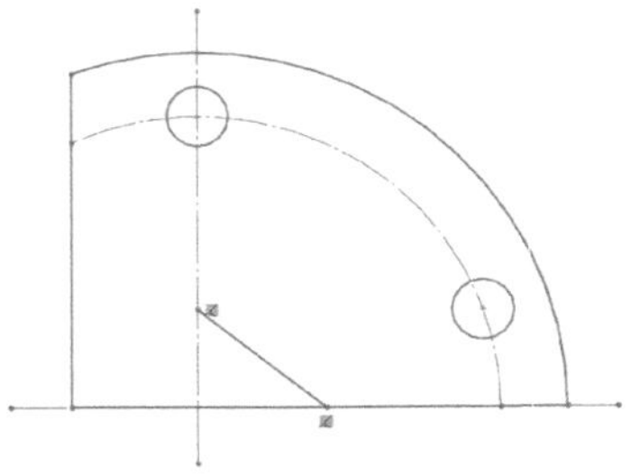

图 2-54　范例文件 trim_ least

❶ 单击【剪裁实体】按钮。

❷ 在【剪裁】属性管理器的【选项】选项区域中单击【剪裁到最近端】按钮。将光标指向实体要删除的部位（圆弧），圆弧会亮显。

❸ 单击删除中间圆弧。

❹ 将光标指向线段，线段会亮显。

❺ 单击并拖动鼠标至与实体交叉处，释放鼠标左键，完成线段的延伸，如图 2-55 所示。

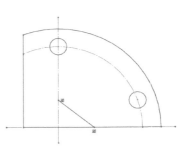

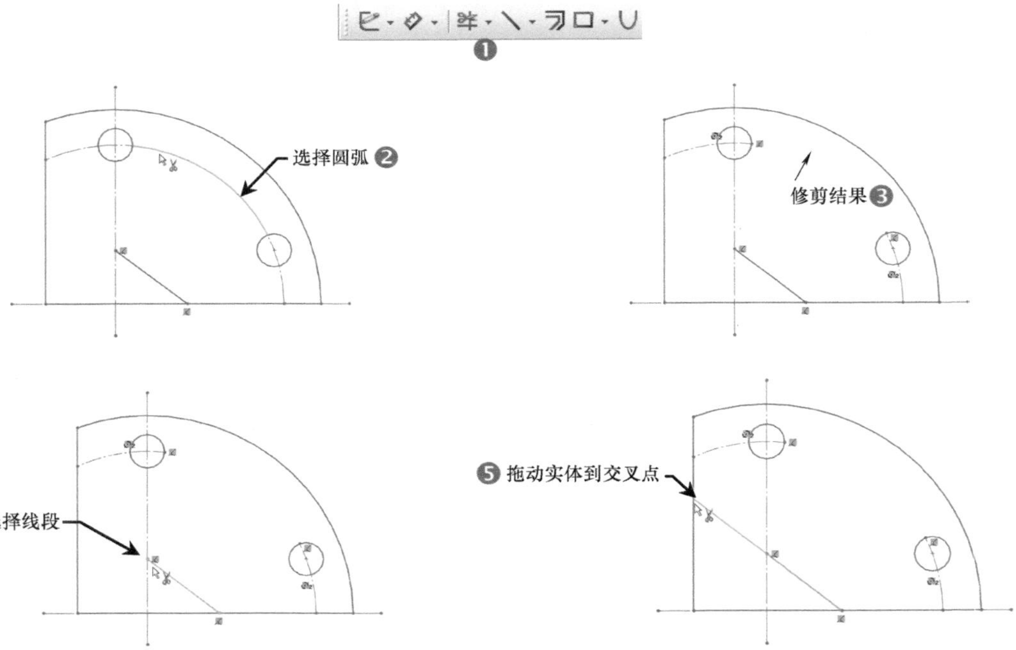

图 2-55　【剪裁到最近端】选项剪裁草图

2.4.4　草图延伸

【延伸实体】功能是将直线、圆弧或中心线延伸到与直线、圆弧、圆、椭圆、样条曲线或中心线相交。

打开范例文件“2-10 \ extend. SLDPRT”，如图 2-56 所示。

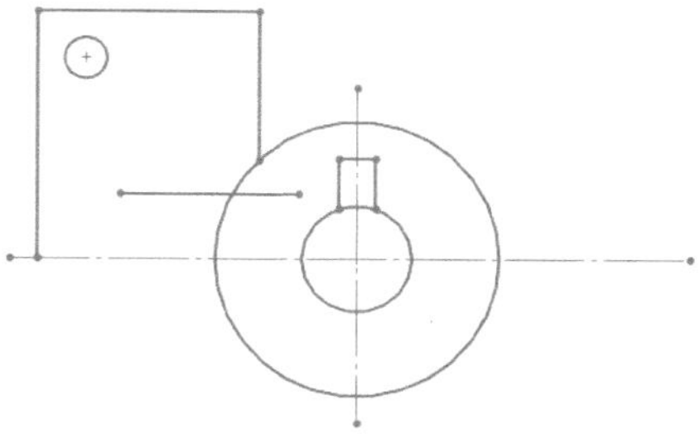

图 2-56　范例文件 extend

操作指引

❶ 单击【草图】工具栏中的【延伸实体】按钮 。

❷ 移动光标至要延伸的线段上单击，线段被红色亮显，并在移近端延伸。

❸ 移动光标至线段的另一端，观察预览。单击完成延伸，如图 2-57 所示。

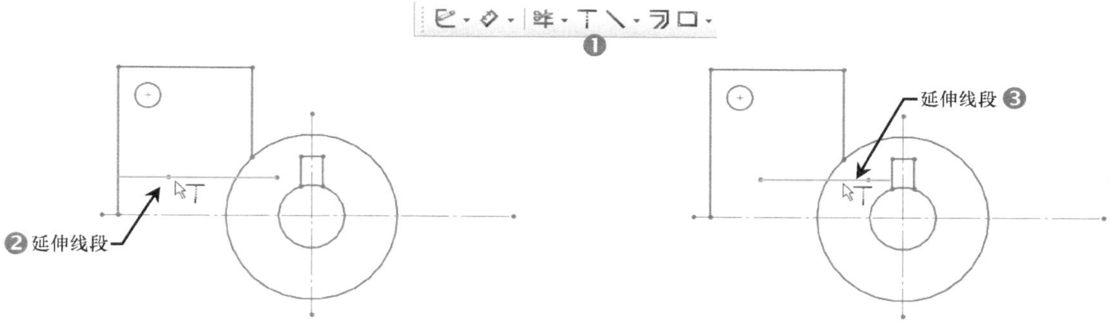

图 2-57　草图延伸

2. 4. 5　草图镜像

草图镜像操作是以一条直线为对称中心线，将草图对象复制成新的草图对象。通过镜像操作生成的对象与原对象形成一个整体，并且保持关联性。

打开范例文件“2-11 \ mirror. SLDPRT”，如图 2-58 所示。

操作指引

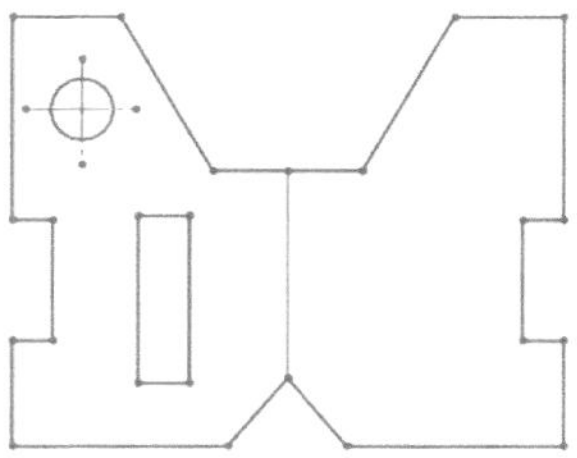

图 2-58　范例文件 mirror

❶ 单击【草图】工具栏中的【镜像实体】按钮 。

❷ 在图形工作区中选择线段、圆和中心线，【镜向】属性管理器的【选项】选项区域的【要镜向的实体】下拉列表框中将显示草图实体的名称。

❸ 在【镜像点】列表框中单击。

❹ 在图形工作区中选择镜像的对称中心线，所选中心线的名称显示在列表框中，同时图线被镜像，如图 2-59 所示。

2. 4. 6　草图等距

【等距实体】功能是将一个或多个草图实体、所选模型边线、环、面、外部草图曲线、外部实体轮廓在当前草图平面的投影偏移指定距离，以便生成新的草图实体。

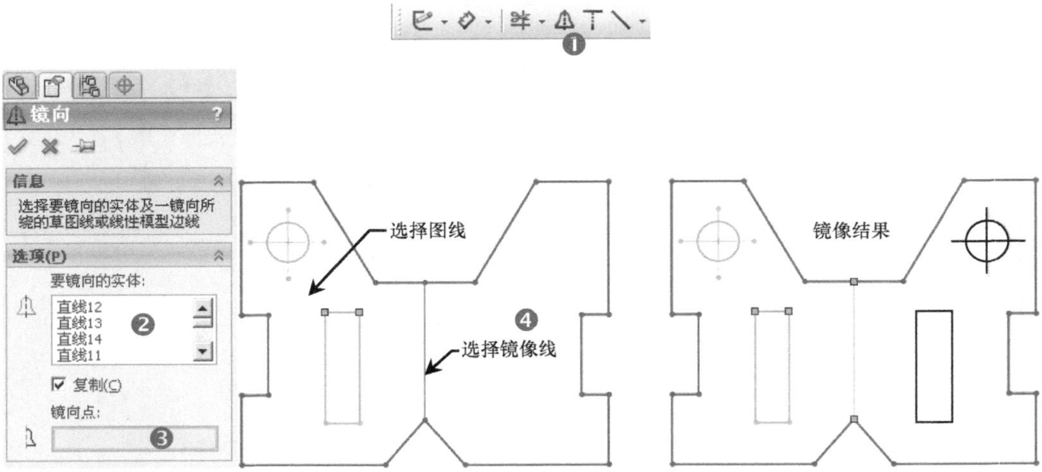

图 2-59 草图镜像

打开范例文件“2-12\offset.SLDPRT”，如图 2-60 所示。

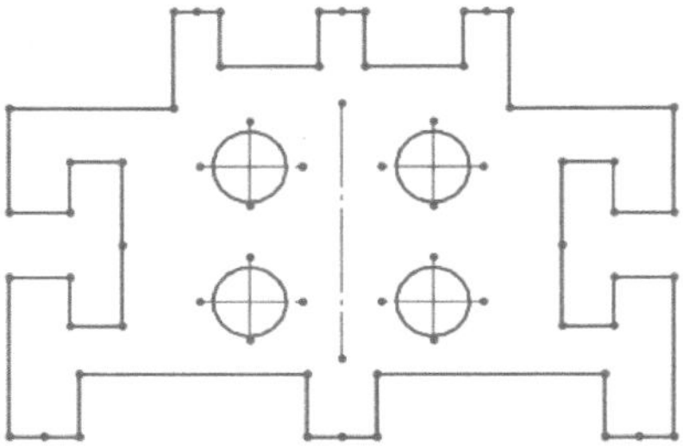

图 2-60 范例文件 offset

(1)【选择链】选项绘制等距草图

操作指引

❶ 单击【草图】工具栏中的【等距实体】按钮。

❷ 在【等距实体】属性管理器的【参数】选项区域的【等距距离】文本框中设置等距距离为 5mm。

❸ 选中【添加尺寸】复选框。

❹ 选中【选择链】复选框。

❺ 在图形工作区中选择要被等距的草图曲线，图形工作区将显示黄色的偏距预览线。

❻ 在【等距实体】属性管理器中选中【反向】复选框，预览线将会反向偏距，如图 2-61 所示。

单击【等距实体】属性管理器中的【确定】按钮，完成等距实体的绘制。

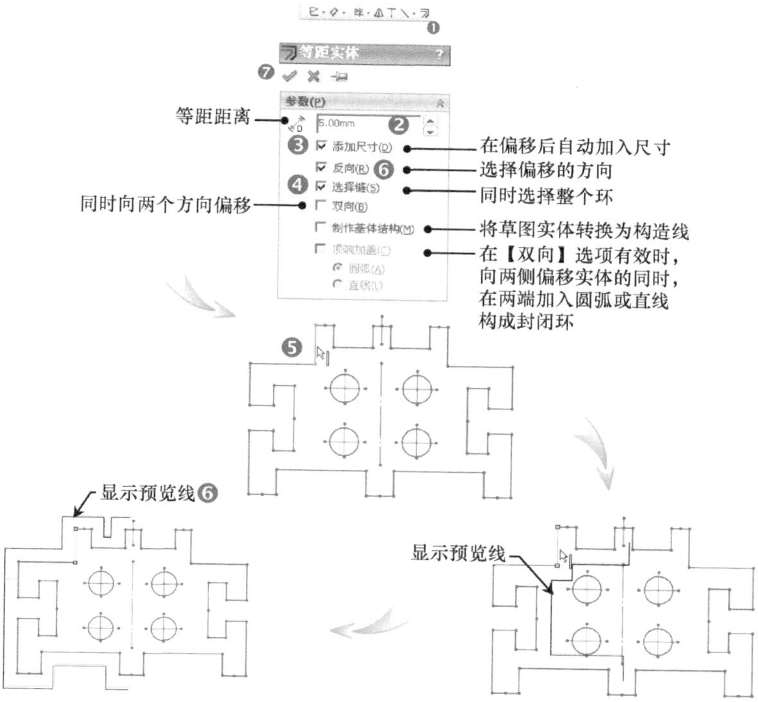

图 2-61　【选择链】选项绘制等距草图

（2）【双向】选项与【顶端加盖】选项绘制等距草图

操作指引

❶ 单击【等距实体】按钮，在【等距实体】属性管理器的【等距距离】文本框中设置等距距离为 3mm。

❷ 选中【双向】复选框。

❸ 在图形工作区中选择要被等距的草图曲线，图形工作区将显示黄色的偏距预览线。

❹ 在【等距实体】属性管理器中选中【顶端加盖】复选框和【圆弧】单选按钮。

❺ 查看预览线，单击【等距实体】属性管理器中的【确定】按钮，完成等距实体的绘制，如图 2-62 所示。

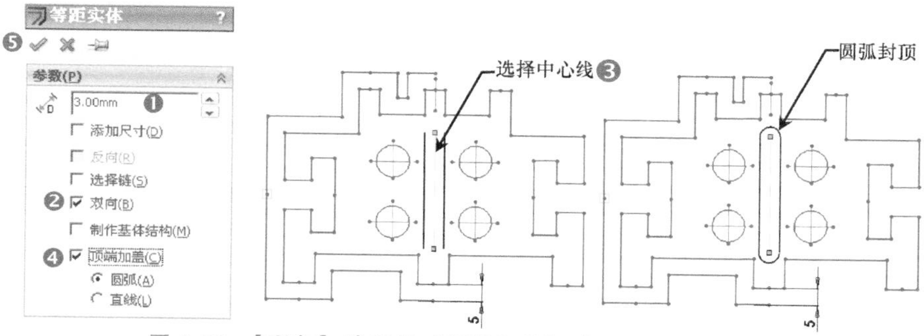

图 2-62　【双向】选项与【顶端加盖】选项绘制等距草图

2.4.7 草图线性阵列

SolidWorks 软件提供的草图线性阵列功能，可以按两个正交方向阵列草图实体。创建草图线性阵列的步骤如下。

打开范例文件“2-13 \ array_ linear. SLDPRT”，如图 2-63 所示。

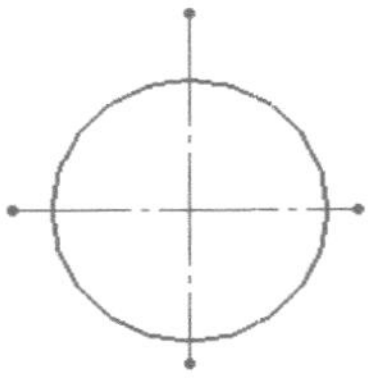

图 2-63 范例文件 array_ linear

操作指引

❶ 单击【草图】工具栏中的【线性草图阵列】按钮。

❷ 在【线性阵列】属性管理器的【方向 1】选项区域的【数量】文本框中输入数量为 2。

❸ 在【方向 1】选项区域的【间距】文本框中输入 X 方向相邻两个特征参数间的距离为 30mm。

❹ 在【方向 2】选项区域的【数量】文本框中输入数量为 2。

❺ 在【方向 2】选项区域的【间距】文本框中输入 Y 方向相邻两个特征参数间的距离 30mm。

❻ 在【要阵列的实体】列表框中单击。

❼ 在图形工作区依次单击整圆和中心线，查看阵列预览。

❽ 单击方向箭头，使阵列预览反向，如图 2-64 所示。

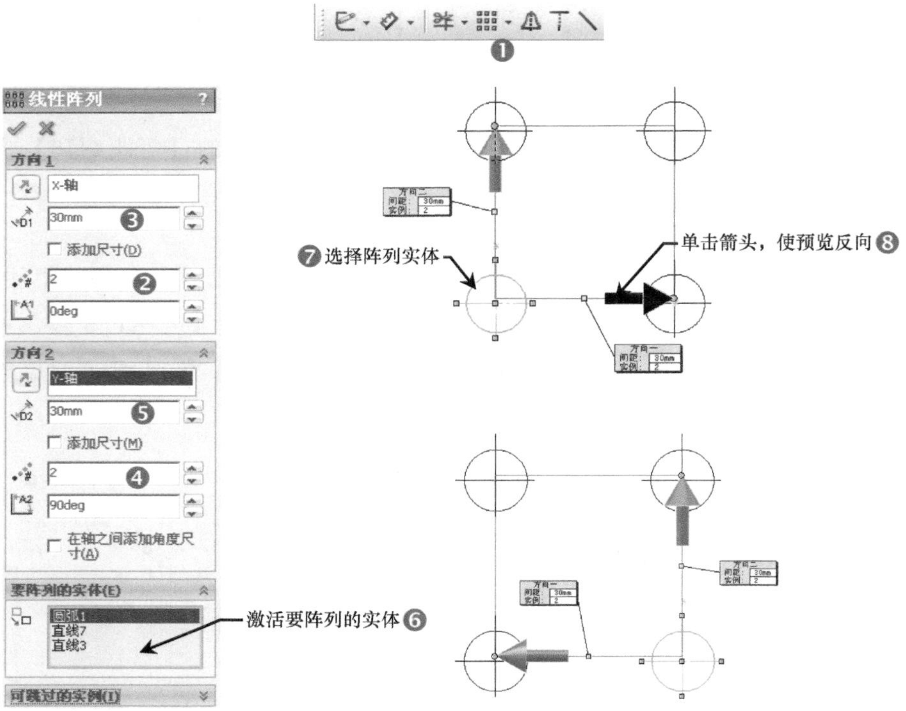

图 2-64 线性阵列

在【线性阵列】属性管理器中，有【可跳过的实例】列表框，单击该列表框，在图形工作区中选择要取消阵列的控制点，控制点的坐标会出现在【可跳过的实例】列表框中，该点便不包括在阵列图形中，如图 2-65 所示。

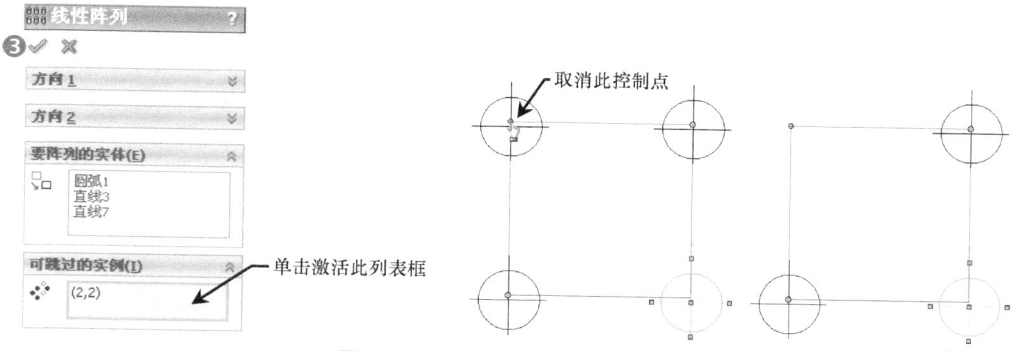

图 2-65　【可跳过的实例】选项

2.4.8　草图圆周阵列

SolidWorks 软件提供的草图圆周阵列功能，可以指定中心点、半径和数量阵列草图实体。

打开范例文件“2-14 \ array_ circle. SLDPRT”，如图 2-66 所示。

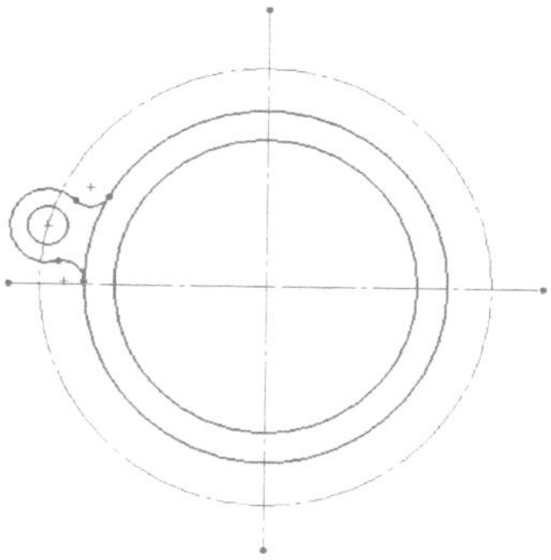

图 2-66　范例文件 array_ circle

操作指引

❶ 单击【草图】工具栏中的【圆周草图阵列】按钮。

❷ 在【圆周阵列】属性管理器的【参数】选项区域中，单击【反向旋转】文本框，激活圆周阵列围绕中心点旋转的方向。

❸ 在图形工作区捕捉圆心作为阵列中心点，圆心的横、纵坐标分别出现在【中心 X】【中心 Y】文本框中。

❹ 在【数量】文本框中输入数量为 5。

❺ 在【要阵列的实体】列表框中单击。

❻ 在图形工作区依次单击要阵列的圆弧，查看阵列预览。

❼ 单击【圆周阵列】属性管理器的【确定】按钮，完成圆周阵列，如图 2-67 所示。

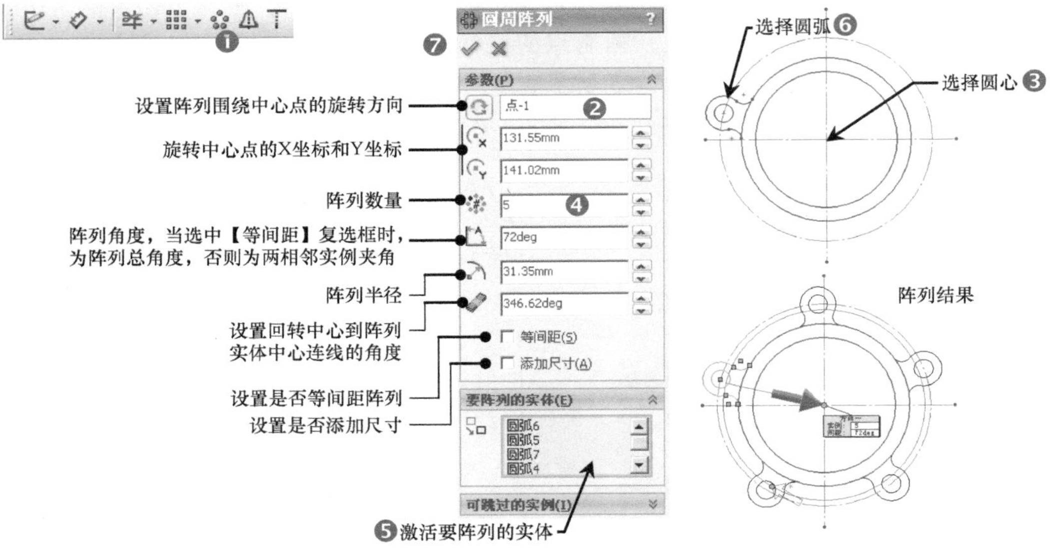

图 2-67　圆周阵列

2.4.9　草图分割

草图分割可以将一条完整的曲线分割成几段曲线。

打开范例文件“2-15 \ cut. SLDPRT”，如图 2-68 所示。

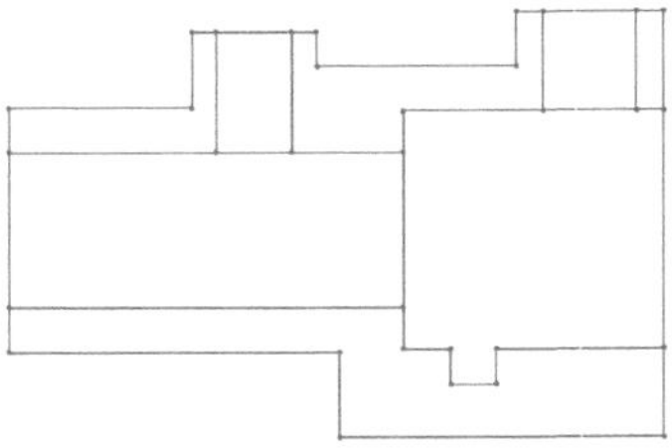

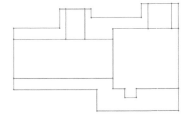

图 2-68　范例文件 cut

操作指引

❶ 单击【草图】工具栏中的【分割实体】按钮，光标变成。

❷ 在图形工作区中单击，确定添加分割点的位置，将直线分为三个部分。

❸ 选择中间的分割线段。按<Delete>键删除中间线段，如图 2-69 所示。

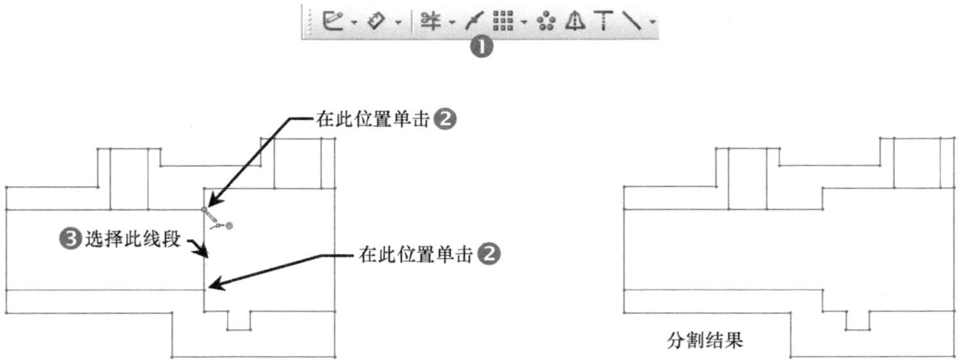

图 2-69　草图分割

2.4.10　草图转折

草图转折可以将草图中的直线生成转折线。

打开范例文件“2-16\ turn. SLDPRT”，如图2-70所示。

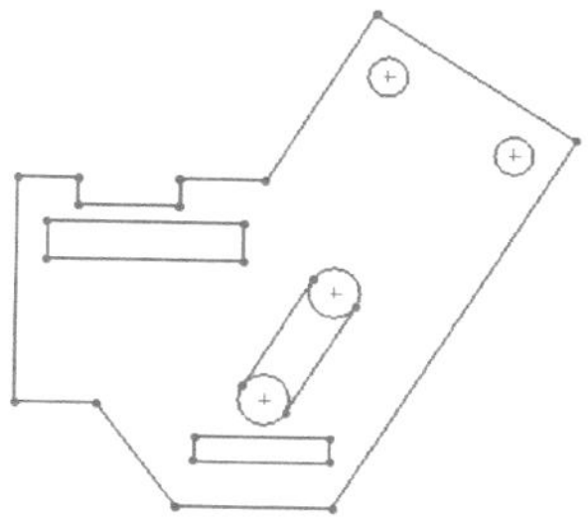

图 2-70　范例文件 turn

操作指引

❶ 选择【工具】|【草图工具】|【转折线】命令。

❷ 在图形工作区单击要被转折的直线。

❸ 拖动鼠标，根据导航线观察转折线的形状，预览转折的宽度和深度。

❹ 再次单击确定转折，如图 2-71 所示。

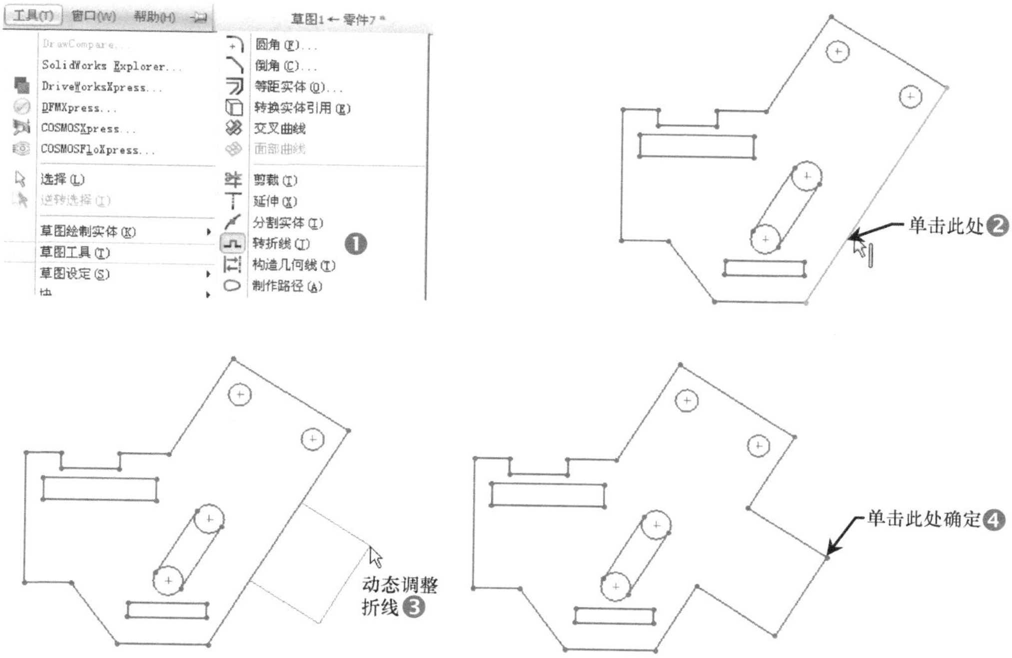

图 2-71　草图转折

2.4.11　草图变换

草图变换包括草图的移动、旋转、缩放和复制。应用草图变换功能，可以快速编辑草图的形状。

打开范例文件“2-17\trans.SLDPRT”，如图 2-72 所示。

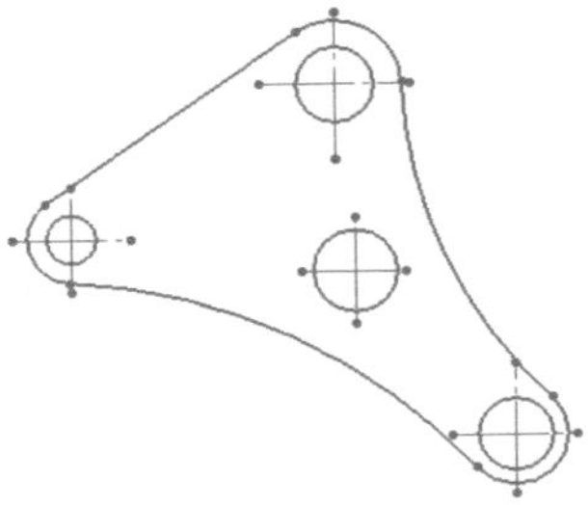

图 2-72　范例文件 trans

(1) 移动和复制草图实体

操作指引

❶ 单击【草图】工具栏中的【移动实体】按钮。

❷ 在图形工作区框选所有草图对象，光标将变成，所选对象出现在【移动】属性管理器的【要移动的实体】列表框中。

❸ 在【参数】选项区域中的【起点】文本框中单击，激活起点。

❹ 在图形工作区捕捉移动基准点。

❺ 单击并拖动鼠标，调整实体至合适位置，右击确认草图实体移动位置，如图 2-73 所示。

单击【复制实体】按钮，可以在移动草图对象的同时复制对象，即保留原对象。

提示：【复制实体】功能与草图中的复制功能（<Ctrl+C>组合键）是不同的，后者是将当前的草图中实体复制到剪贴板上。

(2) 旋转草图实体

操作指引

❶ 单击【旋转实体】按钮。

❷ 在图形工作区框选所有草图对象，光标将变成，所选对象出现在【旋转】属性管理器的【要旋转的实体】列表框中。

❸ 在【参数】选项区域中的【旋转中心点】文本框中单击，激活旋转中心点。

❹ 在图形工作区捕捉旋转中心点。

❺ 单击并拖动鼠标，调整实体至合适位置，右击确认草图实体旋转位置，如图 2-74 所示。

(3) 缩放草图实体

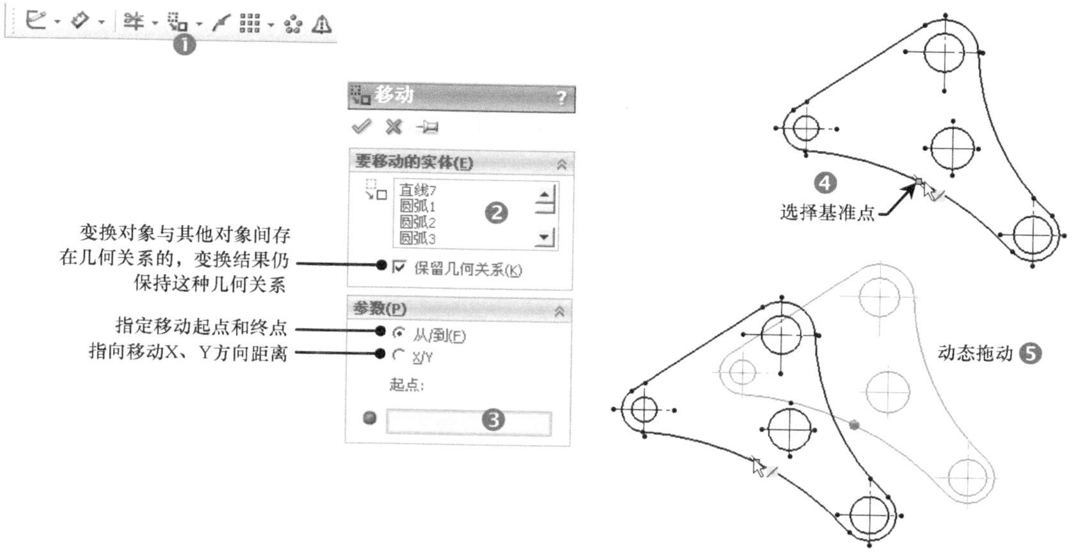

图 2-73　移动和复制草图实体

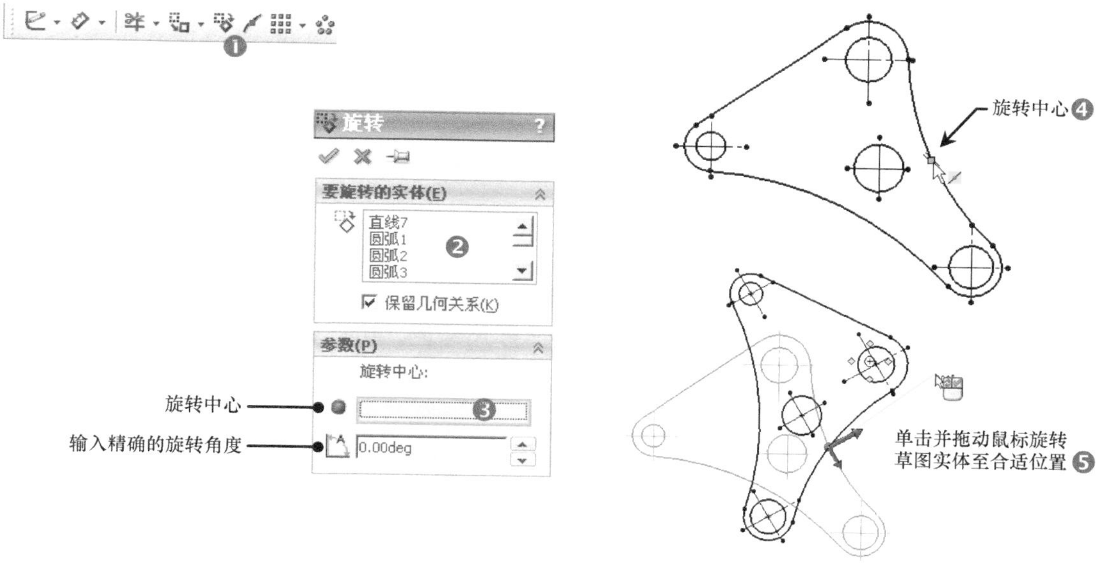

图 2-74　旋转草图实体

操作指引

❶ 单击【缩放实体比例】按钮。

❷ 在图形工作区框选所有草图对象，光标将变成，所选对象出现在【比例】属性管理器的【要缩放比例的实体】列表框中。

❸ 在【参数】选项区域中的【比例缩放点】文本框中单击，激活缩放基点。

❹ 在图形工作区捕捉圆心作为缩放基点。

❺ 在【参数】选项区域的【比例】文本框中输入缩放比例为 2。

❻ 单击【比例】属性管理器的【确定】按钮✔，完成草图的缩放，如图 2-75 所示。

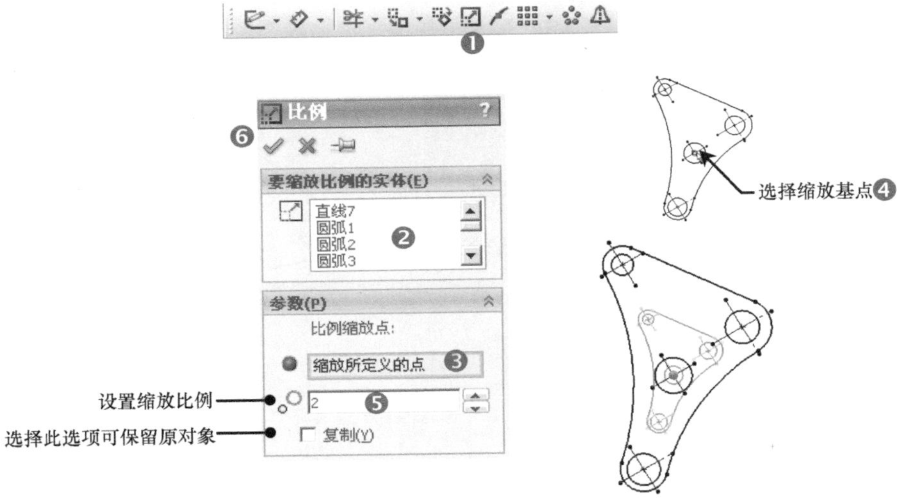

图 2-75　缩放草图实体

2.5　草图尺寸约束

草图约束功能可以对草图的形状和尺寸进行控制，包括几何约束和尺寸约束两种。

SolidWorks 软件提供的尺寸标注功能的智能化程度非常高，系统可以根据被标注对象的特点自动选择一种合适的尺寸类型，并计算出实际尺寸值。用户如果对自动标注的尺寸类型或数据不满意，可以很容易地进行修改。

图 2-76　【尺寸/几何关系】工具栏

用于尺寸标注和添加几何关系的按钮集中在【尺寸/几何关系】工具栏上，如图 2-76 所示。

2.5.1　草图状态

根据限制自由度的多少以及草图所在平面的变化，SolidWork 软件中的草图实体有以下几种状态，并且处于不同状态的草图实体，用不同颜色表示。

1）完全定义状态：草图中所有直线和曲线的尺寸及它们的位置被完整描述，即被限制的自由度有六个，这类草图实体用黑色表示。在特征管理器设计树中，完全定义草图项目表示为 草图1，图 2-77 所示的草图实体的尺寸和位置都被完整描述，因此是完全定义的。

2）欠定义：草图中的一些尺寸或几何关系未定义，可以动态改变，即被限制的自由度小于六个，该类草图用蓝色表示。在特征管理器设计树中，欠定义的草图项目表示为 (-)草图1，图标后有一个（-）标志，图 2-78 所示的草图实体缺少一个定位尺寸，因此是欠定义的。

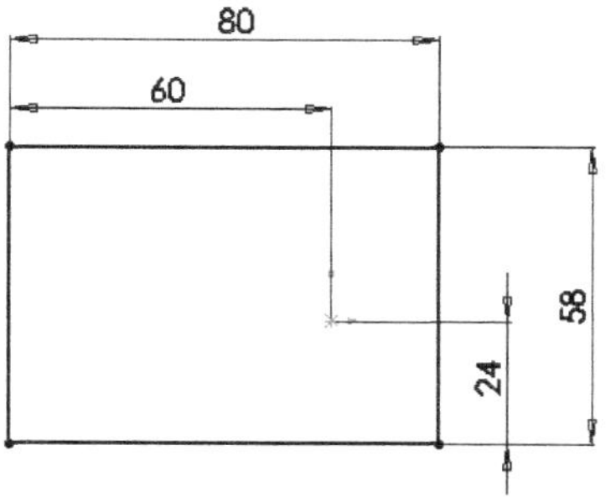

图 2-77 完全定义

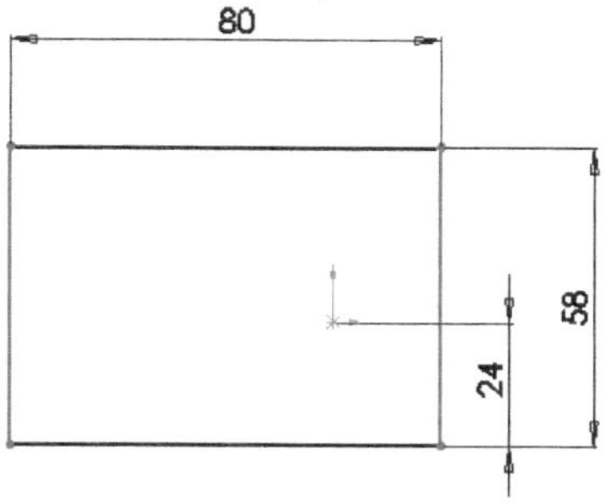

图 2-78 欠定义

3）过定义：草图中的尺寸或几何关系发生冲突或重复，即被限制的自由度大于六个，该类草图用黄线表示。在特征管理器设计树中，过定义的草图项目表示为 (+)草图1。图 2-79 所示为过定义草图，是因为矩形的长度和宽度均被标注尺寸，但又添加了多余的相等约束。

4）悬空：草图实体的约束关系由于参照实体的消失、改变而失效，草图实体即处于悬空状态。悬空的草图实体用褐色虚线表示。

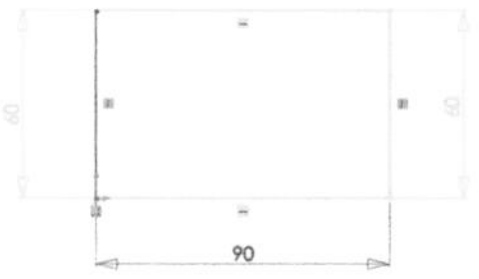

图 2-79 过定义

5）无解：被标注的草图实体或草图实体当前位置，无法用几何关系求解。无解的草图实体用粉红色表示。

在 SolidWorks 软件中，完全定义和欠定义在草图中是允许的（可以在【选项】对话框中设置），也就是说可用来生成特征，而过定义草图、悬空、无解、草图实体都是非法的。在设计过程中，过定义草图实体和悬空草图实体这两种错误情况是比较常见的。

1. 完全定义草图

【完全定义草图】功能可以计算草图实体中还需要哪些尺寸约束和几何约束才能被完全定义，从而为草图实体添加尺寸约束和几何约束。

打开范例文件“2-18 \ full. SLDPRT”，如图 2-80 所示。

操作指引

❶ 单击【尺寸/几何关系】工具栏中的【完全定义草图】按钮 。

❷ 在【完全定义草图】属性管理器的【要完全定义的实体】选项区域中，选中【草图中所有实体】单选按钮。

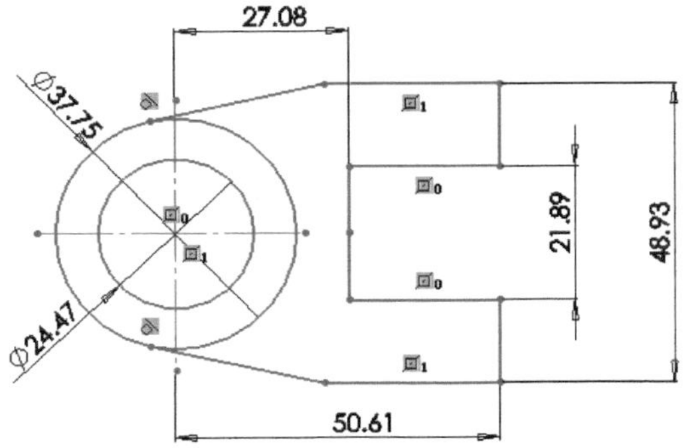

图 2-80　范例文件 full

❸ 在【几何关系】选项区域中取消选择【共线】约束和【中点】约束。

❹ 单击【要完全定义的实体】选项区域中的【计算】按钮。

❺ 单击【完全定义草图】属性管理器中的【确定】按钮，图线由蓝色变成黑色，说明草图已完全定义，如图 2-81 所示。

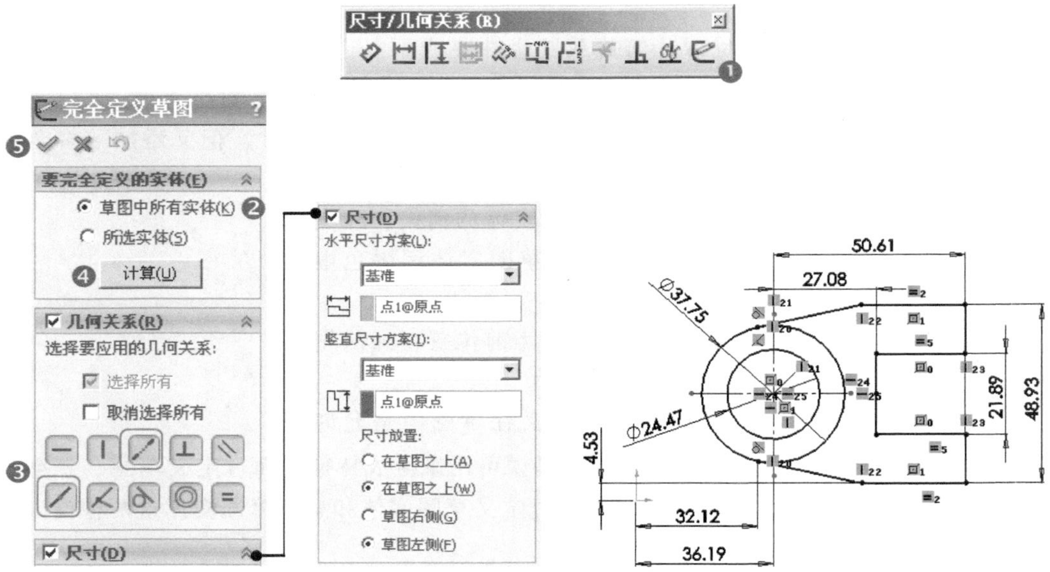

图 2-81　完全定义草图

2. 解出过定义草图

SolidWorks 软件提供了解出过定义草图的功能，如果草图过定义，可以通过该功能使草图完全定义。

打开范例文件“2-19 \ flick. SLDPRT”，如图 2-82 所示。

操作指引

❶ 单击状态栏中的【过定义】按钮 过定义。

❷ 在弹出的【SketchXpert】属性管理器中单击【诊断】按钮 诊断(D) 。

❸ 图形工作区将显示第一种解决方案，在要删除的约束上有标记，单击【SketchXpert】属性管理器的【结果】选项区域中的【下一个】按钮 >≥ 。

❹ 图形工作区将显示第二种解决方案，单击【结果】选项区域中的按钮 接受(A) ，完成草图的完全定义。

❺ 单击【SketchXpert】属性管理器中的【确定】按钮，图线全变成黑色，说明草图已完全定义，如图 2-83 所示。

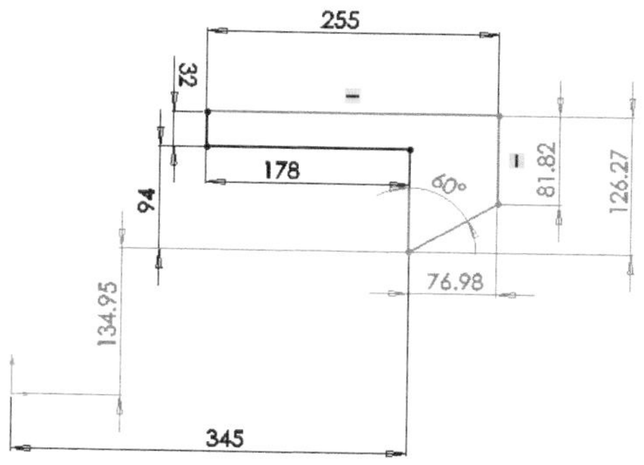

图 2-82　范例文件 flick

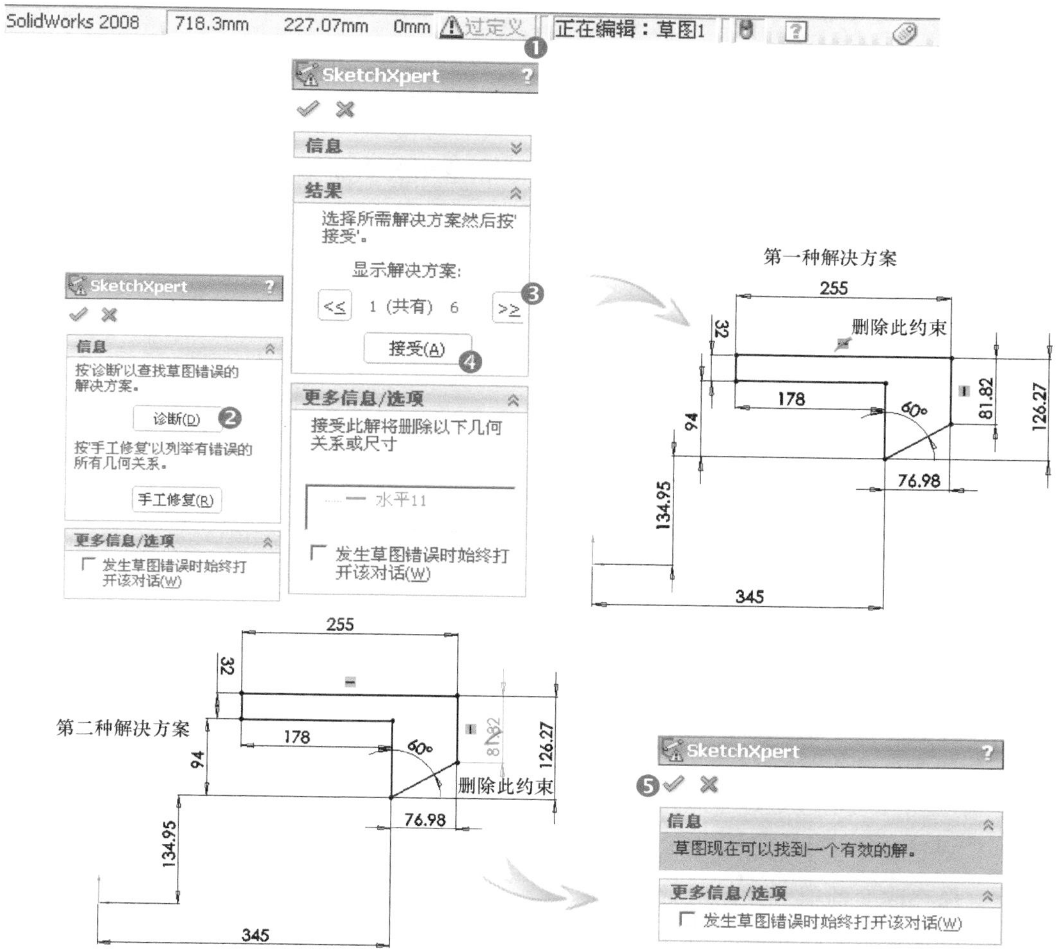

图 2-83　解出过定义草图

2.5.2 标注草图尺寸

为了创建精确的草图曲线，可以对草图对象添加尺寸约束，并设置尺寸标注线的形式。

1. 线性尺寸

线性尺寸包括平行尺寸、水平尺寸和竖直尺寸，是使用最多的尺寸形式，其标注的对象一般是线段。

打开范例文件“2-20 \ dim_ linear. SLDPRT”，如图 2-84 所示。

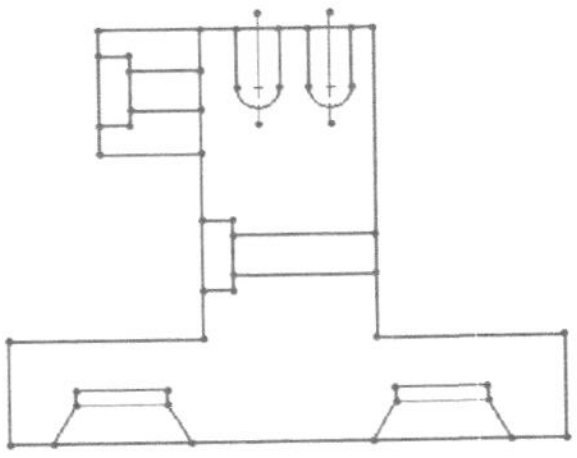

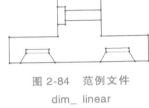

图 2-84 范例文件 dim_ linear

操作指引

❶ 单击【尺寸/几何关系】工具栏中的【智能尺寸】按钮，光标将变成。

❷ 在图形工作区选择需要标注尺寸的图线。

❸ 单击并向上拖动鼠标，可以显示动态尺寸。至合适位置处单击生成尺寸。

❹ 双击生成的尺寸数字，弹出【修改】对话框，设置尺寸为 27mm。

❺ 单击【修改】对话框中的【确定】按钮，草图会更新为输入的尺寸。在图形工作区空白处单击确认尺寸标注，如图 2-85 所示。

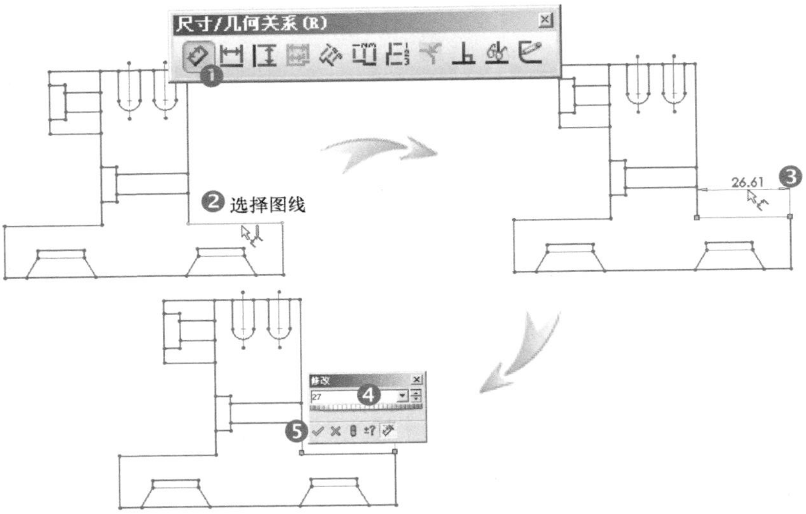

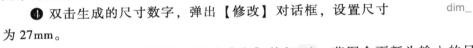

图 2-85 标注线性尺寸

【修改】对话框中的各按钮功能如下。

- ：保存改变的值并关闭对话框。
- ：放弃改变的尺寸值并退出对话框。
- ：用于根据当前值重建草图。
- ：设置增量值，也就是每单击小三角按钮一次，便会增大/减小尺寸值。

- ：标注要输入工程图的尺寸。

前面的操作中，通过鼠标向左右移动，还可以创建竖直尺寸，对于不是水平、竖直放置的线段，还可以标注平行尺寸。此外，对于竖直尺寸或水平尺寸，还可以通过（水平尺寸）或（竖直尺寸）来标注。

2. 角度尺寸

打开范例文件“2-20 \ dim_ linear. SLDPRT”，如图 2-84 所示。

操作指引

❶ 单击【智能尺寸】按钮。

❷ 在图形工作区单击并拖动草图实体的底边。

❸ 移到斜线段上单击，再拖动创建尺寸。

❹ 至合适位置处单击放置尺寸。

❺ 双击生成的尺寸数字，弹出【修改】对话框，设置角度为 120°，单击【修改】对话框中的【确定】按钮完成角度尺寸的标注，如图 2-86 所示。

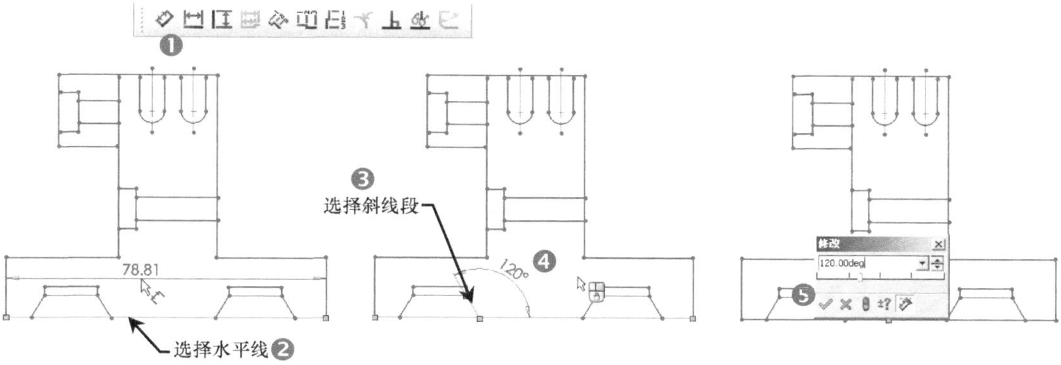

图 2-86　标注角度尺寸

3. 圆弧尺寸

圆弧尺寸包括圆弧的半径、直径，圆的半径和直径，以及圆弧的弧长和圆心角等。

打开范例文件“2-21 \ dim_ arc. SLDPRT”，如图 2-87 所示。

（1）标注直径尺寸

操作指引

❶ 单击【智能尺寸】按钮。

❷ 在图形工作区单击需要标注直径的圆，并进行拖动。

❸ 至合适位置处单击放置尺寸。

❹ 双击生成的尺寸数字，弹出【修改】对话框，设置直径为 34mm。单击【修改】对话框中的【确定】按钮完成直径尺寸的标注，如

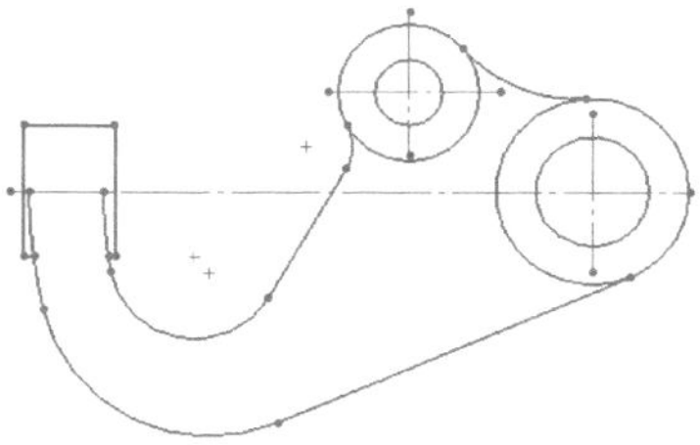

图 2-87　范例文件 dim_ arc

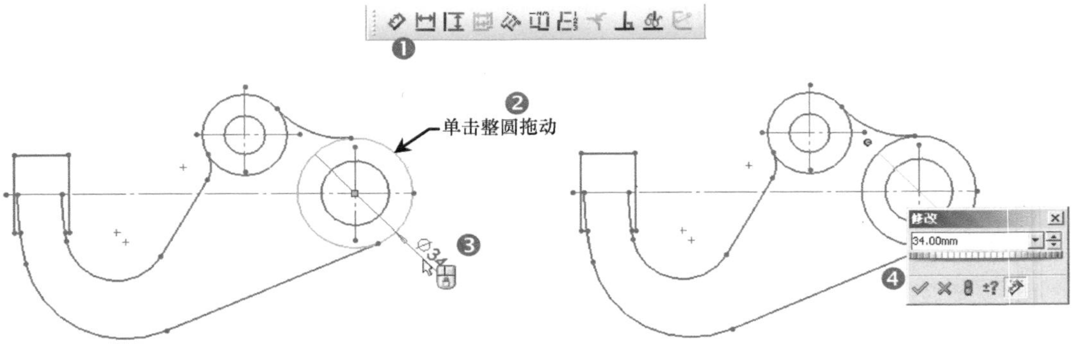

图 2-88 标注直径尺寸

图 2-88所示。

（2）标注半径尺寸

操作指引

❶ 按照上面介绍的直径标注方法标注圆弧直径。

❷ 双击尺寸数字，弹出【修改】对话框，设置直径为 60mm，单击【修改】对话框中的【确定】按钮✓。

❸ 在【尺寸】属性管理器中，选择【引线】选项卡。

❹ 单击【尺寸界线/引线显示】选项区域的【半径】按钮，尺寸将以半径形式显示。在图形工作区空白处单击确认半径尺寸的标注，如图 2-89 所示。

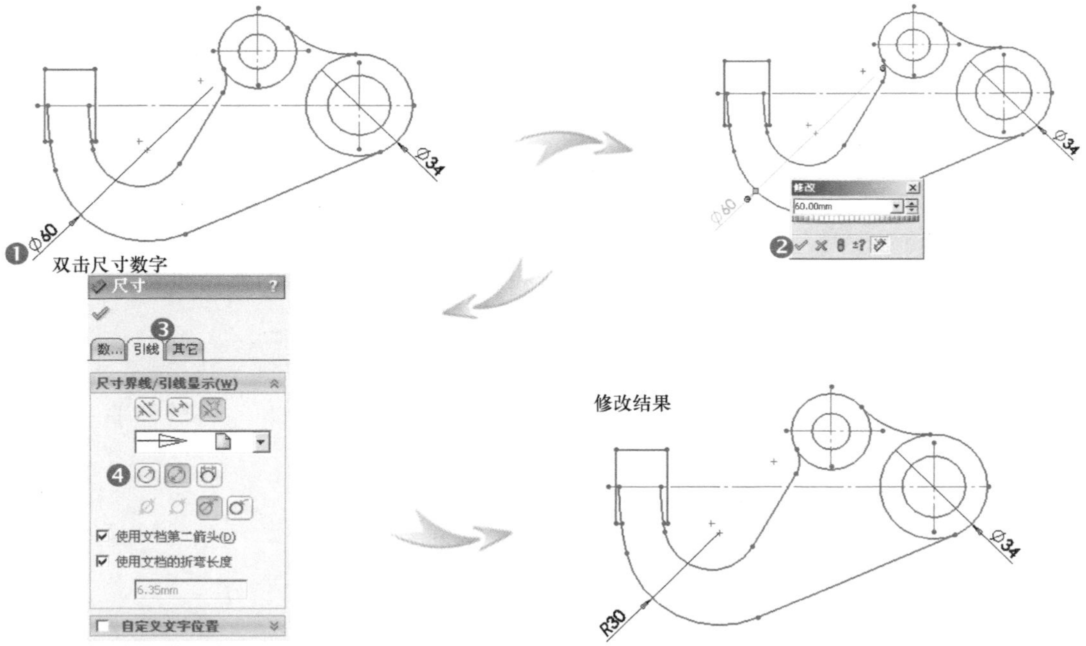

图 2-89 标注半径尺寸

提示：【引线】选项卡中的【半径】按钮处于按下状态，则以后标注圆或圆弧，都会以半径的形式显示，要改成直径形式显示，应当单击【直径】按钮。

（3）标注弧长尺寸

操作指引

❶ 单击【智能尺寸】按钮。

❷ 在图形工作区中单击需要标注尺寸的圆弧，并进行拖动。

❸ 依次在圆弧的两个端点处单击。

❹ 拖动至合适位置单击放置尺寸。

❺ 双击生成的尺寸数字，弹出【修改】对话框，单击【确定】按钮。在图形工作区空白处单击确认尺寸标注，如图2-90所示。

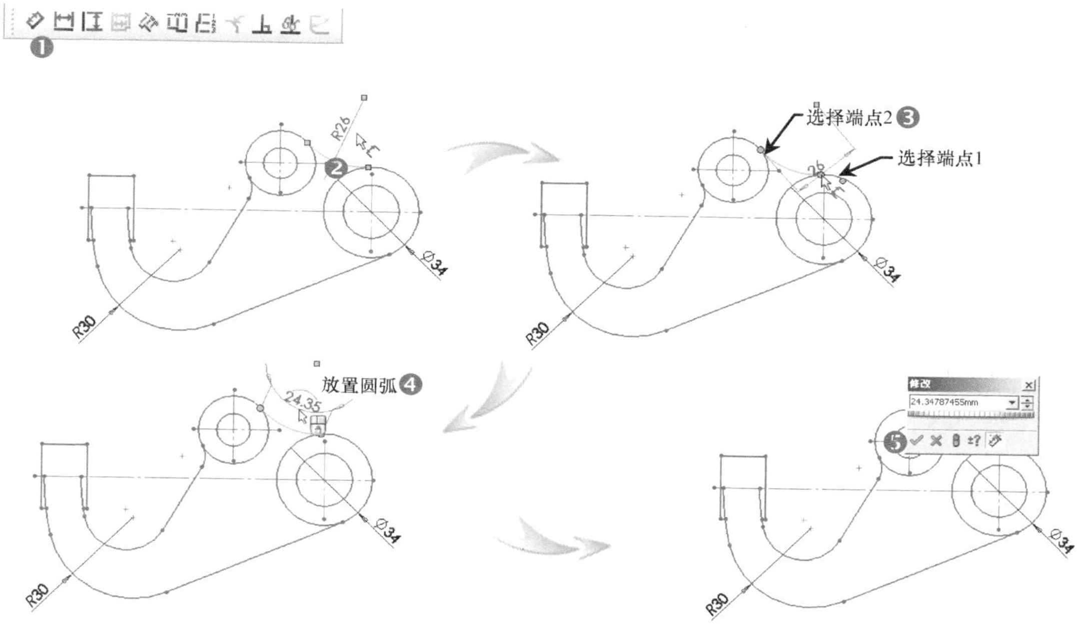

图2-90 标注弧长尺寸

（4）标注圆心距尺寸

操作指引

❶ 单击【智能尺寸】按钮。

❷ 在图形工作区中依次单击需要标注圆心距尺寸的两个圆。

❸ 拖动至合适位置单击放置尺寸。

❹ 双击生成的尺寸数字，弹出【修改】对话框，单击【确定】按钮。在图形工作区空白处单击确认尺寸标注，如图2-91所示。

（5）标注圆间距尺寸

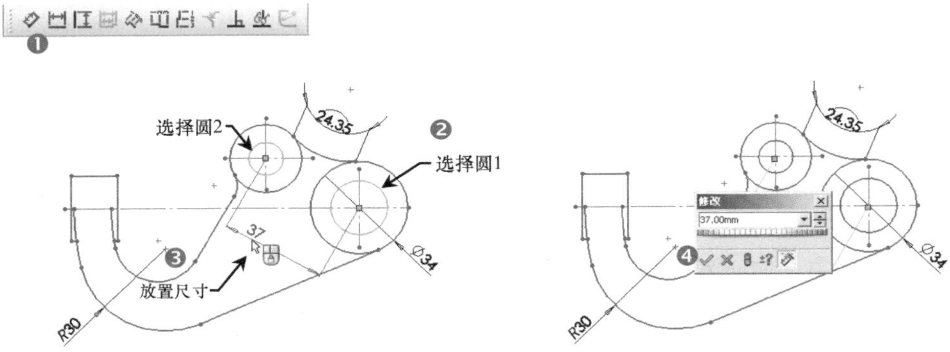

图 2-91 标注圆心距尺寸

操作指引

❶ 单击【智能尺寸】按钮。

❷ 在图形工作区依次单击需要标注圆间距尺寸的两个圆。

❸ 拖动至合适位置单击放置尺寸。

❹ 双击生成的尺寸数字，弹出【修改】对话框，单击【确定】按钮。在图形工作区空白处单击确认尺寸标注，如图 2-92 所示。

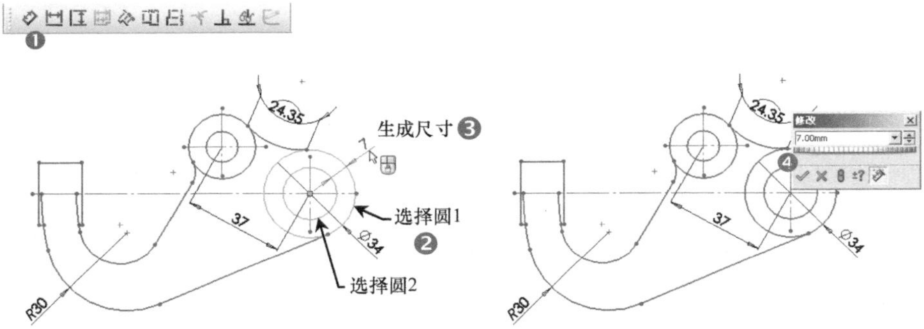

图 2-92 标注圆间距尺寸

4. 尺寸链

尺寸链是工程图中经常使用的一种标注方法。

打开范例文件“2-22 \ dim_ chain. SLDPRT”，如图 2-93 所示。

操作指引

❶ 单击【尺寸链】按钮，光标将变成。

❷ 在图形工作区选择草图左侧端面线段为尺寸链的基准。

❸ 拖动尺寸到合适位置释放，生成尺寸链基准。

❹ 在图形工作区依次选择垂直线段，标注出尺寸链，如图 2-94 所示。

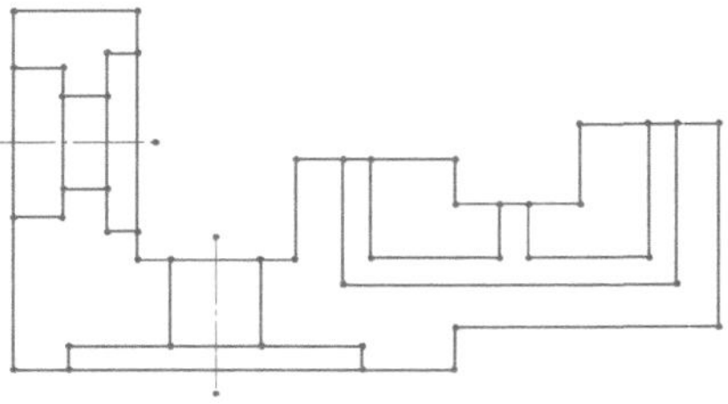

图 2-93 范例文件 dim_ chain

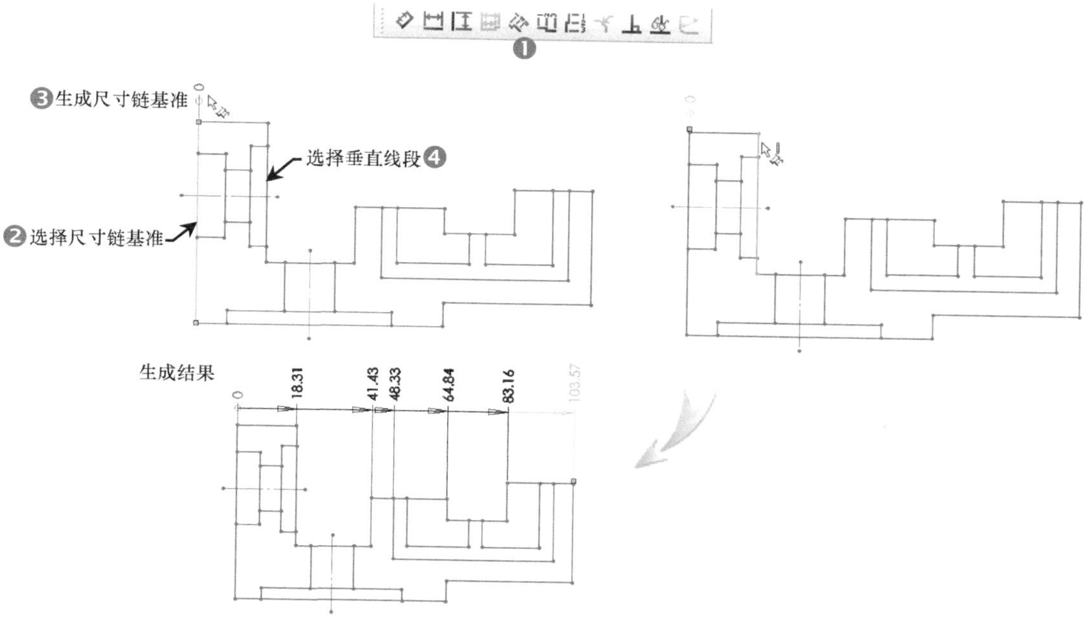

图 2-94 尺寸链

除了【尺寸链】功能外，SolidWorks 软件还提供了【水平尺寸链】和【竖直尺寸链】功能，专门用于这两类尺寸的标注。

2.6 草图几何约束

几何约束一般指对平行、垂直、共线、相切等这些非数值的几何关系方面的限制，添加约束就是添加几何关系。

2.6.1 几何约束类型

在草图绘制过程中，系统能够为草图实体和实体间添加一些几何约束，例如绘制水平线时自动添加水平约束，绘制两相接圆弧时添加相切约束等。

为了满足设计意图，有些几何约束需要手动添加。此外，系统自动添加的几何约束可能不是所需要的，为此，SolidWorks 软件提供了添加/删除几何关系的功能。

SolidWorks 软件中的几何约束类型见表 2-2。

表 2-2 几何约束类型

几何约束类型	图标	说　明
水平	—	使所选线段或两点连线水平放置
竖直	|	使所选线段或两点连线竖直放置
固定	⊠	使所选草图实体的尺寸和位置保持固定
共线	⟋	使所选线段或点位于同一条无限长的直线上
垂直	⊥	使所选线段互相垂直

（续）

几何约束类型	图标	说　明
平行		使所选线段相互平行
相等		使所选线段长度或圆弧半径保持相等
同心		使所选圆弧或圆的圆心重合
相切		使所选线段或圆弧与另一个圆弧保持相切
全等		使所选圆弧或圆不但半径相等，并且同心
中点		使所选点位于线段或圆弧的中点
重合		使所选点与线段、圆弧或椭圆重合
交叉点		使所选点与线段的交叉点重合
对称		使所选草图实体相对于所选中心线对称
合并		使两个点合并为一个点

2.6.2　手动添加约束

添加几何约束是根据所选对象的类型指定某种约束的方法。进入几何约束操作后，系统提示选择要产生约束的几何对象。可以在图形工作区中选择一个或多个草图对象，所选对象会加亮显示，对所选对象添加的几何约束类型，将在约束类型列表中列出。

打开范例文件“2-23 \ manual. SLDPRT”，如图 2-95 所示。

（1）添加竖直约束

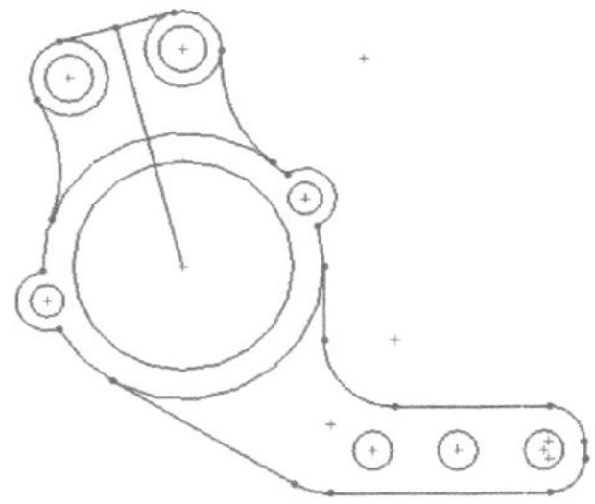

图 2-95　范例文件 manual

操作指引

❶ 在草图中单击选择直线段。

❷ 在【线条属性】属性管理器的【添加几何关系】选项区域中，单击【竖直】按钮，添加竖直约束。

❸ 单击【尺寸/几何关系】工具栏中的【添加草图几何关系】按钮，图形工作区中有几何约束的地方将显示标志，如图 2-96 所示。

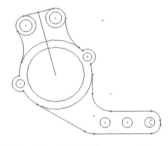

图 2-96　添加竖直约束

（2）添加同心约束

操作指引

❶ 单击【尺寸/几何关系】工具栏中的【添加几何关系】按钮 。

❷ 在图形工作区依次单击需要添加同心约束的两个圆。

❸ 在【属性】管理器的【添加几何关系】选项区域中，单击【同心】按钮，为两个圆添加同心约束，如图 2-97 所示。

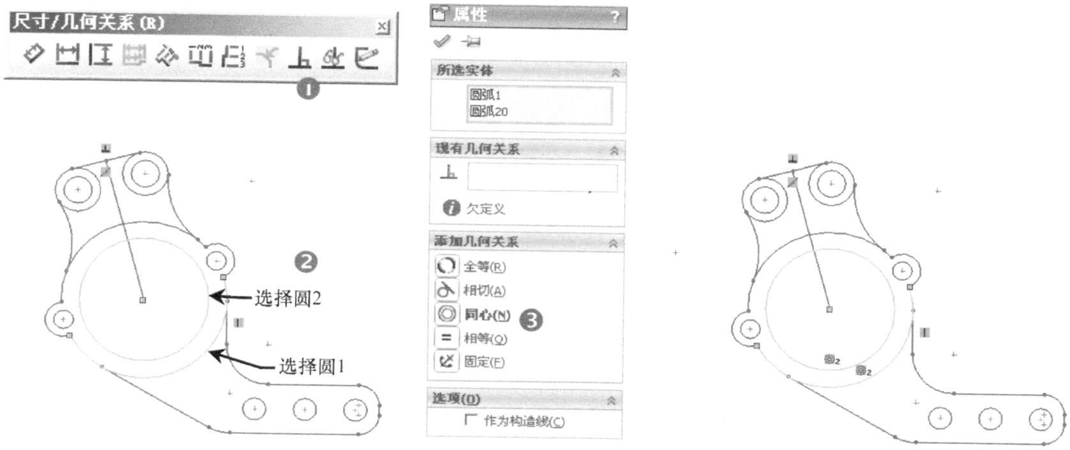

图 2-97　添加同心约束

提示：上面实际给出了两种手动添加几何约束的方法，一种是先拾取草图实体，再通过属性管理器选择约束类型；另一种是先激活【添加几何关系】命令，再拾取草图实体添加几何约束。

（3）添加对称约束

操作指引

❶ 单击图形工作区中草图实体的直线段。

❷ 在【线条属性】属性管理器的【选项】选项区域中，选中【作为构造线】复选框，将直线段转换为中心线。

❸ 在图形工作区中选择中心线和需要添加对称约束的两个圆。

❹ 在属性管理器的【添加几何关系】选项区域中，单击【对称】按钮，两个圆关于中心线对称，如图 2-98 所示。

提示：选择【工具】|【草图设定】|【自动添加几何关系】命令，在创建草图实体时，系统会自动添加几何约束。

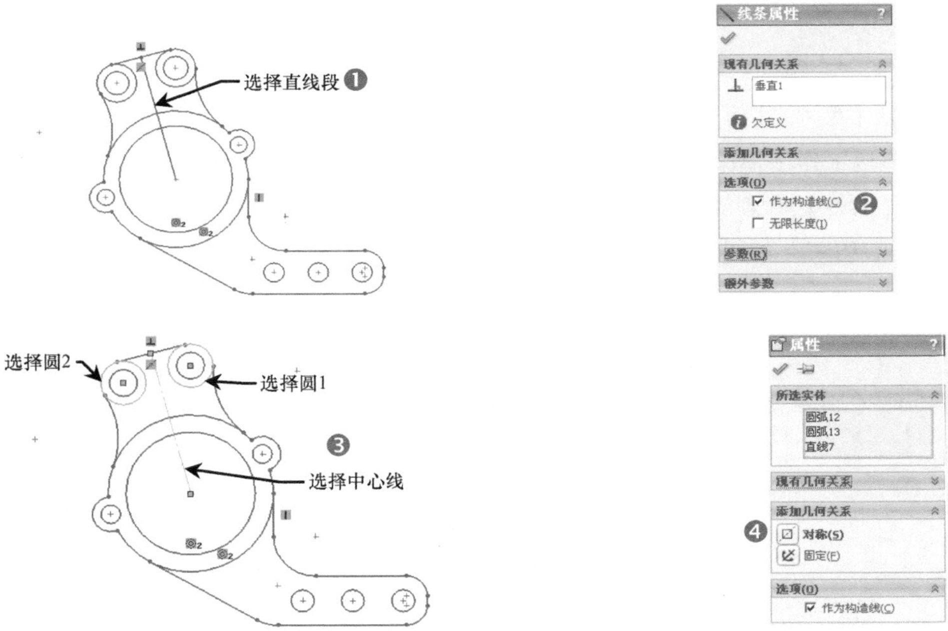

图 2-98　添加对称约束

2.6.3　显示/删除几何约束

显示约束可以查看草图实体中已有的几何约束，可以设置查看的范围、查看类型和列表方式；删除约束可以去除草图实体中不需要的几何约束。

打开范例文件“2-24 \ reln. SLDPRT”，如图 2-99 所示。

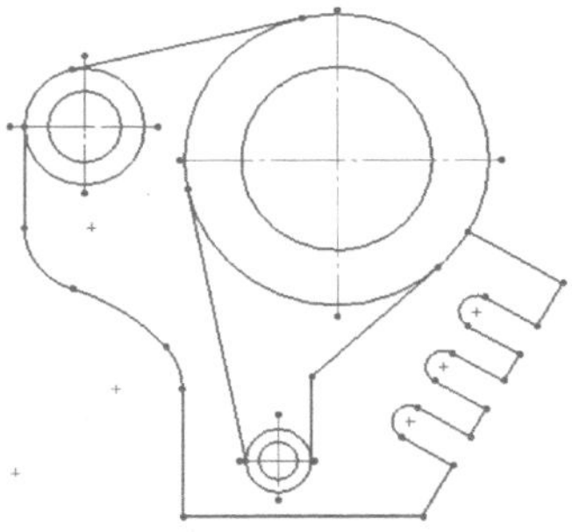

图 2-99　范例文件 reln

操作指引

❶ 在图形工作区中单击圆形，显示同心圆标记。

❷ 在【圆】属性管理器的【现有几何关系】列表框中，选择【同心 1】选项，图形工作区将加亮显示同心的两圆。

❸ 右击【同心 1】选项，在弹出的菜单中选择【删除】命令，即删除两圆的同心约束。

❹ 单击【尺寸/几何关系】工具栏中的【显示/删除几何关系】按钮，查看草图中所有的约束。

❺ 在【显示/删除几何关系】属性管理器的【几何关系】列表框中，依次单击每一个几何关系名称，查看几何关系依附的草图实体和关系的位置。

❻ 单击【删除】按钮或【删除所有】按钮，分别可删除指定的关系和所有的关系。

❼ 单击【尺寸/几何关系】工具栏中的【添加几何关系】按钮，可以显示/隐藏已有的几何关系，如图 2-100 所示。

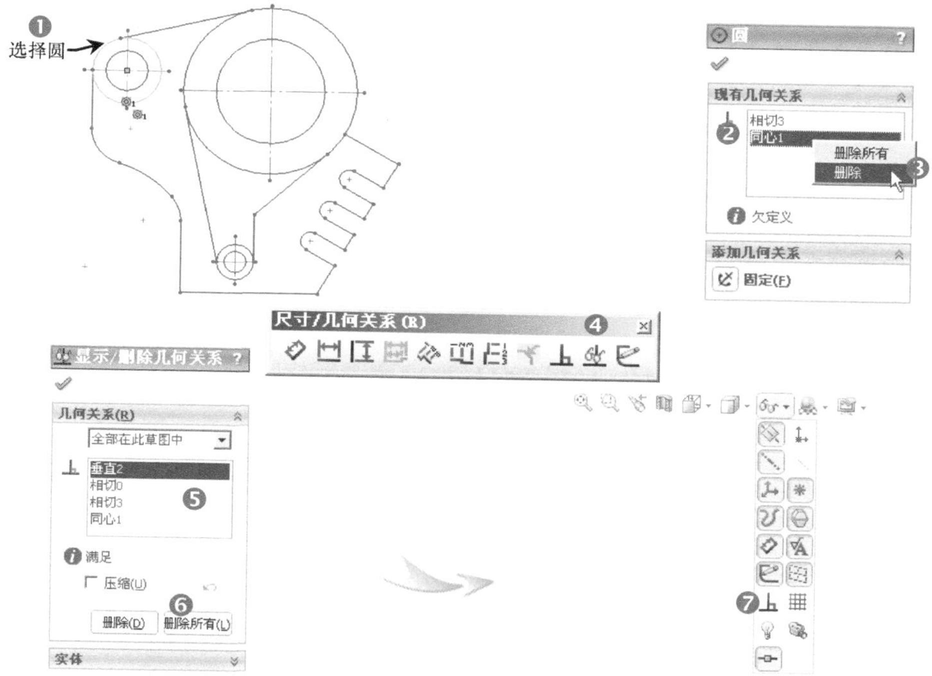

图 2-100 显示/删除几何约束

2.7 3D 草图

3D 草图绘制和 2D 草图绘制间既存在不同之处，也有相似之处。SolidWorks 软件可以在基准面上或在 3D 空间的任意点生成 3D 草图实体。绘制 3D 草图时，首先要单击【视图】工具栏的中的【3D 草图】按钮，进入 3D 草图编辑状态。使用的工具也和 2D 草图绘制中的大部分工具相同，包括【直线】工具、【圆】工具、【圆弧】工具、【矩形】工具、【样条曲线】工具和【点】工具。

注意：曲面上的【样条曲线】工具只在 3D 草图绘制中可用。

同绘制 2D 草图一样，绘制 3D 草图也必须先选择一个平面，不同的是 3D 的草图并不是一定绘制在同一个平面上，有可能绘制在与该平面平行的平面上（简单说，选择的平面是一个参考面），在绘制过程中可以随时切换到其他平面。

绘制时，系统认为每个平面都是由 XY 坐标构成，并通过空间控标（Space Handle）（图

2-101）帮助设计者保证方向，当在所选基准面上绘制草图实体时，空间控标就会显示出来，利用它就可以选择想要绘制的方向。

打开范例文件“2-25 \ 3draft. SLDPRT”，如图 2-102 所示。

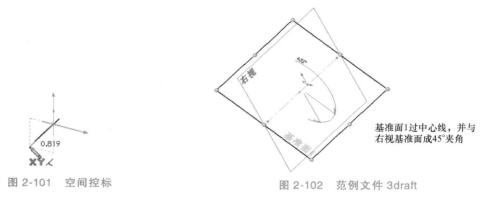

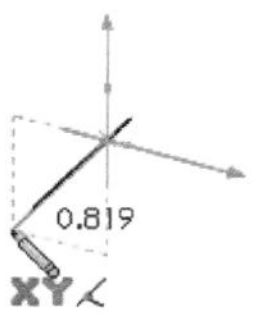

图 2-101　空间控标

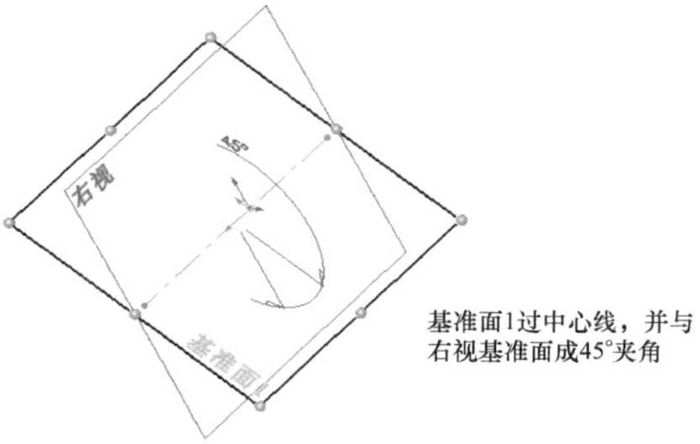

图 2-102　范例文件 3draft

（1）绘制水平线段

操作指引

❶ 单击【草图】工具栏中的【3D 草图】按钮。

❷ 在特征管理器设计树中单击【基准面 1】按钮。

❸ 单击【草图】工具栏中的【直线】按钮，光标将变成。

❹ 在图形工作区的中心线上单击，空间控标将移至当前点，且与基准面 1 重合，两个箭头分别指向 X 轴、Y 轴的正方向，同时沿 X 轴、Y 轴出现两处动态引导线。

❺ 拖动鼠标，使指针沿动态引导线移动，并使指针附近出现水平标志，单击左键，完成水平线段的绘制，如图 2-103 所示。

图 2-103　绘制水平线段

在绘制 3D 草图的过程中，有如下两种方式可以添加约束。

1）当绘制 3D 草图时，可以捕捉到主要方向（X 轴、Y 轴或 Z 轴），并且可以沿 X 轴、Y 轴和 Z 轴应用约束，这些是对整体坐标系的约束。

2）当在基准面上绘制草图时，可以捕捉到基准面的水平或垂直方向，约束将应用于水平和垂直方向，这些是对基准面和平面等的约束。

（2）绘制平行于前视基准面的线段

操作指引

❶ 单击【草图】工具栏中的【直线】按钮。按住<Ctrl>键的同时，在特征管理器设计树中单击【前视】按钮。

❷ 在上一条线段的起点处单击，作为新线段的起点。

❸ 在与前视基准面平行的平面上绘制一条水平线段，指针附近会出现 ZX 图标。

❹ 在线段延伸处单击，创建与前视基准面平行的线段，如图 2-104 所示。

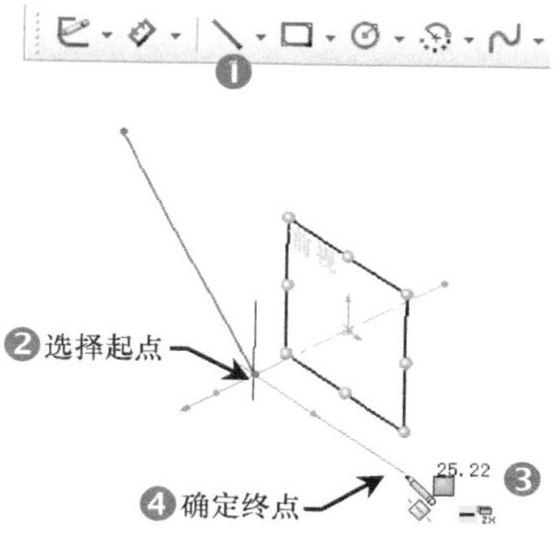

图 2-104　绘制平行于前视基准面的线段

（3）绘制平行于右视基准面的线段

操作指引

❶ 按<Tab>键，光标处将出现 YZ 图标，说明已切换到与右视基准面平行的平面上。在上一条线段的终点处单击，作为新线段的起点，向下拖动鼠标，绘制一条竖直线段。

❷ 水平拖动鼠标，绘制一条水平的线段。

❸ 向上拖动鼠标，绘制一条竖直的线段，如图 2-105 所示。

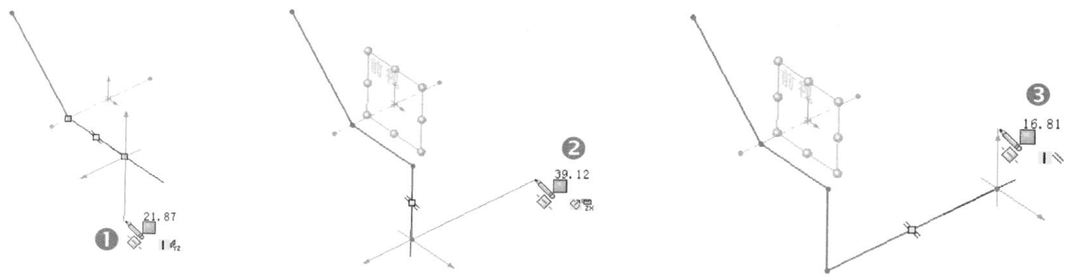

图 2-105　绘制平行于右视基准面的线段

提示：也可以按住<Ctrl>键的同时单击【右视】按钮，但此时光标附近出现的是 XY 图标，而不是 YZ 图标，这也是使用<Ctrl>键和<Tab>键的不同之处。另一不同之处是按<Ctrl>键可以切换任意平面，而按<Tab>键只是在三个系统默认的基准面间进行切换。简单地说，使用<Ctrl>键时，系统认为所选基准面就是 XY 平面，以正视视角观察基准面时，水平方向为 X 方向，竖直方向为 Y 方向；使用<Tab>键，系统使用绝对坐标系。

（4）绘制平行于上视基准面的线段

操作指引

❶ 按<Tab>键，光标处将出现 ZX 图标，说明已切换到与上视基准面平行的平面上。在上一条线段的终点单击，作为新线段的起点，拖动鼠标绘制一条水平线段，在中心线附近停止。

❷ 单击【尺寸/几何约束】工具栏中的【添加几何约束】按钮，在图形工作区选择线段的终点和中心线，在【添加几何关系】属性管理器的【添加几何关系】选项区域中，单击【重合】按钮。

❸ 单击【添加几何关系】属性管理器中的【确定】按钮。

❹ 单击【草图】工具栏中的【直线】按钮，按住<Ctrl>键的同时，在特征管理器设计树中单击倾斜 45°的基准面。在上一条线段的终点处单击作为新线段的起点，拖动鼠标绘制一条线段。

❺ 单击【尺寸/几何约束】工具栏中的【添加几何约束】按钮，在图形工作区选择第一条和最后一条线段，在【添加几何关系】属性管理器的【添加几何关系】选项区域中，单击【相等】按钮。

❻ 单击【添加几何关系】属性管理器中的【确定】按钮，完成平行于上视基准面线段的绘制，如图 2-106 所示。

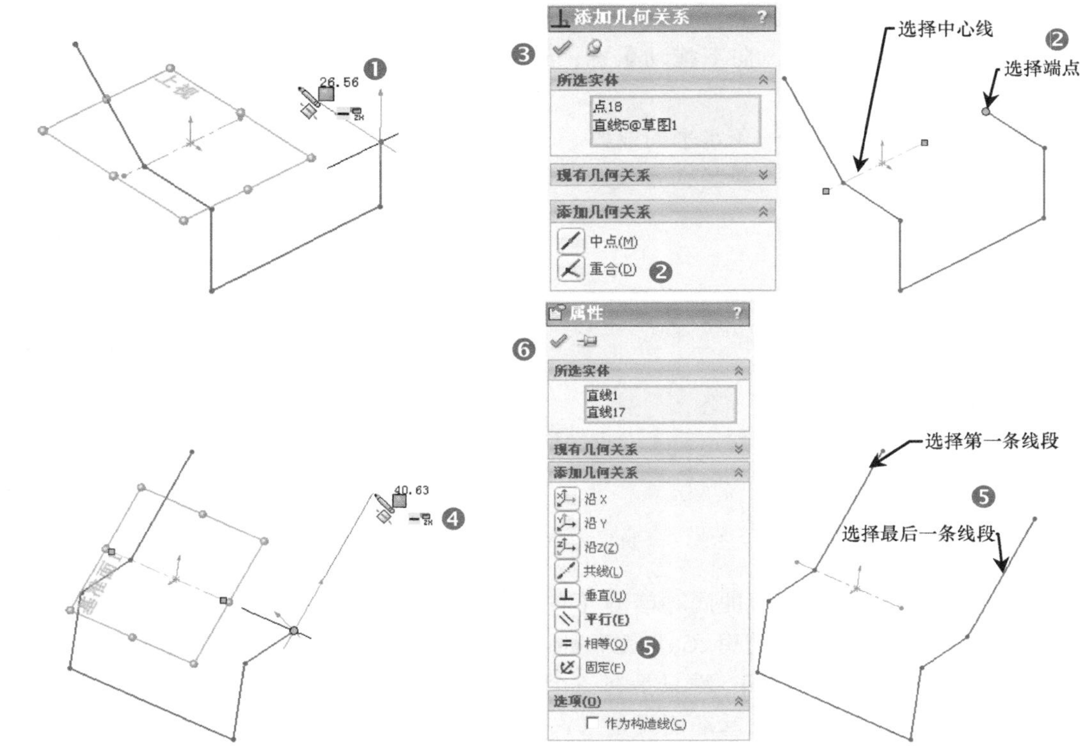

图 2-106　绘制平行于上视基准面的线段

（5）标注尺寸

操作指引

❶ 用直线段连接第 1 线段的起点和最后线段的终点。

❷ 单击【草图】工具栏中的【智能尺寸】按钮，为线段标注尺寸。

❸ 单击【草图】工具栏中的【圆角】按钮，为草图实体中的每个尖角处添加圆角。单击【草图】工具栏中的【3D 草图】按钮，退出 3D 草图的绘制环境，完成尺寸的标注，如图 2-107 所示。

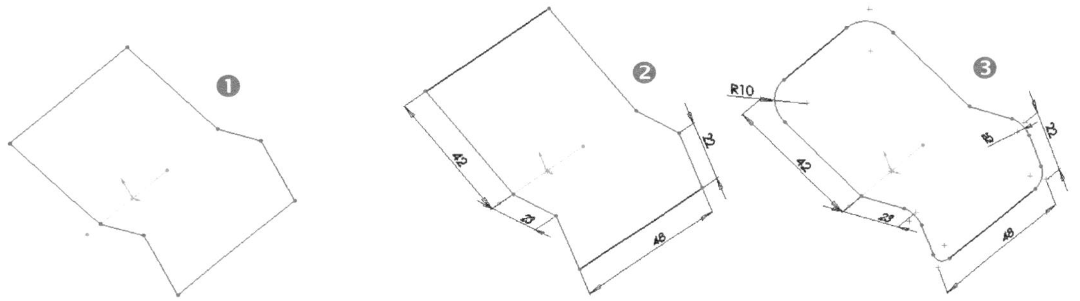

图 2-107　标注尺寸

2.8　草图重用

在 SolidWorks 软件中，有时一个模型的多个特征具有相同或相似的草图，或者一个草图由多个轮廓组成，而每个轮廓用来生成模型中的一个或多个特征，为了提高设计效率，有如下三种方法可以重复利用草图。

1）复制草图：将已有草图复制到新的草图中，可以不用修改或进行简单修改后再次使用。

2）派生草图：将一幅已有草图完整地（包括草图实体以及几何约束等所有信息）复制到一幅新的草图中。派生草图与复制草图的区别在于：后者可以任意编辑，而前者只能使用或移动位置，不能修改（或进行简单修改），并且与源草图动态关联；另外，派生草图只能在同一个零件文件中进行。

3）共享草图：仅利用一幅草图中的多个轮廓创建多个特征，效率最高。

2.8.1　复制草图

可以复制整个草图并将之粘贴到当前零件的一个面上，或粘贴到另一个草图或者零件、装配体、工程图文件中。

打开范例文件“2-26\ yaj. SLDPRT”，如图 2-108 所示。

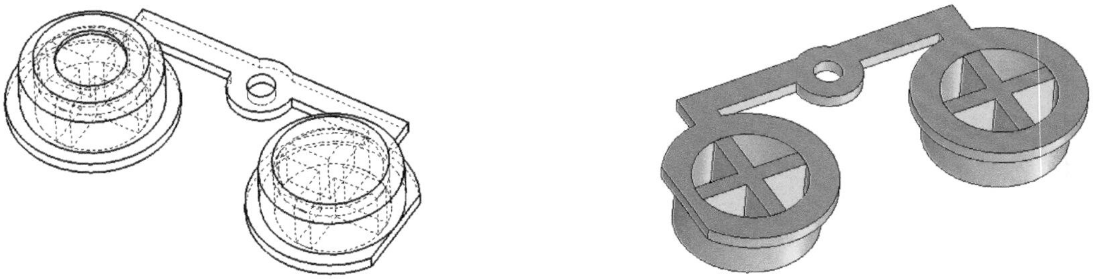

a)　　b)

图 2-108　范例文件 yaj

操作指引

❶ 在特征管理器设计树中单击【草图 1】按钮 草图1。按<Ctrl+C>组合键对草图进行复制。

❷ 在图形工作区选择草图中的一个圆形表面。按<Ctrl+V>组合键进行粘贴，草图中表面被复制到新草图中。

❸ 在图形工作区双击复制得到的圆形，进入草图环境。

❹ 在属性管理器的【添加几何关系】选项区域中为草图中的圆形和复制得到的圆形添加【同心】约束。

❺ 单击属性管理器中的【确定】按钮，完成草图中图素的复制，如图 2-109 所示。

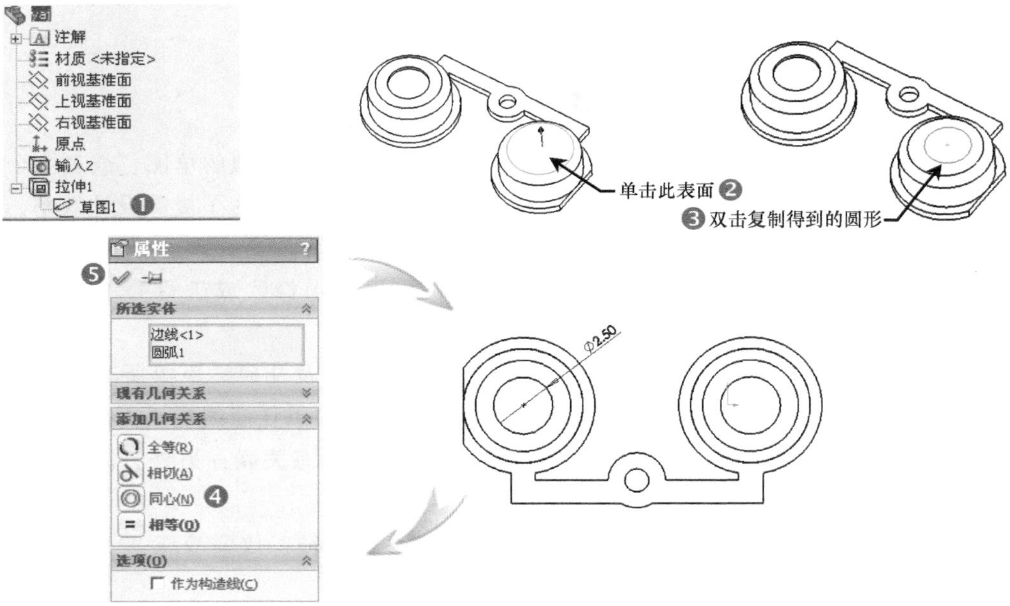

图 2-109　复制草图

2.8.2　派生草图

可以从属于同一个零件的草图中派生草图，或从同一个装配体的草图中派生草图。从现有草图中派生草图时，这两个草图将保持相同的特性。对原始草图所做的更改将反映到派生草图中。

打开范例文件“2-27 \ brt. SLDPRT”，如图 2-110 所示。

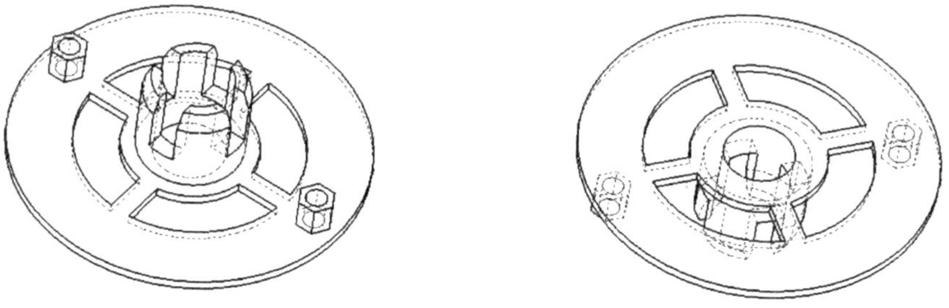

a)　　　　b)

图 2-110　范例文件 brt

操作指引

❶ 在特征管理器设计树中单击【草图】按钮 草图1。

❷ 按住<Ctrl>键的同时，单击模型的表面。

❸ 选择【插入】|【派生草图】命令，特征管理器设计树中将添加【草图 3 派生】按钮 草图3 派生。在图形工作区双击复制得到的草图，进入草图环境。

❹ 添加尺寸约束，单击【尺寸】属性管理器中的【确定】按钮 。

❺ 单击特征管理器设计树中的【拉伸凸台/基体】按钮 ，对草图进行拉伸，设置深度为 20mm，结果如图 2-111 所示。

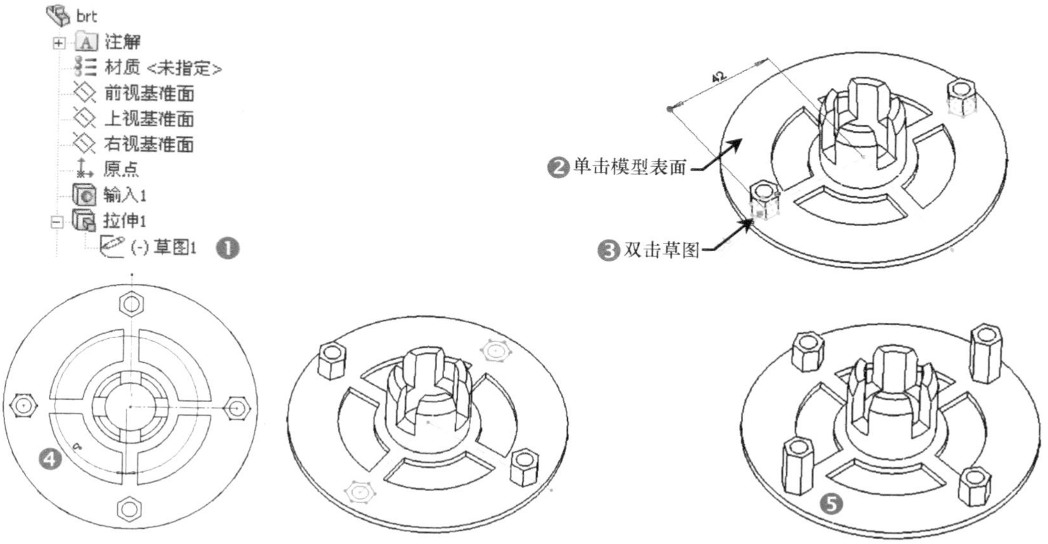

图 2-111　派生草图

提示：对于派生的草图，可以在特征管理器设计树中右击该草图，在弹出菜单中选择“解除派生”命令，解除派生草图与源草图间的关系。

2.8.3 共享草图

SolidWorks 软件提供了【轮廓选择】功能，利用该功能，用户可以共享一些模型中的一幅草图，由其创建出多个特征，提高设计效率。

打开范例文件“2-28 \ cto. SLDPRT”，如图 2-112 所示。

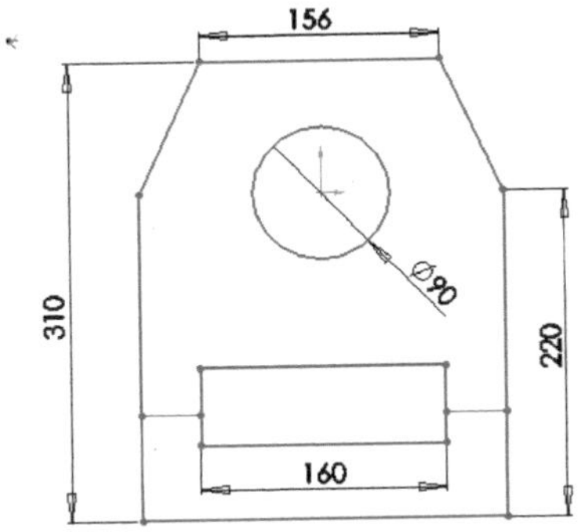

图 2-112 范例文件 cto

（1）选择轮廓 1 进行拉伸

操作指引

❶ 在图形工作区中右击，在弹出菜单中选择【轮廓选择工具】命令。

❷ 光标移至草图的封闭轮廓内，该区域将加亮显示，单击选择整个区域。

提示：还可以按住<Ctrl>键的同时，依次单击草图的轮廓边缘来选择封闭轮廓。

❸ 在图形工作区中右击，在弹出菜单中选择【结束轮廓选择】命令。

❹ 单击特征管理器设计树中的【拉伸凸台/基体】按钮，对草图进行拉伸，设置深度为 190mm。

❺ 单击【拉伸】属性管理器中的【确定】按钮，如图 2-113 所示。

（2）选择轮廓 2 进行拉伸

操作指引

❶ 在图形工作区中右击，在弹出菜单中选择【轮廓选择工具】命令。光标移至草图的封闭轮廓内，该区域将加亮显示，单击选择整个区域。在图形工作区中右击，在弹出菜单中选择【结束轮廓选择】命令。

❷ 单击特征管理器设计树中的【拉伸凸台/基体】按钮，对草图进行拉伸，设置深度为 60mm，单击【拉伸】属性管理器中的【确定】按钮。此时在特征管理器设计树中展开拉伸特征，会发现草图的按钮都为【草图 1】按钮 (-) 草图1，这说明具有相同按钮的草图为共享草图，如图 2-114 所示。

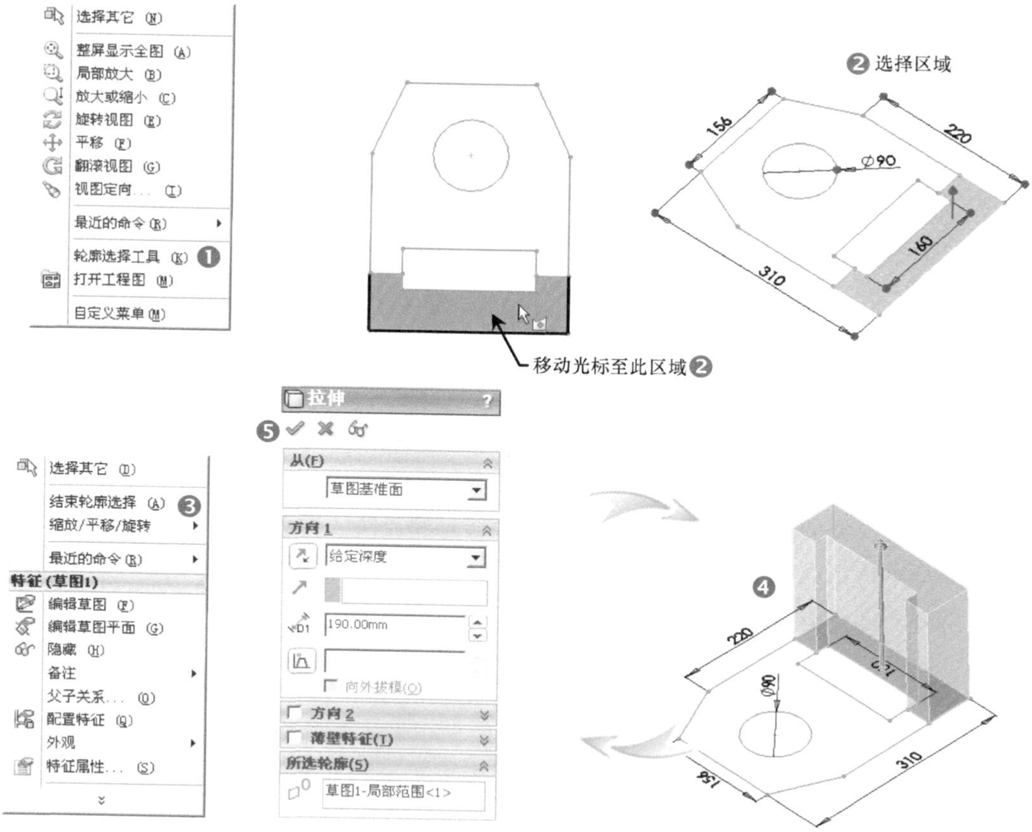

图 2-113　拉伸平面

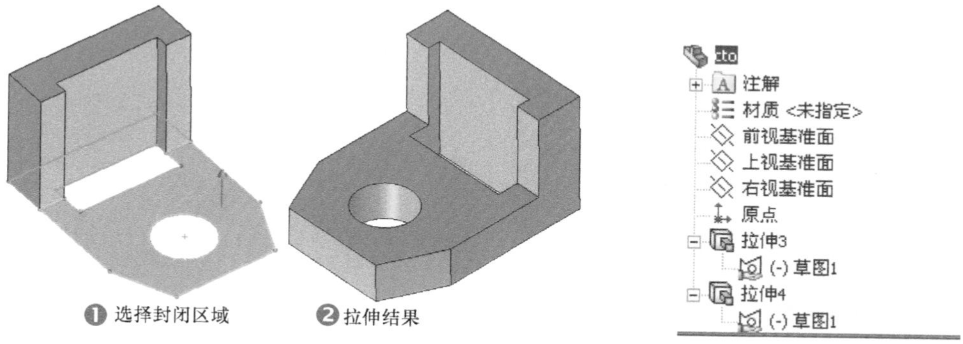

图 2-114　共享草图

第3章

基本特征与编辑

特征是构成模型的基础。模型中每一个特征的创建方法，都反映设计者的设计意图。本章要介绍的基本特征是最常用的建模特征，包括拉伸、旋转、扫描和放样特征。特征创建后，还可以对其进行编辑以重定义特征。

3.1 拉伸特征

拉伸是指将截面按指定的拉伸方向，以指定深度平直拉伸截面，如图 3-1 所示。拉伸特征适合创建规则实体。SolidWorks 软件提供两种拉伸特征：【拉伸凸台/基体】特征、【拉伸切除】特征。

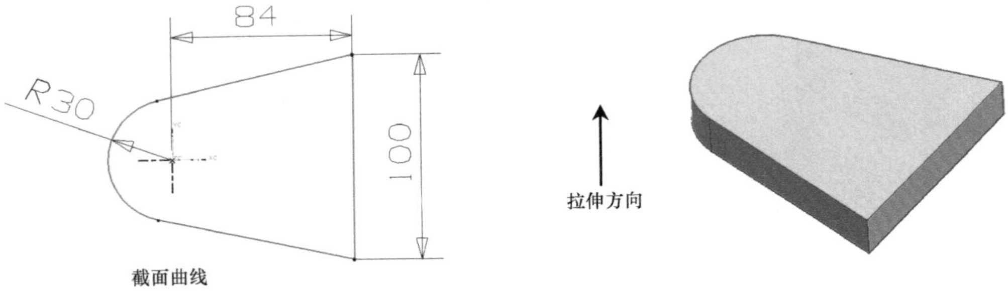

图 3-1 拉伸特征创建原理

下面以图 3-2 所示托架的尺寸图为例，练习使用 Solid Works 软件中的拉伸特征，对各种截面、曲面进行创建。

3.1.1 深度方式

打开范例文件“3-1\ tuo. SLDPRT”，如图 3-3 所示。

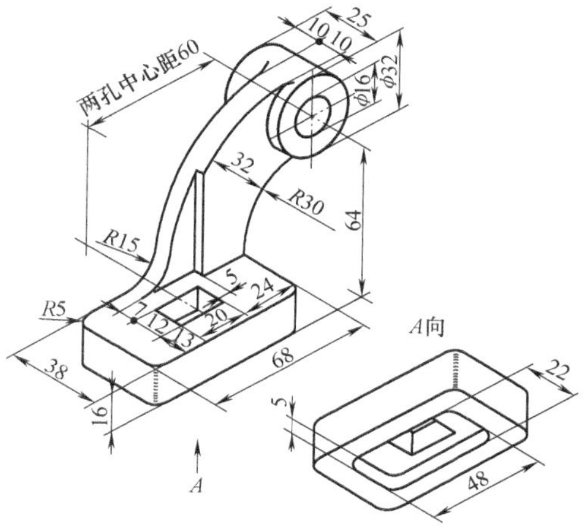

图 3-2 托架尺寸图

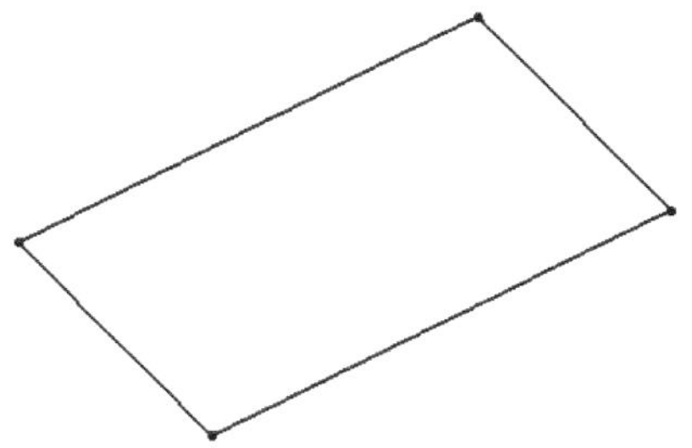

图 3-3 范例文件 tuo

操作指引

❶ 在任一草图线段上单击，草图线段将显示箭头，并显示草图尺寸。

❷ 光标移至箭头，单击并向上拖动箭头，草图将显示预览实体，并显示标尺和绿色的动态尺寸，拖至 16mm 附近释放鼠标左键。

❸ 在拉伸后的实体（底座）上单击，激活拉伸特征的编辑。

❹ 双击拉伸深度尺寸数字，激活尺寸编辑。

❺ 输入尺寸值为 16mm，按<Enter>键确认。在工作区空白处单击，结束底座拉伸特征的创建。

❻ 单击【特征】工具栏的【拉伸凸台/基体】按钮。

❼ 在图形工作区单击侧面作为草图平面。

❽ 单击【视图】工具栏中的【正视于】按钮。

❾ 使用草绘工具绘制草图，并添加尺寸和几何约束。在图形工作区空白处双击，完成草图绘制。

❿选中【反转草图封闭方向】复选框，并单击【是】按钮 是(Y) 。

⓫ 在【拉伸】属性管理器的【方向 1】选项区域中，单击【反向】按钮。

⓬ 单击【确定】按钮，完成肋板的创建。

⓭ 单击【特征】工具栏的【拉伸切除】按钮。

⓮ 在图形工作区单击表面作为草图平面。

⓯ 单击【视图】工具栏中的【正视于】按钮。

⓰ 使用草绘工具绘制草图，并添加尺寸和几何约束。在图形工作区空白处双击，完成草图绘制。

⓱ 在【拉伸】属性管理器的【方向 1】选项区域中，选择【完全贯穿】选项。

⓲ 单击【确定】按钮，完成底座的拉伸切除。

⓳ 按照图 3-2 所示托架尺寸图继续为其添加拉伸特征，完成托架的建模，如图 3-4 所示。

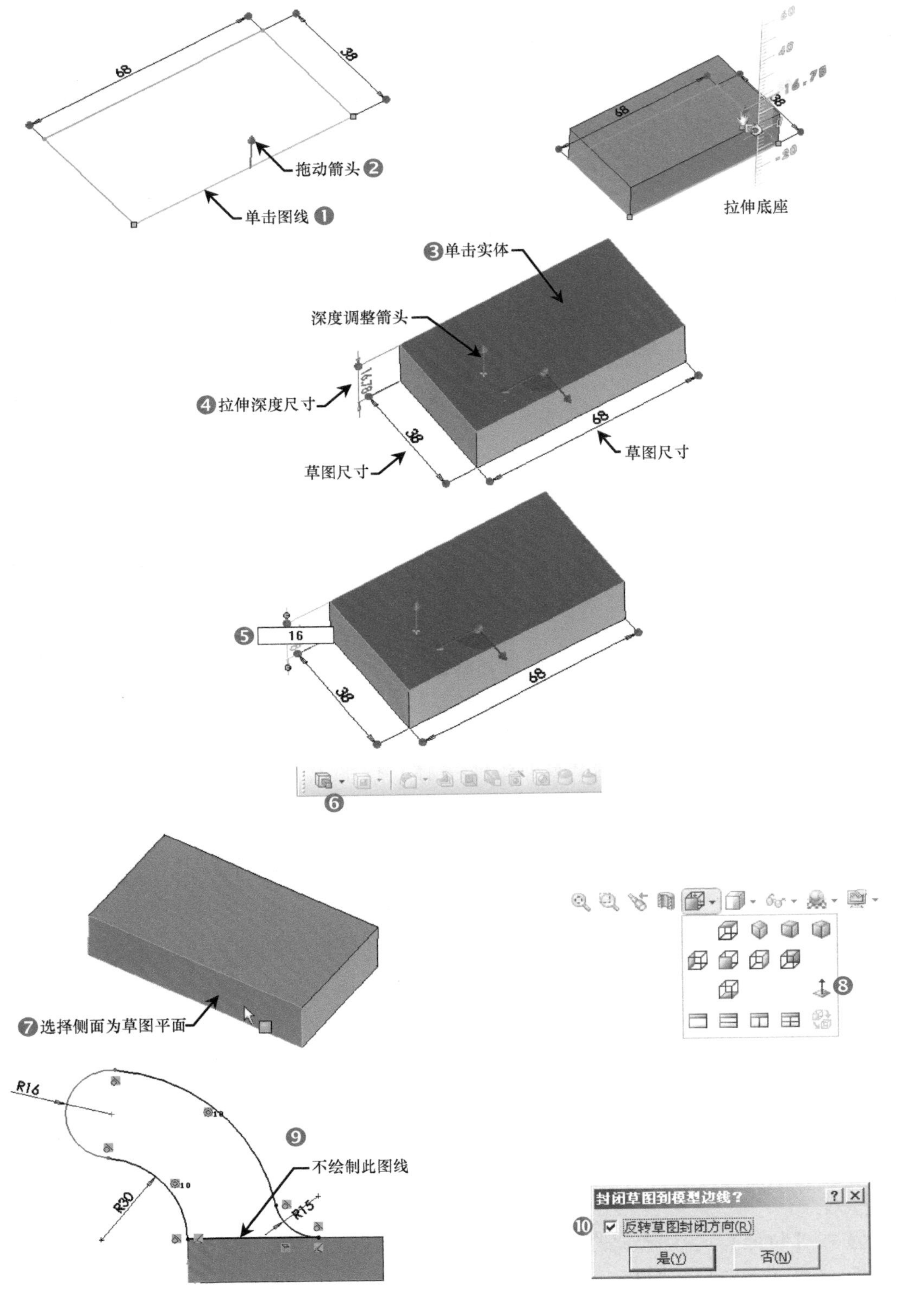

图 3-4　利用拉伸特征中的

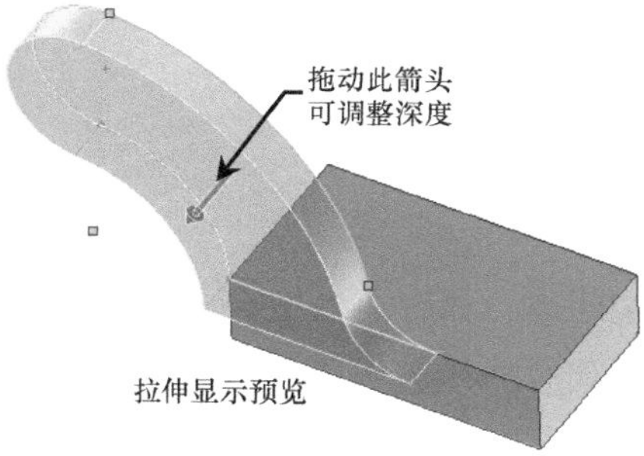
拖动此箭头
可调整深度
拉伸显示预览

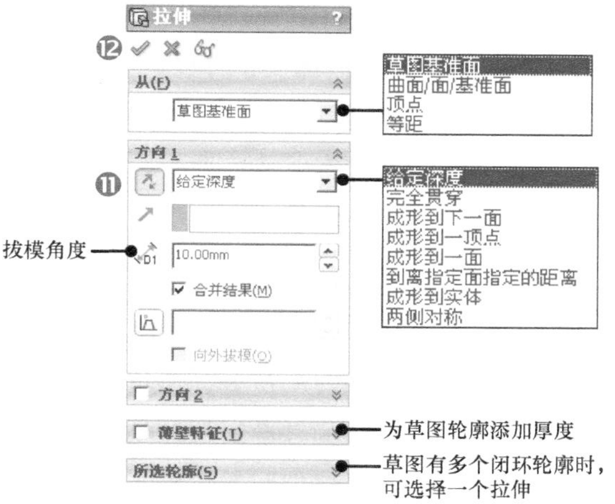
拉伸
⑫
从(F)
草图基准面
草图基准面
曲面/面/基准面
顶点
等距
方向 1
⑪
给定深度
给定深度
完全贯穿
成形到下一面
成形到一顶点
成形到一面
到离指定面指定的距离
成形到实体
两侧对称
拔模角度
10.00mm
合并结果(M)
向外拔模(O)
方向 2
薄壁特征(T)
为草图轮廓添加厚度
所选轮廓(S)
草图有多个闭环轮廓时，
可选择一个拉伸

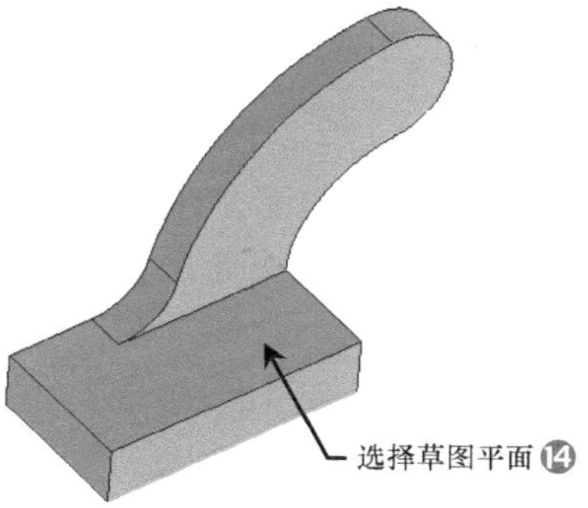
选择草图平面⑭

⑬

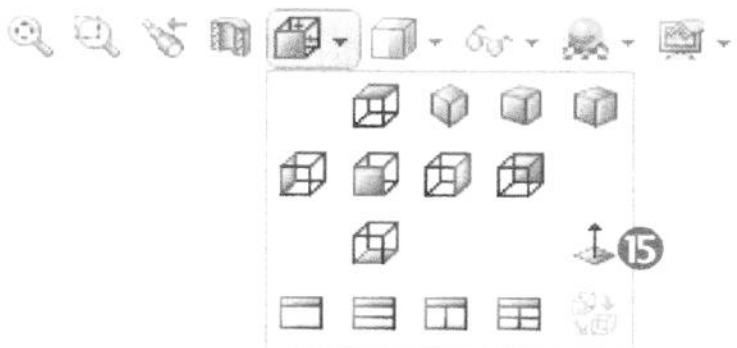
⑮

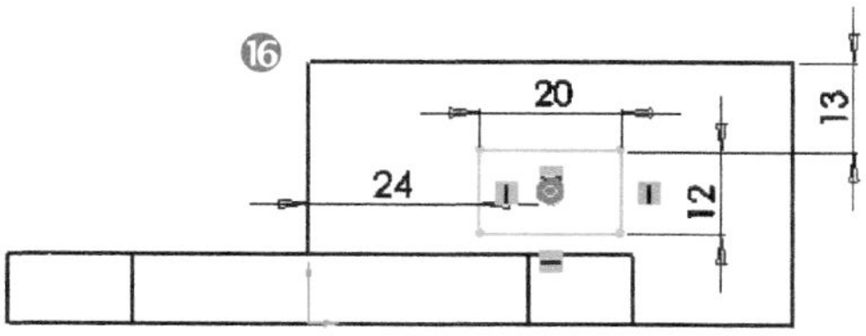
⑯
20
24
12
13

拉伸8
⑱
从(F)
草图基准面
方向 1
完全贯穿 ⑰
反侧切除(F)
向外拔模(O)

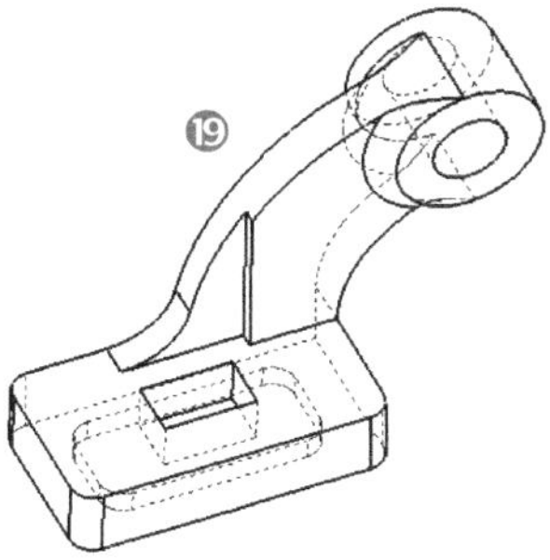
⑲

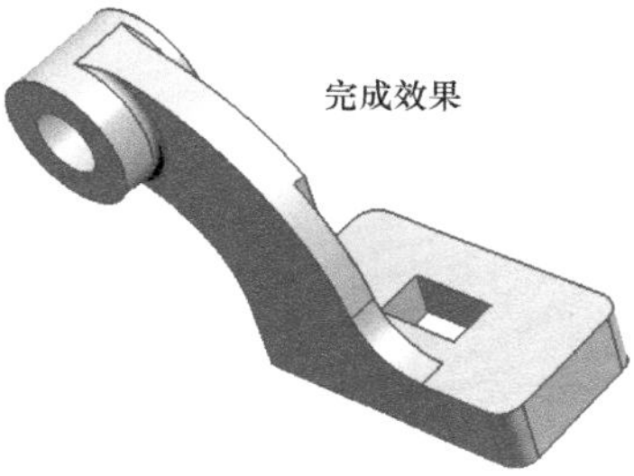
完成效果

深度方式创建托架模型

提示：因为草图不是封闭的，所以在退出草图环境时系统会提示是否要封闭草图，通过选择【反转草图封闭方向】选项，可以调整封闭方向。

在【拉伸】属性管理器的【从】列表框中有四个选项，设置拉伸时的起始条件。

1）草图基准面：从草图所在平面开始拉伸特征。

2）曲面/面/基准面：从选定的曲面，模型表面或基准面开始拉伸特征。

3）顶点：从选择的模型顶点开始拉伸特征。

4）等距：从与当前草图平面一定距离的平行平面开始拉伸特征。

在【方向 1】列表框中有如下八种拉伸方式。

1）给定深度：从拉伸起始位置开始拉伸特征至指定距离，如图 3-5a 所示。

2）完全贯穿：从草图的基准面拉伸特征至贯穿所有现有的几何体，如图 3-5b 所示。

3）成形到下一面：从拉伸起始位置开始拉伸特征至在拉伸方向上遇到第一个表面，如图 3-5c 所示。

4）成形到一顶点：从草图基准面拉伸特征至一个平面，这个平面平行于草图基准面且穿越指定的顶点，如图 3-5d 所示。

5）成形到一面：从拉伸起始位置开始拉伸特征至所选平面或曲面，如图 3-5e 所示。

6）到离指定面指定的距离：从草图的基准面拉伸特征至某面或曲面之特定距离平移处以生成特征，如图 3-5f 所示。

7）成形到实体：从草图的基准面延伸特征至指定的实体，如图 3-5g 所示。

8）两侧对称：从草图基准面向两个方向对称拉伸特征，如图 3-5h 所示。

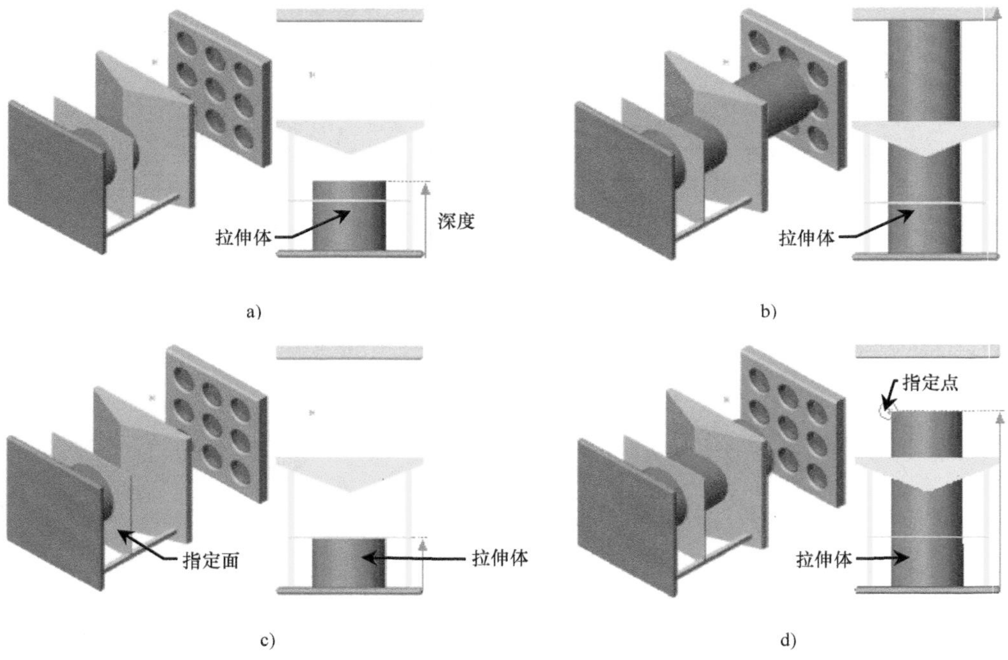

图 3-5　拉伸方式

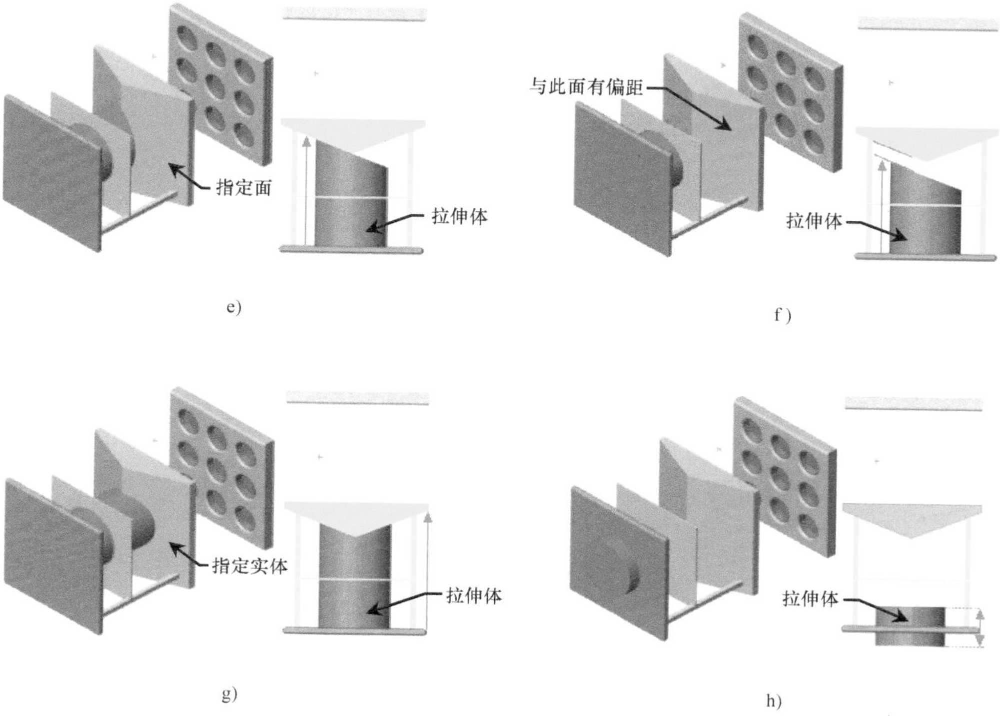

图 3-5　拉伸方式（续）

3.1.2　薄壁与斜度

拉伸特征除了要定义截面曲线与偏置方式外，还可以通过其他选项设置拉伸细节，例如设置薄壁厚度，拔模角度等。

打开范例文件“3-2 \ yrt. SLDPRT”，如图 3-6 所示。

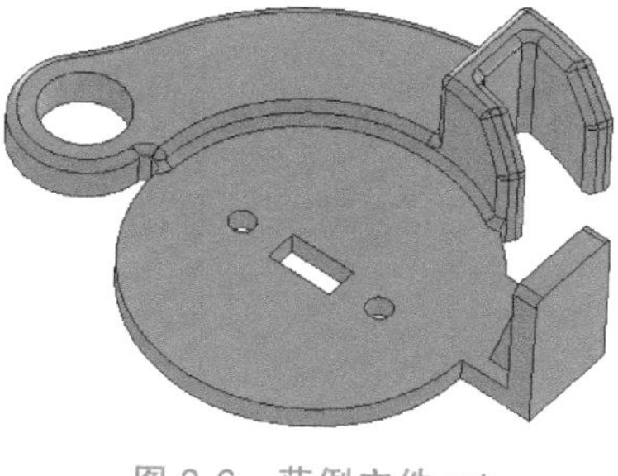

图 3-6　范例文件 yrt

操作指引

范例 3-2

❶ 单击【特征】工具栏的【拉伸凸台/基体】按钮。

❷ 在图形工作区单击选择表面作为草图平面。

❸ 单击【视图】工具栏中的【正视于】按钮。

❹ 使用草绘工具绘制草图，并添加尺寸和几何约束。在图形工作区空白处双击，完成草图绘制。

❺ 在【拉伸】属性管理器中，选中【薄壁特征】复选框。

❻ 设置薄壁厚度为 3mm。

❼ 单击【方向 1】选项区域中的【拔模开/关】按钮。

❽ 输入拔模角度为 3°。

❾ 单击【确定】按钮，完成薄壁与拔模角度的操作，如图 3-7 所示。

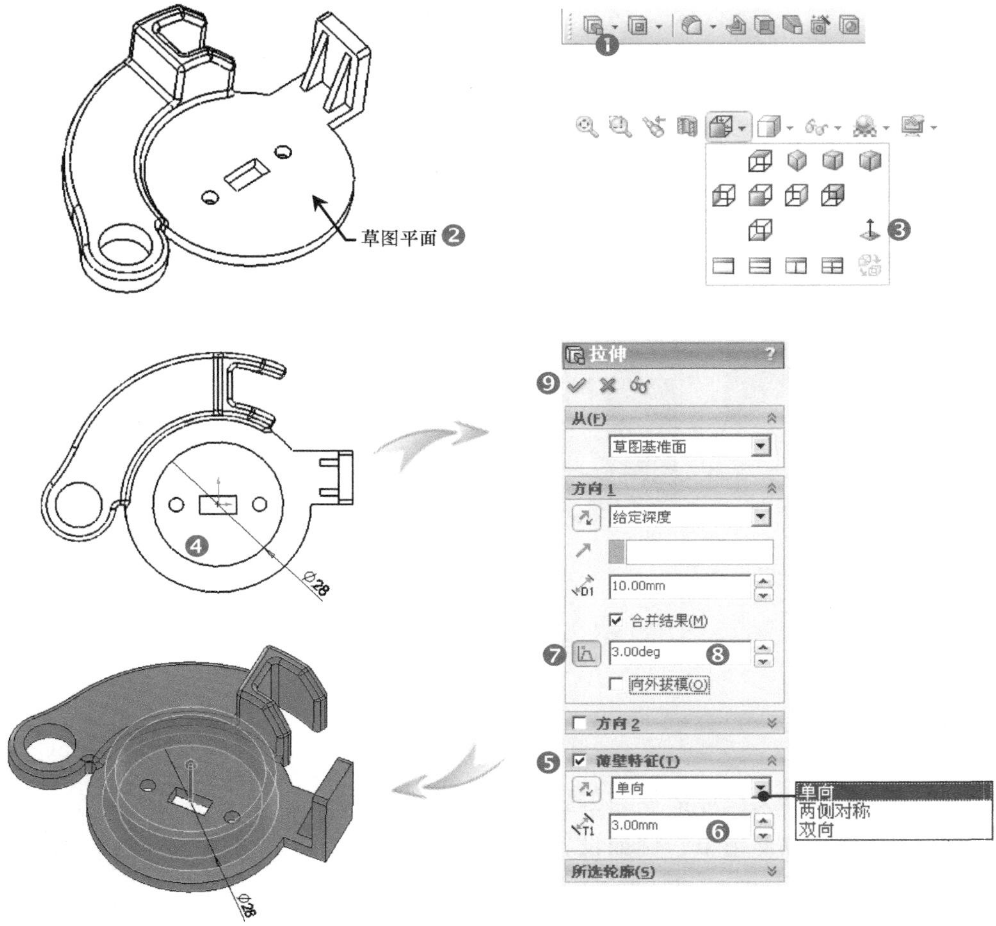

图 3-7 薄壁与拔模角度

3.2 旋转特征

旋转特征是将截面按指定的旋转方向，以某一旋转角度绕中心线旋转时所呈现的特征（图 3-8），它适合创建回转体或回转曲面。

3.2.1 深度方式

打开范例文件“3-3\rev. SLDPRT”，如图 3-9 所示。

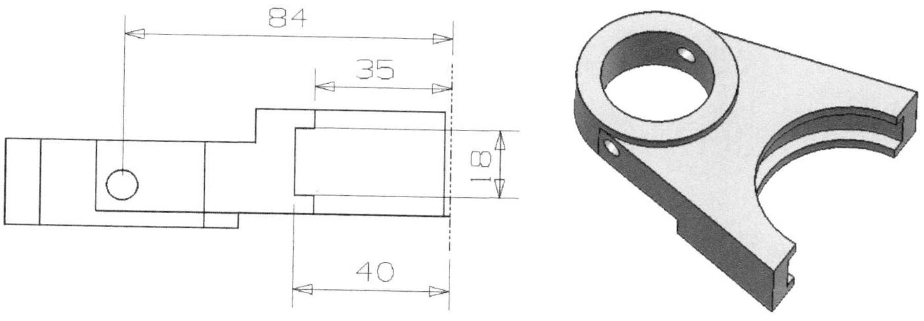

a)　　　　b)

图 3-8　旋转特征创建原理

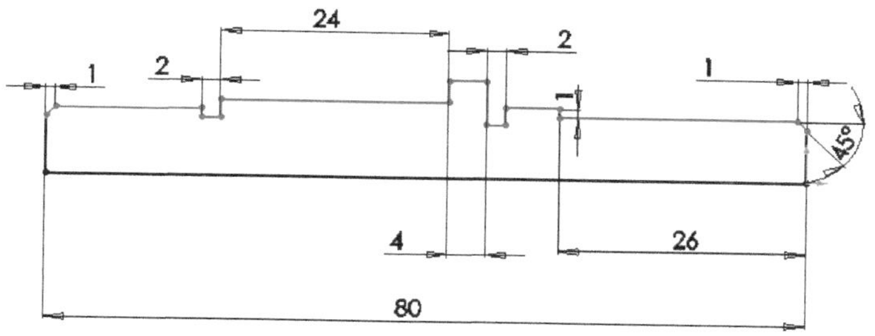

图 3-9　范例文件 rev

操作指引

❶ 单击【特征】工具栏的【旋转凸台/基体】按钮。

❷ 在图形工作区单击草图上的线段，图形工作区将显示旋转特征的预览。选择的轴线将显示在特征管理器设计树中。在图形工作区空白处双击，完成草图绘制。

提示：单击的草图图线将作为旋转轴。旋转轴必须使草图是可旋转的，即草图截面绕旋转轴旋转时，不会产生自交截面。

❸ 在【旋转】属性管理器的【旋转参数】选项区域的【旋转角度】文本框中，输入旋转角度为 260°。

❹ 单击按钮 ✔。

❺ 单击【特征】工具栏的【旋转切除】按钮。

❻ 在图形工作区单击剖面作为草图平面。

❼ 单击【视图】工具栏中的【正视于】按钮。使用草绘工具绘制草图，并沿轴线位置绘制一条中心线（构造线）。在图形工作区空白处双击，完成草图绘制。单击【确定】按钮 ✔，中心线自动作为旋转轴，如图 3-10 所示。

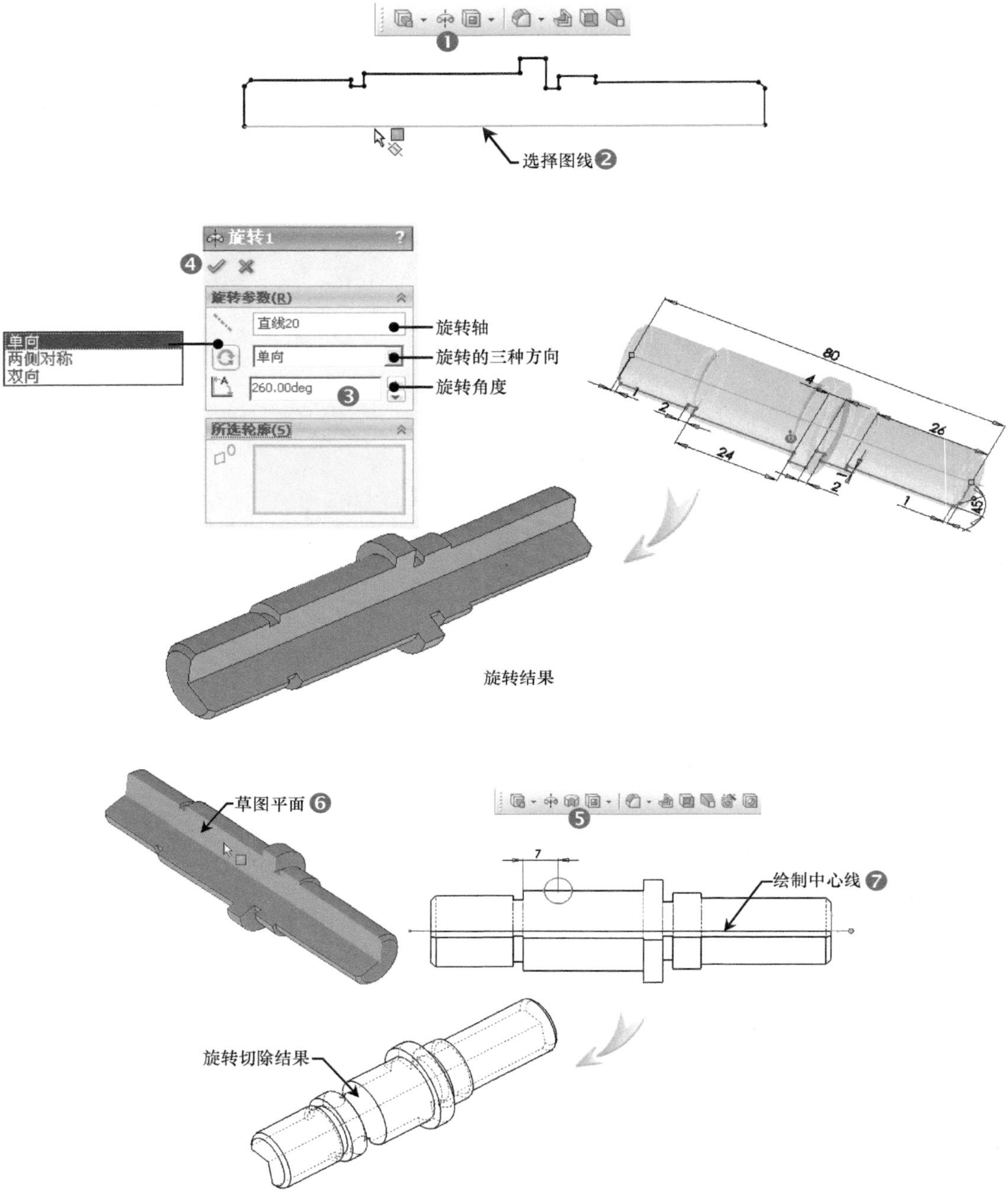

图 3-10　利用旋转特征中的深度方式创建模型

3.2.2　薄壁

如果草图的是开环的，则可以生成旋转薄壁。

打开范例文件“3-4 \ tyb. SLDPRT”，如图 3-11 所示。

操作指引

❶ 单击【特征】工具栏的【旋转凸台/基体】按钮 。

❷ 在特征管理器设计树中选择右视基准面作为草图平面。

❸ 单击【视图】工具栏中的【正视于】按钮 。

❹ 使用草绘工具绘制草图，并添加尺寸和几何约束。在图形工作区空白处双击，完成草图绘制。

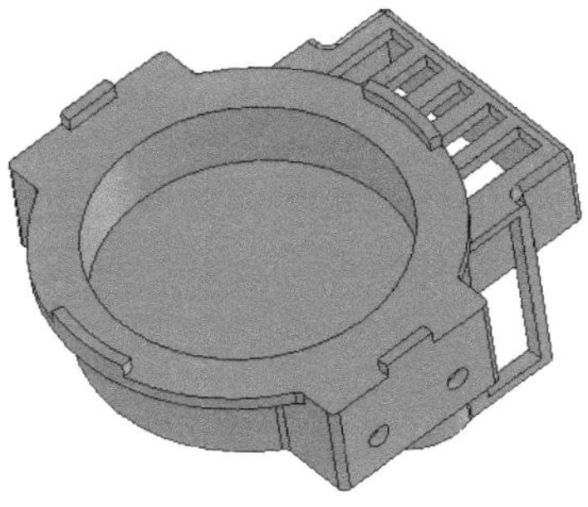

图 3-11　范例文件 tyb

❺ 在弹出的对话框单击【否】按钮，查看旋转预览。

❻ 在【切除-旋转】属性管理器的【薄壁特征】选项区域中，单击【反向】按钮 。

❼ 在【厚度】文本框中输入薄壁厚度为 3mm。

❽ 单击【确定】按钮 ，完成薄壁特征的创建，如图 3-12 所示。

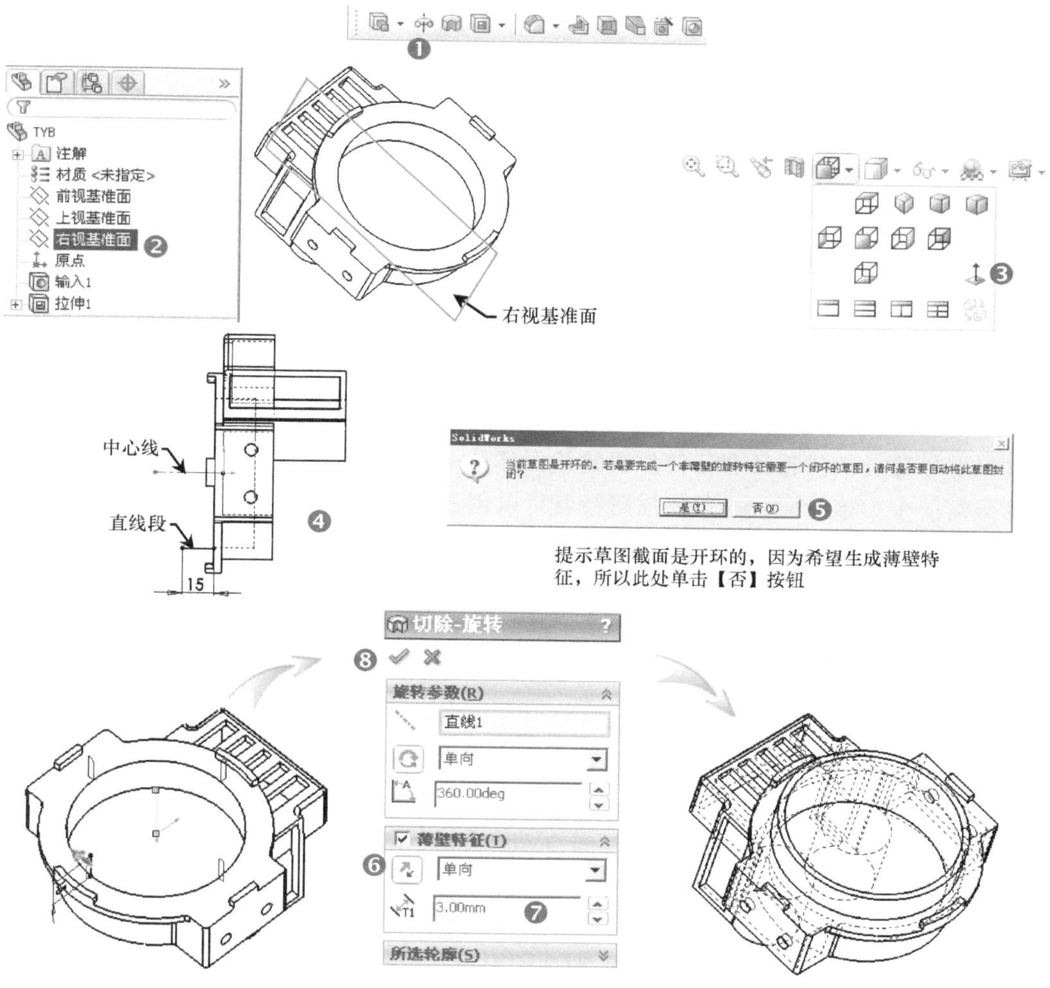

图 3-12　创建薄壁特征

3.3 扫描特征

扫描特征是截面曲线沿着空间曲线进行扫描而生成基本体、凸台等的特征（图 3-13），因此比拉伸特征和旋转特征更加灵活。

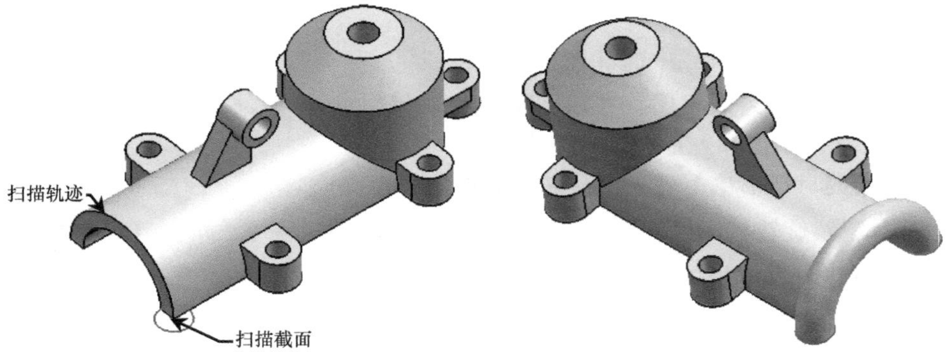

图 3-13　扫描特征创建原理

扫描特征创建还需要注意如下四点。

1）至少要有一个扫描轮廓，一条扫描路径，并且两者所在草图平面不能重合或平行。

2）对于基本体或凸台，扫描轮廓必须是封闭的，而曲面扫描特征的轮廓可以是闭环的，也可以是开环的。

3）扫描路径既可以是开环的又可以是闭环的，路径可以是一张草图中包含的一组草图曲线、一条曲线或一组模型边线，而路径的起点必须位于轮廓草图所在的基准面上。

4）不论是截面、路径或所形成的实体，都不能出现自相交叉的情况。

3.3.1 简单扫描

如果要创建的扫描特征在任何位置的截面都是一样的，则只需一个扫描轮廓、一条扫描路径就可以创建。

打开范例文件“3-5\yij. SLDPRT”，如图 3-14 所示。

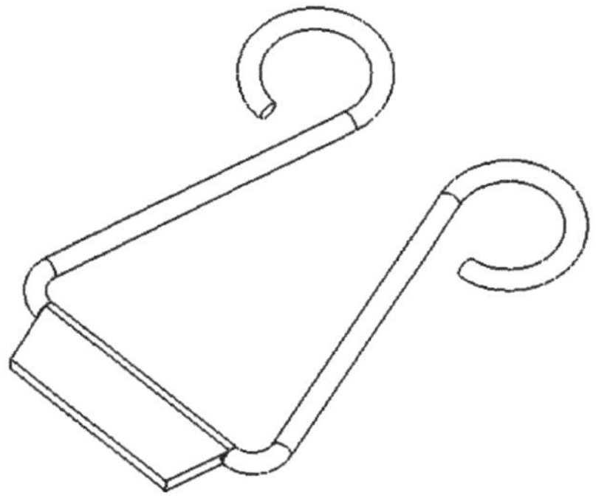

图 3-14　范例文件 yij

操作指引

❶ 在特征管理器设计树中，右击【前视基准面】按钮，在弹出的菜单中单击【绘制草图】按钮。

❷ 单击【正视于】按钮。

❸ 使用草绘工具绘制草图，并添加尺寸和几何约束。在图形工作区空白处双击，完成草图绘制。

❹ 单击【绘制草图】按钮，在图形工作区绘制圆形作为截面。

❺ 按住<Ctrl>键的同时，单击圆心和直线段。

❻ 单击【尺寸/几何关系】工具栏中的【添加几何关系】按钮 。

❼ 单击属性管理器的【添加几何关系】选项区域中的【穿透】按钮 。

❽ 单击【确定】按钮 。在图形工作区空白处双击，完成截面线的创建。

提示：添加【穿透】约束的主要目的是使扫描路径的开始端点与扫描截面所在平面重合，另外要保证截面的中心始终在扫描路径上。【穿透】约束常使用在扫描和放样功能中。在选择线段时要注意不能选择线段的端点，否则不能建立【穿透】约束。

❾ 单击【特征】工具栏的【扫描】按钮 。

❿ 系统加亮显示【轮廓】 文本框，在图形工作区单击圆形作为草图截面。

⓫ 系统加亮显示【路径】 文本框，在图形工作区单击直线段作为草图路径，图形工作区将显示扫描体预览。

提示：因为直线段与圆弧段相切连接，所以系统会自动将曲线链选为路径。

⓬ 在【扫描】属性管理器的【选项】选项区域中的【方向/扭转控制】列表框中，选择【随路径变化】选项。

⓭ 单击【确定】按钮 ，完成扫描特征的创建，如图 3-15 所示。

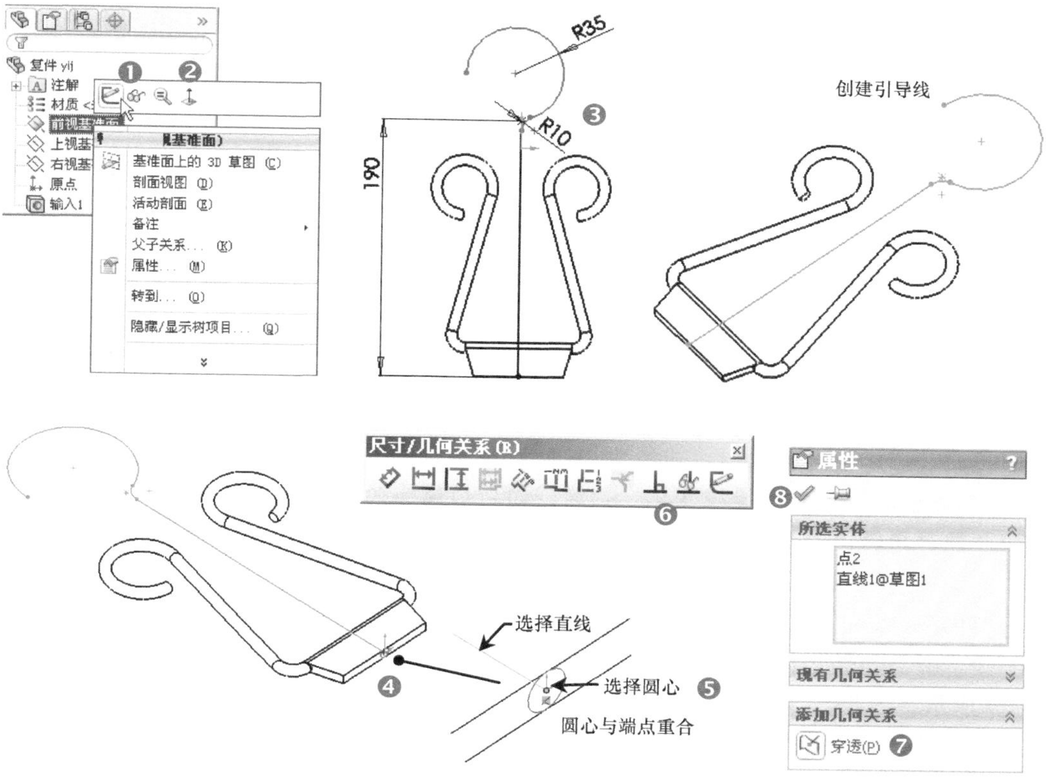

图 3-15　创建扫描特征

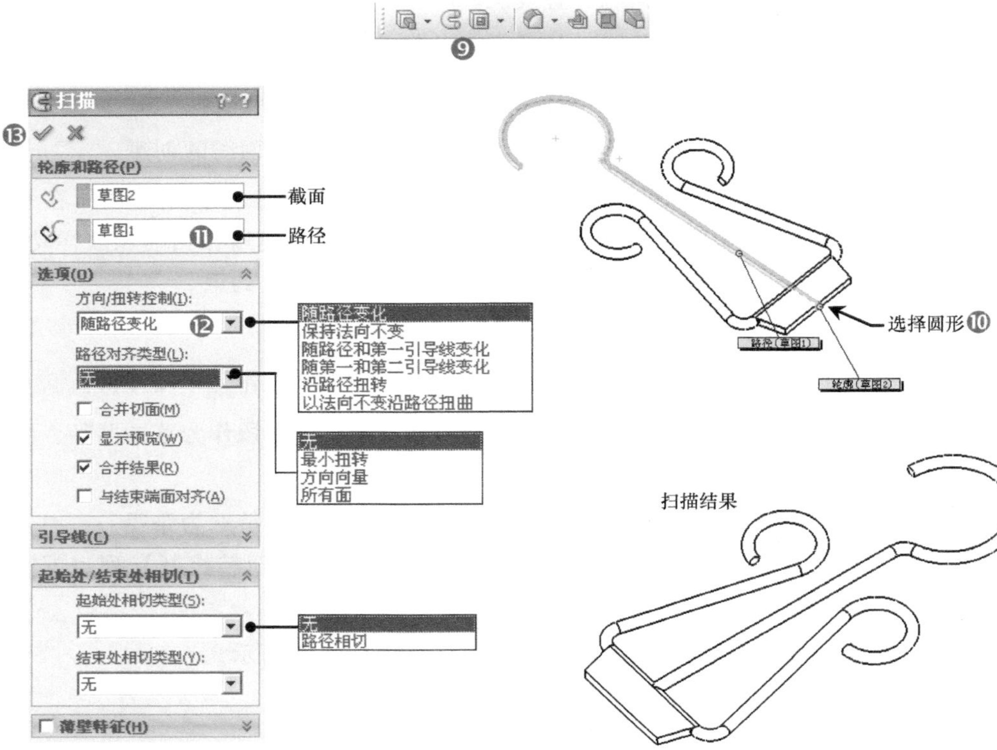

图 3-15　创建扫描特征（续）

【扫描】属性管理器中的【选项】选项区域用于设置扫描时与路径相关的参数。【方向/扭转控制】列表框用于设置扫描截面沿扫描路径扫描时，截面与路径的几何关系，包括如下六个选项。

1）随路径变化：扫描截面始终与扫描路径保持相同的角度，如图 3-16a 所示。

2）保持法向不变：使扫描截面始终与扫描路径保持相同的角度，如图 3-16b 所示。

3）沿路径扭转：扫描时，随着路径的扭转，草图截面同时扭转，可以指定截面扭转的角度，如图 3-16c 所示。

4）以法向不变沿路径扭曲：通过将截面在沿路径扭曲时，保持与开始截面平行而沿路径扭曲截面，可以指定截面扭转的角度，如图 3-16d 所示。

5）随路径和第一条引导线变化：扫描截面与扫描路径间的夹角沿着路径的长度方向保持不变，并且扭转由路径与第一引导线间的向量决定（仅用于引导线扫描），如图 3-16e 所示。

6）随第一条和第二条引导线变化：扫描截面与扫描路径间的夹角沿着路径的长度方向保持不变，并且扭转由第一条引导线与第二引导线间的向量决定（仅用于引导线扫描），如图 3-16f 所示。

如果选择【随路径变化】选项，则可以在【路径对齐类型】列表框中选择对齐类型，当路径上出现少许波动和不均匀波动，使轮廓不能对齐时，可以将轮廓稳定下来。【路径过齐类型】列表框中有如下选项。

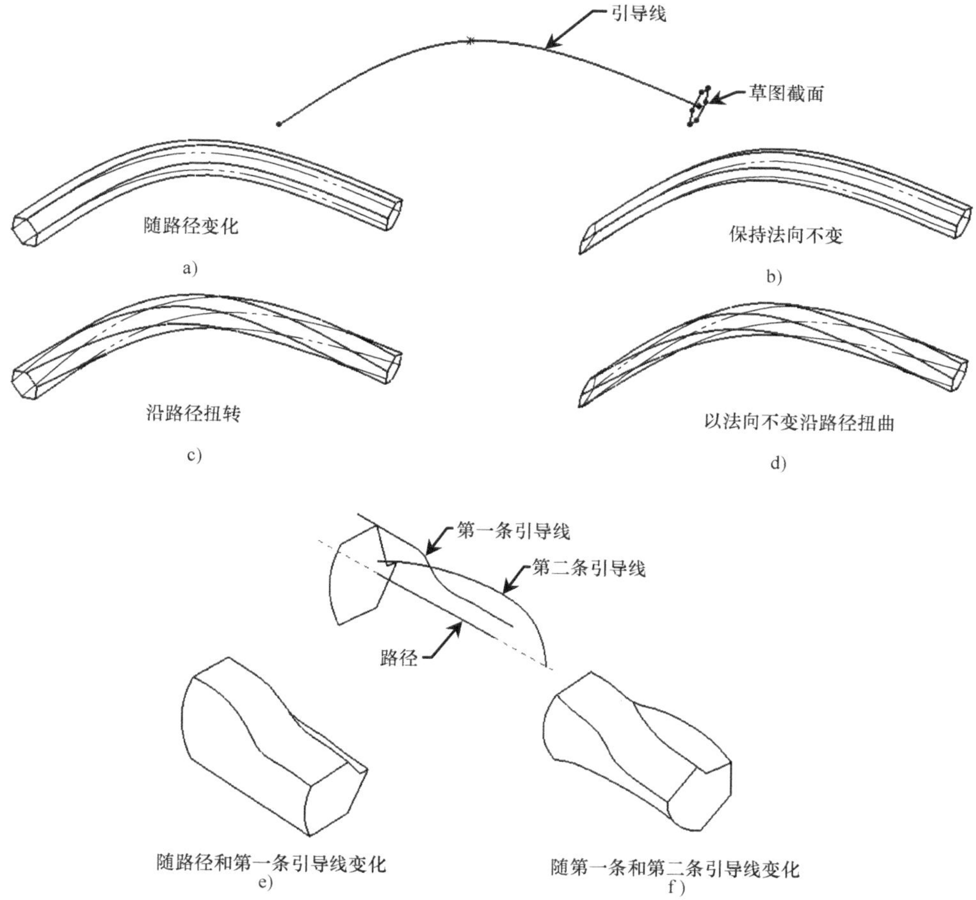

图 3-16 截面与路径的几何关系

1）无：垂直于轮廓对齐轮廓，不进行纠正。

2）最小扭转：只用于 3D 路径，阻止轮廓在随路径变化时发生自相交。

3）方向向量：按方向向量所选择的方向对齐轮廓，选择设定方向向量的实体。

4）所有面：当路径包括相邻面时，使轮廓在几何关系允许的情况下与相邻面相切。

【选项】选项区域中有如下复选框。

1）合并切面：选中该复选框，如果轮廓有相切线段，可使扫描特征中的相应曲面相切。保持相切的面可以是基准面、圆柱面或锥面。其他相邻面被合并，轮廓被近似处理。草图圆弧可以转换为样条曲线。

2）显示预览：选中该复选框，显示扫描的着色预览。取消选中该复选框，只显示轮廓和路径。

3）合并结果：选中该复选框，将实体合并成一个实体。

4）与结束端面对齐：选中该复选框，将扫描轮廓继续到路径所碰到的最后面。扫描的面被延伸或缩短，以与扫描端点处的面匹配，而不要求额外几何体。此选项常用于螺旋线，如图 3-17 所示。

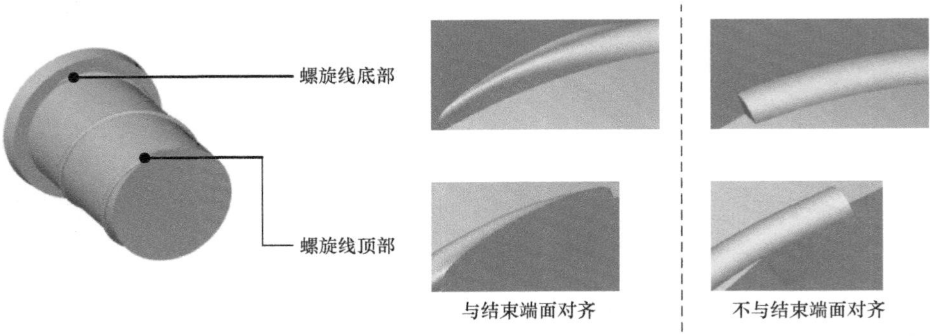

图 3-17　选中【与结束端面对齐】复选框的结果

3.3.2　扫描切除

通过扫描特征可以添加材料，还可以创建扫描切除特征，去除路径上的材料。扫描切除特征的结果虽然与扫描凸台或基体特征的结果不同，但特征选项是相同的。

打开范例文件“3-6\val. SLDPRT”，如图 3-18 所示。

范例 3-6

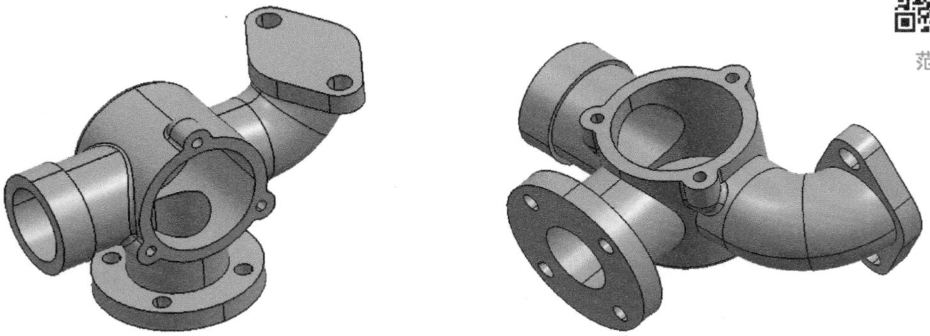

图 3-18　范例文件 val

操作指引

❶ 在特征管理器设计树中，右击【前视基准面】按钮，在弹出的菜单中单击【绘制草图】按钮。

❷ 单击【正视于】按钮。

❸ 使用草绘工具绘制草图，并添加尺寸和几何约束。在图形工作区空白处双击，完成引导线的绘制。

❹ 单击【绘制草图】按钮。

❺ 选择顶面为草图面，绘制圆形作为截面。

❻ 按住<Ctrl>键的同时，依次选择圆心和直线段。

❼ 在【尺寸/几何关系】工具栏中，单击【添加几何关系】按钮。

❽ 在属性管理器的【添加几何关系】选项区域中单击【穿透】按钮。

❾ 单击【确定】按钮✔。在图形工作区空白处双击，完成截面线的创建。

❿ 选择【插入】|【切除】|【扫描】命令。系统加亮显示【轮廓】文本框，在图形工作区单击圆形作为草图截面。

⓫ 系统加亮显示【路径】文本框，在图形工作区单击直线段作为草图截面，图形工作区将显示扫描体预览。

⓬ 单击【确定】按钮✔，完成扫描切除特征的创建，如图 3-19 所示。

提示：因为直线段与圆弧段相切连接，所以系统会自动将曲线链选为路径。

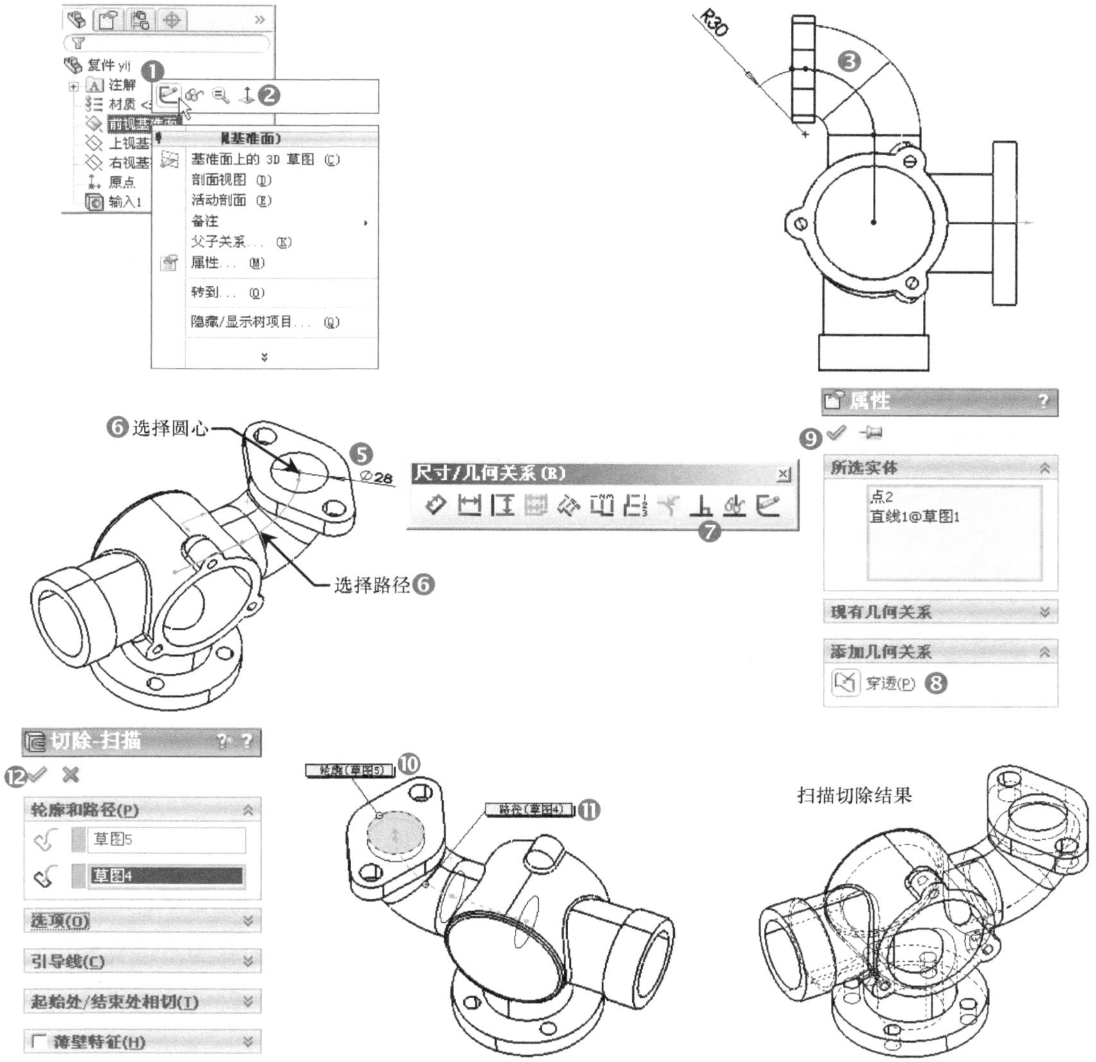

图 3-19 创建扫描切除特征

3.3.3 引导线扫描

为扫描特征添加引导线，可以创建更复杂的扫描特征。添加引导线时需要注意如下事项。

1）当使用引导线生成扫描体时，路径必须是单个草图实体（线条、圆弧等），并且路径草图必须为光滑曲线。

2）引导线和路径不能在同一个草图中，不同引导线也不能在同一个引导线草图中，也就是说一条引导线使用一个草图。

3）引导线草图和路径草图绘制完后才能绘制截面草图，也就是说在特征管理器设计树中，截面草图不能位于引导线和路径草图的前面。

4）绘制截面时，要注意几何关系，比如水平放置或竖直放置，可能被自动添加。这些几何关系会影响中间截面的形状，可能得到不希望的结果。

5）如果引导线比路径长，扫描将使用路径的长度。如果引导线比路径短，扫描将使用最短的引导线长度。

打开范例文件“3-7\guid. SLDPRT”，如图 3-20 所示。

操作指引

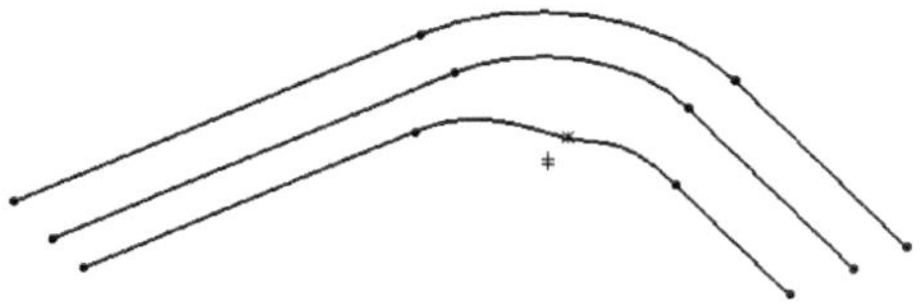

图 3-20　范例文件 guid

❶ 在【特征】工具栏中，单击【基准面】按钮。

❷ 在图形工作区选择直线端点和直线段。

❸ 在【基准面】属性管理器的【选择】选项区域中，单击【垂直于曲线】按钮。

❹ 单击【确定】按钮，完成基准面的创建。

❺ 单击【绘制草图】按钮，在图形工作区选择新建基准面为草图面，绘制矩形作为截面。

❻ 按住<Ctrl>键的同时，依次选择矩形端点和直线段。

❼ 单击属性管理器的【添加几何关系】选项区域中的【穿透】按钮。

❽ 单击【确定】按钮。

❾ 按照步骤❻~❽的操作，继续为矩形的另一端点添加几何约束。

❿ 标注尺寸，在图形工作区空白处双击，完成草图绘制。

⓫ 单击【特征】工具栏的【扫描】按钮。

⓬ 系统加亮显示【轮廓】文本框，在图形工作区单击矩形草图作为草图截面。

⓭ 系统加亮显示【路径】文本框，在图形工作区单击中间草图作为草图路径，图形工作区将显示扫描体预览。

⓮ 单击外侧的草图曲线，将其添加为第一条引导线。

⓯ 单击内侧的草图曲线，将其添加为第二条引导线。

⓰ 在【扫描】属性管理器中，展开【引导线】组框，查看添加的引导线。

⓱ 单击【确定】按钮，完成为扫描特征添加引导线的操作，如图 3-21 所示。

提示：为了保证扫描截面开始于扫描路径，必须使扫描截面草图位于扫描路径的垂直平面。

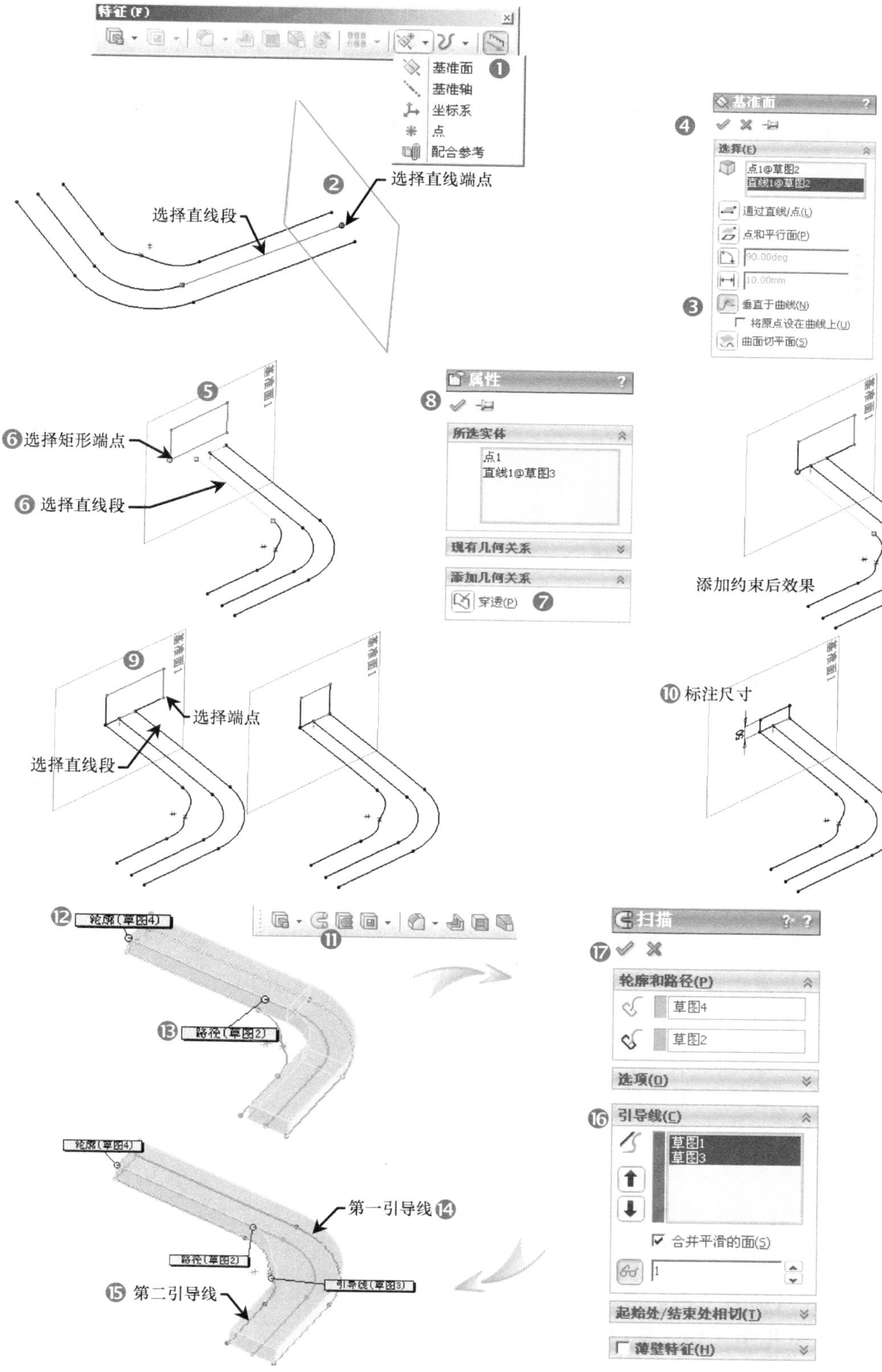
特征(F)
基准面
基准轴
坐标系
点
配合参考
选择直线端点
选择直线段
基准面
选择(E)
点1@草图2
直线1@草图2
通过直线/点(L)
点和平行面(P)
90.00deg
10.00mm
垂直于曲线(N)
将原点设在曲线上(U)
曲面切平面(S)
选择矩形端点
选择直线段
属性
所选实体
点1
直线1@草图3
现有几何关系
添加几何关系
穿透(P)
添加约束后效果
选择端点
选择直线段
标注尺寸
轮廓(草图4)
路径(草图2)
扫描
轮廓和路径(P)
草图4
草图2
选项(O)
引导线(C)
草图1
草图3
合并平滑的面(S)
起始处/结束处相切(T)
薄壁特征(H)
第一引导线
第二引导线
引导线(草图3)

图 3-21 引导线扫描

注意：在有些特征中，选择引导线的次序不同，扫描得到的特征可能是不同的。可以通过【引导线】选项区域中的【上移】按钮和【下移】按钮，改变引导线的顺序。

3.4 放样特征

扫描特征使用的截面轮廓只有一个，即使用不同的轮廓截面，这些轮廓截面与扫描截面也是相似的，只是尺寸有所不同，而放样使用多个轮廓截面，不同位置的截面可能都不一样。

图 3-22 所示为采用放样特征得到的装粉末的药剂瓶和淋浴喷头握柄，沿路径的各截面都不同。

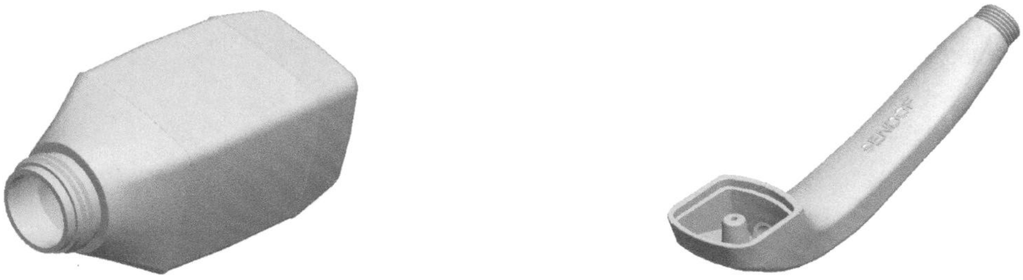

a)　　　　b)

图 3-22　采用放样特征生成的模型

放样特征可以生成凸台、切除、薄壁或曲面等，根据特征的复杂性，有简单放样、中心线放样和引导线放样之分。

3.4.1 简单放样

简单放样是在生成特征时，其轮廓线采用最短的空间距离直接过渡而成。

打开范例文件“3-8\bot. SLDPRT”，如图 3-23 所示。

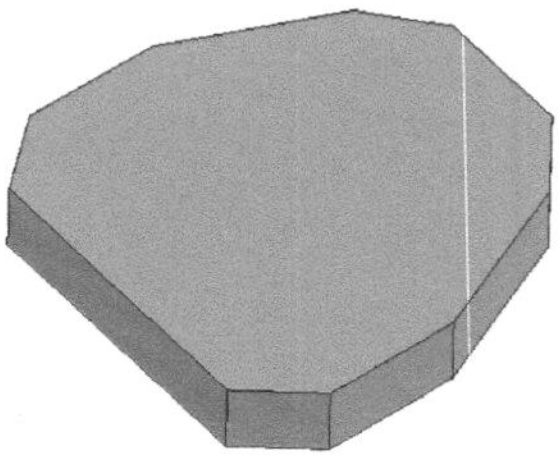

图 3-23　范例文件 bot

操作指引

❶ 单击【特征】工具栏中的【基准面】按钮。

❷ 在图形工作区选择拉伸体端面。

❸ 在【基准面】属性管理器的【选择】选项区域的【距离】文本框中，输入偏移距离为 4mm。

❹ 单击【确定】按钮，完成基准面的创建。

❺ 单击【绘制草图】按钮，在图形工作区选择新建基准面为草图面，绘制封闭图形作为截面。在图形工作区空白处双击，退出草图绘制环境。

❻ 单击【特征】工具栏的【放样凸台/基体】按钮。

❼ 在图形工作区单击拉伸体的表面作为第一个截面。

❽ 在图形工作区单击草图为第二个截面，将生成放样特征预览。

❾ 将光标放到底部截面的控标处，线段变成红色。

❿ 单击的同时，向与顶部截面控标对齐的位置拖动底部截面的控标至合适位置，再释放鼠标，完成对齐控标的操作。放样预览随新的同步而更新。

⓫ 在顶部草图截面上的一条直线段上右击。

⓬ 在弹出的菜单中选择【添加连接线】命令，两截面将添加一条新的连接线。

⓭ 按上面介绍的方法，在两个截面上调整控标位置。

⓮ 按步骤⓬~⓭的方法，继续在另一侧添加控标并调整控标位置。

⓯ 单击【确定】按钮✔，完成简单放样特征的创建，如图 3-24 所示。

提示：对于实体放样，第一个和最后一个轮廓必须是由分割线生成的模型面或面，也可以是平面轮廓或曲面。

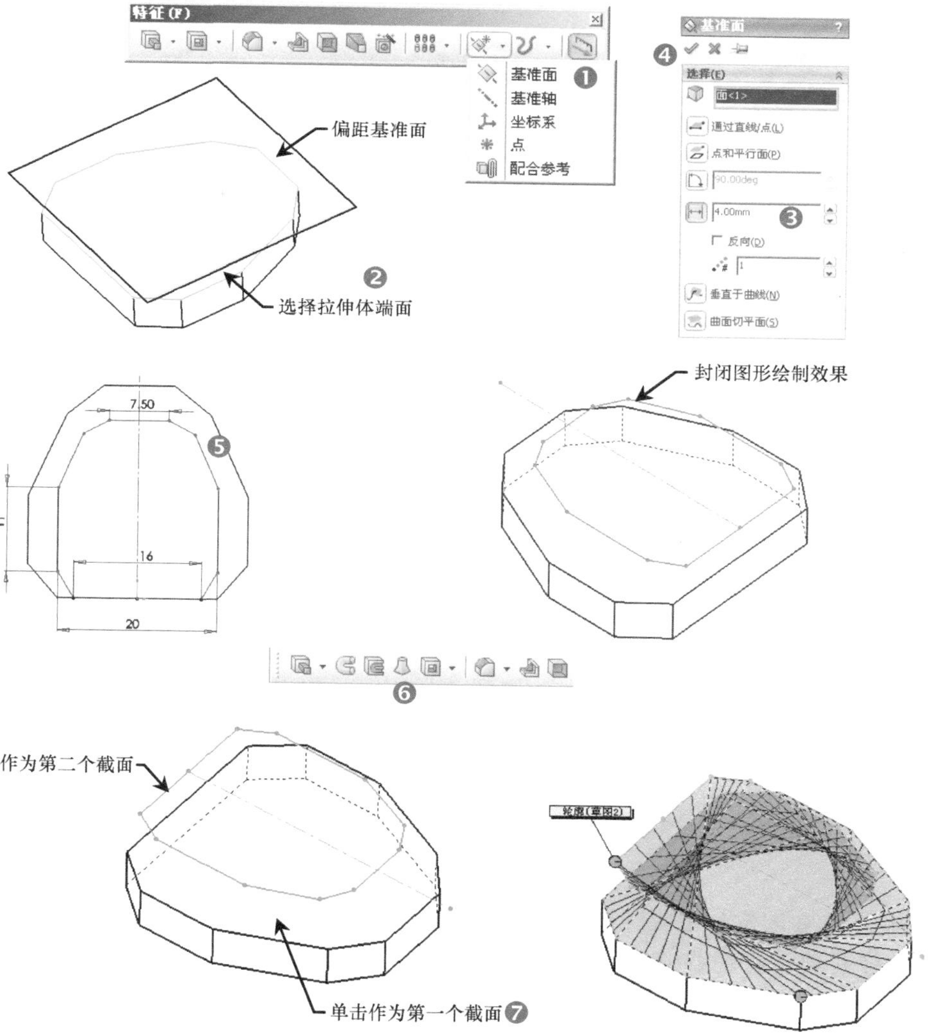

图 3-24　简单放样特征的创建

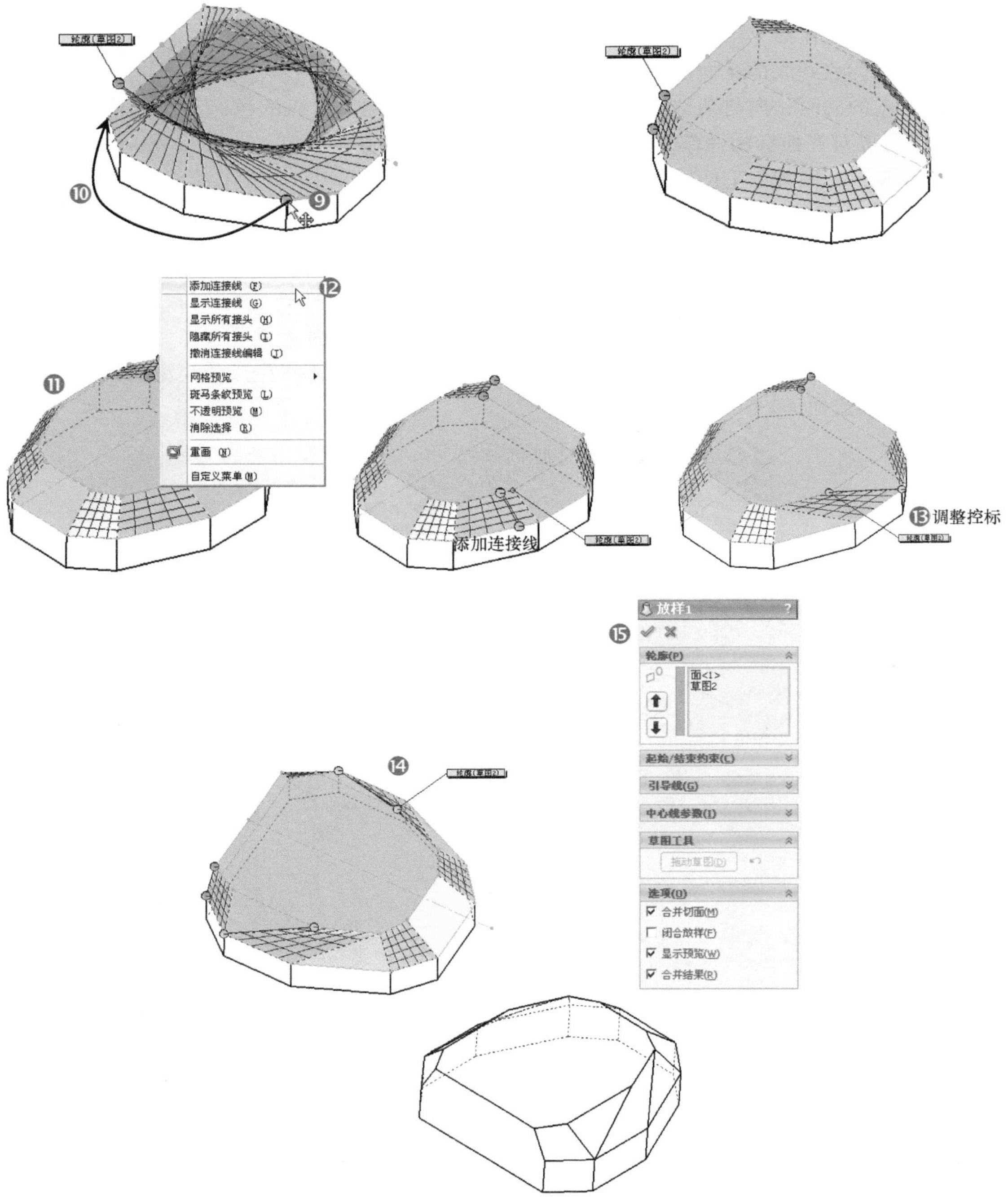

图 3-24 简单放样特征的创建（续）

两草图截面间发生缠绕，这是由于轮廓间没有对齐引起的。

【放样】属性管理器中的【轮廓】选项区域用于显示生成放样特征的轮廓截面，由于放样特征的生成与选择轮廓面的顺序有关系，可以单击【上移】按钮⬆和【下移】按钮⬇改变截面的顺序。【选项】选项区域用于设置一些放样相关的选项，包含如下复选框。

1）【合并切面】复选框：选中该复选框，对于相切的曲线，则使在所生成的放样特征表面保持相切，构成一个完整表面，否则在切边处分割成多个面，如图 3-25 所示。

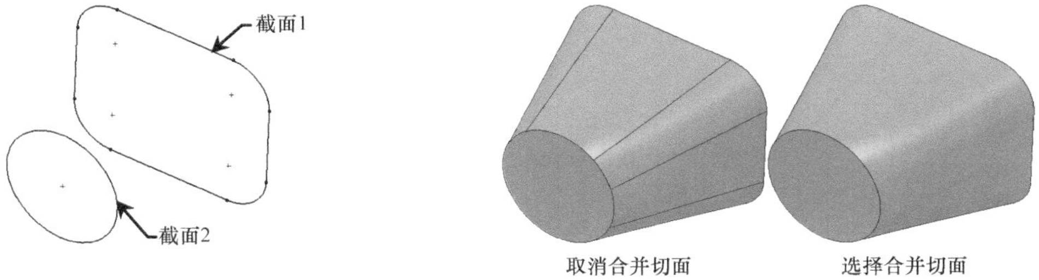

a） 取消合并切面 b） 选择合并切面 c）

图 3-25 选中【合并切面】复选框效果

2）【闭合放样】复选框：选中该复选框，自动放样生成一闭合实体特征。

3）【显示预览】复选框：选中该复选框，可以预览模型。

4）【合并结果】复选框：选中该复选框，将所有实体合并。

3.4.2 中心线放样

可以用一条变化的引导线作为中心线，所有中间截面的草图基准面都与此中心线垂直。中心线可以是绘制的曲线、模型边线或曲线。

打开范例文件“3-9\ji. SLDPRT”，如图 3-26 所示。

操作指引

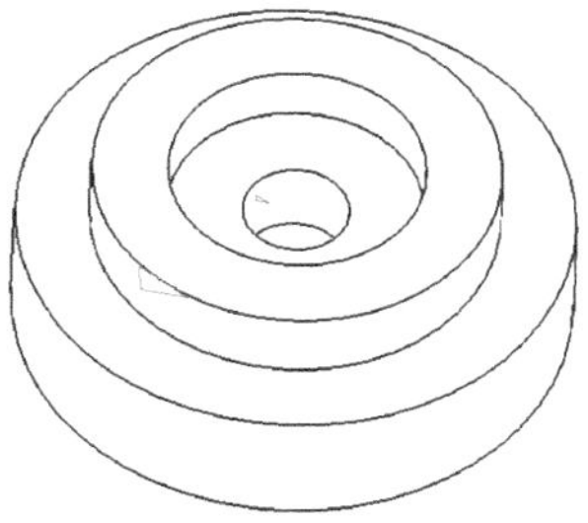

图 3-26 范例文件 ji

❶ 单击【绘制草图】按钮。在图形工作区选择端面为草图面，绘制样条曲线作为中心线。在图形工作区空白处双击，退出草图绘制环境。

❷ 单击【特征】工具栏的【放样切割】按钮，在图形工作区依次单击两条组合曲线作为截面。

❸ 在【切除-放样】属性管理器的【中心线参数】选项区域中，单击【中心线】列表框。

❹ 在图形工作区选择草图曲线作为中心线。

❺ 单击【确定】按钮，完成中心线的放样。

❻ 单击【特征】工具栏的【圆周阵列】按钮。

❼ 在图形工作区选择放样切除特征作为要阵列的特征。

❽ 在【圆周阵列】属性管理器的【参数】选项区域的【数量】文本框中，输入阵列数量为 20。

❾ 选中【等间距】复选框。

❿ 单击【反向阵列】列表框，激活阵列中心轴的选择。

⓫ 在图形工作区选择圆柱面。

⑫ 单击【确定】按钮✓，完成锯齿的圆周阵列，如图 3-27 所示。

注意：用中心线创建放样特征时，中心线必须穿过每个轮廓截面，否则无法放样。

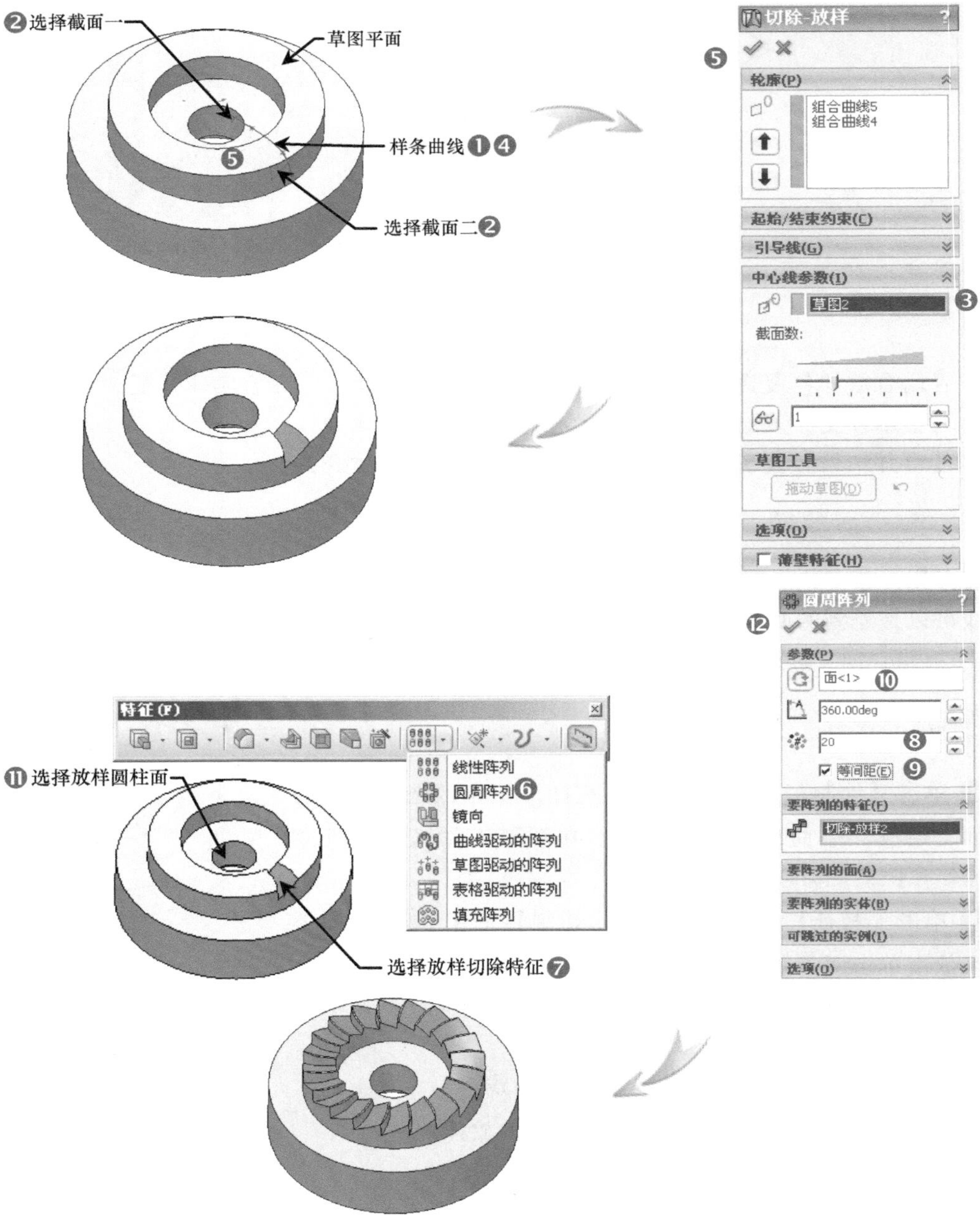

图 3-27　中心线放样

3.4.3　引导线放样

除了利用中心线生成放样特征外，还可以利用多条引导线（或中心线加引导线）来连接轮廓，生成引导线放样。

打开范例文件“3-10\cov. SLDPRT”，如图 3-28 所示。

操作指引

❶ 单击【特征】工具栏的【放样凸台/基体】按钮 。

❷ 在图形工作区单击底面圆形草图作为第一个截面。

❸ 在图形工作区单击顶面圆角矩形作为第二个截面，将生成放样特征预览。

❹ 在【放样】属性管理器的【引导线】列表框中单击，激活引导线的选择。

❺ 在图形工作区单击第一条引导线，在图标栏中单击【确定】按钮 。

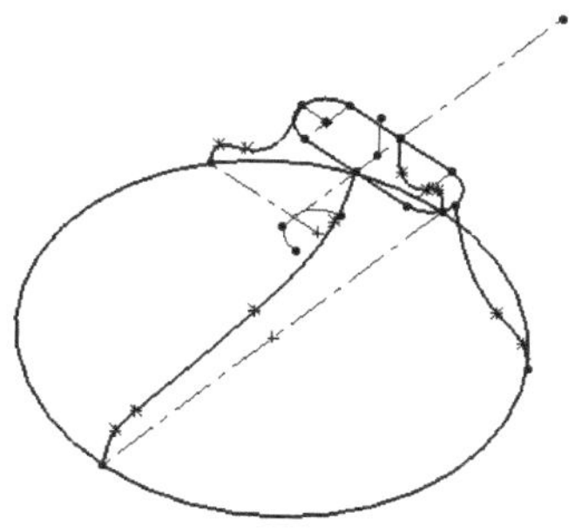

图 3-28 范例文件 cov

提示：由于引导线是在草图 3 中绘制的，而草图 3 中不只有这条引导线，所以系统会弹出此图标栏要求确定。

❻ 按照相同的方法，继续选择其余引导线。

❼ 单击【确定】按钮 ，完成引导线放样特征的创建，如图 3-29 所示。

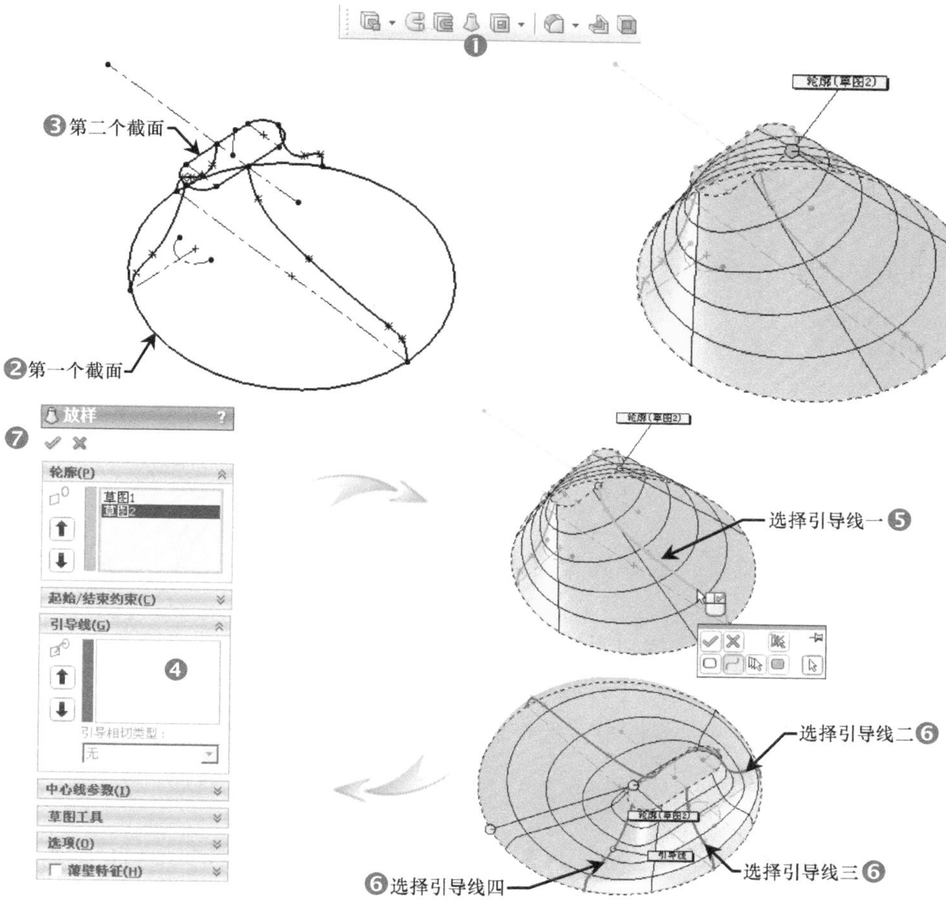

图 3-29 引导线放样

使用引导线生成放样有如下要求。

1）引导线可以是二维曲线、三维曲线，也可以是模型边线。

2）引导线必须与所有截面草图相交。

3）可以使用任意数量的引导线，各引导线可以相交于点。

4）如果放样失败或扭曲，可以添加通过模型点的样条曲线作为引导线，选择适当的轮廓顶点以生成这条曲线。

5）引导线可以比生成的放样长，但放样终止于最短引导线的末端。

6）可以通过在所有引导线上生成同样数量的线段，进一步控制放样的行为。

3.5 特征编辑

特征编辑不仅包括整个模型属性编辑，还包括对模型中的实体和组成实体的特征进行编辑。模型编辑涉及很多方面的内容，主要包括属性操作、特征参数修改、修改特征创建顺序、压缩特征、信息统计等方面的内容。

3.5.1 特征属性

在零件文件中，可以编辑整个模型、某个实体或特征的属性。属性的作用范围是不同的，如果设置了特征的属性，则实体属性对该特征就不起作用；同样，如果设置了实体属性，则模型的属性对该实体就不起作用。

1. 材质属性

默认情况下，SolidWorks 软件并没有为模型指定材质，可以根据加工实际零件所使用的材料，为模型指定材质。

打开范例文件“3-11\cfo. SLDPRT”，如图 3-30 所示。

操作指引

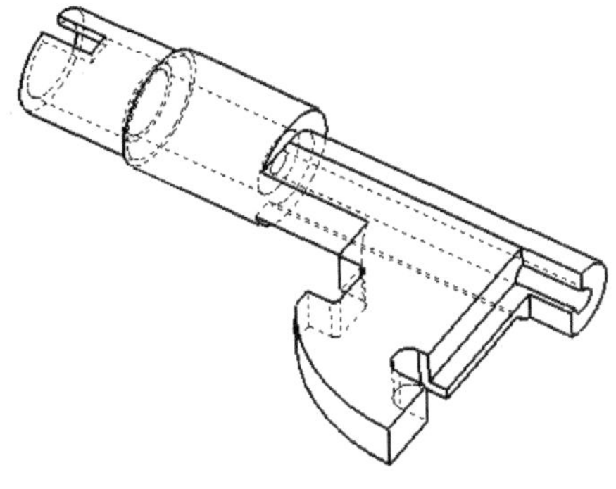

图 3-30　范例文件 cfo

❶ 在特征管理器设计树中，右击【材质<未指定>】按钮 材质 <未指定>。

❷ 在弹出的菜单中选择【纯金】命令，查看赋以材质后的模型。

提示：还可以根据需要，选择其他材质，查看模型应当切换到着色模式下。

❸ 右击【材质<未指定>】按钮，在弹出的菜单中选择【编辑材料】命令，弹出【材质编辑器】属性管理器，在【材料】下拉列表框中，选择新材料【丙烯酸（中高冲力）】，查看赋以材质后的模型，如图 3-31 所示。

2. 外观属性

无论是模型、还是实体或单个特征，都可以修改其表面的外观属性，包括颜色和纹理。

打开范例文件“3-12\phi. SLDPRT”，如图 3-32 所示。

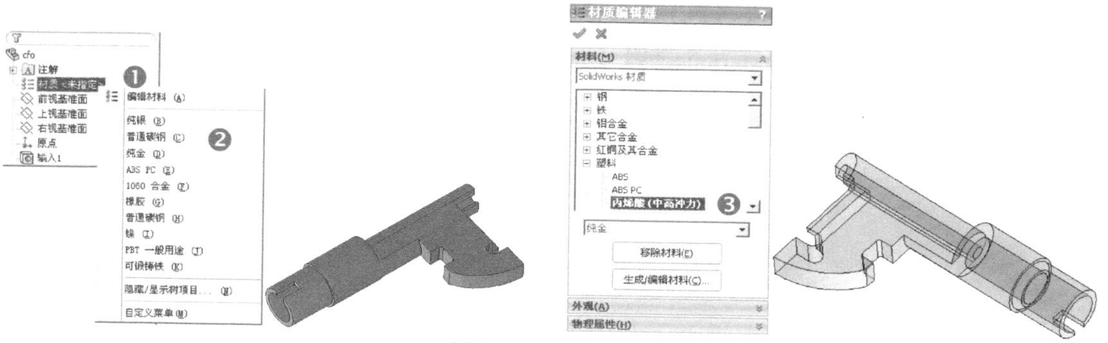

图 3-31　材质属性

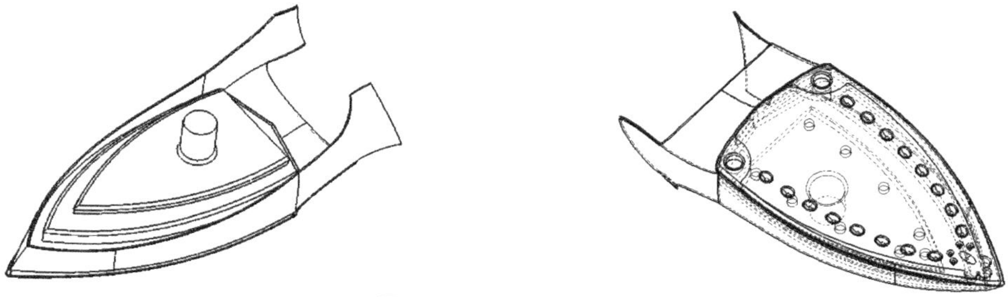
图 3-32　范例文件 phi

操作指引

❶ 右击特征管理器设计树中的【实体（1）】按钮 实体(1) 下的【输入 1】按钮 输入1。

提示：如果在特征管理器设计树中没有显示【实体（1）】按钮 实体(1)，可以在特征管理器设计树中右击，在弹出的菜单中选择【隐藏/显示树项目】命令，再在弹出的【系统选项】对话框的【实体】列表中选择【自动】选项，如图 3-33 所示。

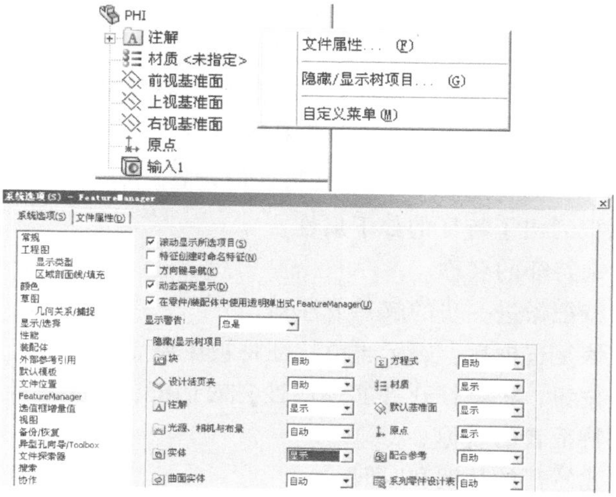

图 3-33　显示【实体（1）】按钮操作

❷ 在弹出的菜单中选择【外观】|【颜色】命令。

❸ 在【颜色和光学】属性管理器的【常用类型】选项区域中，单击【颜色】文本框，选择色块。

❹ 单击【确定】按钮，完成外观属性设置，如图 3-34 所示。

图 3-34　外观属性

在【颜色和光学】属性管理器中，各选项区域的作用如下。

1）【选择】选项区域：用于选择希望改变颜色的对象，可以是模型的表面、特征或实体。

2）【常用类型】选项区域：用于显示和设置常用的颜色和光学参数。

3）【颜色属性】选项区域：用于设置所选对象的颜色。

4）【光学属性】选项区域：用于设置模型显示时的光学参数，例如透射度、散射度、光泽度等。

3. 特征属性

对于特征可以进行修改名称、说明、压缩和颜色属性设置等操作。

操作指引

❶ 在特征管理器设计树中右击特征名称按钮。

❷ 在弹出的菜单中，选择【特征属性】命令。

❸ 在【特征属性】对话框中的【名称】文本框中，将特征名称修改为【拉伸基体】。

❹ 在【说明】文本框中输入“第 1 个拉伸特征”。

❺ 单击【确定】按钮 确定 ，完成特征属性的设置，如图 3-35 所示。

【特征属性】对话框列出了特征的如下属性。

1）名称：列出所选特征的名称。

2）说明：用于对特征做进一步的解释或注释。

3）压缩：选择中该复选框后，表示当前特征将被压缩。

4）颜色：单击该按钮，将会打开【实体属性】对话框，用于更改特征的颜色。

5）创建者：创建特征者的名称。

6）创建日期：创建特征的日期和时间。

7）上次修改日期：最后保存零件的日期和时间。

图 3-35 特征属性

3.5.2 特征参数

特征创建完成后，可以对特征的参数或草图进行修改。

打开范例文件“3-13\cop. SLDPRT”，如图 3-36 所示。

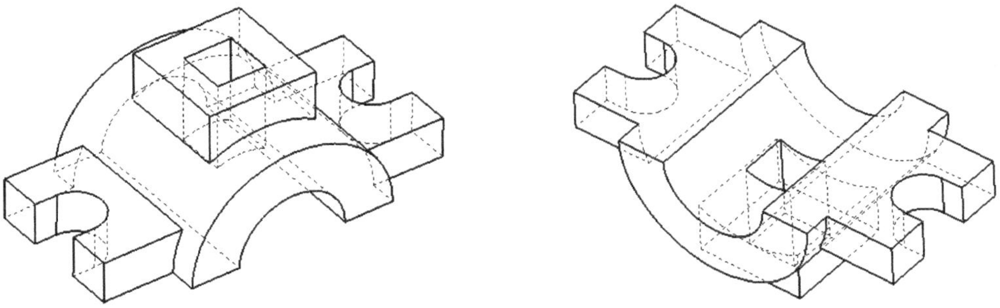

图 3-36 范例文件 cop

操作指引

❶ 在特征管理器设计树中右击【拉伸 1】按钮 拉伸1 。

❷ 在弹出的菜单中，单击【编辑特征】按钮 。

❸ 在【拉伸 1】属性管理器的【方向 1】选项区域的【深度】文本框中，输入深度值为 6mm。

❹ 单击【确定】按钮 。

❺ 在图形工作区的孔特征上双击，激活特征的编辑。

❻ 双击尺寸 ϕ20mm，激活【修改】对话框。

❼ 修改尺寸为 ϕ28mm。

❽ 单击【确定】按钮 ，完成尺寸的修改。

❾ 按<Ctrl+B>组合键再生模型，如图 3-37 所示。

提示：修改特征尺寸后，模型不会立刻再生，需要按<Ctrl+B>组合键手动再生模型。

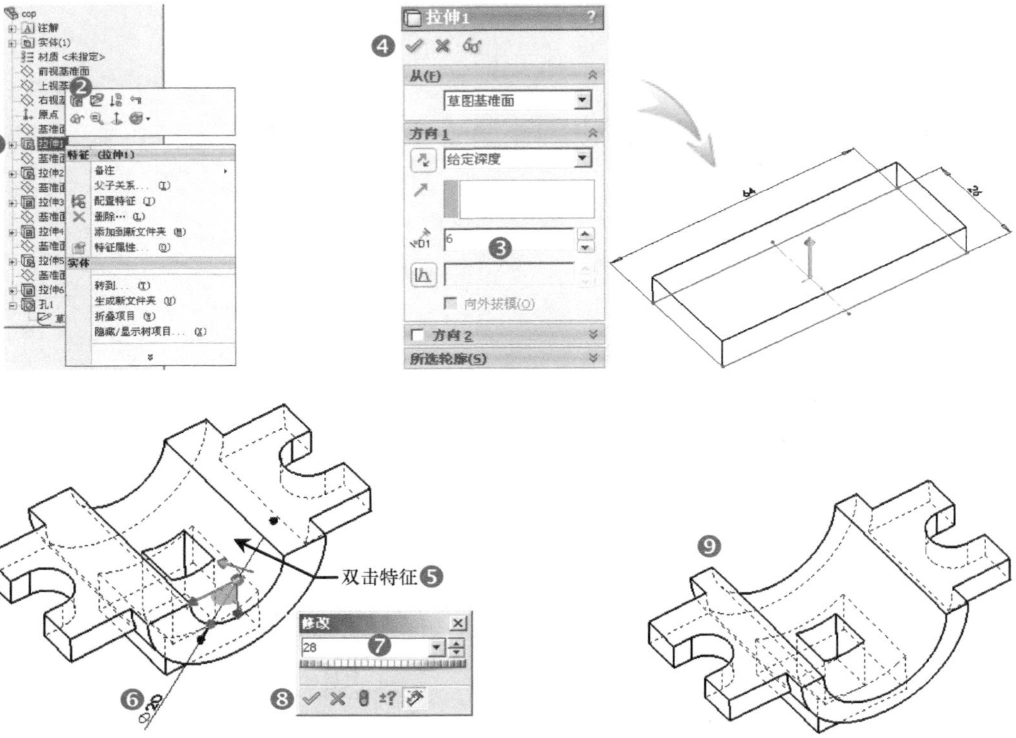

图 3-37　修改特性

3.5.3　信息统计

在建模过程中有时需要计算零件的力学性能，例如惯性矩、质心等，有时需要计算零件的几何特性，例如距离、角度、面积等。SolidWorks 软件提供了测量、质量特性和截面属性等功能统计这些信息。

信息统计的有关功能按钮集中在【工具】工具栏上，如图 3-38 所示。

图 3-38　【工具】工具栏

打开范例文件“3-14\bat. SLDPRT”，如图 3-39 所示。

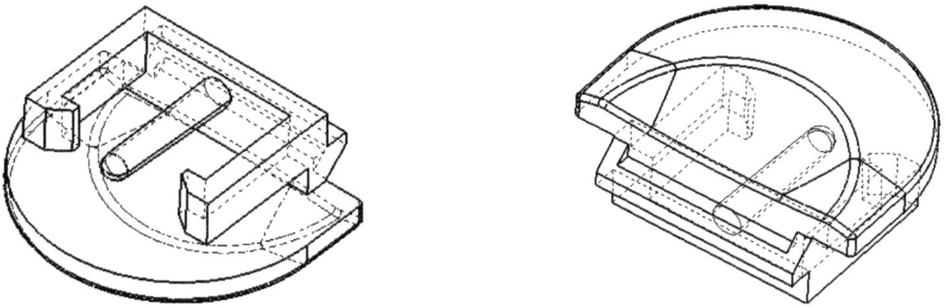

图 3-39　范例文件 bat

(1) 测量

利用测量功能，设计者可以测量草图、3D 模型、装配体或工程图中直线的长度、点的坐标、曲面的曲积、基准面的距离、圆弧的半径等。

操作指引

❶ 单击【工具】工具栏中的【测量】按钮，光标将变成。在图形工作区选择模型的边缘，查看边缘的长度。

❷ 在【测量】对话框中单击【展开】按钮，展开对话框，查看边缘长度，如图3-40所示。

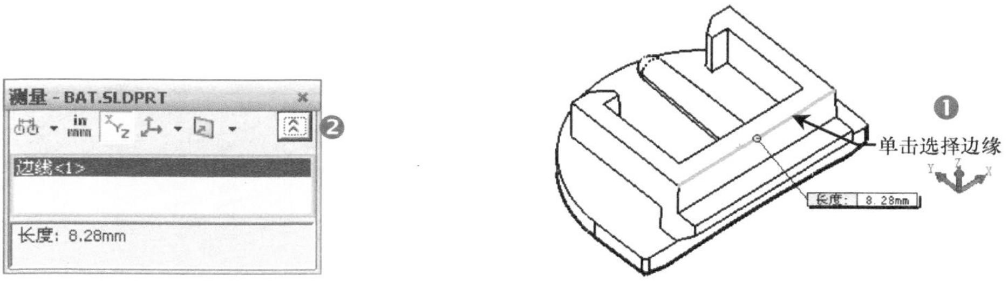

图 3-40 测量功能

【测量】对话框顶部的工具栏提供了测量时使用的选项。

1)【圆弧/圆测量】按钮：当测量对象是圆弧或圆时，用于指定要测量的类型，包括中心到中心、最小距离、最大距离。

2)【单位精度】按钮：单击该按钮，将打开【测量单位/精度】对话框，可以设置测量的单位和精度。

3)【显示 XYZ 测量】按钮：用来选择是否在所选实体间显示 dX、dY 和 dZ 值，如果该按钮无效，只显示实体间的最小距离。

4)【XYZ 相对于】按钮：用来选择测量时的相对坐标系，默认是系统坐标系。

5)【投影于】按钮：用来选择一个对象，然后测量所选实体在其上面投影的距离。

(2) 质量和剖面属性

质量属性功能用于测量零件或装配体模型的密度、质量、体积、表面积、重心、惯性张量和惯性主轴等，而剖面属性用于测量模型或工程图中的平面、草图或剖面的某些质量特性。

操作指引

❶ 单击【工具】工具栏中的【质量属性】按钮，在弹出的【质量特性】对话框中查看整个模型的质量特征。

❷ 单击【工具】工具栏中的【剖面属性】按钮，在图形工作区选择平面，在弹出

的【截面属性】对话框中查看所选平面的特性，如图 3-41 所示。

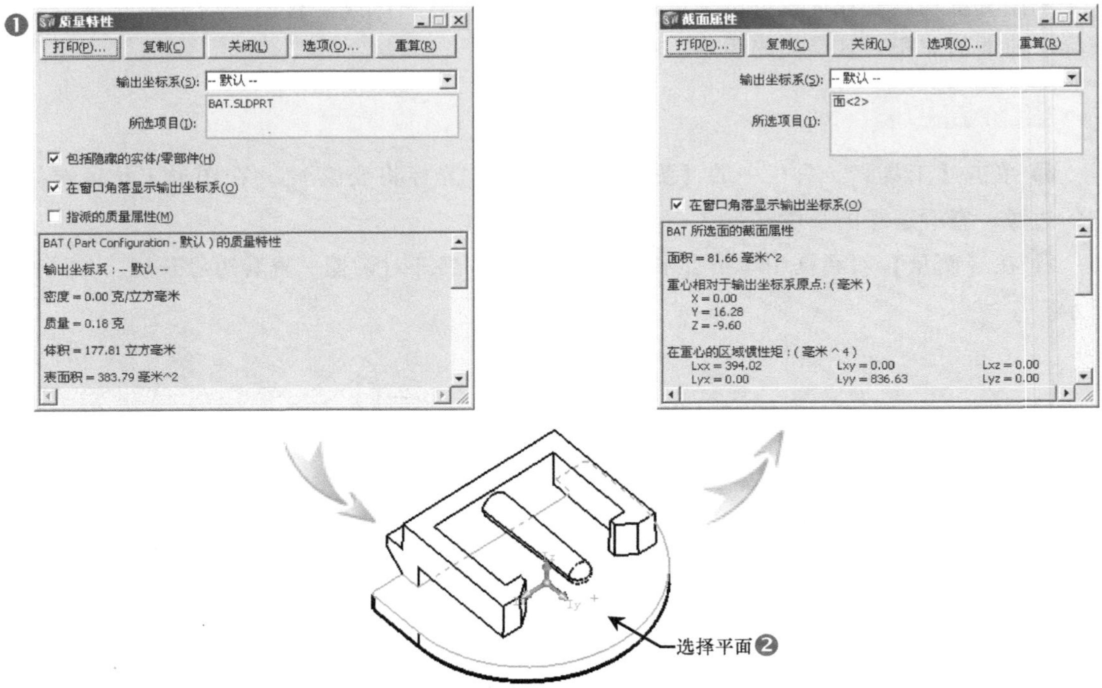

图 3-41　质量和剖面属性

第 4 章

创建复杂特征

复杂建模特征包括模型细化特征、特征复制工具和实体组合特征。模型细化特征大多是从制造中提炼出的工艺特征，它们可以在实体模型上，用给定的规则形状添加或去除部分材料。特征复制工具是对已有特征产生阵列（矩形或环形阵列）和镜像（实体镜像或特征镜像），可以快速创建具有规律分布的相同特征。实体组合特征可以对实体进行布尔运算，从而创建复杂形状。

4.1 模型细化特征

模型细化特征是与产品加工密切相关的特征，包括孔特征、筋板特征、倒角特征、圆角特征、拔模特征、抽壳特征、圆顶特征、特型特征、变形特征、包覆特征、弯曲特征和扣合特征。这些操作一般是在模型的总体形状确定后才进行的，是对已构造实体或特征的局部修改，其操作结果一般不会影响模型的总体形状，本节将介绍常用的模型细化特征。

4.1.1 孔

孔特征是产品设计中非常实用的功能，可以在实体模型的表面上向实体建立简单圆柱直孔、圆柱沉孔或圆锥沉孔，如图 4-1 所示。

创建孔特征时应先指定孔的类型，然后选择实体表面或基准平面作为孔的放置平面，再设置孔的参数及打通方向，最后确定孔在实体上的位置，这样就可以创建所需要的孔。

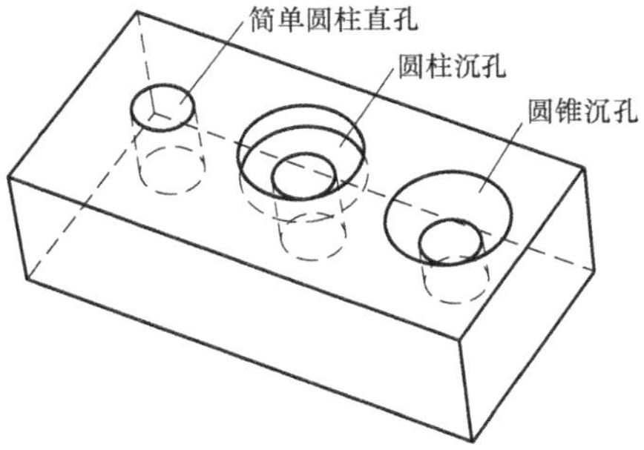

图 4-1 孔特征

1. 简单圆柱直孔

使用【简单直孔】功能可以创建圆柱孔，需要设置孔的直径、深度和拔模角三个参数的值。

打开范例文件“4-1\yui. SLDPRT”，如图 4-2 所示。

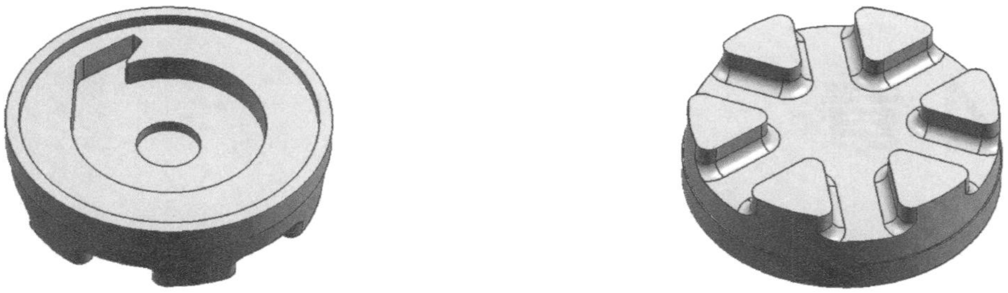

图 4-2　范例文件 yui

（1）设置孔的参数

操作指引

❶ 单击【特征】工具栏中的【简单直孔】按钮。

❷ 在图形工作区单击凹槽端面作为孔的放置面。

❸ 在【孔】属性管理器的【方向 1】选项区域中，选择深度类型为【完全贯穿】。

❹ 在【直径】文本框输入直径值为 5mm。

❺ 单击【孔】属性管理器中的【确定】按钮，如图 4-3 所示。

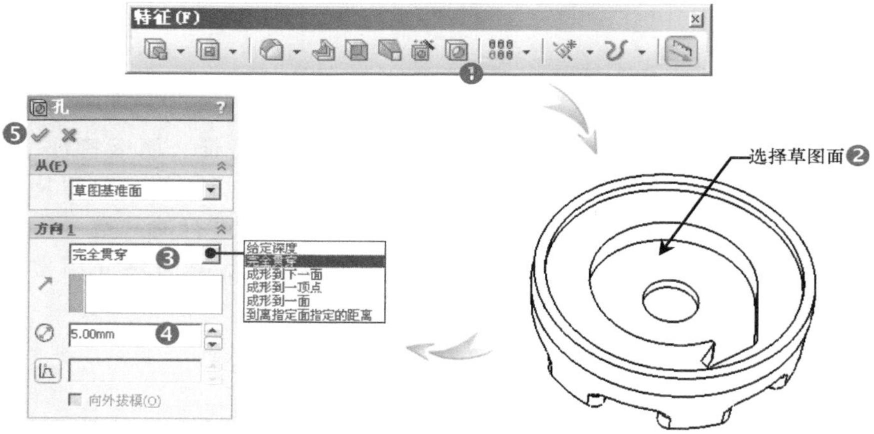

图 4-3　设置孔的参数

提示：孔的深度类型有【给定深度】【完全贯穿】【成形到一下面】等，这些与拉伸特征的深度类型是相似的。

（2）调整孔的位置

操作指引

❶ 在特征管理器设计树中单击【孔 2】按钮 孔2 。

❷ 右击展开的【草图 1】按钮，在弹出菜单中单击【编辑草图】按钮。

❸ 在图形工作区中，选择草图中的圆形和圆形边缘。

❹ 单击属性管理器的【添加几何关系】选项区域的【同心】按钮。

❺ 单击【确定】按钮，在图形工作区的空白区域双击，结束草图编辑，如图 4-4 所示。

提示：由于创建的孔特征的位置具有随意性，因此需要准确调整其位置，一般在创建孔特征后，通过调整草图位置来实现。此外，孔特征一般在设计阶段将要结束时添加，以免因疏忽而将材料添加到现有孔内。

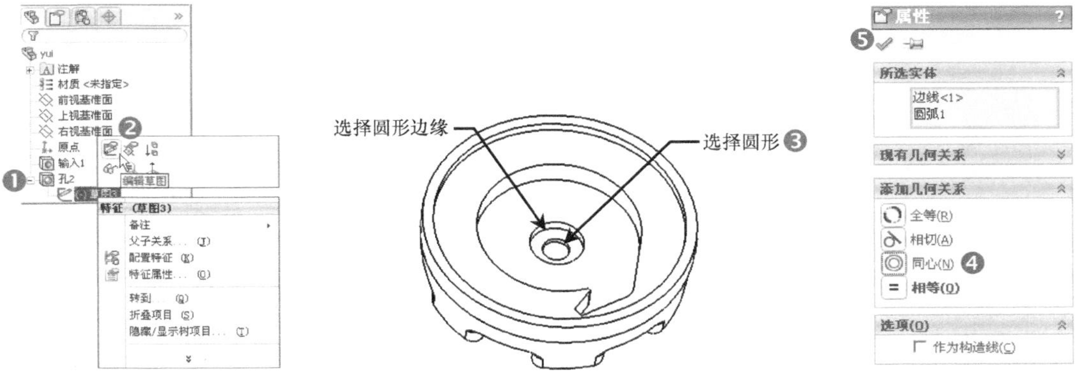

图 4-4　调整孔的位置

2. 异形孔

利用【异形孔】功能可以在机械零件中创建一些比较特殊的孔，例如柱孔、锥孔、螺纹孔、管螺纹孔和旧制孔等。

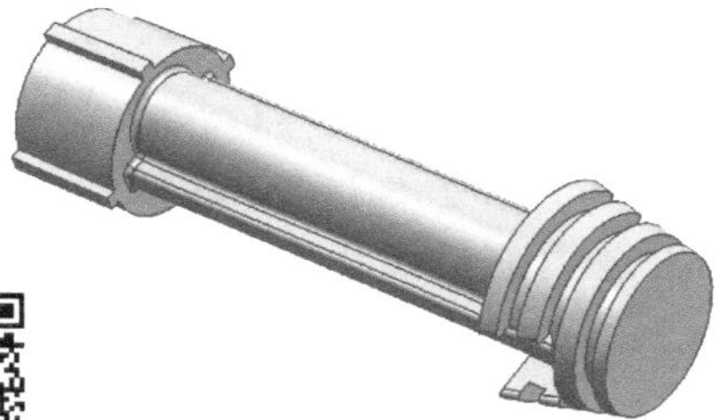

图 4-5　范例文件 ton

打开范例文件“4-2\ton. SLDPRT”，如图 4-5 所示。

范例 4-2

设置孔的参数

操作指引

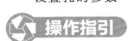

❶ 单击【特征】工具栏中的【异形孔向导】按钮。

❷ 在图形工作区选择草图的顶面作为孔的放置面。

❸ 在【孔规格】属性管理器的【孔类型】选项区域中，单击【柱孔】按钮。

❹ 在【标准】列表框中选择【GB】选项，在【类型】列表框中选择【六角头螺栓 C 级 GB/T 5780—2000】选项。

❺ 在【孔规格】选项区域的【大小】列表框中选择【M5】选项，在【配合】列表框中选择【正常】选项。

❻ 切换到【位置】选项卡。

❼ 单击【圆心】按钮。

❽ 在图形工作区选择圆形边缘，捕捉圆心。

❾ 单击【孔规格】属性管理器中的【确定】按钮，完成孔的参数设置，如图 4-6 所示。

【孔规格】属性管理器用于设置孔的类型和孔的参数，其中包含如下选项区域。

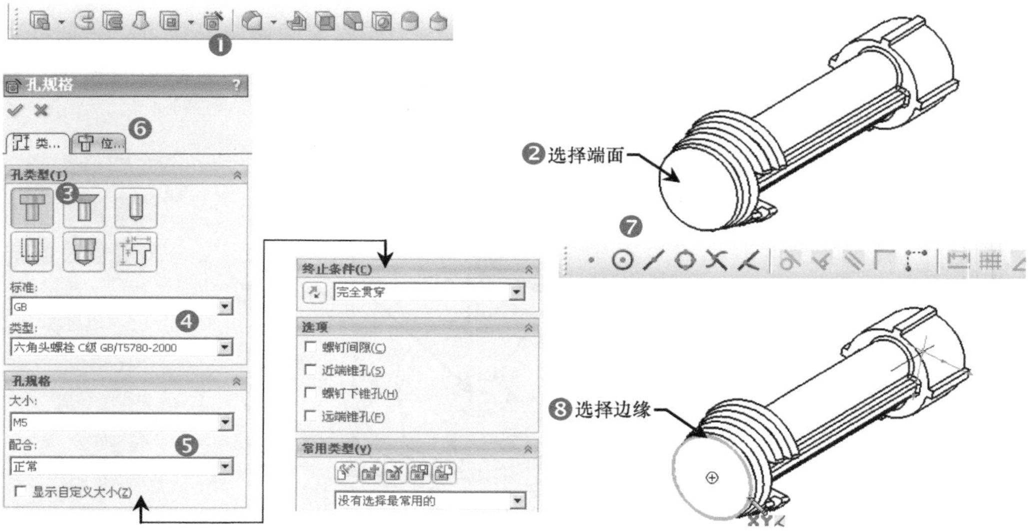

图 4-6　设置孔的参数

1）【孔类型】选项区域：提供六种孔的类型，每种类型对应一个按钮，包括【柱孔】、【锥孔】、【孔】、【螺纹孔】、【管螺纹孔】、【旧制孔】，其中【旧制孔】中包含了 SolidWorks 软件 2007 以前版本中所有孔类型，孔的相关尺寸可以自由更改，但不能选择螺纹尺寸。

2）【标准】选项区域：当选择标准孔时，需要选择对应的标准，例如 ISO、ANSI 等。

3）【类型】选项区域：选定孔规格后，在此选择孔的类型，例如六角头螺栓孔等。

4）【大小】选项区域：在对应的标准中选择孔的型号。

5）【配合】选项区域：用于设定螺栓与孔套合的方式，包括正常、松弛和关闭配合。

6）【终止条件】选项区域：用于设置入拉伸孔时的终止条件，同【拉伸】属性管理器中的选项一样。

7）【选项】选项区域：用于设置对孔修饰的有关参数，其中的内容随着选择的孔规格不同而变化。

8）【常用类型】选项区域：用于添加、删除、编辑、调入一些常用孔类型清单，用户可以加入常用的孔类型，以方便使用。比如，在选择好孔规格和类型等参数后，单击【添加或更新常用类型】按钮，系统会弹出对话框，要求为当前孔类型取一个名字，确定后保存，以后使用时，只需在【常用类型】列表框中选择之前设置的类型即可，如图 4-7 所示。

图 4-7　设置常用孔的类型

4.1.2 倒角

倒角特征可以对边或拐角进行斜切削，在共有该选定边的两曲面之间创建斜角曲面，如图 4-8 所示。

1. 【角度距离】选项创建倒角

利用【角度距离】选项创建倒角的原理是由一个角度与偏移量来定义简单倒角的偏移，如图 4-9 所示。

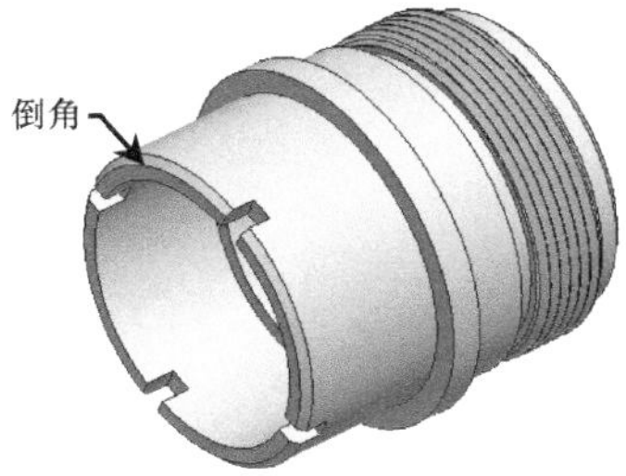

图 4-8 倒角

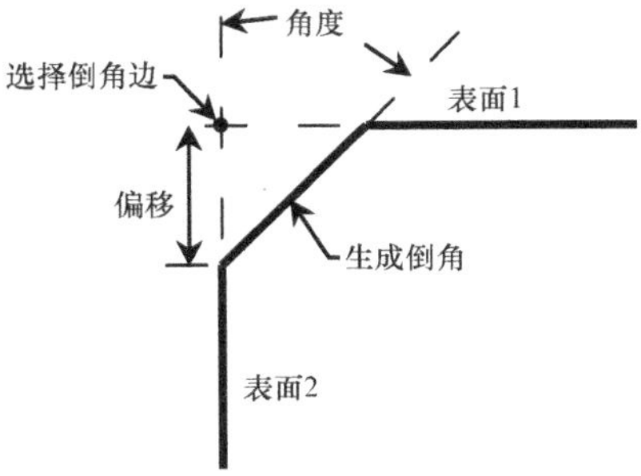

图 4-9 利用【角度距离】选项生成倒角的原理

打开范例文件“4-3\dal. SLDPRT”，如图 4-10 所示。

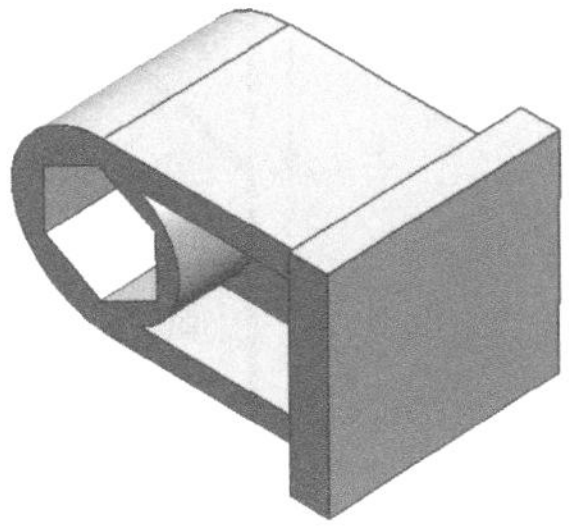

a)

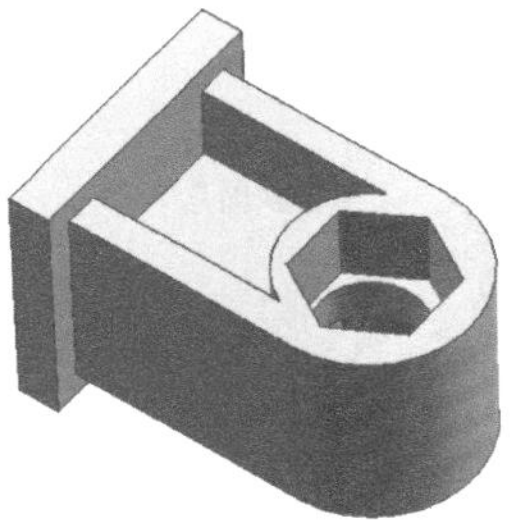

b)

图 4-10 范例文件 dal

操作指引

❶ 单击【特征】工具栏中的【倒角】按钮。

❷ 在图形工作区选择零件边缘。

❸ 在【倒角】属性管理器的【距离】文本框中输入距离值为 1mm。

❹ 在【角度】文本框中输入角度值为 45°。

❺ 单击【倒角】属性管理器中的【确定】按钮，完成倒角的创建，如图 4-11 所示。

2. 【距离-距离】选项创建倒角

利用【距离-距离】选项创建倒角的原理是与倒角边缘相邻的两个面均采用不同的偏移量生成倒角。还可以采用相同的偏移量生成倒角，如图 4-12 所示。

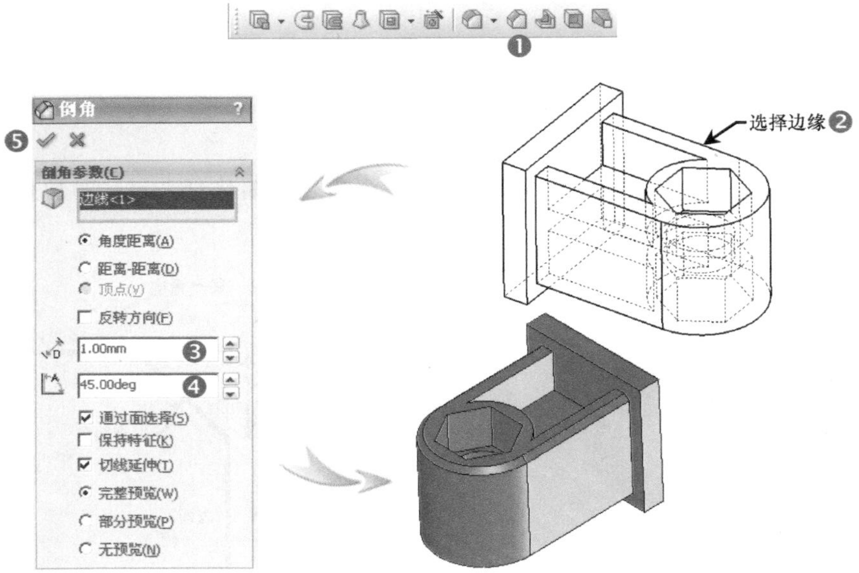

图 4-11 【角度距离】选项创建倒角

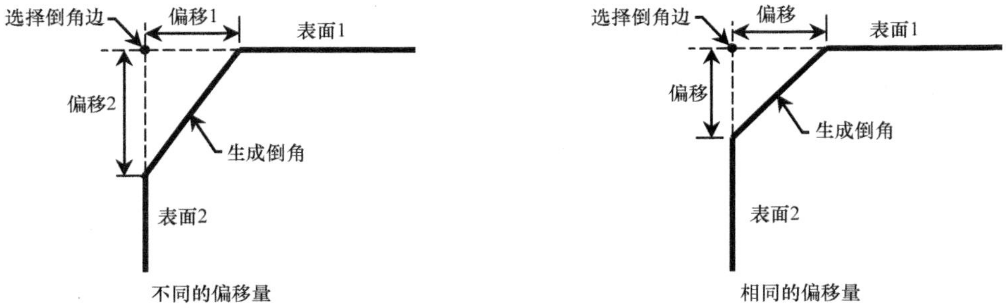

a)　　　　b)

图 4-12 利用【距离-距离】选项创建倒角的原理

打开范例文件“4-4\socket. SLDPRT”，如图 4-13 所示。

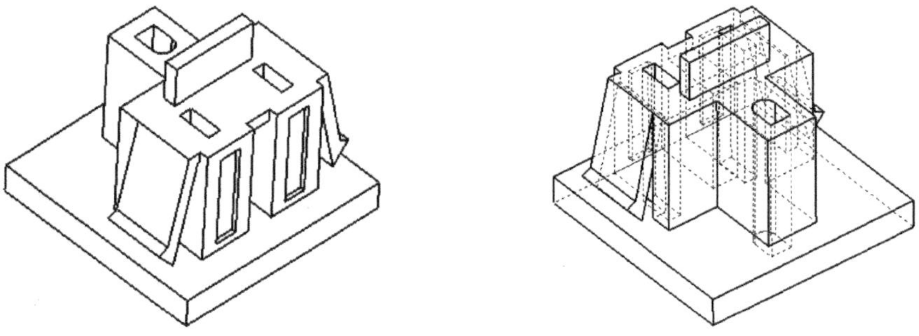

a)　　　　b)

图 4-13 范例文件 socket

操作指引

❶ 单击【特征】工具栏中的【倒角】按钮。

❷ 在图形工作区选择零件边缘。

❸ 在【倒角】属性管理器的【距离 1】文本框中输入距离值为 2mm。

❹ 在【距离 2】文本框中输入距离值为 1mm。

❺ 单击【确定】按钮，完成倒角的创建，如图 4-14 所示。

注意：在【倒角】属性管理器选中【相等距离】复选框，可以指定距离或顶点的单一数值。

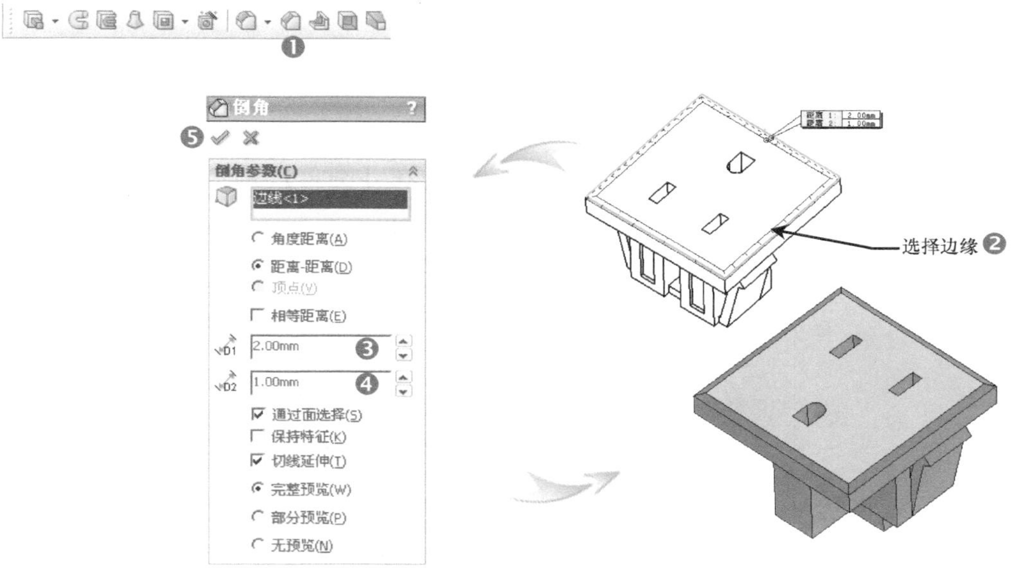

图 4-14 【距离-距离】选项创建倒角

3. 【顶点】选项创建倒角

利用【顶点】选项创建倒角的原理是先选择一个顶点，并指定每条棱线上开始倒角处和顶点的距离，要输入三个参数，如图 4-15 所示。

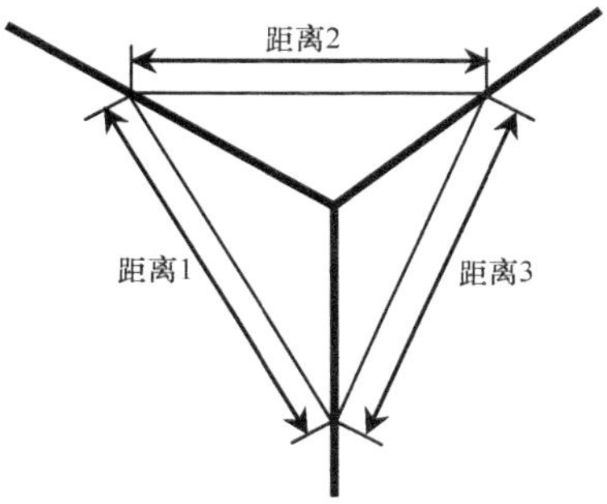

图 4-15 利用【顶点】选项创建倒角的原理

打开范例文件“4-5\tab. SLDPRT”，如图 4-16 所示。

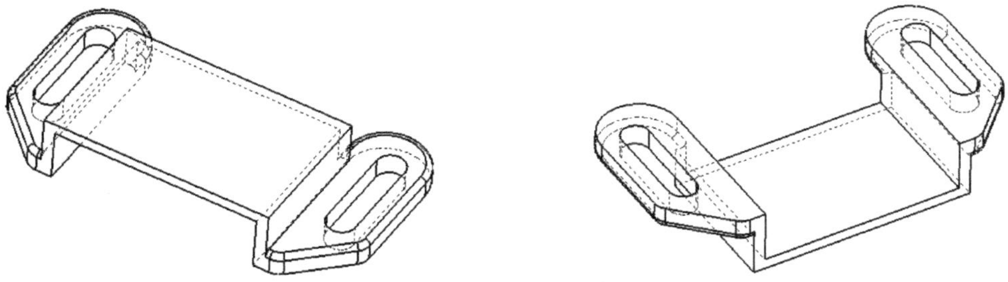

a) b)

图 4-16 范例文件 tab

操作指引

❶ 在图形工作区选择零件顶点。

❷ 单击【特征】工具栏中的【倒角】按钮，在【倒角】属性管理器的【距离 1】【距离 2】【距离 3】文本框中，依次输入各距离值为 2mm。

❸ 单击【确定】按钮，完成倒角的创建，如图 4-17 所示。

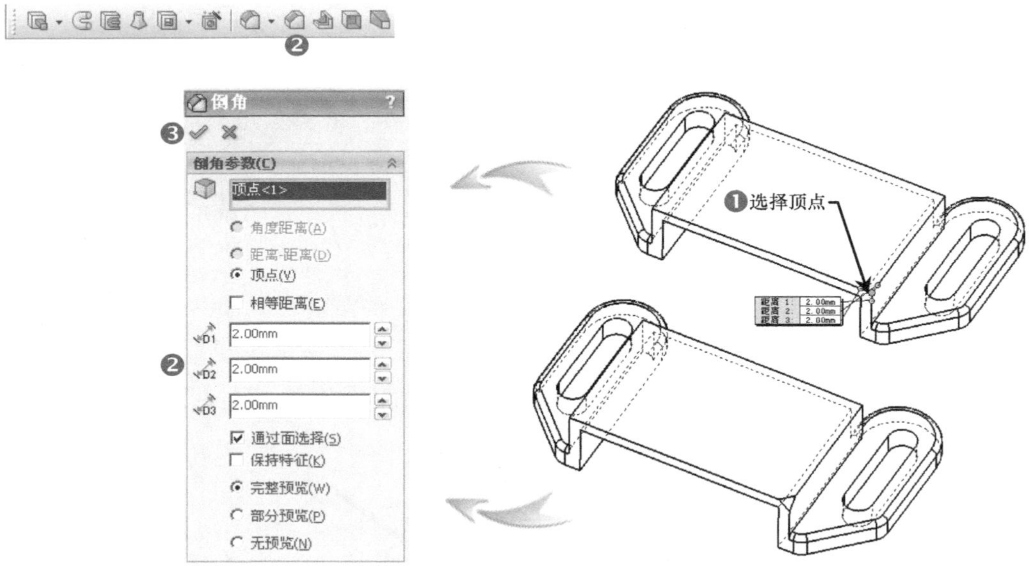

图 4-17 【顶点】选项创建倒角

倒角还可以通过如下选项来控制。

1）【通过面选择】复选框：激活通过隐藏边线的面选取边线。

2）【保持特征】复选框：保留诸如切除或拉伸之类的特征，这些特征在应用倒角时通常被移除，其效果如图 4-18 所示。

3）【完整预览】【部分预览】【无预览】单选按钮：设置倒角添加时的预览选项。

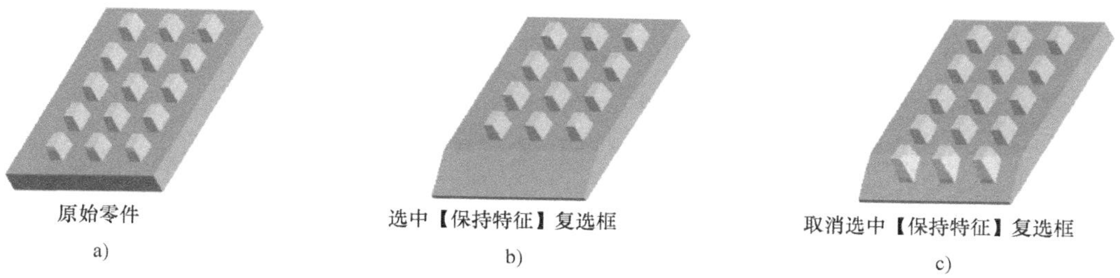

图 4-18 【保持特征】复选框效果

4.1.3 圆角

圆角特征常出现在产品的边缘，可以使产品的棱角光滑过渡，避免应力集中。为产品添加圆角特征，既是工艺的要求，也是美观的要求。

使用 SolidWorks 软件提供的【圆角】功能，可以生成等半径、变半径、面圆角和完整圆角。圆角特征分为内圆角和外圆角，内圆角在生成圆角的两表面间添加材料，而外圆角（图 4-19）是去除材料。圆角特征除了可以用于实体外，还可以用于相交的曲面。

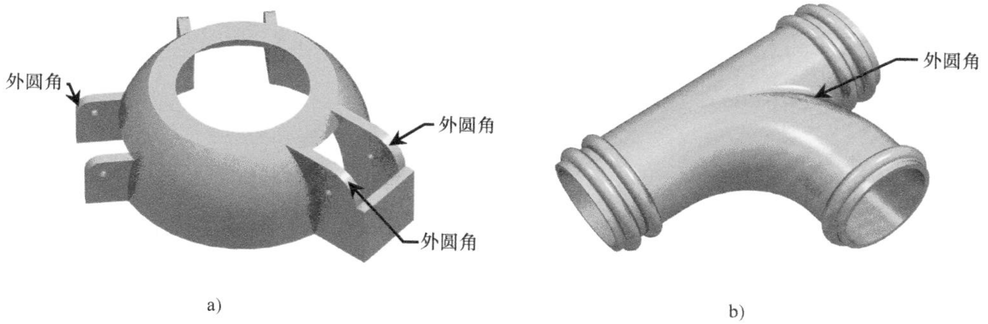

图 4-19 外圆角

1. 【等半径】选项创建圆角

等半径圆角是沿选择的边线、环或面生成等半径的圆角。

打开范例文件“4-6\att. SLDPRT”，如图 4-20 所示。

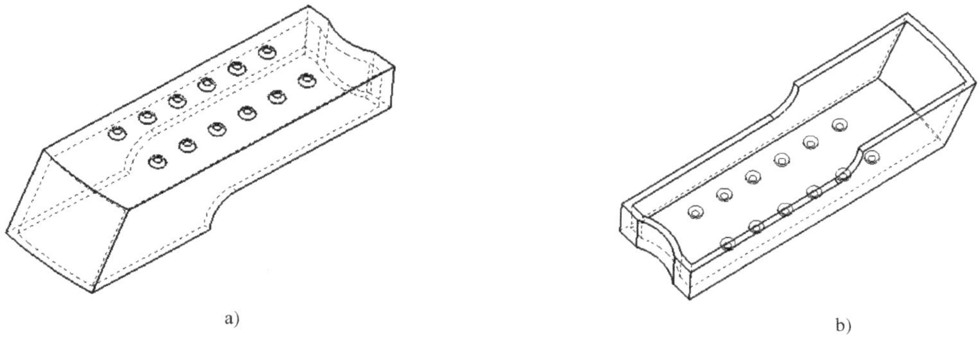

图 4-20 范例文件 att

操作指引

❶ 单击【特征】工具栏中的【圆角】按钮。

❷ 在【圆角】属性管理器的【圆角类型】选项区域中，选中【等半径】单选按钮。

❸ 在图形工作区选择零件的四条边线。

❹ 在【圆角项目】选项区域的【距离】文本框中输入距离值为 2mm。

❺ 单击【确定】按钮，完成圆角的创建，如图 4-21 所示。

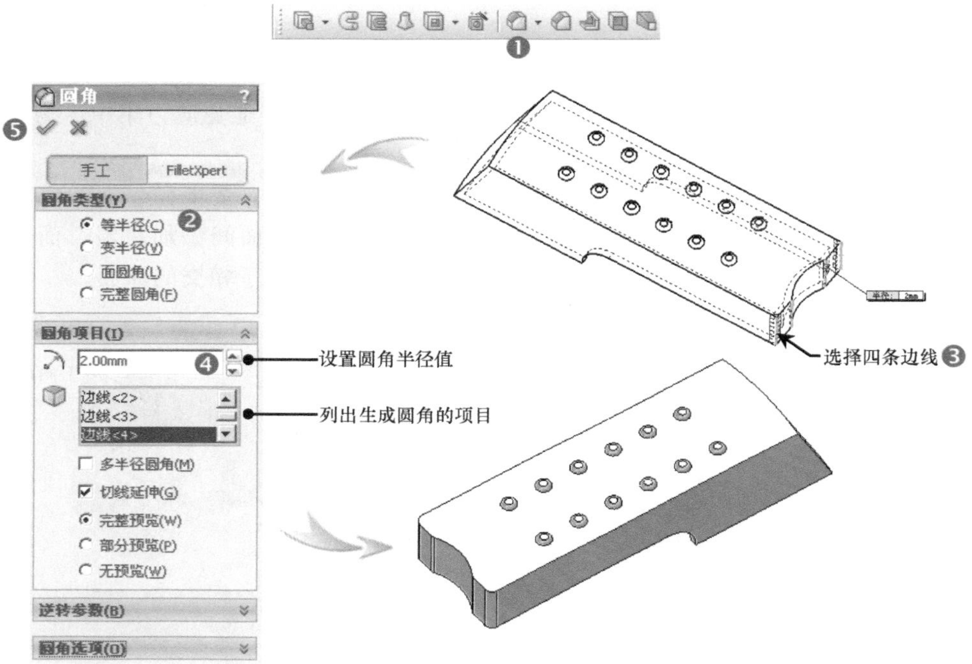

图 4-21 【等半径】选项创建圆角

（1）选中【多半径圆角】复选框创建等半径圆角

【多半径圆角】复选框有效时，可以分别为同时选择的多个边线、面等几何体分配不同的圆角半径。

操作指引

❶ 单击【圆角】按钮。

❷ 在【圆角】属性管理器的【圆角类型】选项区域中，选中【等半径】复选框。在【圆角项目】选项区域的【距离】文本框中，输入距离值为 2mm，选中【多半径圆角】复选框。

❸ 在图形工作区选择零件的三条边线。

❹ 分别双击各尺寸数字，编辑尺寸的数值。

❺ 单击【确定】按钮，完成圆角的创建，如图 4-22 所示。

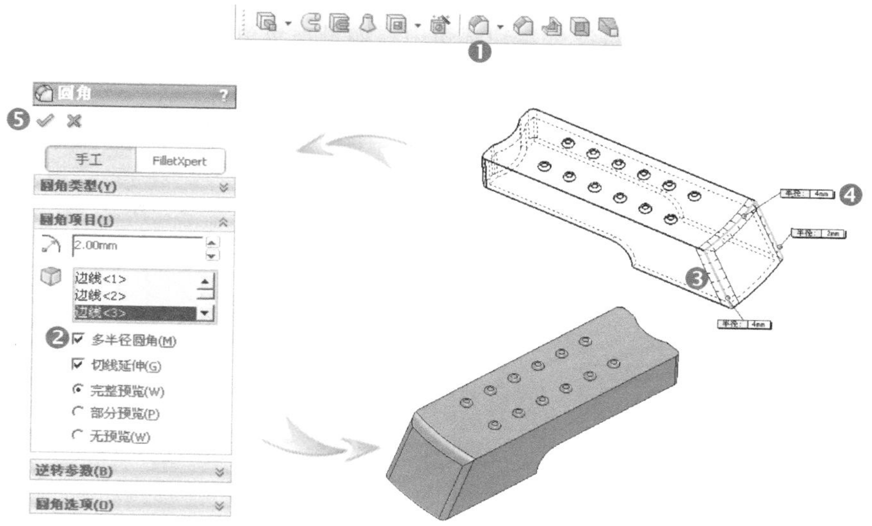

图 4-22　选中【多半径圆角】复选框创建等半径圆角

（2）选中【切线延伸】复选框创建等半径圆角

【切线延伸】复选框有效时，不仅所选边线、环或面生成圆角，而且与其相切的边线、环或面都生成同样的圆角。

操作指引

❶ 单击【圆角】按钮。

❷ 在【圆角】属性管理器的【圆角类型】选项区域中，选中【等半径】复选框。在【圆角项目】选项区域的【距离】文本框中，输入距离值为 2mm，选中【多半径圆角】【切线延伸】复选框。

❸ 在图形工作区选择零件的边线，查看圆角预览。

❹ 取消选中【切线延伸】复选框，在图形工作区选择边线，查看圆角预览，如图 4-23 所示。

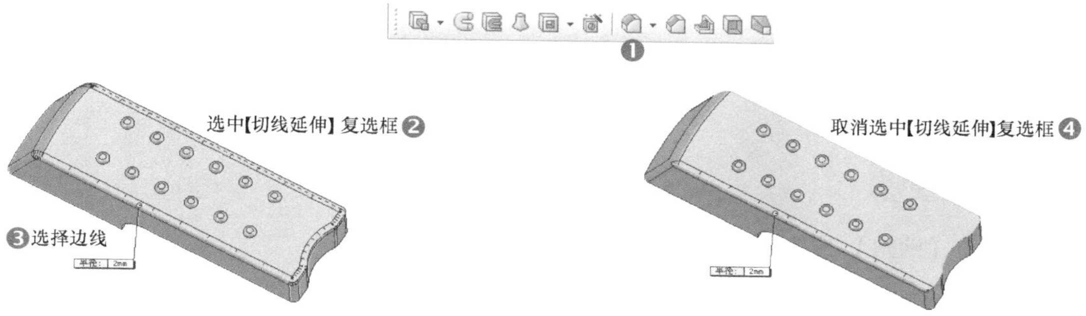

图 4-23　选中【切线延伸】复选框创建等半径圆角

在【圆角选项】选项区域中，包含如下选项。

1）【保持特征】复选框：当对具有切除或凸台特征的模型创建圆角时，如果圆角半径足够大，可能会将切除或凸台特征包容到圆角中，如果不希望包容，选中此复选框。

2）【圆形角】复选框：可以控制圆角边线间的过渡，消除或平滑两条边线汇合处的尖锐接合点，效果如图 4-24 所示。

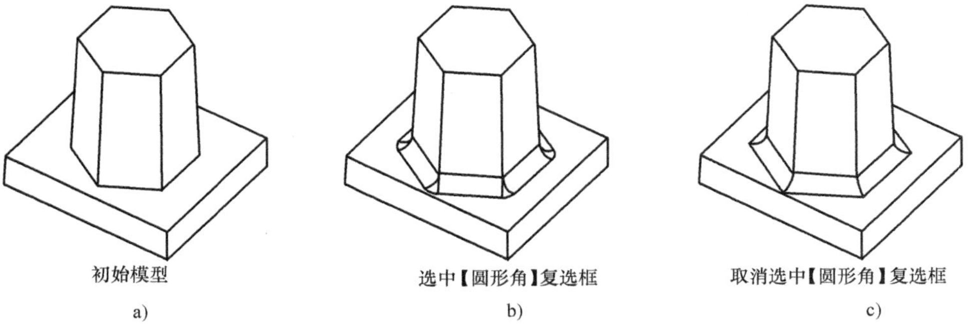

图 4-24 【圆形角】复选框效果

扩展方式有如下三种选项。

- 【默认】单选按钮：由系统根据几何条件自动采用一种最佳方式。
- 【保持边线】单选按钮：保证圆角邻近的直线边线的完整性。
- 【保持曲面】单选按钮：使用邻近曲面裁剪圆角。

2. 【变半径】选项创建圆角

变半径圆角是沿选择的边线、环按一定方式生成变半径的圆角。

打开范例文件“4-7\blk. SLDPRT”，如图 4-25 所示。

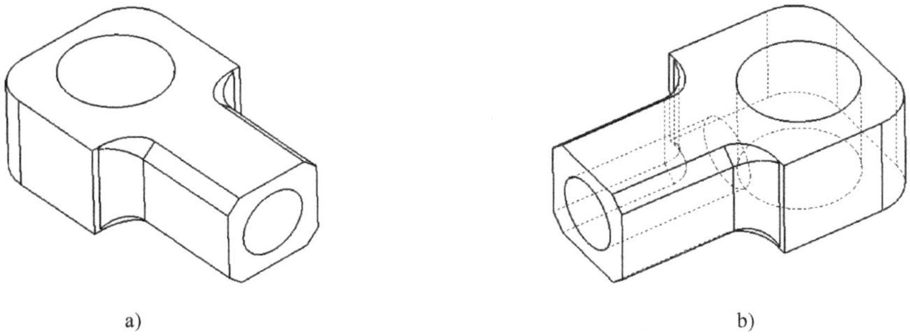

图 4-25 范例文件 blk

范例 4-7

操作指引

❶ 单击【圆角】按钮。

❷ 在【圆角】属性管理器的【圆角类型】选项区域中，选中【变半径】单选按钮。

❸ 双击编辑控件，输入半径值为 2mm。

❹ 单击控制点，在控制点位置将出现一个编辑控件。

❺ 在【实例数】文本框中输入实例数为 3。

❻ 继续为其余控制点设置半径值。

❼ 单击【确定】按钮 ✔，如图 4-26 所示。

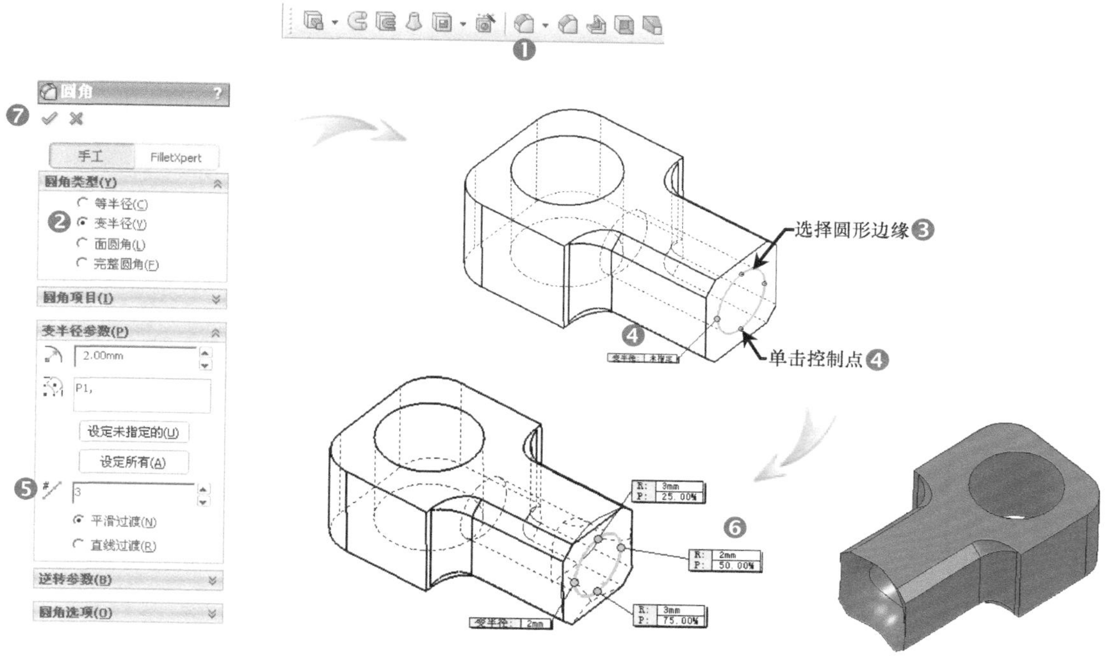

图 4-26 【变半径】选项创建圆角

如果希望顶点清单中所有未指定的项目有相同的数值，单击【设定未指定的】按钮，然后在对应文本框中输入半径值。当然，设计者不一定要为顶点清单中的所有顶点指定半径值，SolidWorks 软件会自动计算没有指定半径值的顶点的半径。计算依据有如下两种。

1）依据使用已分配了半径值的相邻顶点的值。

2）依据使用连接顶点的边线长度，但是至少必须为每组连续边线的一个顶点指定半径值。

如果编辑顶点，可以选择顶点清单中的顶点，然后按<Delete>键，移除已指定半径值。【圆角】属性管理器中有如下两种圆角过渡类型。

1）平滑过渡：生成圆角时，当一个圆角边线接合于一个相邻面时，圆角半径从一个半径平滑地变化为另一个半径。

2）直线过渡：生成圆角时，圆角半径从一个半径线性的变化到另一个半径，但不接合相邻圆角的边线。

3. 【面圆角】选项创建圆角

面圆角功能用于混合非相邻、非连续的面生成圆角特征。

打开范例文件“4-8\cop. SLDPRT”，如图 4-27 所示。

操作指引

❶ 单击【圆角】按钮。

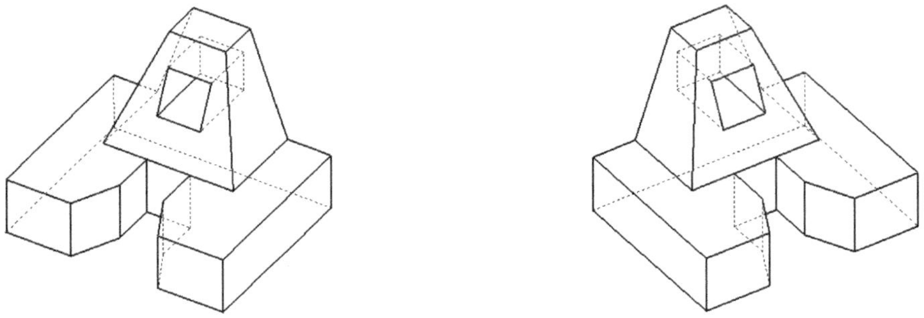

a)　　　　b)

图 4-27　范例文件 cop

❷ 在【圆角】属性管理器的【圆角类型】选项区域中，选中【面圆角】单选按钮。
❸ 在【圆角项目】选项区域的【半径】文本框中，输入半径值为 10mm。
❹ 单击【面组 1】文本框，再单击图形工作区的面 1。
❺ 单击【面组 2】文本框，再单击图形工作区的面 2。
❻ 单击【确定】按钮完成圆角的创建，如图 4-28 所示。

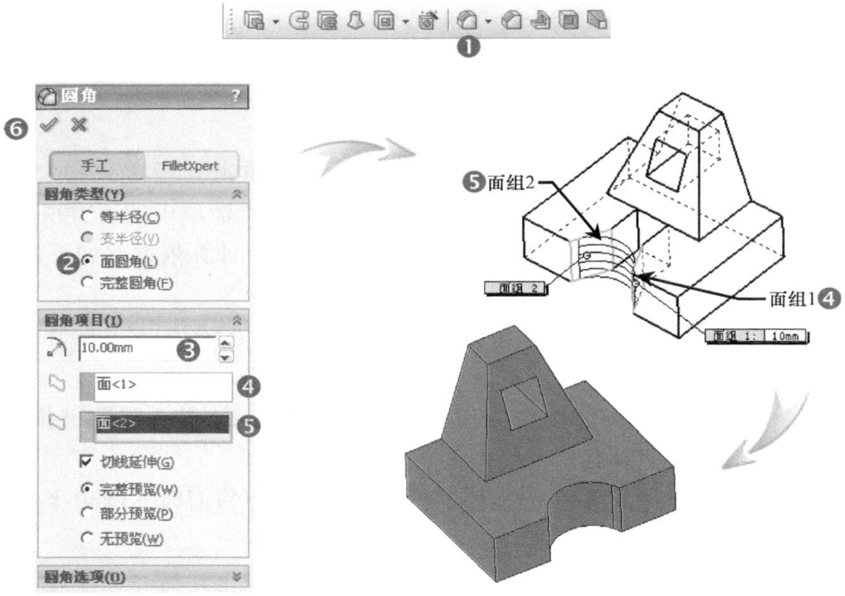

图 4-28　【面圆角】选项创建圆角

4.【完整圆角】选项创建圆角

完整圆角是通过对三个面进行限制，从而生成圆角特征。

打开范例文件“4-9\lit. SLDPRT”，如图 4-29 所示。

操作指引

❶ 单击【圆角】按钮。

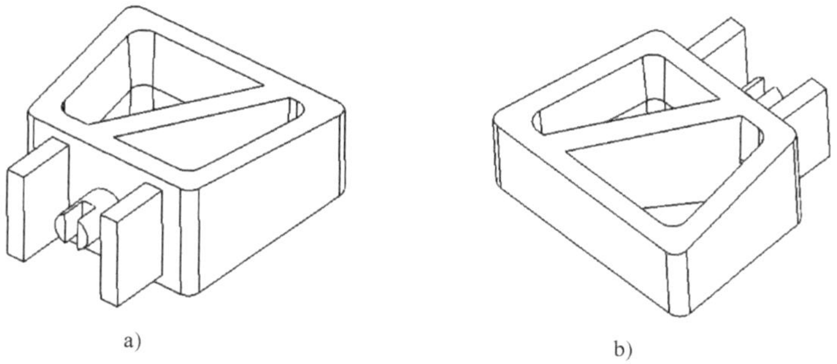

图 4-29　范例文件 lit

❷ 在【圆角】属性管理器的【圆角类型】选项区域中，选中【完整圆角】单选按钮。
❸ 单击【面组 1】文本框，再单击图形工作区的面 1。
❹ 单击【面组 2】文本框，再单击图形工作区的面 2。
❺ 单击【面组 3】文本框，再单击图形工作区的面 3。
❻ 单击【确定】按钮，完成圆角的创建，如图 4-30 所示。

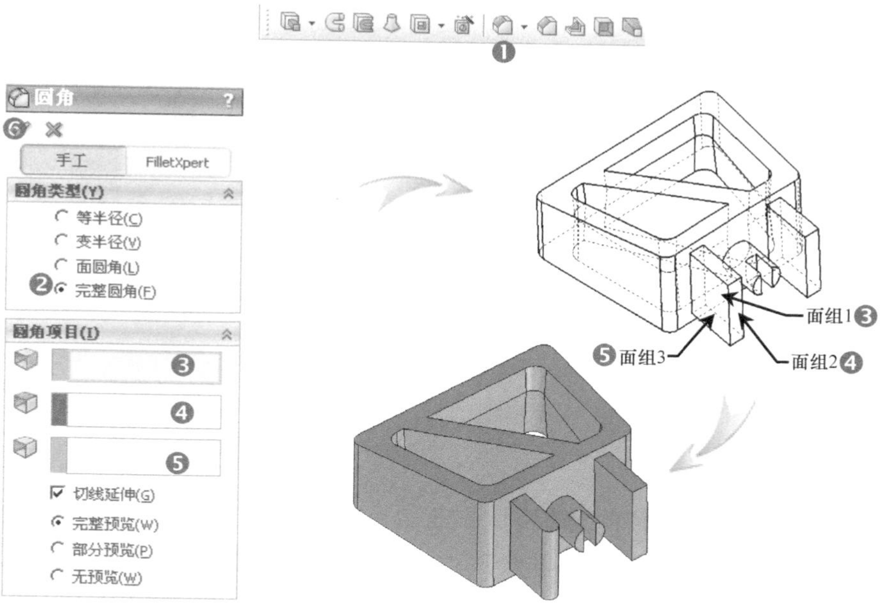

图 4-30　【完整圆角】选项创建圆角

4.1.4　抽壳

抽壳特征可以去除实体的指定表面（图 4-31），掏空实体内部，留下一定壁厚的壳，各表面的厚度可以相等，也可以单独指定某些表面厚度。如果没有选取要移除的曲面，则会创建一个“封闭”壳，将零件的整个内部都掏空。

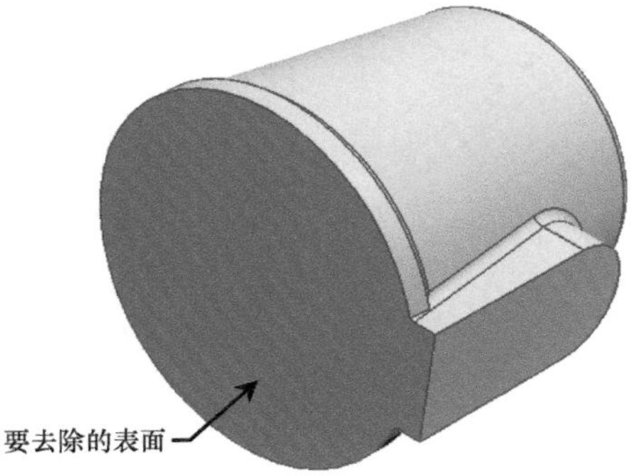

a)

b)

图 4-31　抽壳特征

打开范例文件“4-10\shell. SLDPRT”，如图 4-32 所示。

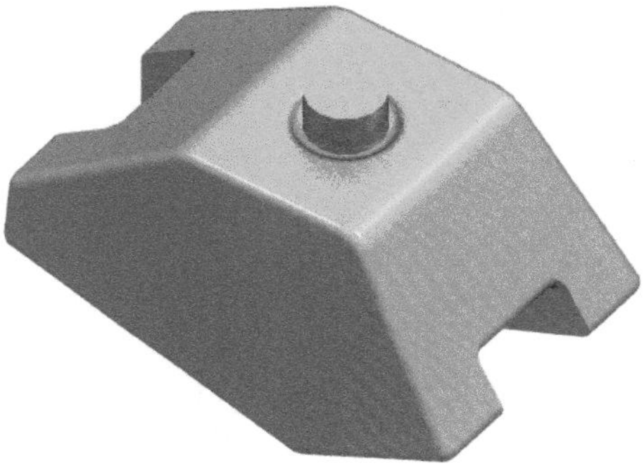

a)

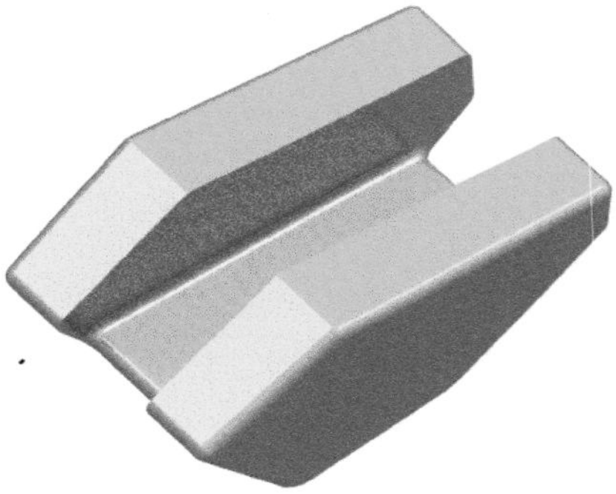

b)

图 4-32　范例文件 shell

操作指引

❶ 单击【特征】工具栏中的【抽壳】按钮。

❷ 在【抽壳】属性管理器的【参数】选项区域的【厚度】文本框中，输入厚度值为 0.4mm。

❸ 在图形工作区选择注油口表面。

❹ 单击【多厚度设定】选项区域的【多厚度面】列表框。

❺ 在【多厚度】文本框中输入厚度值为 1mm。

❻ 在图形工作区的油箱体表面右击，在弹出的菜单中选择【选择相切】命令，系统自动选择各相切曲面。

❼ 单击【确定】按钮完成抽壳特征的创建，如图 4-33 所示。

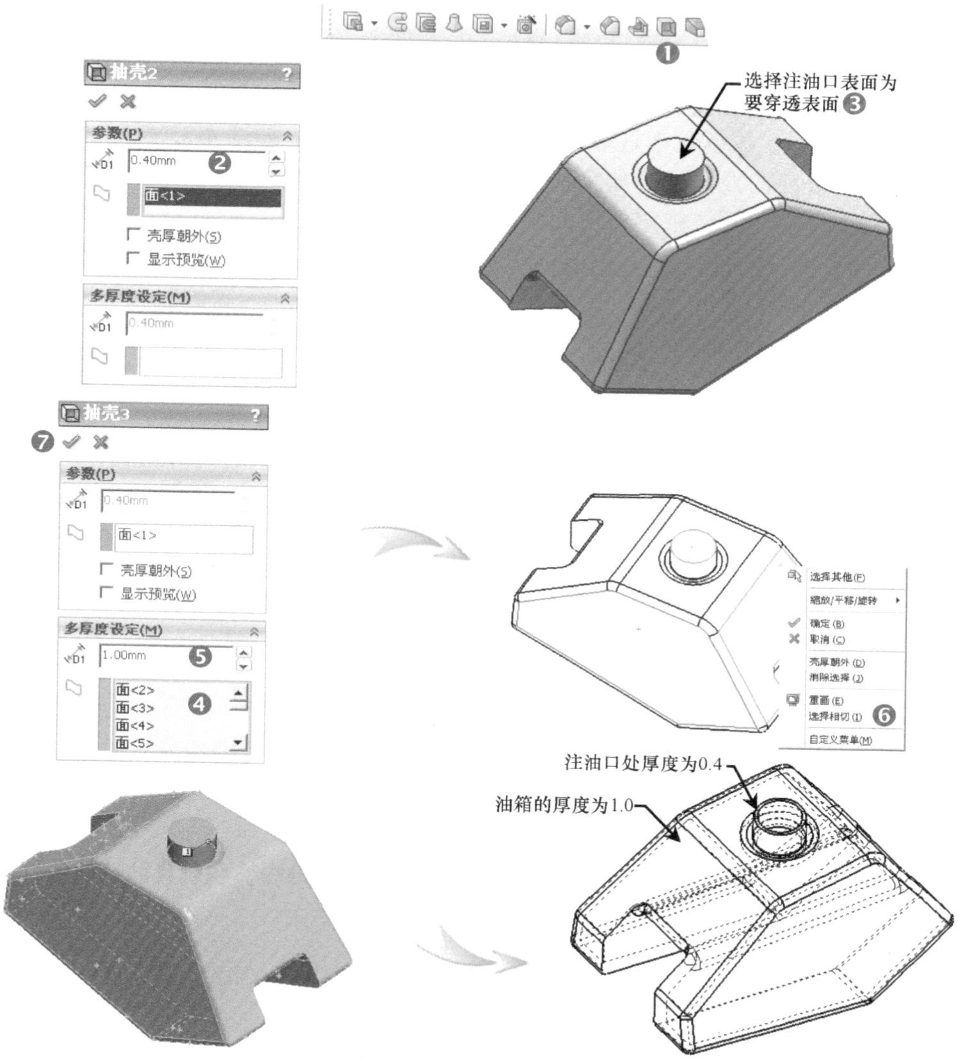

图 4-33　创建抽壳特征

4.1.5　拔模

在铸模的过程中，要求模型表面具有拔模斜度，以方便从模具中取出铸件。在SolidWorks 软件中的拔模特征（图 4-34），可以给定一个拔锥的矢量，输入一个沿拔锥方向

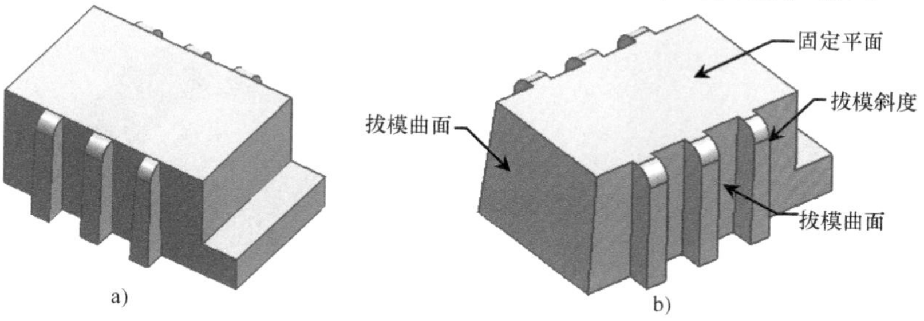

图 4-34　拔模特征

的拔锥角度，使得要拔锥的面按这个角度值（正角度）向内或向外（负角度）变化。

1.【中性面】选项创建拔模

利用【中性面】选项创建拔模的原理是选择一个面或基准面作为中性面（实际上是作为拔模角度的参考面），拔模角度是垂直于中性面进行测量的，如图 4-35 所示。

当进行实体外表面的拔锥时，如果拔锥角度大于 0°，则沿拔锥方向向内拔锥，反之则向外拔锥。进行实体内表面拔锥时的情况恰好与之相反。

打开范例文件“4-11\pos. SLDPRT”，如图 4-36 所示。

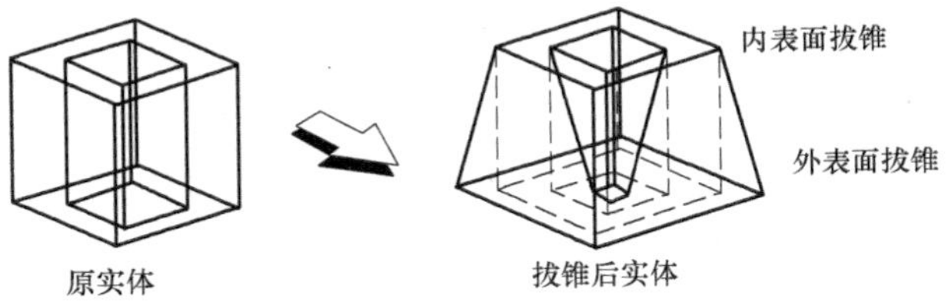

图 4-35 【中性面】选项创建拔模原理

图 4-36 范例文件 pos

操作指引

❶ 单击【特征】工具栏的【拔模】按钮。

❷ 在【拔模】属性管理器的【拔模类型】列表框中，选择【中性面】选项。

❸ 在【拔模角度】文本框中，输入拔模角度为 30°。

❹ 在图形工作区选择模型表面为中性面。

❺ 在凹槽壁侧面右击，在弹出的菜单中选择【选择相切】命令，系统自动选择各相切曲面。

❻ 单击【确定】按钮，创建拔模特征，如图 4-37 所示。

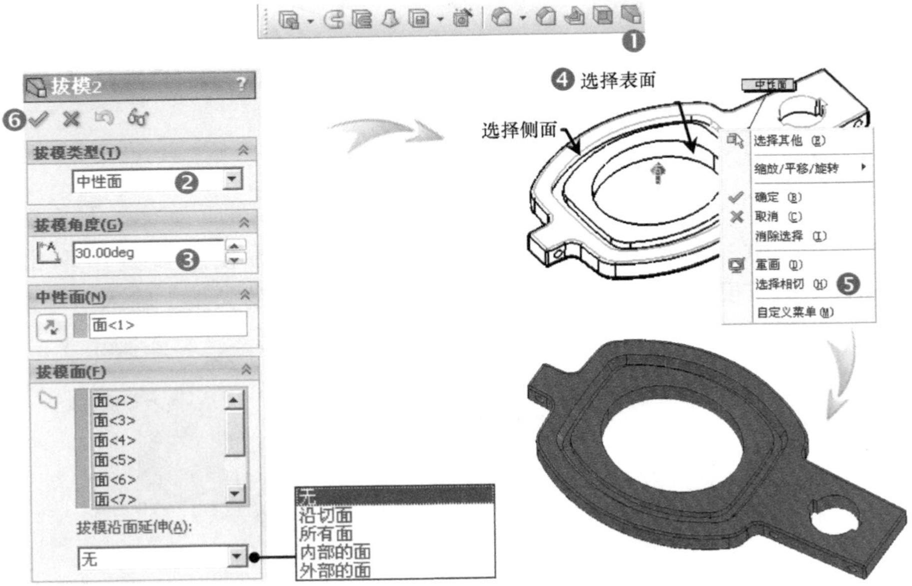

图 4-37 【中性面】选项创建拔模特征

选择【中性面】选项创建拔模特征时，【拔模沿面延伸】列表框中有如下选项。

1）无：只有选择的面做拔模。

2）沿切面：将拔模延伸到所有与所选面相切的面，并且面相接的地方成为圆角。

3）所有面：所有与中性面相邻的面都做拔模。

4）内部的面：所有共用中性面内部的面做拔模。

5）外部的面：所有共用中性面外部的面做拔模。

2.【分型线】选项创建拔模

利用【分型线】拔模的原理是运用分型线周围的曲面进行拔模（图 4-38），其中分型线可以是二维的，也可以是三维的。

打开范例文件“4-12\atm. SLDPRT”，如图 4-39 所示。

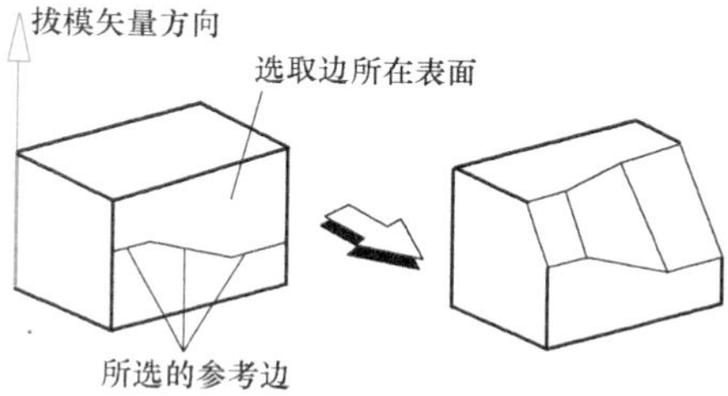

图 4-38 【分型线】选项创建拔模的原理

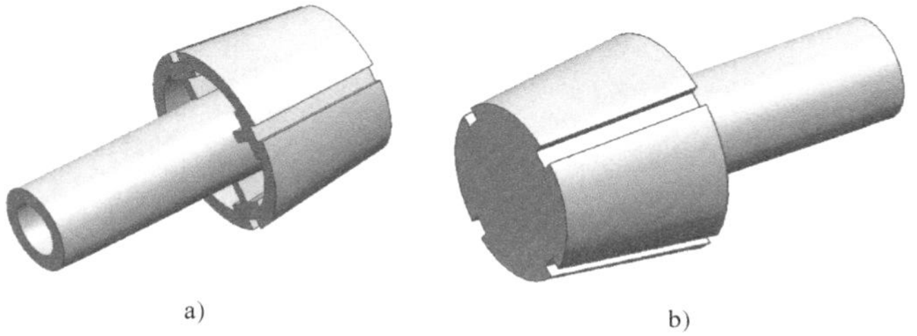

图 4-39 范例文件 atm

操作指引

❶ 单击【草图】工具栏中的【绘制草图】按钮。在特征管理器设计树选择【前视】基准面为草图平面，在图形工作区绘制直线段并标注尺寸，退出草图绘制环境。

❷ 选择【插入】|【曲线】|【分割线】命令。

❸ 在【分割线】属性管理器的【分割类型】选项区域中，选中【投影】单选按钮。

❹ 在图形工作区单击草图曲线作为分割线。

❺ 在图形工作区单击圆柱面作为要分割的曲面。

❻ 单击【确定】按钮。

❼ 单击【特征】工具栏中的【拔模】按钮。

❽ 在【拔模】属性管理器的【拔模类型】列表框中，选择【分型线】选项。

❾ 在【拔模角度】文本框中，输入拔模角度为 3°。

❿ 在特征管理器设计树中单击【上视基准面】按钮，以基准面的法向作为拔模方向，单击【拔模方向】按钮。

⓫ 在图形工作区单击分割线作为分型线。

⓬ 单击【确定】按钮，创建拔模，如图 4-40 所示。

3.【阶梯拔模】选项创建拔模

利用【阶梯拔模】选项创建拔模是利用【分型线】创建拔模的变体，它使材料绕着作为拔模方向的基准面旋转而生成一个曲面，这一曲面与分型线延伸面相交处形成阶梯面。

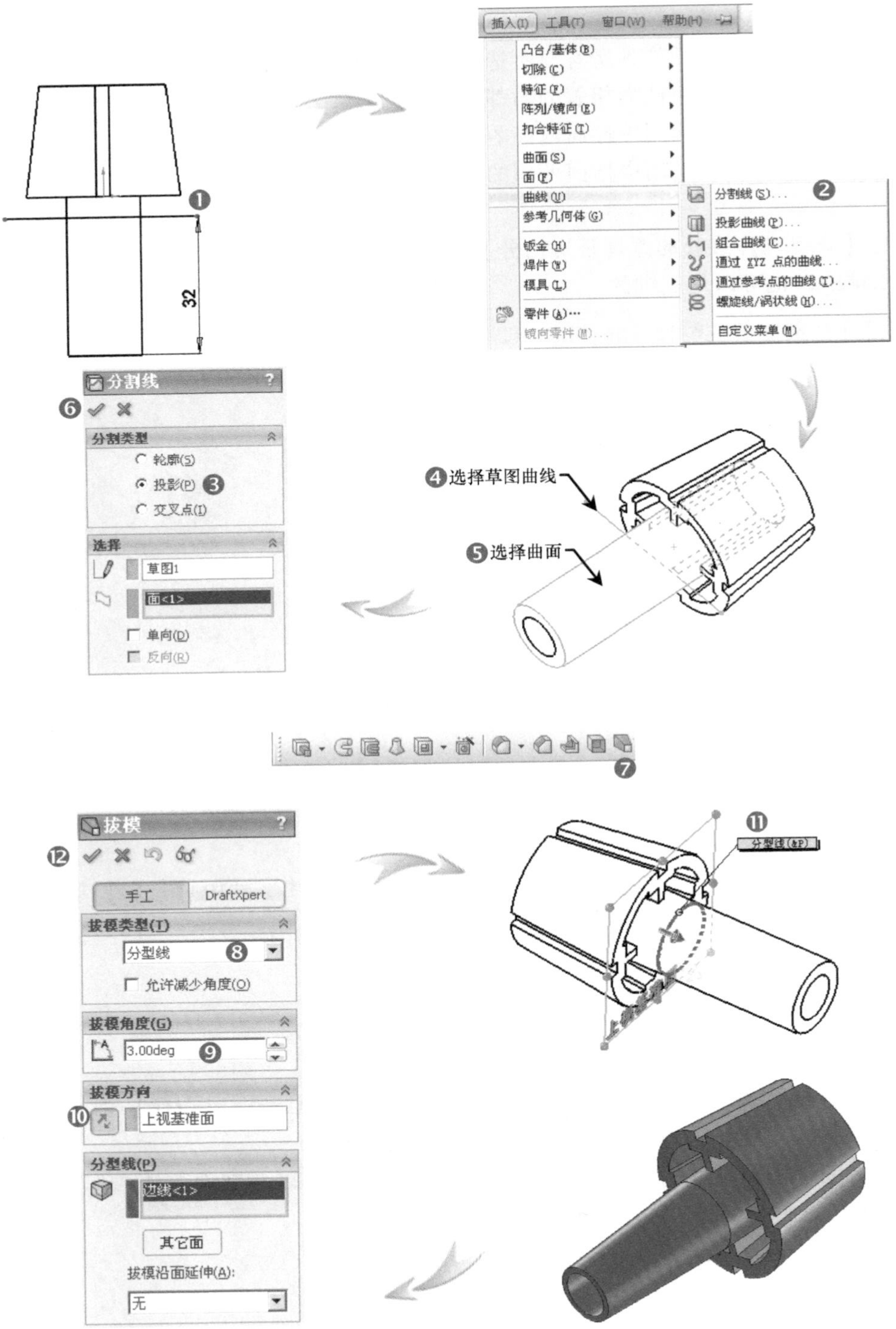

图 4-40 【分型线】选项创建拔模

打开范例文件“4-13\meu. SLDPRT”，如图 4-41 所示。

操作指引

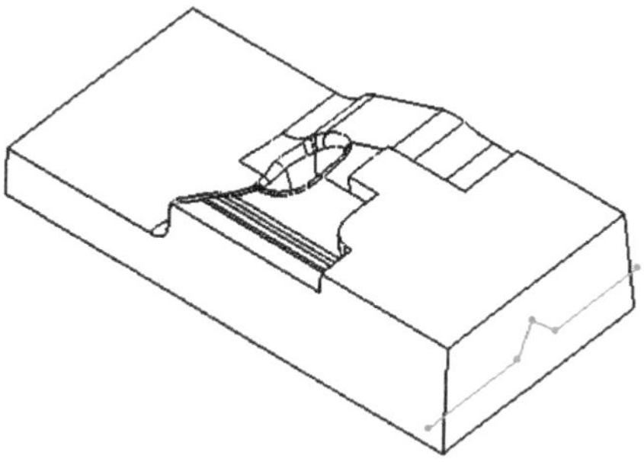

图 4-41　范例文件 meu

❶ 选择【插入】|【曲线】|【分割线】命令，在【分割线】属性管理器的【分割类型】选项区域中，选中【投影】单选按钮。

❷ 在图形工作区单击草图曲线作为分割线。

❸ 在图形工作区单击圆柱面作为要分割的曲面。

❹ 单击【确定】按钮✔。

❺ 单击【特征】工具栏中的【拔模】按钮。

❻ 在【拔模】属性管理器的【拔模类型】列表框中，选择【阶梯拔模】选项。

❼ 在【拔模角度】文本框中，输入拔模角度为 10°。

❽ 在图形工作区选择上表面，以其法向作为拔模方向，单击【拔模方向】按钮。

❾ 在图形工作区选择分割线作为分型线。

❿ 单击【确定】按钮✔，创建拔模，如图 4-42 所示。

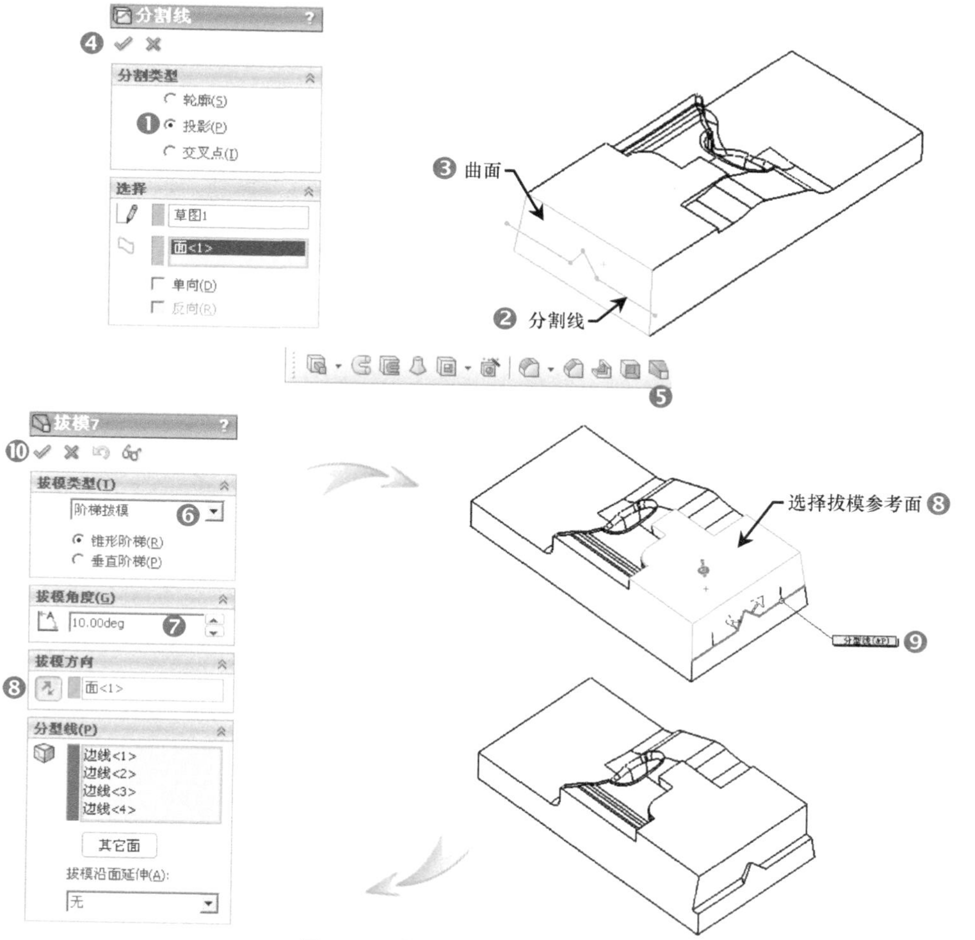

图 4-42　【阶梯拔模】选项创建拔模

4.1.6 筋

筋特征是设计中连接到实体曲面的薄翼或腹板伸出项（图 4-43），主要用来增加零件薄弱环节的强度，也称为加强肋，常用来防止出现不需要的折弯。在 SolidWorks 软件中，利用【筋】选项可快速创建简单的或复杂的筋特征。

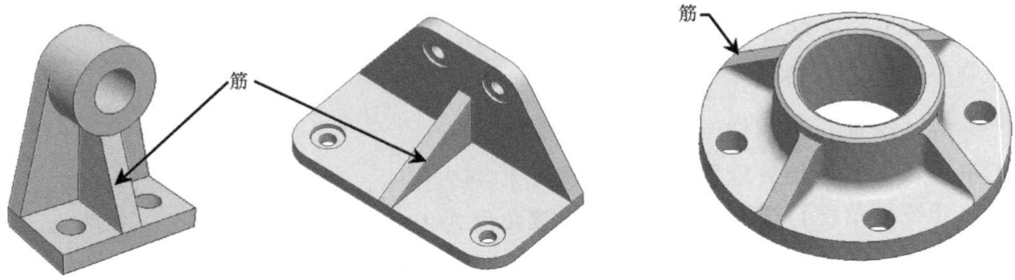

图 4-43 筋特征

打开范例文件“4-14\rotor. SLDPRT”，如图 4-44 所示。

操作指引

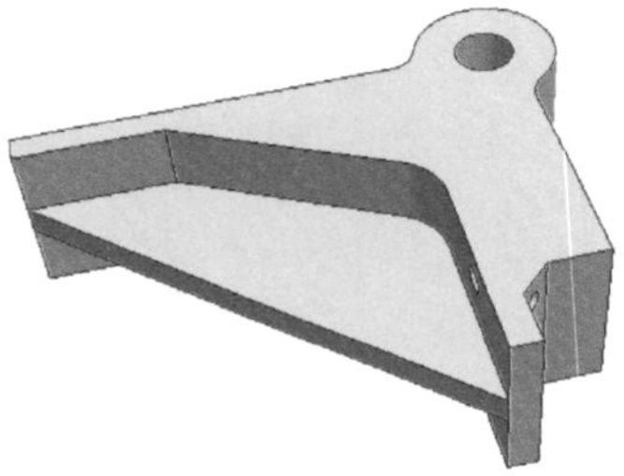

图 4-44 范例文件 rotor

❶ 单击【特征】工具栏中的【筋】按钮。

❷ 在特征管理器设计树中单击【上视基准面】按钮，作为草图平面。

❸ 在图形工作区绘制直线段连接两端点。

❹ 在图形工作区空白处双击，结束草图绘制。

❺ 在图形工作区单击方向箭头，使材料方向反向，系统在【筋】属性管理器中，自动选中【反转材料边】复选框。

❻ 单击【筋】属性管理器的【厚度】选项区域的【两边】按钮。

❼ 单击【确定】按钮创建筋，如图 4-45 所示。

【筋】属性管理器的【厚度】选项区域可以选择如下厚度类型。

1）【第一边】按钮：只添加材料到草图的一边

2）【两边】按钮：均等添加材料到草图的两边。

3）【第二边】按钮：只添加材料到草图的另一边。

在【拉伸方向】选项区域中，可以选择如下两种方式。

1）【平行于草图】按钮：平行于草图生成筋拉伸。

2）【垂直于草图】按钮：垂直于草图生成筋拉伸。

单击【筋】属性管理器中的【拔模开/关】按钮，还可以添加拔模到筋，并设定拔模角度指定拔模度数。

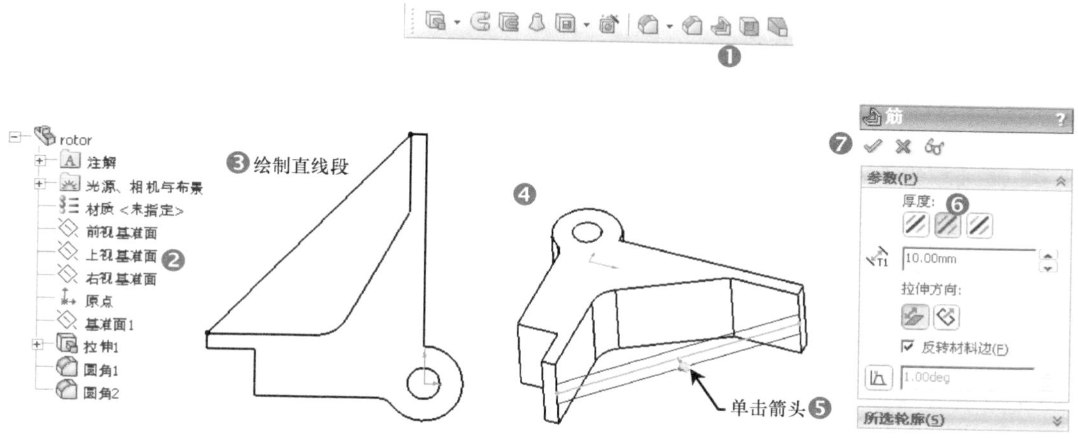

图 4-45　创建筋特征

4.2　特征复制

特征复制是指通过阵列或镜像等已有特征，快速创建具有规律分布的相同特征。合理地使用特征复制功能，可以提高建模速度和效率。

4.2.1　线性阵列

阵列特征是按特征分布位置实现的特征复制（图 4-46），这些特征阵列对象称为特征成员，当修改其中任一成员特征参数时，所有特征参数都会更新。在 SolidWorks 软件中可以创建线性阵列和环形阵列。

线性阵列是按行数×列数排列的方式阵列特征。

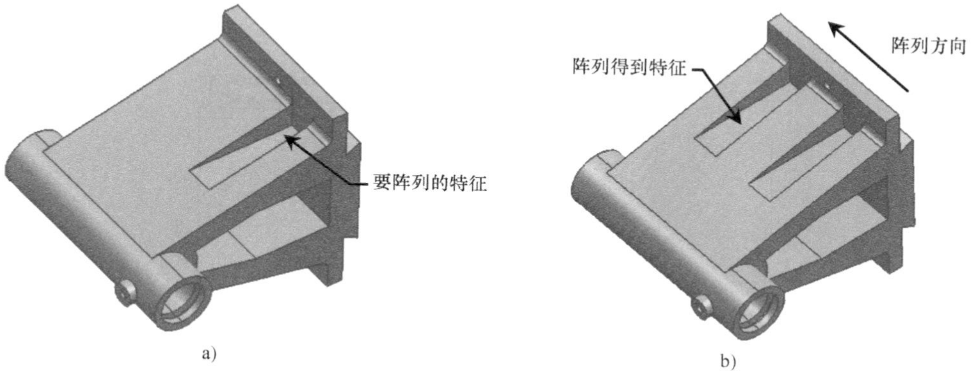

图 4-46　线性阵列特征

打开范例文件“4-15\ary. SLDPRT”，如图 4-47 所示。

操作指引

❶ 单击【特征】工具栏中的【拉伸凸台/基体】按钮。

❷ 在图形工作区选择零件的表面为草图面，绘制草图，并添加尺寸和几何约束。

❸ 在图形工作区在空白处双击，完成草图绘制。

❹ 在【拉伸】属性管理器的【方向 1】选项区域的【深度】文本框中，输入拉伸值为 4mm。

❺ 单击【确定】按钮✔。

❻ 单击【特征】工具栏中的【线性阵列】按钮。

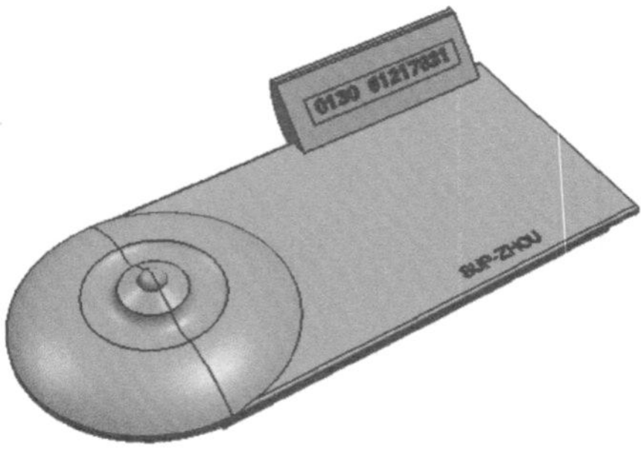

图 4-47　范例文件 ary

❼ 单击【线性阵列】属性管理器的【方向 1】选项区域中的【方向 1】文本框，再从图形工作区选择曲面边缘作为参照。

❽ 设置方向 1 阵列参数。

❾ 单击激活【方向 2】文本框，再从图形工作区选择曲面边缘作为参照。

❿ 设置方向 2 阵列参数。

⓫ 单击【要阵列的特征】文本框，再从图形工作区选择要阵列的拉伸特征作为参照。

⓬ 单击【确定】按钮✔，创建线性阵列，如图 4-48 所示。

【线性阵列】属性管理器的参数很多，较特殊的有如下选项。

1）【只阵列源】复选框：选中该复选框，在【方向 2】中只阵列源特征，不复制【方向 1】中的阵列实例。

2）【要阵列的特征】选项区域：选择要被阵列的特征。

3）【要阵列的面】选项区域：选择希望阵列特征的表面，而非实体特征本身；此时阵列必须保持在同一面或边界内，不能跨越边界。

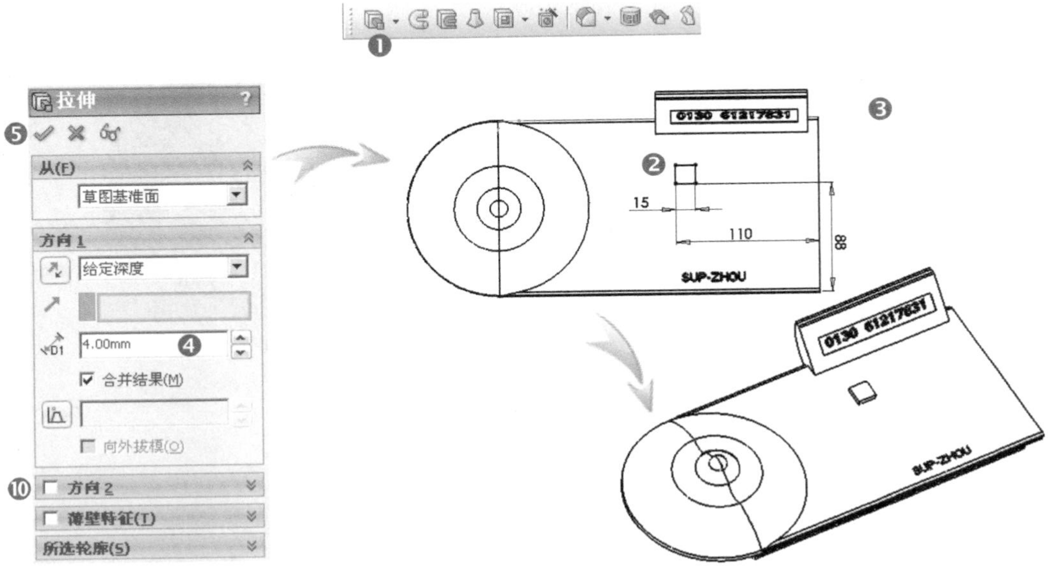

图 4-48　创建线性阵列特征

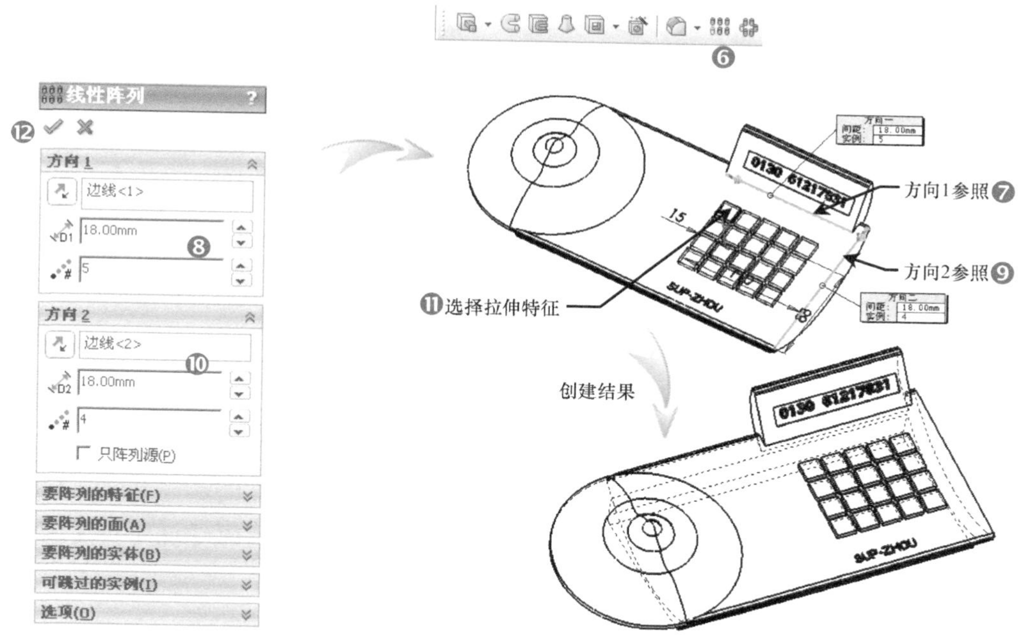

图 4-48　创建线性阵列特征（续）

4）【几何体阵列】复选框：选中该复选框，只使用特征的几何体（面和边线）生成阵列，而不阵列和求解特征的每个实例。

5）【延伸视象属性】复选框：选中该复选框，将 SolidWorks 软件中的颜色、纹理和装饰螺纹数据延伸给所有阵列实例。

4.2.2　圆周阵列

单击【圆周阵列】按钮，可以将指定的一个或多个特征，绕指定的旋转轴、旋转半径、特征个数和角度范围建立一个圆环特征阵列。

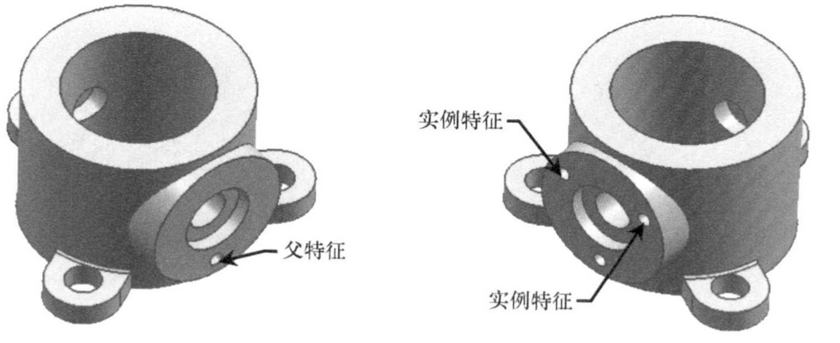

图 4-49　圆周阵列特征

打开范例文件“4-16\han. SLDPRT”，如图 4-50 所示。

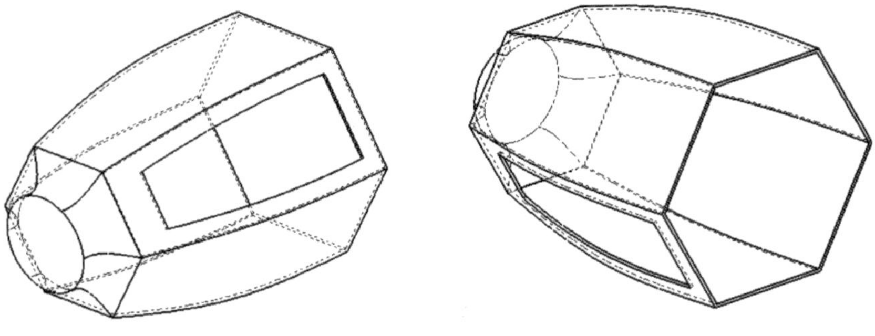

图 4-50　范例文件 han

操作指引

❶ 单击【特征】工具栏中的【圆周阵列】按钮。

❷ 单击【阵列（圆周5）】属性管理器的【参数】选项区域中的【反向】文本框，再从图形工作区中选择曲面边缘作为参照。

❸ 输入阵列数目为5。

❹ 在图形工作区单击拉伸切剪特征作为要阵列的特征。

❺ 单击【确定】按钮，创建圆周阵列，如图4-51所示。

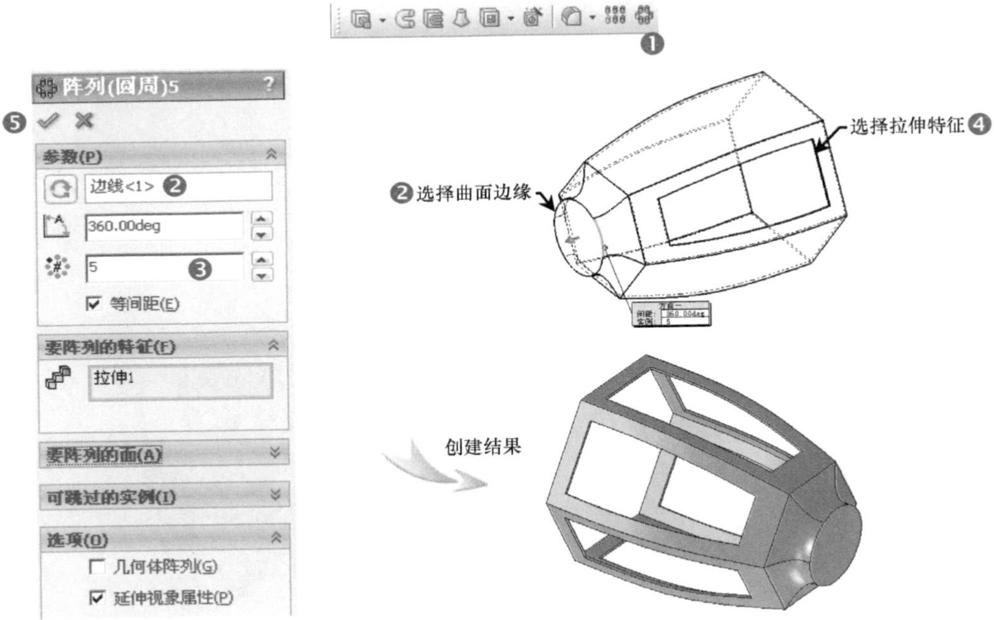

图 4-51　创建圆周阵列特征

4.2.3　曲线驱动阵列

曲线驱动阵列允许沿平面或3D曲线生成阵列，曲线可以是任何草图线段，沿平面的边线（实体或曲面）可以是开环曲线，也可以是闭环曲线。

打开范例文件“4-17\bda. SLDPRT”，如图 4-52 所示。

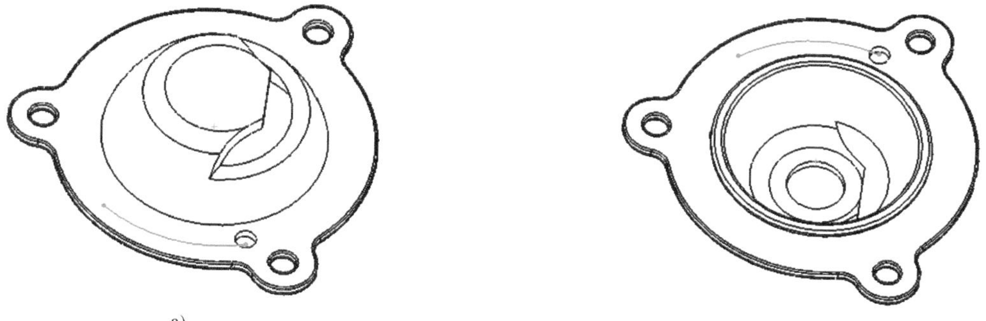

a) b)

图 4-52 范例文件 bda

操作指引

❶ 单击【特征】工具栏中的【曲线驱动的阵列】按钮。

❷ 在图形工作区单击草图曲线。

❸ 在【曲线阵列 2】属性管理器的【方向 1】选项区域中，设置阵列数目为 5。

❹ 设置阵列间距为 10mm。

❺ 单击【要阵列的特征】文本框，再从图形工作区中选择要阵列的拉伸特征。

❻ 单击【确定】按钮，创建曲线阵列，如图 4-53 所示。

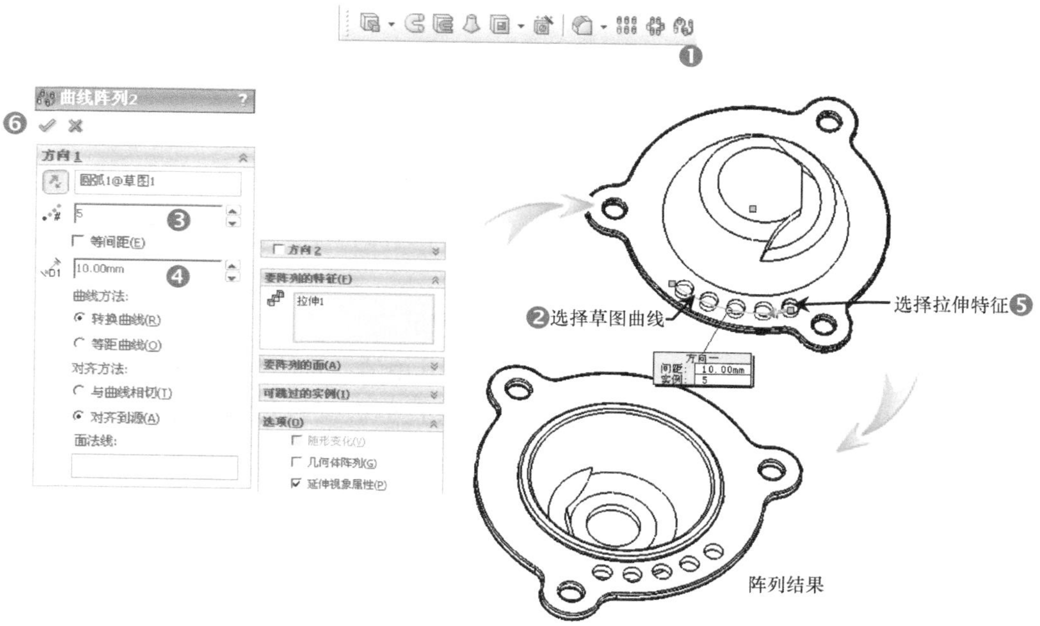

图 4-53 创建曲线驱动阵列特征

曲线驱动阵列有如下相关的参数。

1）【曲线方法】选项区域：选择如何用阵列方向选择的曲线来定义阵列的方向。【转换曲线】单选按钮是阵列的实例根据所选曲线原点到源特征的距离排列；【等距曲线】单选按钮是阵列的实例根据所选曲线原点到源特征的垂直距离排列。

2）【对齐方法】选项区域：设置如何对齐阵列。【与曲线相切】单选按钮是每个实例沿阵列方向曲线相切对齐；【对齐到源】单选按钮是对齐每个实例以与源特征的原有对齐相匹配。

4.2.4 草图驱动阵列

草图驱动阵列是利用草图中的草图点指定特征阵列，特征在整个阵列扩散到草图中的每个点。

打开范例文件“4-18\yue.SLDPRT”，如图4-54所示。

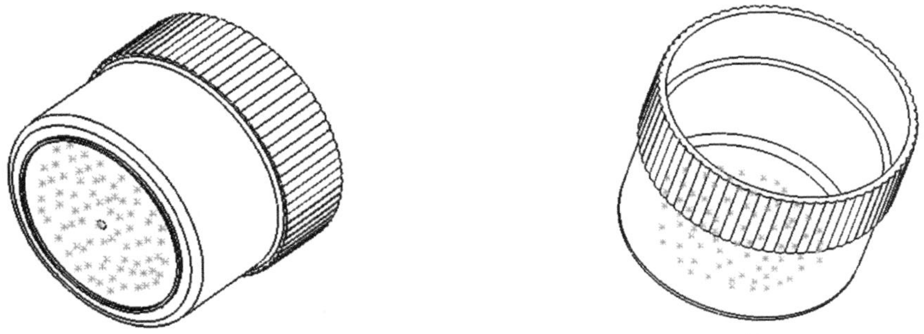

a)　　b)

图4-54　范例文件yue

操作指引

❶ 单击【特征】工具栏中的【草图驱动的阵列】按钮。

❷ 在图形工作区单击草图，草图必须包含草图点。

❸ 在【草图阵列1】属性管理器中，单击【要阵列的特征】文本框，再在图形工作区中选择要阵列的拉伸特征。

❹ 单击【确定】按钮创建阵列，如图4-55所示。

【参考点】选项区域用于设置阵列时的基准点，其中的【重心】单选按钮是系统根据要阵列的特征自动选择其重心作为参考点；【所选点】单选按钮是通过选择一个点作为参考点。

4.2.5 表格驱动阵列

在SolidWorks软件中，可以使用X-Y坐标指定特征阵列，使用X-Y坐标的孔阵列是由表格驱动的阵列的常见应用。

打开范例文件“4-19\hlg.SLDPRT”，如图4-56所示。

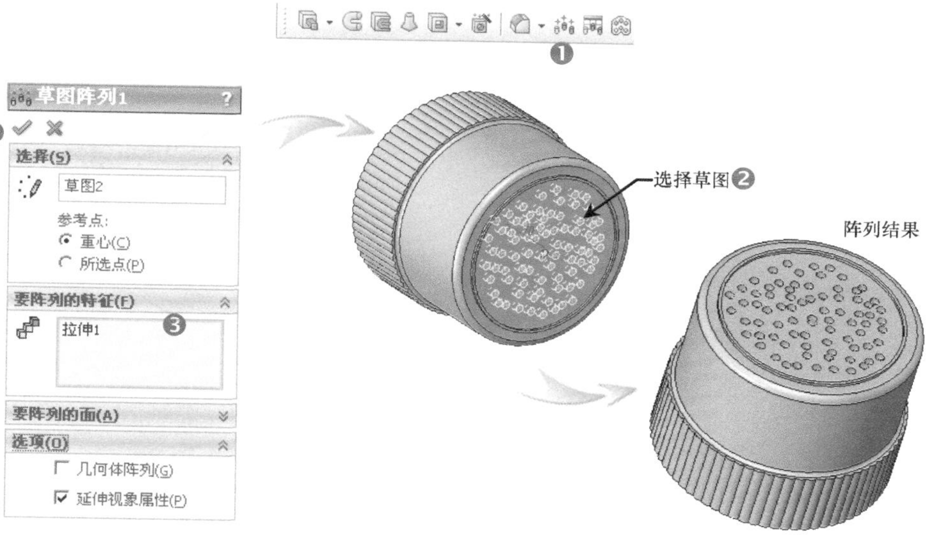

图 4-55 创建草图驱动阵列特征

操作指引

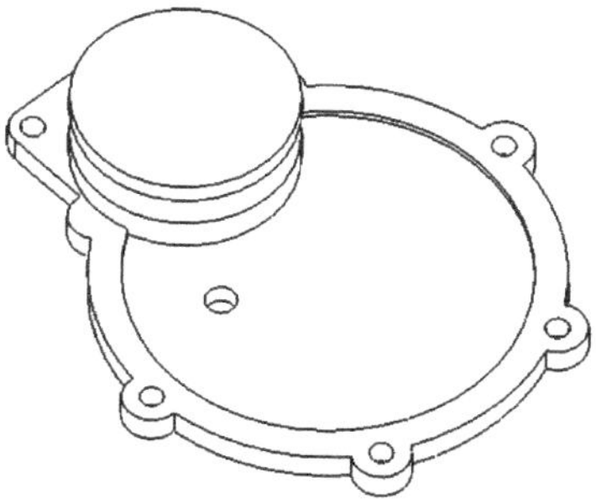

图 4-56 范例文件 hlg

❶ 单击【参考几何体】工具栏中的【点】按钮。

❷ 在图形工作区选择凹槽的圆弧边线。

❸ 单击【点 1】属性管理器的【选择】选项区域中的【圆弧中心】按钮。

❹ 单击【确定】按钮。

❺ 单击【参考几何体】工具栏中的【坐标系】按钮。

❻ 在图形工作区选择刚创建的基准点作为坐标系原点。

❼ 单击【确定】按钮。

❽ 单击【特征】工具栏中的【表格驱动阵列】按钮。

❾ 在弹出的【由表格驱动的阵列】对话框中，选中【参考点】选项区域中的【重心】单选按钮，再从图形工作区中选择基准点。

❿ 单击【坐标系】文本框，再在特征管理器设计树中选择坐标系特征。

⓫ 单击【要复制的特征】文本框，再在图形工作区中选择要阵列的拉伸特征。

⓬ 在 X-Y 坐标表的各格中单击激活，再输入数值。

⓭ 单击【确定】按钮 确定 ，创建阵列，如图 4-57 所示。

阵列坐标还可以通过带 X-Y 坐标的阵列表或文字文件导入。单击【由表格驱动的阵列】对话框中的【浏览】按钮，然后选择阵列表（*.sldptab）文件或文字（*.txt）文件输入现有的 X-Y 坐标。

注意：用于表格驱动阵列的文本文件应只包含两个列：左列用于 X 坐标，右列用于 Y 坐标。两列应由分隔符分开，例如空格、逗号、制表符。可以在同一文本文件中使用不同分隔符组合。不要在文本文件中包括任何其他信息，否则可能引起导入失败。

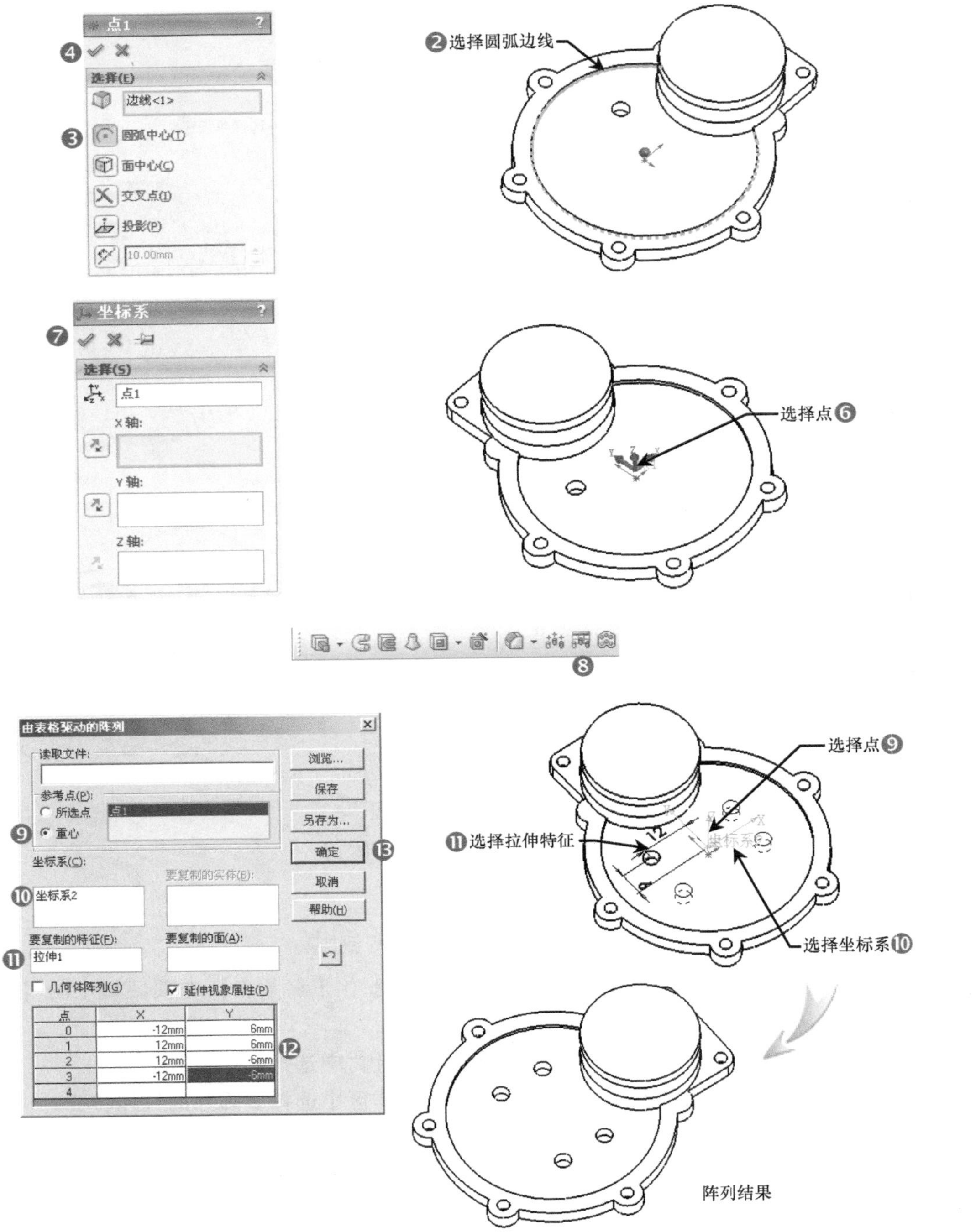

图 4-57　创建表格驱动阵列特征

4.2.6　填充阵列

填充阵列可以利用平面定义的区域或草图，自动生成阵列特征，得到的实例充满所选平面区域或草图设置的区域。可以生成与所选特征相同的特征实例，也可以生成系统指定形状的特征实例。

打开范例文件“4-20\crv. SLDPRT”，如图 4-58 所示。

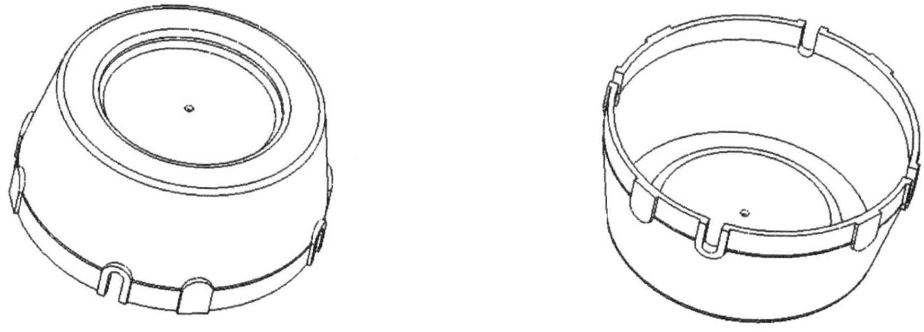

a)　　b)

图 4-58　范例文件 crv

操作指引

❶ 单击【特征】工具栏中的【填充阵列】按钮。

❷ 在图形工作区单击顶部平面作为填充边界参照。

❸ 单击【填充阵列 1】属性管理器的【阵列布局】选项区域中的【穿孔】按钮，选择阵列布局。

❹ 设置阵列参数，间距为 5mm，交错断续角度为 60°，边距为 2mm。

❺ 单击【阵列方向】文本框，在图形工作区选择曲面边线作为方向参照。

❻ 单击【要阵列的特征】文本框，再在图形工作区中选择要阵列的拉伸特征。

❼ 单击【确定】按钮，创建阵列，如图 4-59 所示。

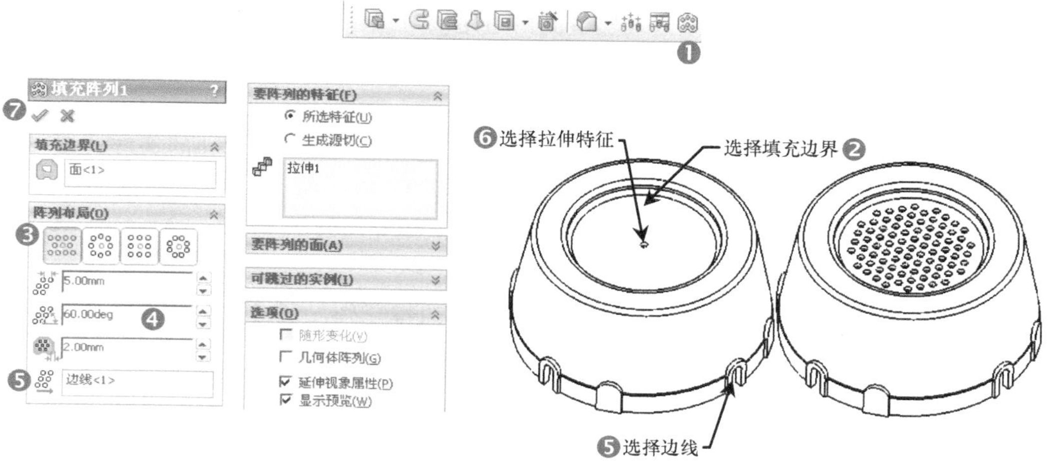

图 4-59　创建填充阵列特征

【填充边界】选项区域用于定义阵列填充的区域，可以是草图、模型表面上的平面曲线、面或共有平面的面，如果使用草图作为边界，可能需要选择阵列方向。

【阵列布局】选项区域用于决定填充边界内实例的布局方式，阵列实例以源特征为中心呈同轴心分布，包括如下选项。

1）阵列方式：选择填充阵列的实例分布形状。【穿孔】按钮用于生成钣金穿孔式阵列；【圆周】按钮是阵列的特征实例以圆周形状填充整个区域；【方形】按钮是阵列的特征实例以矩形形状填充整个区域；【多边形】按钮是阵列的特征实例以多边形形状填充整个区域，如图 4-60 所示。

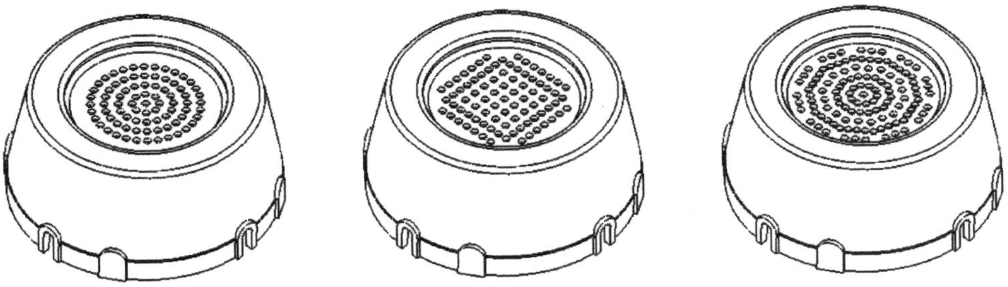

圆周 a)　方形 b)　多边形 c)

图 4-60　阵列方式

2）实例间距：单击【穿孔】按钮时，设定的值为实例中心间的距离；选择其他阵列方式时，设定的值为实例环间的距离。

3）交错断续角度：单击【穿孔】按钮方式时，设定各实例行间的交错断续角度，起始点位于阵列方向所用的向量。

4）边距：设定填充边界与最远端实例间的边距。可以将边距的值设定为零。

5）阵列方向：设定作为阵列方向的参考对象，如果未指定，系统将使用最合适的对象，例如选定区域最长的线性边线。

6）目标间距：通过设定每个环内实例间的间距来填充区域，每个环的实际间距可能不同，因此各实例会自动进行均匀调整。

7）每环的实例：通过设定每个环上实例的个数来填充区域。

8）实例数：设置每环的实例数。

另外，在 Solidworks 软件中，除了可以阵列创建的特征外，还可以阵列系统提供的几种特征。在【要阵列的特征】选项区域中选中【生成源切】单选按钮，会出现四个按钮，对应着四种形状的特征，包括【方形】按钮、【圆形】按钮、【菱形】按钮、【多边形】按钮，如图 4-61a 所示。选择一个按钮，设置相应的参数，系统将阵列所选特征，图 4-61b 所示为选用的【方形】特征。

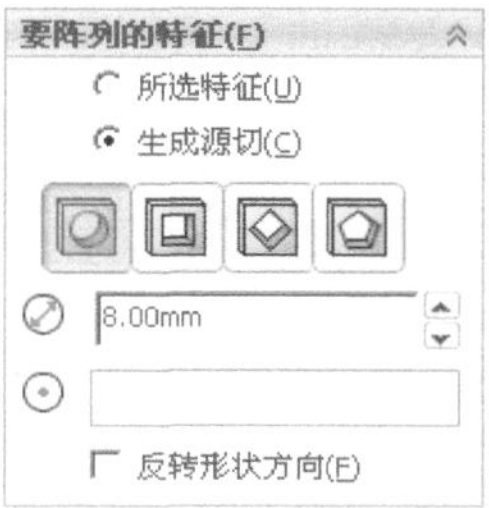

a)

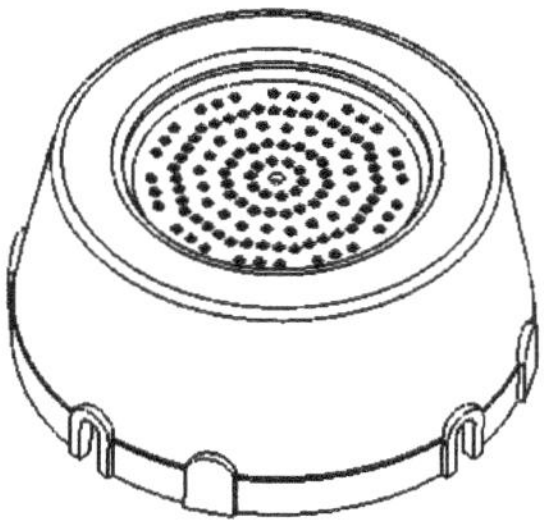

b)

图 4-61　【生成源切】选项及【方形】阵列特征

4.2.7　镜像特征

镜像操作是将特征、曲面、曲线或其他几何实体，对一个镜像平面（平面曲面）进行镜像，得到源特征的一个副本。

单击【镜像特征】按钮，可以将所选定的特征相对于一个基准平面或平面形表面进行镜像操作，从而获得源特征的对称特征，图 4-62 所示为镜像孔特征的示例，生成的特征与源特征一起构成同一实体。

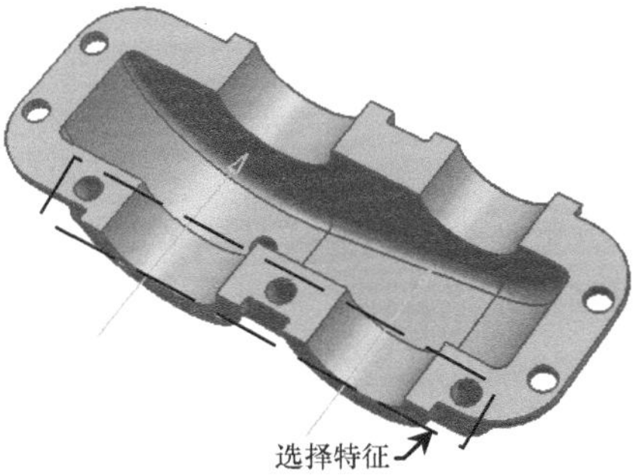

a)

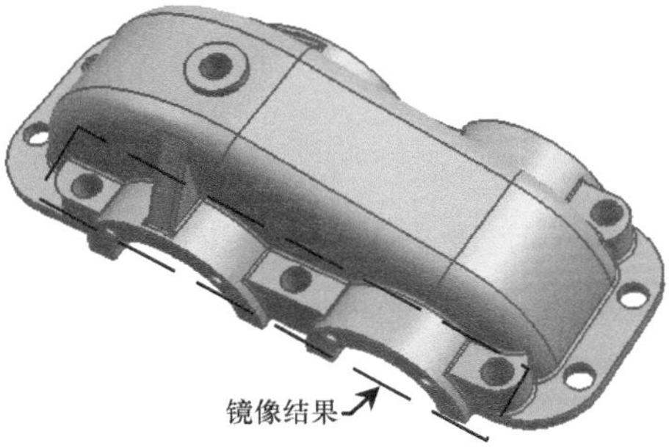

b)

图 4-62　镜像孔特征

打开范例文件“4-21\cha. SLDPRT”，如图 4-63 所示。

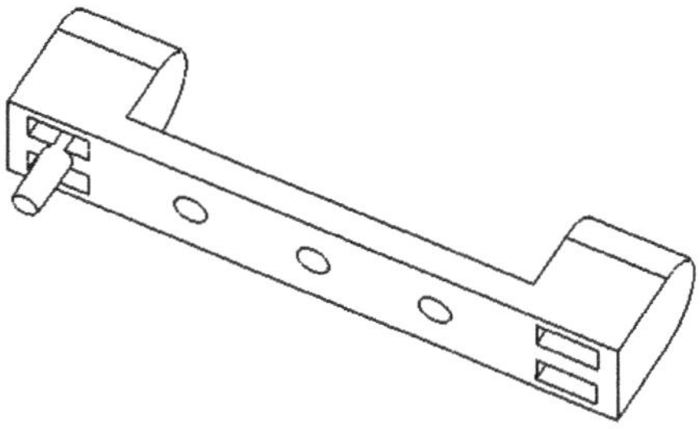

图 4-63　范例文件 cha

操作指引

❶ 单击【特征】工具栏中的【镜像】按钮。

❷ 在【镜向 1】属性管理器中，单击【镜向面/基准面】文本框，再在特征管理器设计树中选择右视基准面作为镜向基准面。

❸ 单击【要镜向的特征】文本框，再在图形工作区中选择要镜像的旋转特征。

❹ 单击【确定】按钮✔创建镜像特征，如图 4-64 所示。

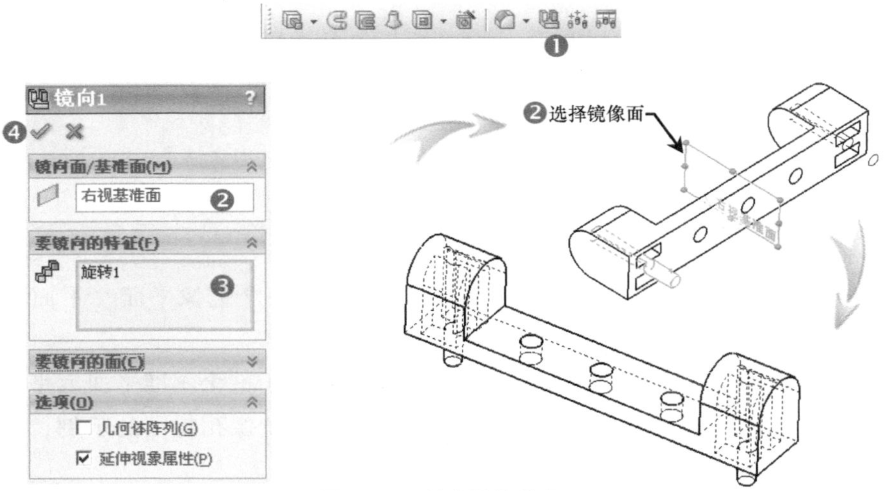

图 4-64　创建镜像特征

4.3　实体组合

SolidWorks 软件提供多实体造型功能，在一个文件中允许多个独立实体存在，即使是两个特征相互交错，也可以使这两个特征独立，为零件的提供了极大的灵活性。

4.3.1　添加实体

添加实体是将选择的多个实体合并为一个实体。

打开范例文件“4-22\cm. SLDPRT”，如图 4-65 所示。

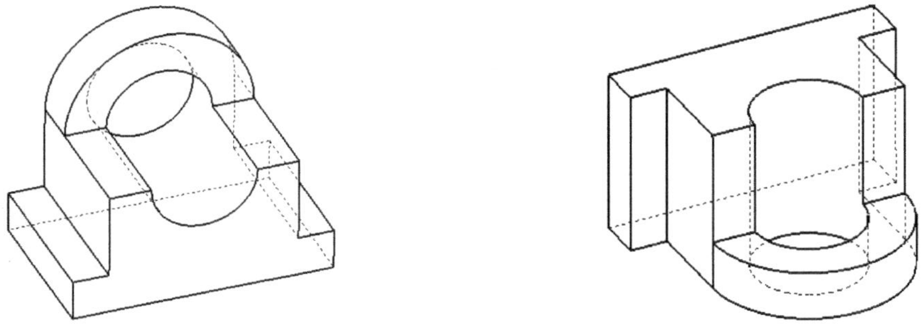

a)　　b)

图 4-65　范例文件 cm

操作指引

❶ 在特征管理器设计树中，【实体 2】节点下分别有两个实体，【输入 1】和【拉伸 1】。

单击【特征】工具栏中的【组合】按钮。

❷【组合 1】属性管理器的【操作类型】选项区域中，选中【添加】单选按钮。

❸ 在图形工作区依次单击两个实体。

❹ 单击【显示预览】按钮 显示预览(P)。

❺ 单击【确定】按钮✔完成实体的添加，如图 4-66 所示。

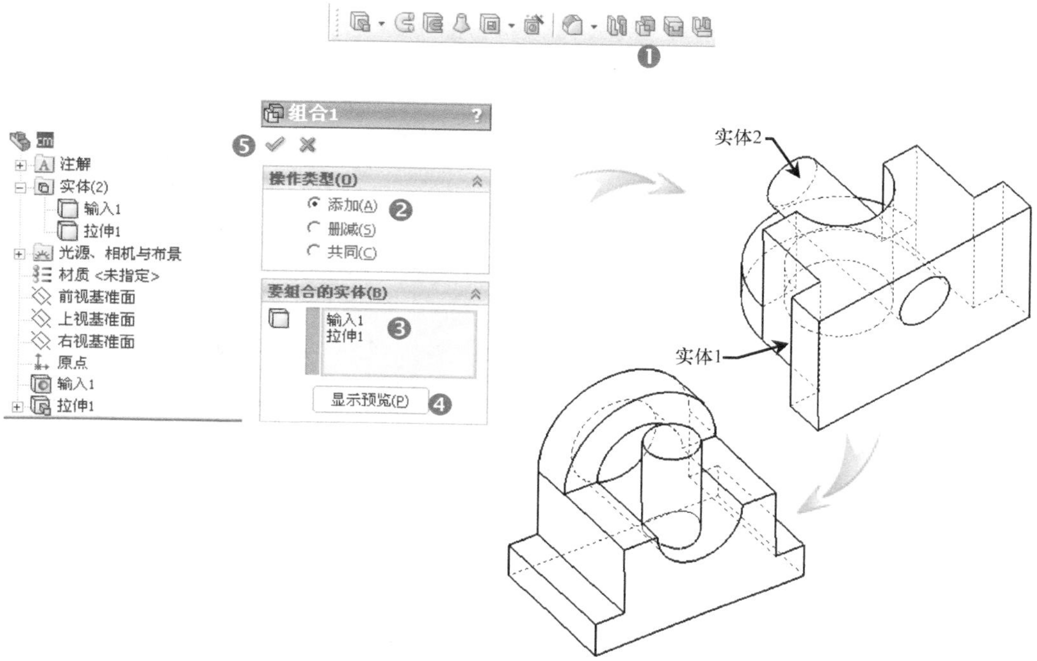

图 4-66　添加实体

4.3.2　删减实体

删减实体是从一个实体中减去其他实体。

打开范例文件“4-23\cac. SLDPRT”，如图 4-67 所示。

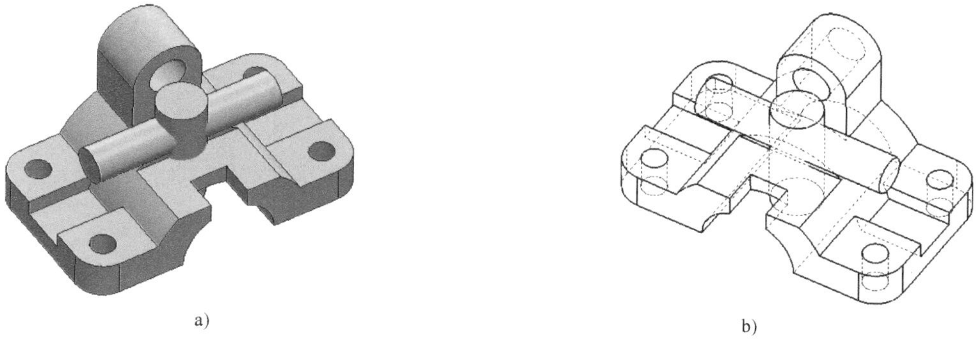

图 4-67　范例文件 cac

操作指引

❶ 单击【特征】工具栏中的【组合】按钮。

❷ 在【组合】属性管理器的【操作类型】选项区域中，选中【删减】单选按钮。

❸ 在图形工作区单击主要实体。

❹ 再依次选择两个圆柱体作为要删减的实体。

❺ 单击【确定】按钮，完成实体的删减，如图 4-68 所示。

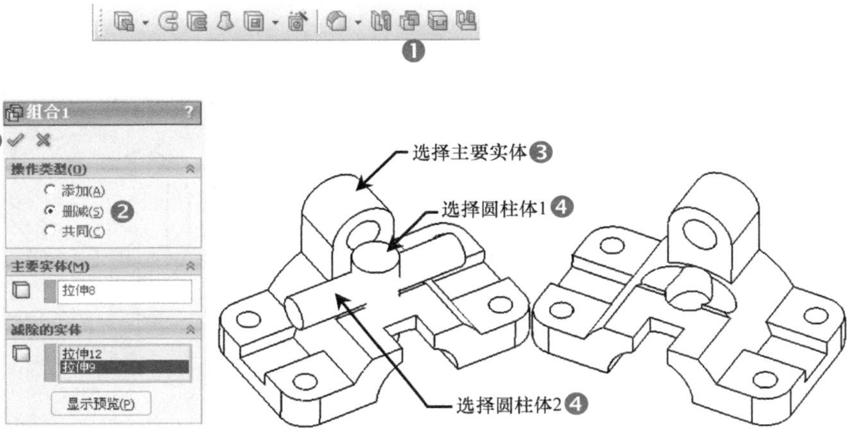

图 4-68 删减实体

4.3.3 共同实体

共同实体是求出几个实体的相交部分，并生成一个新的实体。

打开范例文件“4-24\c7. SLDPRT”，如图 4-69 所示。

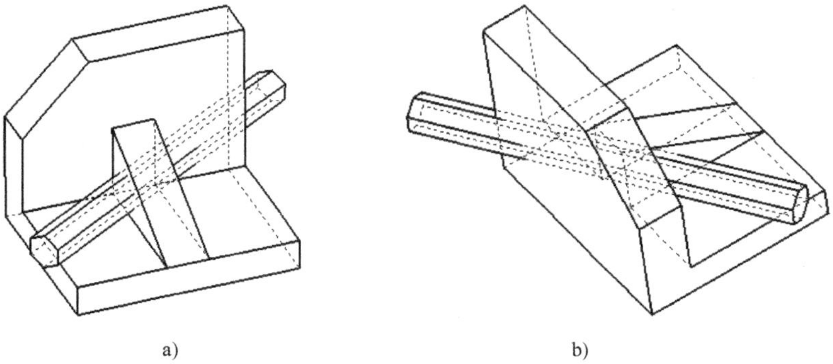

图 4-69 范例文件 c7

操作指引

❶ 单击【特征】工具栏中的【组合】按钮。

❷ 在【组合 1】属性管理器的【操作类型】选项区域中，选中【共同】单选按钮。

❸ 在图形工作区依次选择两个相交的实体。

❹ 单击【显示预览】按钮 显示预览(P) 。

❺ 单击【确定】按钮 ✔，生成共同实体，如图 4-70 所示。

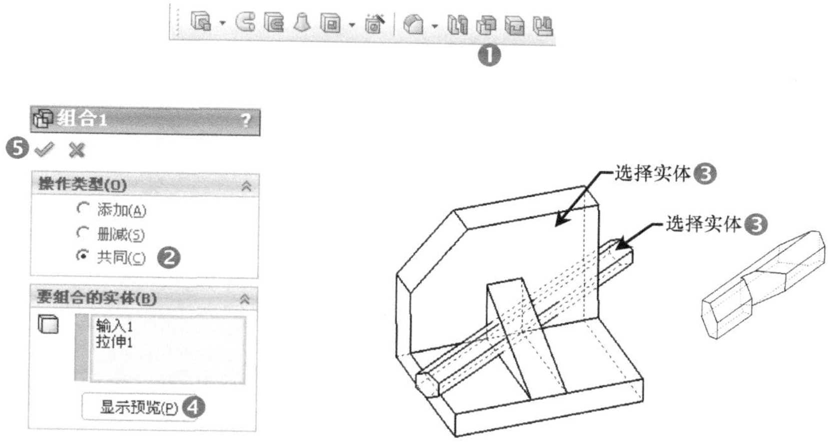

图 4-70　共同实体

第 5 章

装配体设计

使用 SolidWorks 软件可以轻易完成产品中各零部件的虚拟组装，并且支持大型、复杂部件的创建与管理，由于 SolidWorks 软件采用单一数据库，变更部件的尺寸会立即传递到组合件与工程图中。装配体创建完成后，可以打开、删除、隐藏、隐含、编辑定义装配体中的元件（包括零件和子组件），还可以创建各种视图表现装配体，对装配体进行分析以检查干涉和间隙等。

5.1 SolidWorks 装配概述

SolidWorks 软件中的装配模块用于实现将零件（或部件）的模型装配成一个最终的产品模型（图 5-1），或者从装配开始产品设计。

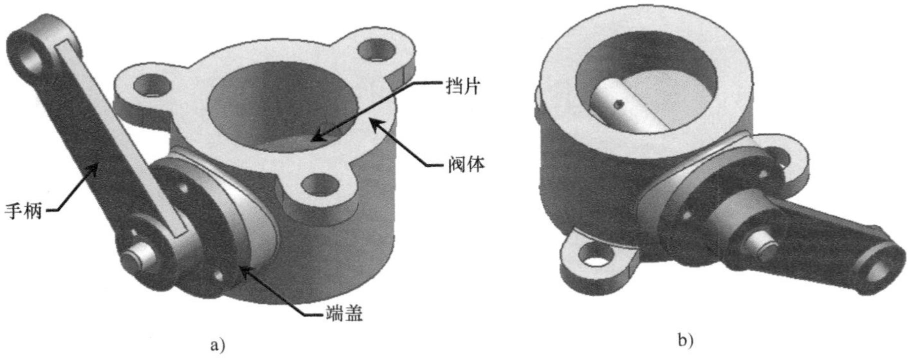

图 5-1 零件模型

SolidWorks 软件的装配是一种虚拟装配，组件只是被装配部件引用，而不是直接复制到装配部件中，组件与装配之间保持相关，组件之间的约束关系不随组件模型的改变而变化，这些都提高了装配的效率和准确性。

SolidWorks 软件中的装配模块不仅能快速组合零部件，而且在装配中也可以参照其他部件进行部件关联设计，并且可以对装配模型进行间隙分析、重量管理等操作。

装配模型生成后，可以建立爆炸视图，并且可以将其引入到装配工程图中；同时在装配工程图中，可以自动产生装配明细表，并且能对轴测图进行局部剖切。

5.1.1 装配体设计方法

在 SolidWorks 软件中，有两种装配体设计方法。

1. 自下而上的设计方法

自下而上的设计方法是常用的装配体设计方法，即用户从元件级开始分析产品，然后向上设计到主组件。

成功的“自下而上”设计要求对主组件有基本了解，这是因为基于“自下而上”的设计不能完全体现设计意图，加大了设计冲突和错误的风险，从而导致设计不灵活。

目前“自下而上”的设计方法仍是设计界广泛采用的方法，设计相似产品或不需要在其生命周期中进行频繁修改的产品的公司均采用“自下而上”的设计方法，图 5-2 所示为曲轴箱组件的设计过程，可以先创建编号为 1～16 的零件，再将它们装配起来形成组件。

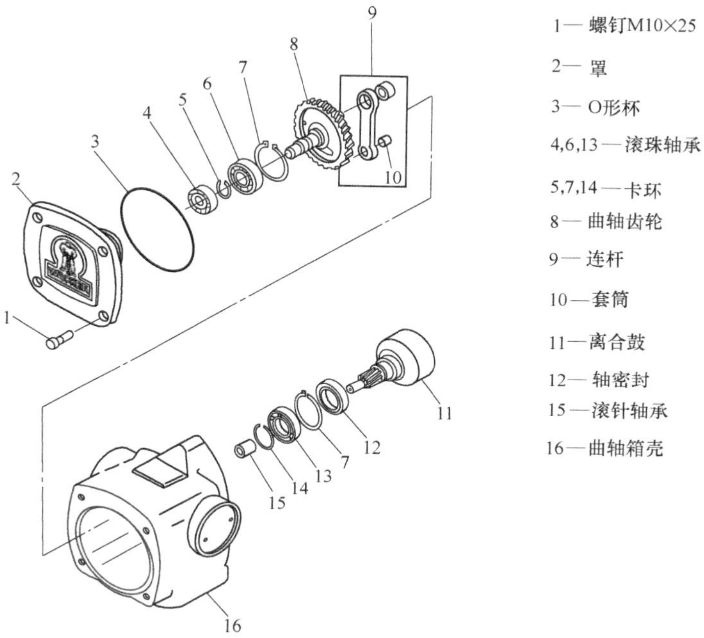

图 5-2 曲轴箱组件

2. 自上而下的设计方法

自上而下的设计方法是指先从已完成的产品入手，对将要设计的产品进行对比分析，然后向下设计。将产品的主框架作为主组件，并将产品分解为组件和子组件，然后标识主组件元件及其关键特征，最后了解组件内部及组件之间的关系，并评估产品的装配方式。“自上而下”的设计方法用于设计历经频繁设计修改的产品，被各种产品设计公司广泛采用。

图 5-3 所示的发动机设计采用的就是“自上而下”的设计方法：从主组件开始分析产品，向下设计到元件级。由于发动机中零件较多，可以依据功能和装配顺序分为几个子系统，在装配过程中先将零件组装为子组件，然后再将子组件装配成发动机，这样便于零件在整体模型中的定位，简化操作过程。

5.1.2 装配环境

SolidWorks 软件的装配体设计环境与零件设计环境相似，特征管理器设计树中除了【注解】【设计活页夹】【光源、相机与布景】【基准面】【原点】按钮等特征之外，还包括独有的项目，例如【配合】【零件的名称】等，如图 5-4 所示。

1. 零部件状态

在一个装配体中可以有多个相同的零部件的实例，特征管理器设计树上的每个实例后都

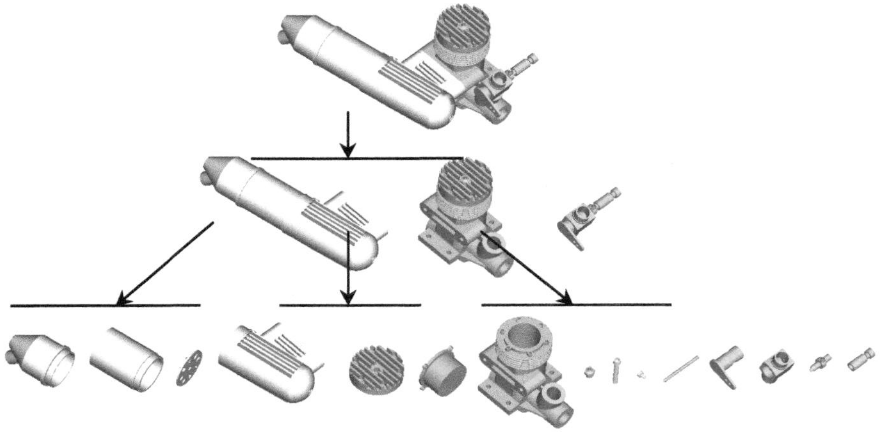

图 5-3 以“自上而下”的设计方法设计发动机

有后缀<x>。每添加一个零部件到装配体中，相关实例的后缀数目都会增加。

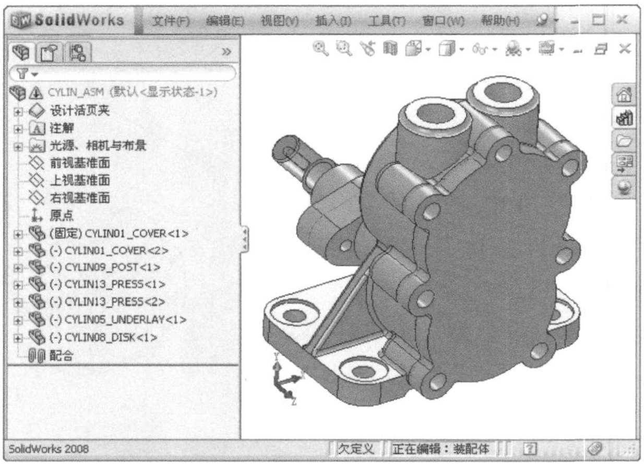

图 5-4 装配体特征管理器设计树

在装配体中，组成装配体的每一个零部件可以有六种状态：固定、浮动、完全定义、欠定义、过定义和无解，其中有四种状态在特征管理器设计树中的项目名称前用一个前缀标志，这些前缀标志如下。

1）【欠定义】（-）：零部件的空间自由度并未完全限制，位置关系没有完全定义。

2）【过定义】（+）：零部件的空间自由度重复限制，位置关系限制条件过多。

3）【固定】（固定）：零部件处于固定状态，不能移动。

4）【无解】（?）：不能计算出零部件间的位置关系。

如果没有前缀，则表明此零部件的位置是完全定义的，而且处于浮动状态。

2. 【装配体】工具栏

与装配体有关的大多数命令都集中在【装配体】工具栏（图 5-5）上，但实际使用时都是通过命令管理器选择按钮。还有一些命令由菜单提供，在后面用到时再介绍。

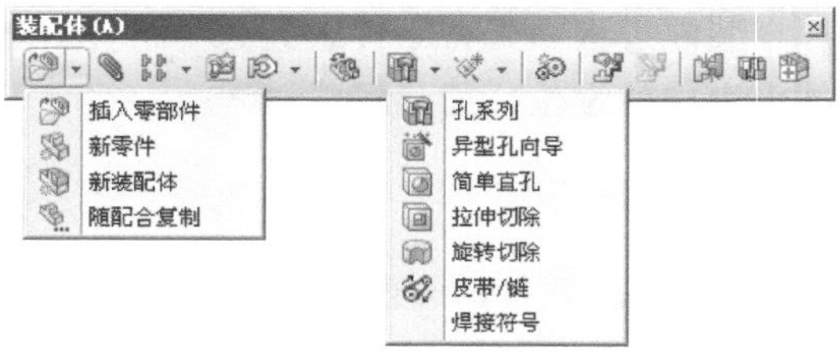

图 5-5 【装配体】工具栏

3. 装配相关配置

在进行装配设计之前，最好能够先对 SolidWorks 软件中的有关选项进行配置，使其满足设计需要，特别是在进行大型装配体设计时尤为重要。

操作指引

❶ 选择菜单栏的【工具】|【选项】命令。在弹出的【系统选项】对话框中选择【性能】选项，右侧是涉及零件和装配体设计性能的参数，这些参数对于设计和显示速度有很大的影响。在【装配体】选项区域中，可以设置与装配性能有关的参数，比如零件装入时的状态、对零部件模型的检查等。

❷ 选择【装配体】选项，右侧选项区域中的内容主要是面向大型装配体设计的，通过对这些参数的设置，可以提高大型装配体的设计效率，优化设计过程，如图 5-6 所示。

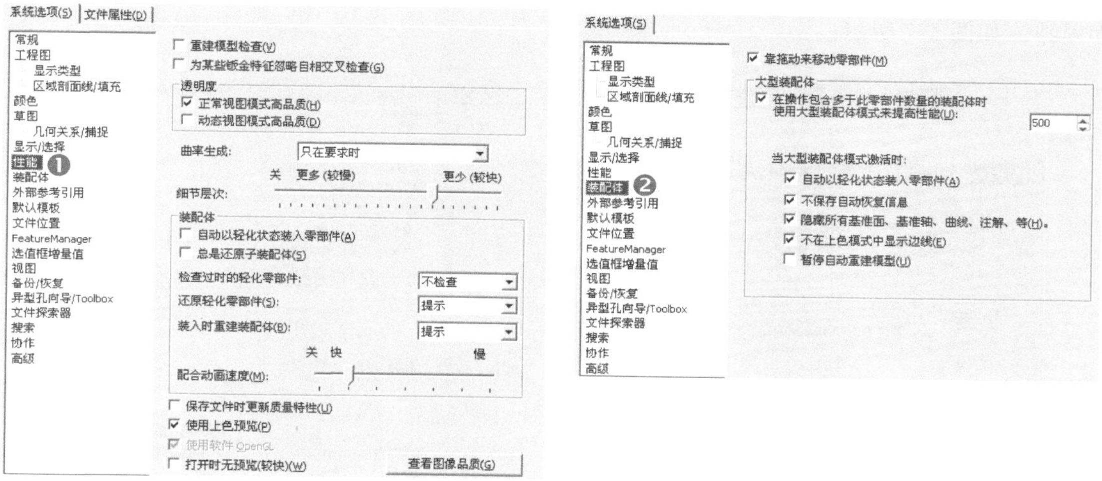

图 5-6　装配相关配置

4. 装配体的设计步骤

装配体的基本设计步骤如下。

1）加入固定零部件。

2）将其他零部件加入装配体环境，并移动到合适位置或角度，加入的零部件称为浮动零件。

3）为浮动零部件之间与固定零部件之间添加装配关系。

4）调整和编辑零部件的装配关系。

5）对装配体进行运动仿真，并检查干涉情况。

6）可以根据需要，设置不同的装配体配置。

7）如果是大型装配体，可以通过隐藏、压缩、轻化等方法提高设计效率。

8）生成爆炸视图，表达零部件之间的关联结构。

5.2　装配体结构

零部件按一定的层次结构组织形成装配体结构，装配体结构既可以在部件设计之前定义，也可以在部件设计完成后定义。前者适合自上而下设计，后者适合自下而上设计。

5.2.1 创建装配体

创建装配体的方法与创建零件的方法基本相同，下面介绍创建方法。

操作指引

❶ 单击菜单栏中的【新建】按钮。

❷ 在弹出的【新建 SolidWorks 文件】对话框中，单击【装配体】按钮。

❸ 单击【确定】按钮 确定 ，进入装配体工作界面，同时打开【开始装配体】属性管理器，如图 5-7 所示。

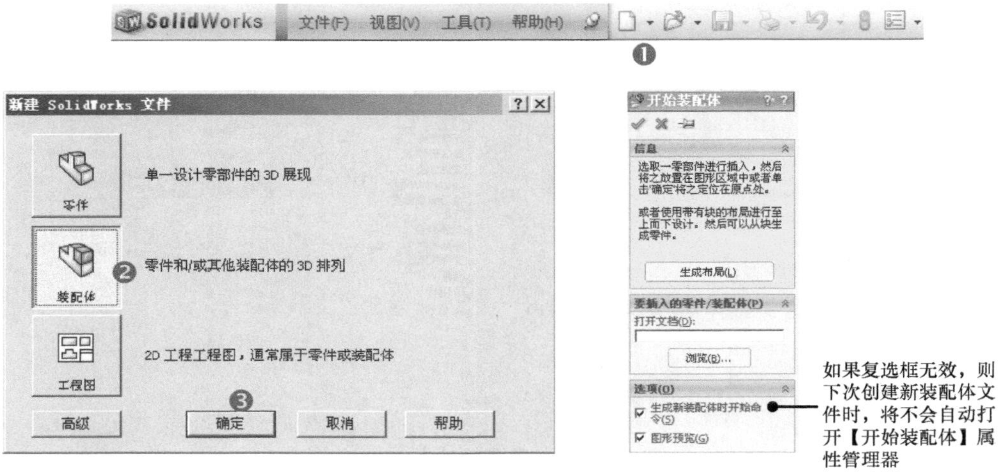

图 5-7 创建装配体

5.2.2 添加零部件

创建完装配体后，就可以向当前装配体中添加零部件了，将已有零部件加入到装配体中有如下六种方式。

1）利用属性管理器加入零部件。

2）从一个打开的文件窗口中拖放。

3）直接从资源管理器中拖放。

4）在装配体中拖放以增加现有零部件的实例。

5）从设计库中拖放。

6）从 Internet Explorer 中拖放超文本链接。

（1）添加固定零部件

固定零部件是相对于设计环境坐标系不能移动或旋转，只能固定在某个位置的零部件。由于装配体设计的目的就是要表达产品零部件之间的配合关系，因此当两个零部件之间存在运动关系时，就必须明确装配过程中的参照零部件，通常这个零部件就是固定零部件。

提示：第一个加入的零部件总被默认为是固定零部件。随后加入的零部件就是浮动的，它们都以固定零部件为参考进行定位，所以固定零部件很重要，一般选择体积较大的零部件作为固定零部件。在设计过程中，还可以将零部件的固定属性更改为浮动属性。

操作指引

❶ 新建装配体文件。

❷【插入零部件】属性管理器中，单击按钮 浏览(B)... 。

提示：如果是第一次创建装配体文件，默认情况下系统会自动打开【插入零部件】属性管理器；如果没有打开，单击命令管理器上的【插入零部件】按钮，会再次打开该属性管理器。

❸ 在【打开】对话框中选择零件 mirror_base. SLDPRT，单击【打开】按钮 打开(O) 。

❹ 模型会在图形工作区中以半透明方式动态显示供观察，将光标指向图形工作区的坐标原点。

注意：如果坐标原点没有显示，选择【视图】|【原点】命令使其显示。

❺ 当光标变成时，单击确定，底座模型原点与装配体坐标原点重合，并且模型的三个基准面与装配体中的对应基准面重合，如图 5-8 所示。

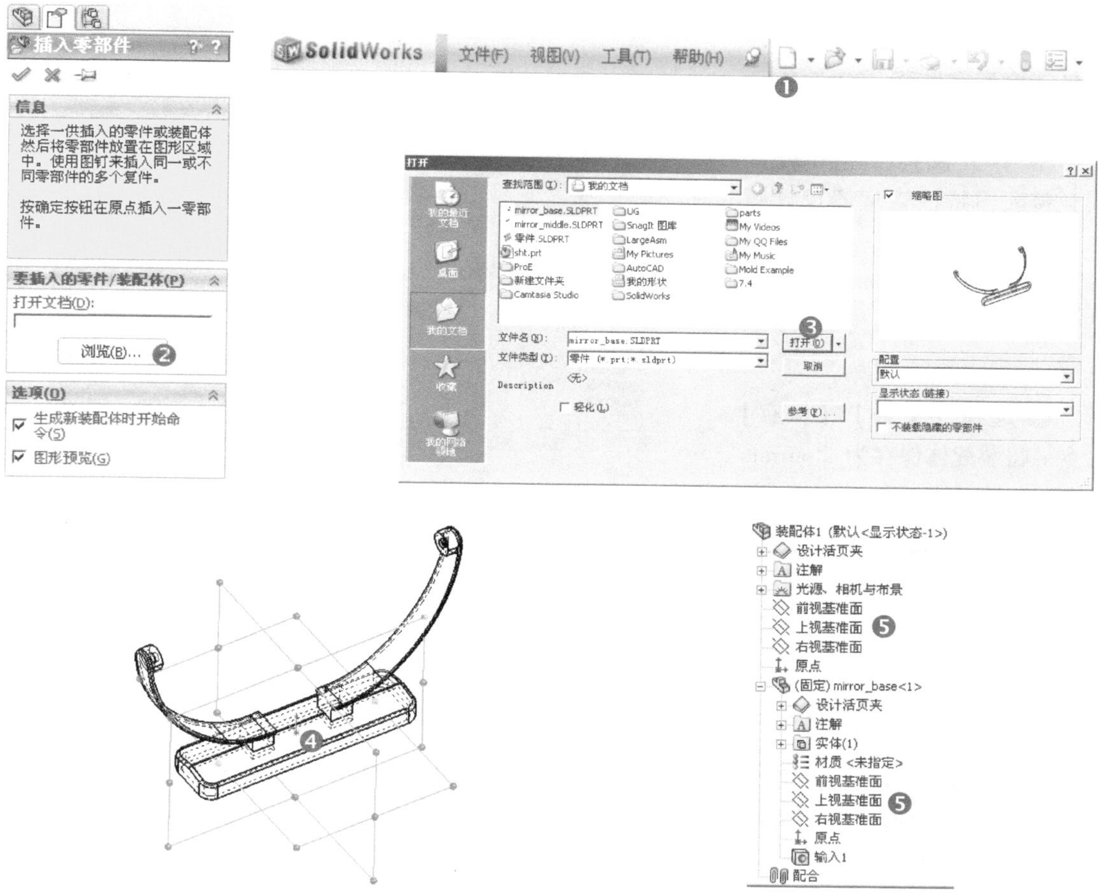

图 5-8 添加固定零部件

注意：这里之所以要判断光标，是因为当光标变成时，可以保证零件原点与装配体工作区原点重合，基准面也与对应的基准面重合，也就是零件模型坐标系与装配体坐标系重合，系统自动建立了基准面的重合配合关系。零件模型坐标系与装配体坐标系重合，对于生成镜像零部件或切割零部件非常有用。

在图 5-8 所示的特征管理器设计树中将出现一个项目【（固定）mirror-base<1>】(固定) mirror_base<1>，其中（固定）表示该零件是固定的，<1>表示该零件在装配体中是第一次引入。单击⊞号将该项展开，可以发现展开的内容就是零件模型文件中的特征管理器设计树中的内容。

一旦零部件加入到装配体中，那么零部件与装配体就自动加入了动态关联，对零部件的任何修改都会反映到装配体中。

（2）添加浮动零部件

操作指引

❶ 单击菜单栏中的【打开】按钮，打开 mirror_middle. SLDPRT 零件。选择【窗口】|【纵向平铺】命令。

❷ 在图形工作区中单击并拖动零件模型到装配体文件窗口，模型在装配体文件中动态显示。

❸ 释放鼠标，零件就加入到装配体特征管理器设计树中了。

此时零件是浮动的，所以特征管理器设计树中将显示 (-) mirror_middle 。

❹ 选择【文件】|【保存】命令，将装配体保存为“mirror. sldasm”，如图 5-9 所示。

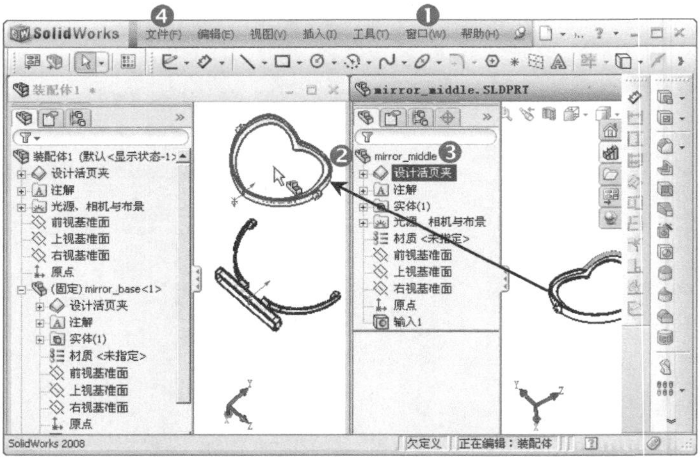

图 5-9　添加浮动零部件

此外，还可以在零件文件的特征管理器设计树中拖动【mirror-middle】按钮 mirror_middle 到装配体文件中，此时鼠标指针变为，当指针靠近装配体图形工作区的坐标原点时又变成，如果此时释放鼠标，则零件的基准面将自动与装配体中的基准面重合。

5.2.3　移动和旋转零部件

对于添加的第一个固定零件，不能对它进行移动和旋转操作，但对于后续添加的零部件可以执行旋转和移动操作，这样可以将其移动到一个合适的位置，便于以后为它和其他的零部件建立配合关系。

移动或旋转零部件应注意如下三个问题。

1）不能移动或旋转一个位置已固定或完全定义的零部件。

2）只能在配合关系允许的自由度范围内移动或旋转零部件，如果某个自由度被限制，将不能移动或旋转零部件。

3）要将平移和旋转零部件功能同视图平移、旋转视图功能区分开来。前者是针对当前零部件进行操作，后者是对整个装配体视图进行操作。

打开范例文件“5-2\qap.SLDASM”，如图 5-10 所示。

（1）移动零件

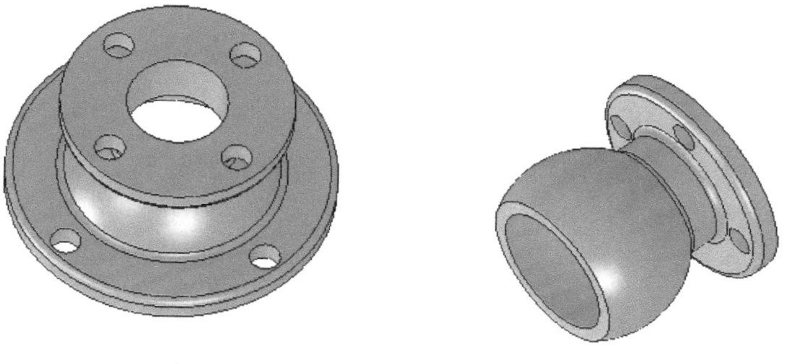

a) b)

图 5-10 范例文件 qap

操作指引

❶ 单击【装配体】工具栏中的【移动零部件】按钮。

❷ 在【移动零部件】属性管理器的【移动】列表框中选择【自由拖动】选项。

❸ 在图形工作区选择球铰接头。

❹ 单击并拖动接头到接座的下方。

❺ 单击【确定】按钮，完成零件的移动，如图 5-11 所示。

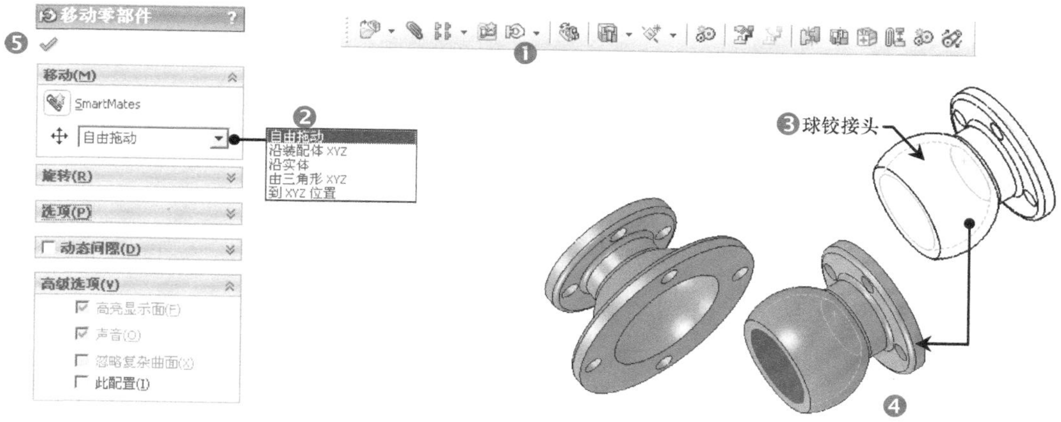

图 5-11 移动零件

【移动】列表框中各选项含义如下。

1）自由拖动：可以拖动零部件到任何位置。

2）沿装配体 XYZ：拖动零部件沿装配体的 X、Y 或 Z 方向移动。图形工作区中显示坐标系以帮助确定方向，比如想沿 X 轴移动，在移动前先单击 X 轴。

3）沿实体：沿模型棱边确定的方向移动。

4）由三角形 XYZ：通过输入 X、Y 或 Z 方向的位移量来移动零部件。

5）到 XYZ 位置：通过输入要移动到的目标的 X、Y 或 Z 坐标值移动零部件。

（2）旋转零件

操作指引

❶ 单击【装配体】工具栏中的【旋转零部件】按钮。

提示：还可以在【移动零部件】属性管理器中【旋转】选项区域中设置旋转参数。

❷ 在【移动零部件】属性管理器的【旋转】列表框中选择【自由拖动】选项。

❸ 在图形工作区选择球铰接头。

❹ 单击并拖动球铰接头以调整接头位置。

❺ 单击【确定】按钮，完成零件的旋转，如图 5-12 所示。

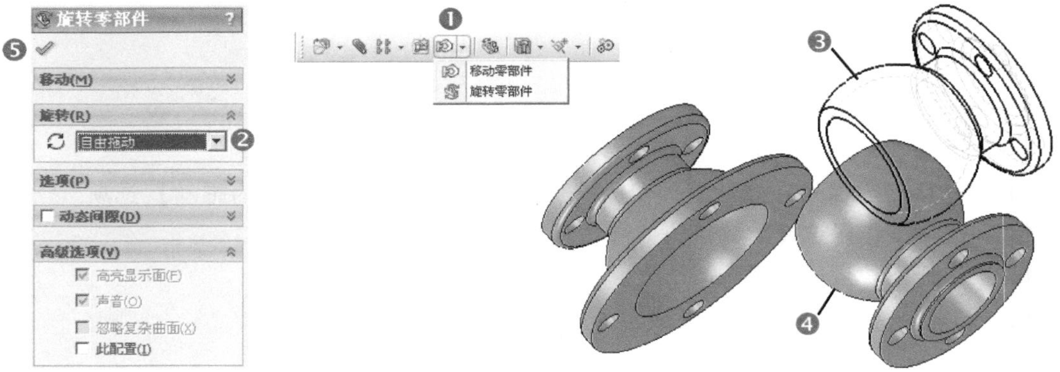

图 5-12　旋转零件

（3）三重轴移动零件

操作指引

❶ 在图形工作区右击铰座，在弹出的菜单中选择【三重轴移动】命令，零件上会出现参考三重轴。

❷ 光标移至 Y 方向箭头，单击拖动铰座以调整零件位置。在空白处单击，结束移动，如图 5-13 所示。

如果拖动环，模型以环平面确定的法向矢量的相同方向为轴进行旋转；如果拖动轴线，则模型沿所拖动轴线方向移动；如果拖动侧翼，则模型沿与侧翼平行的基准面移动，如果拖

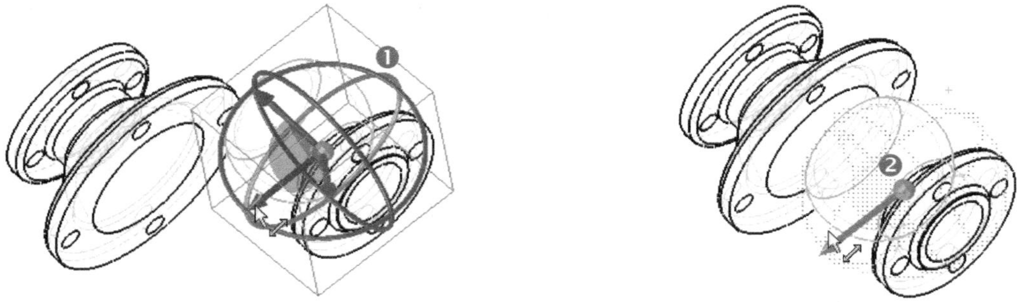

图 5-13　三重轴移动零件

动参考三重轴的交点，交点与选定的实体重合；另外，右击交点，在弹出的菜单中选择对应命令，可以精确移动零部件。

5.2.4　装配特征管理器设计树

通过装配体特征管理器设计树可以对装配体中的零部件进行排序，也可以对零部件进行压缩与隐藏，并进行管理。

打开范例文件“5-3 \ sha. SLDASM”，如图 5-14所示。

图 5-14　范例文件 sha

（1）零部件的排序

操作指引

❶ 在特征管理器设计树中右击【(–) ban<1>】按钮 (-) ban<1>。

❷ 在弹出菜单中选择【父子关系】命令，弹出【父子关系】对话框。

❸ 在特征管理器设计树中单击并向上拖动【(–) bbv<1>】按钮 (-) bbv<1>，使【固定 gbi<1>】按钮 (固定) gbi<1> 加亮显示。

释放左键，完成零部件的排序，如图 5-15 所示。

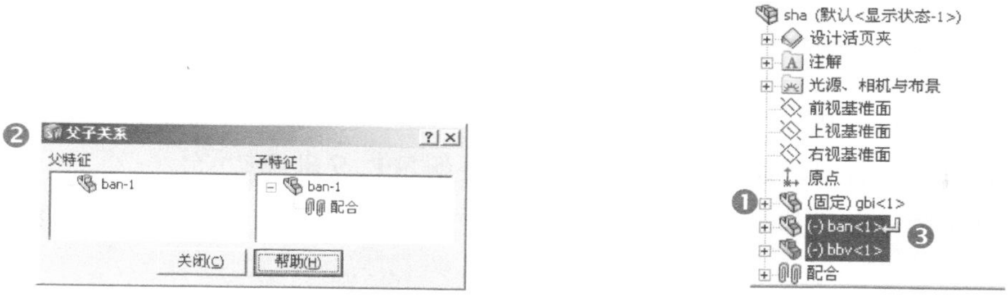

图 5-15　零部件的排序

除了可以为零部件排序，还可以为装配体基准面、基准轴、配合组、关联的零件特征、装配体特征等项目进行排序。

（2）零部件的压缩与隐藏

在装配体设计时，为了提高设计效率或便于操作，往往把一些与目前设计无关的零部件压缩或隐藏起来。

操作指引

❶ 单击特征管理器设计树中的【固定 gbi<1>】按钮 (固定) gbi<1>。

❷ 在弹出的菜单中单击【压缩】按钮，可以启动压缩。

❸ 在压缩的零部件 (固定) gbi<1> 节点上右击。

❹ 在弹出的菜单中单击【解压缩】按钮，解除压缩。

通过快捷栏的【隐藏零部件\显示零部件】按钮，可以切换零部件的显示状态。

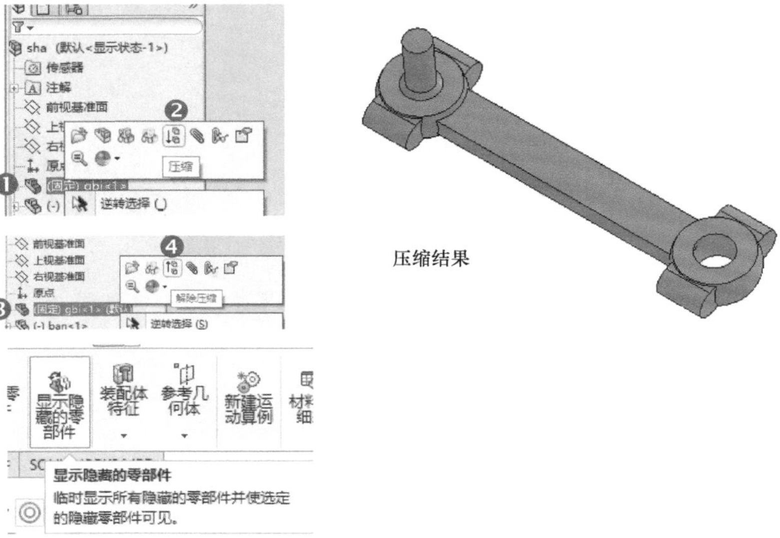

图 5-16　零部件的压缩

（3）零部件的管理

操作指引

❶ 单击特征管理器设计树中的【(-)bbv<1>】按钮 (-) bbv<1>。在弹出的菜单中单击【零部件属性...】按钮，弹出【零部件属性】对话框。

❷ 单击【零部件显示状态】选项区域中的【颜色】按钮 颜色(O)...。

❸ 在弹出的【装配体中实例颜色】对话框中，可以通过改变颜色的方式管理零部件，如图 5-17 所示。

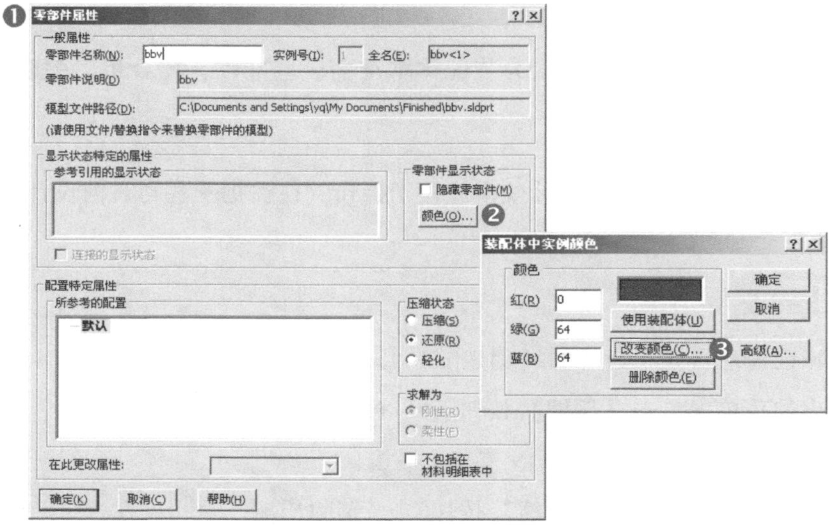

图 5-17　零部件的管理

在图 5-17 所示【零部件属性】对话框中，可以修改零部件的名称、保存路径和使用的配置等，也可以进行零部件的压缩、隐藏等操作。

5.2.5　装配体特征

在装配体中可以创建特征，该特征只属于装配体，而不属于任何零部件，生成装配体特征的草图称为装配体特征草图。

装配体特征是装配体特有的特征，它包括拉伸切除、旋转切除和异形孔操作。

打开范例文件“5-4\pei_mold. SLDASM”，如图 5-18 所示。

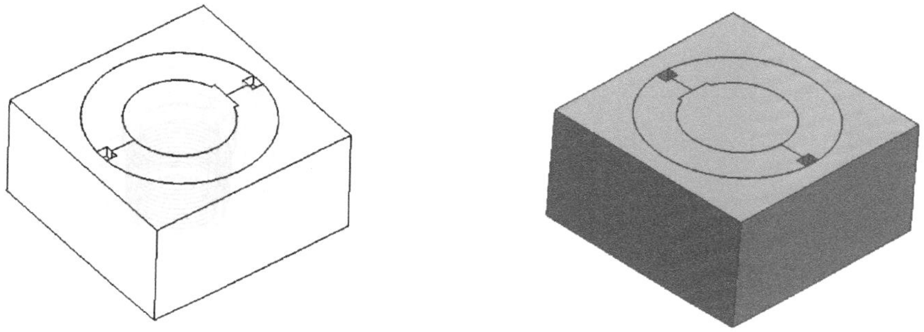

a)　　　　b)

图 5-18　范例文件 pei_mold

操作指引

❶ 单击【装配体】工具栏中的【拉伸切除】按钮，选择装配体中的前视基准面为草图面。

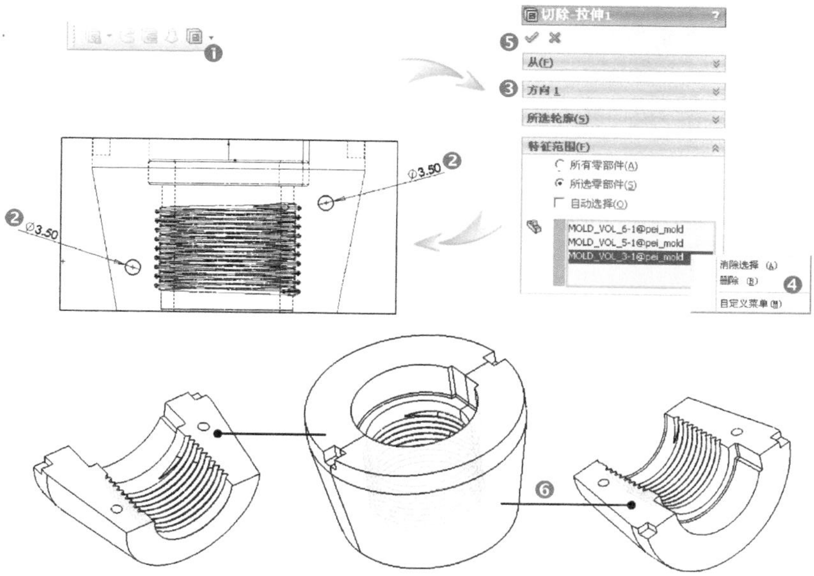

图 5-19 【拉伸切除】特征

❷ 在图形工作区绘制草图并标注尺寸。在空白处双击，结束草图绘制。

❸ 在【切除-拉伸1】属性管理器的【方向1】选项区域中设置拉伸深度为10mm，深度方式为【两侧对称】。

❹ 右击【特征范围】列表框中的 MOLD_VOL_3_1@ pei_mold 选项，在弹出的菜单中选择【删除】命令。

提示：由于装配体特征是在装配环境下生成的，所以它必然会影响一些零部件。哪些零部件受到影响，哪些没有受到影响是可以人为控制的。在【特征范围】选项区域中可以选择受影响的零部件。

❺ 单击【确定】按钮 ✅ 。

❻ 查看添加拉伸切除特征后的装配体，可以看到两个剖切块对应部位添加了销孔。

5.3 配合类型

组成装配体的所有零部件之间的位置不是任意的，而是按照一定的结构组合起来的，因此零部件之间需要进行定位，定位零部件所使用的功能就是配合。配合实际就是在零部件之间加入必要的约束关系，以此来定义零部件位置和方向。

图 5-20 所示的滑轮组，因为滑轮与固定架之间有同轴心配合，所以滑轮只能沿轴线移动。

滑轮只能沿此轴线移动

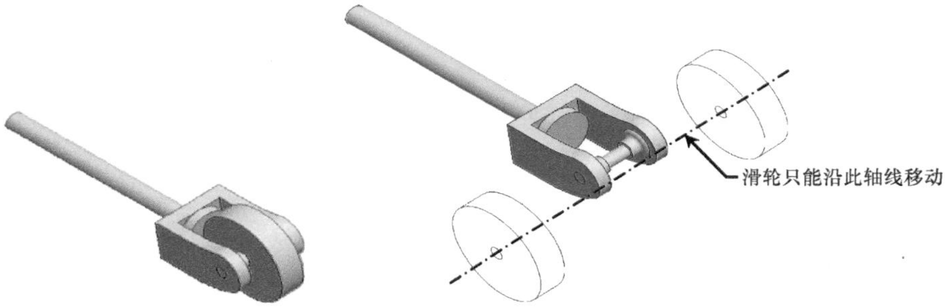

a)　　　　　　　　　　　　　　　b)

图 5-20　滑轮组

SolidWorks 软件中的配合主要有四大类：标准配合、高级配合、机械配合和智能配合，表 5-1 给出了常用配合类型。

表 5-1　常用配合类型

配合类型	按钮	名称	说　明
标准配合	⟋	重合	将所选择的面、边线及基准面定位,以使之共享同一无限长的直线,或定位两个顶点使它们彼此接触
	⟍	平行	定位所选的项目,使之保持相同的方向,并且彼此间保持相同距离
	⊥	垂直	将所选项目以垂直方式定位
	⟋	相切	将所选项目放置到相切配合中(至少有一圆柱面,圆锥面或球面)
	◎	同轴心	将所选项目定位,以共享同一中心点/线

（续）

配合类型	按钮	名称	说　　明
标准配合		锁定	保持两个零部件之间的相对位置和方向
		距离	将所选项目以彼此间指定的距离定位
		角度	将所选项目以彼此间指定的角度定位
高级配合		对称	强制使两相似的实体相对于零部件的基准面或平面或装配体的基准面对称
		宽度	使目标位于凹槽宽度内的中心
机械配合		凸轮	将圆柱、基准面或点与一系列相切的拉伸曲面重合或相切
		齿轮	强制两个零部件绕所选轴相对旋转

加入配合关系时，系统会根据所选实体类型自动确定可加入的配合关系，例如选择一个圆柱面和模型的一个边，系统会提示可加入的配合类型有角度、重合、同心、距离、平行、垂直、相切等。

5.3.1 标准配合

标准配合包括最为常用的一些配合类型，本节将介绍标准配合的使用方法。

1. 重合配合

打开范例文件“5-5 \ reducer. SLDASM”，如图 5-21 所示。

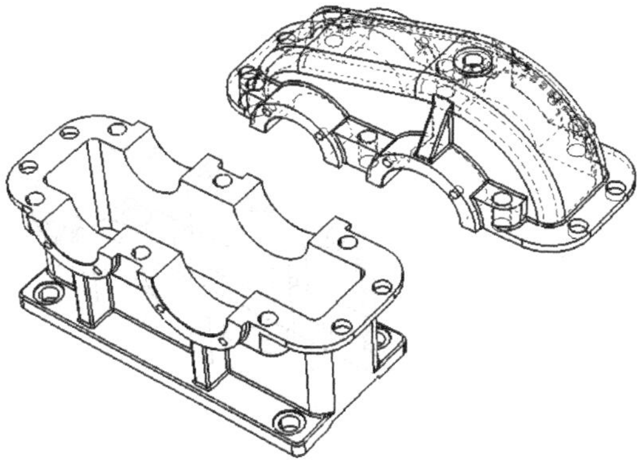

图 5-21 范例文件 reducer

操作指引

❶ 单击【装配体】工具栏中的【配合】按钮。

❷ 在【重合】属性管理器的【标准配合】选项区域中，单击【重合】按钮。

❸ 在图形工作区依次单击减速器底座的上表面和上盖的下表面。

❹ 单击【配合对齐】选项区域的【反向对齐】按钮。

提示：【同向对齐】按钮以所选面法向向量的相同方向来放置零部件，【反向对齐】按钮以所选面法向向量的相反方向来放置零部件，如图 5-22 所示。

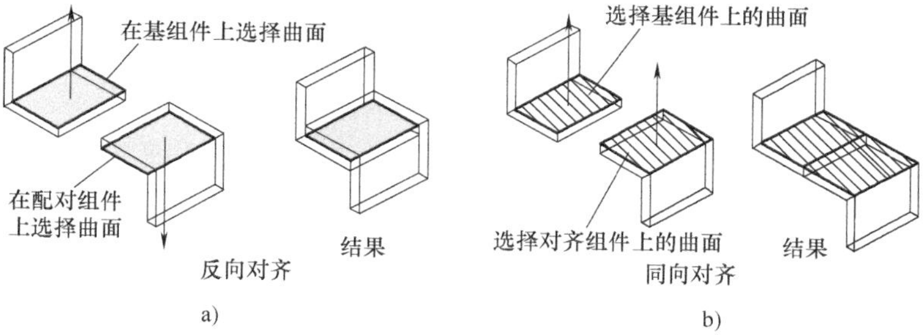

图 5-22 反向对齐与同向对齐

❺ 单击【确定】按钮✔。

❻ 单击【同向对齐】按钮，在图形工作区依次选择侧壁的两个表面，上盖会自动移向底座。

❼ 在图形工作区依次选择侧壁的前端面，单击【确定】按钮✔实现零件的重合配合，如图 5-23 所示。

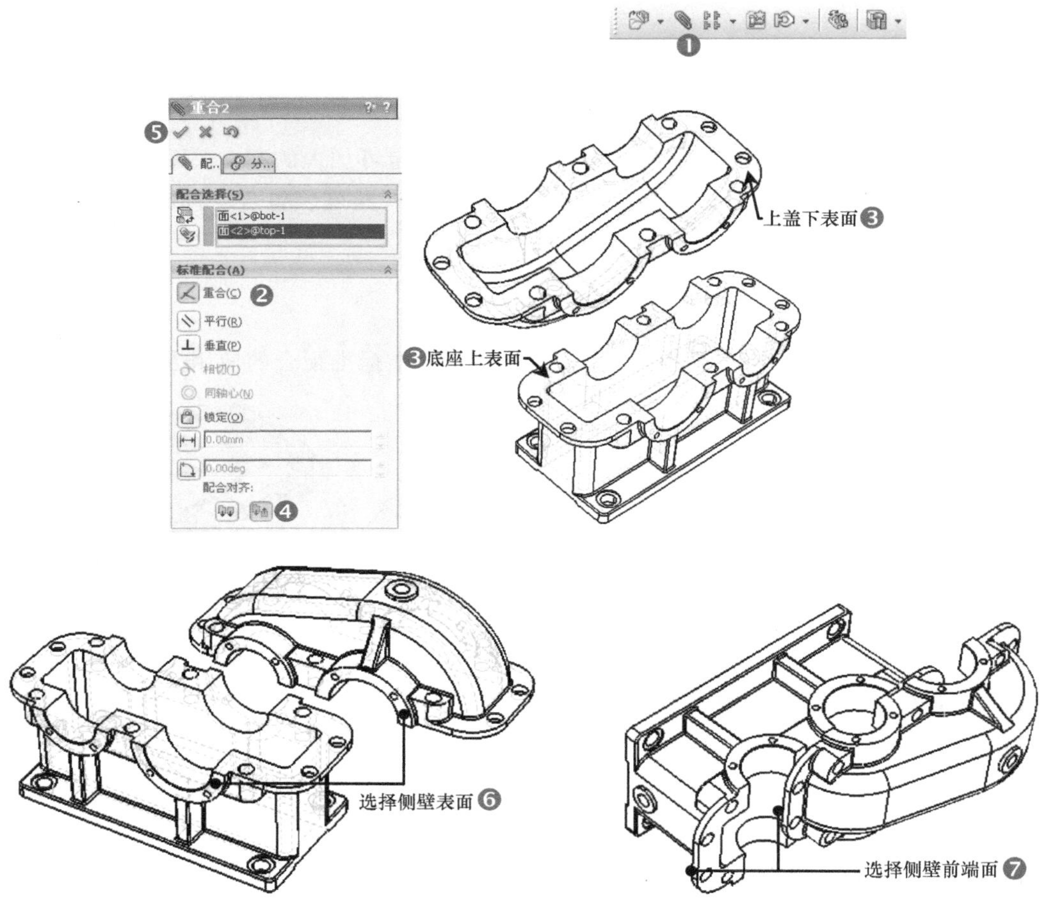

图 5-23 重合配合

在【重合】属性管理器中，【配合】列表框用于列出所选目标中已添加的配合，或当前正在编辑的所有配合，可以从中选择一个进行编辑。【选项】选项区域中有如下选项。

1）【添加到文件夹】复选框：选中该复选框，新的配合放置在特征管理器设计树配合组下的文件夹中，否则新的配合直接放置在配合组下面。

2）【显示弹出对话框】复选框：选中该复选框，当添加标准配合时会出现【配合】工具栏。

3）【显示预览】复选框：选中该复选框，在为有效配合选择了足够对象后，便会出现配合预览。

4）【只用于定位】复选框：选中该复选框，零部件会移至配合指定的位置，但不会将配合添加到特征管理器设计树中，且配合会出现在【配合】选项区域中，以便编辑和放置零部件，但是当关闭【重合】属性管理器后，不会有任何内容出现在特征管理器设计树中。也就是说，该选项有效，所选择的配合只是临时的，通常用来移动零部件到合适位置。

2. 角度配合

角度配合是在两个对象间定义角度尺寸，用于约束相配组件到正确的方位上。角度约束可以在两个具有方向矢量的对象间产生，角度是两个方向矢量的夹角。

打开范例文件“5-6 \ qab. SLDASM”，如图 5-24所示。

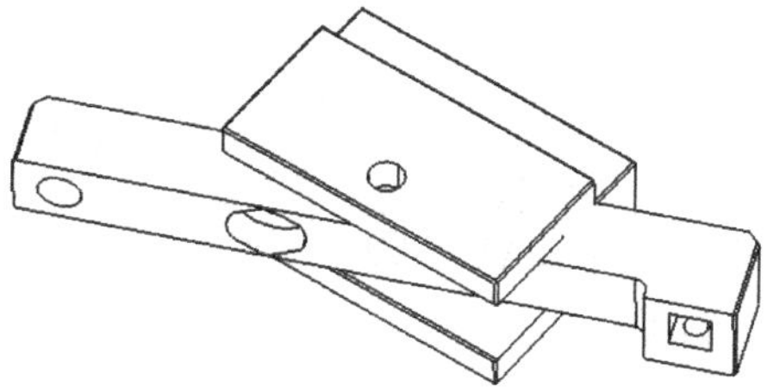

图 5-24　范例文件 qab

操作指引

❶ 单击【装配体】工具栏中的【配合】按钮。

❷ 单击【角度 1】属性管理器的【标准配合】选项区域中的【角度】按钮。

❸ 在图形工作区依次单击杠杆的两个表面。

❹ 在【角度】属性管理器的【标准配合】选项区域中的【角度】文本框中输入角度值为 5°。

❺ 单击【确定】按钮，完成角度配合，如图 5-25 所示。

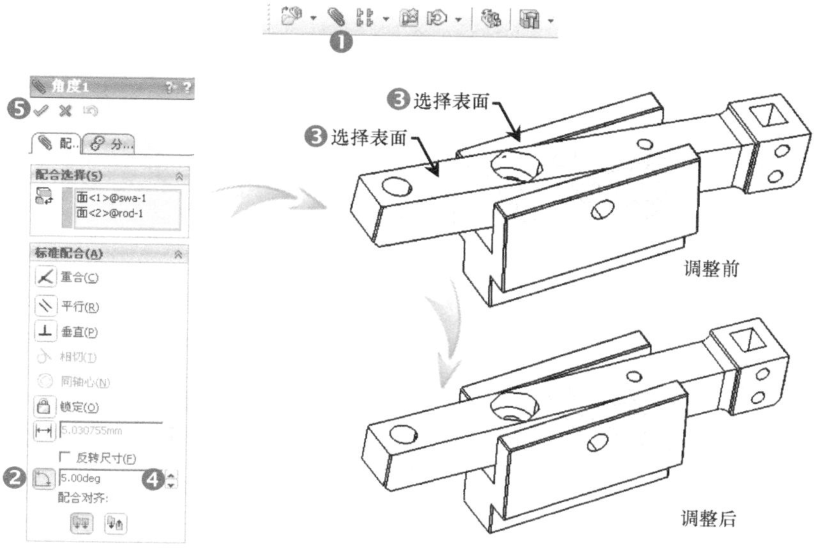

图 5-25　角度配合

3. 平行与垂直配合

平行配合用于约束两个对象的方向矢量彼此平行。垂直配合用于约束两个对象的方向矢量彼此垂直。

打开范例文件“5-7\aha. SLDASM”，如图 5-26 所示。

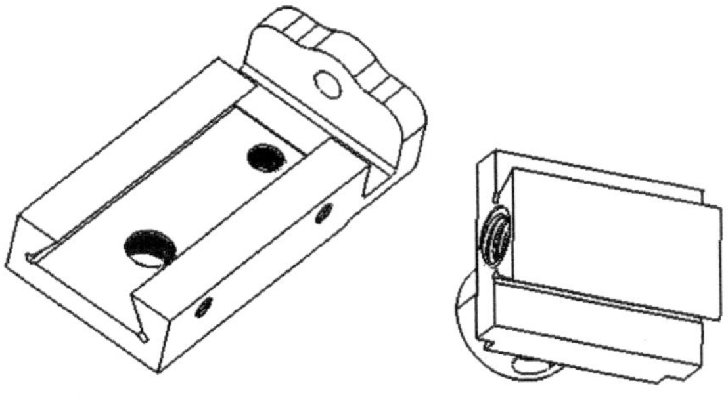

图 5-26　范例文件 aha

操作指引

❶ 单击【装配体】工具栏中的【配合】按钮。

❷ 单击【平行 1】属性管理器的【标准配合】选项区域中的【平行】按钮。

❸ 在图形工作区依次单击固定钳身和活动钳座的两端面。

❹ 在【配合对齐】选项区域中单击【同向对齐】按钮。

❺ 单击【确定】按钮。

❻【平行 1】属性管理器的【标准配合】选项区域中的单击【垂直】按钮。

❼ 在图形工作区依次单击固定钳身的侧面和活动钳座的底面。

❽ 单击【确定】按钮，完成平行与垂直配合，如图 5-27 所示。

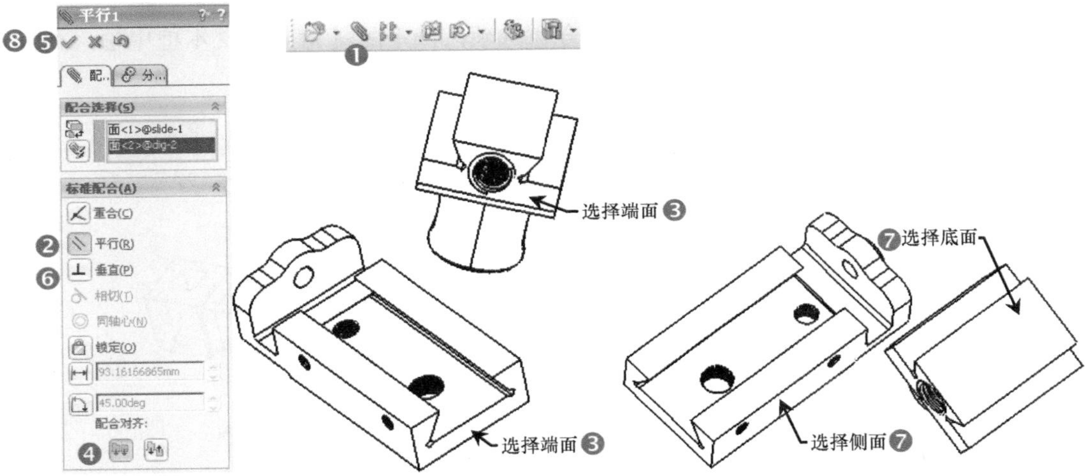

图 5-27　平行与垂直配合

4. 相切配合

相切配合使两个对象相切。

打开范例文件“5-8 \ pab. SLDASM”，如图 5-28 所示。

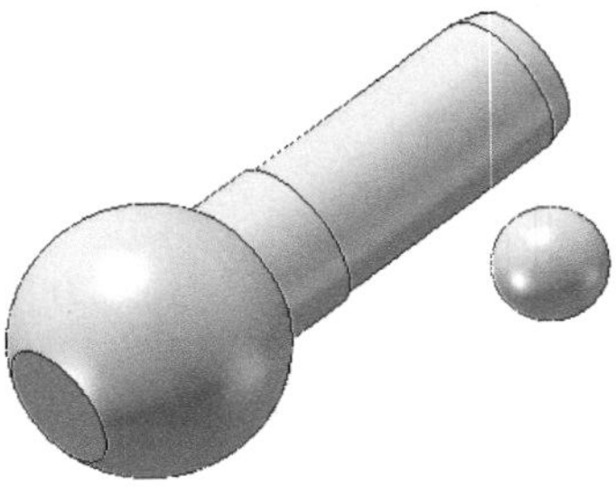

图 5-28　范例文件 pab

操作指引

❶ 单击【装配体】工具栏中的【配合】按钮。

❷ 在属性管理器的【标准配合】选项区域中，单击【相切】按钮。

❸ 在图形工作区依次单击球面和套筒的圆柱面。

❹ 单击【确定】按钮 ✔，完成相切配合，如图 5-29 所示。

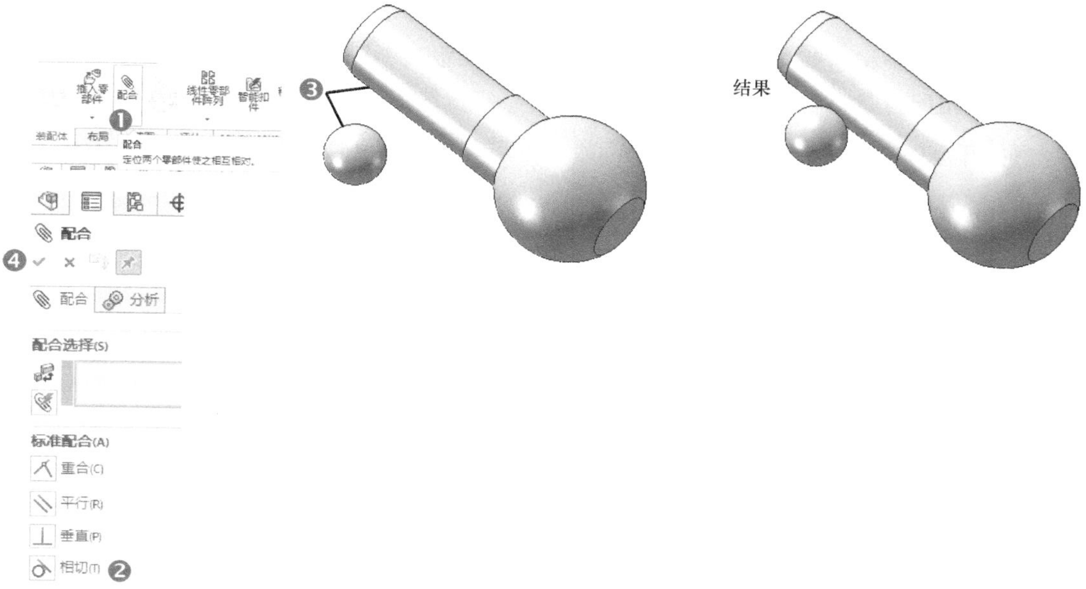

图 5-29　相切配合

5. 同轴心配合

同轴心配合用于约束两个对象的中心，使其中心对齐，通常限制了四个自由度。

打开范例文件“5-9\qbz. SLDASM”，如图 5-30 所示。

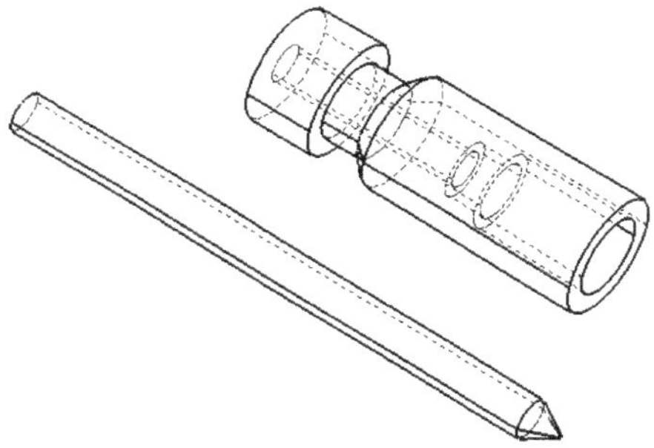

图 5-30　范例文件 qbz

操作指引

❶ 单击【装配体】工具栏中的【配合】按钮，在【同心】属性管理器的【标准配合】选项区域中，单击【同轴心】按钮。

图 5-31　同轴心配合

❷ 在图形工作区依次单击套筒和顶尖的圆柱面。单击【确定】按钮，完成同轴心配合如图 5-30 所示。

6. 距离配合

距离配合用于指定两个相关联对象间的最小三维距离，距离可以是正值也可以是负值，正负号确定相配合是在目标对象的哪一边。

打开范例文件“5-10\qob. SLDASM”，如图 5-32 所示。

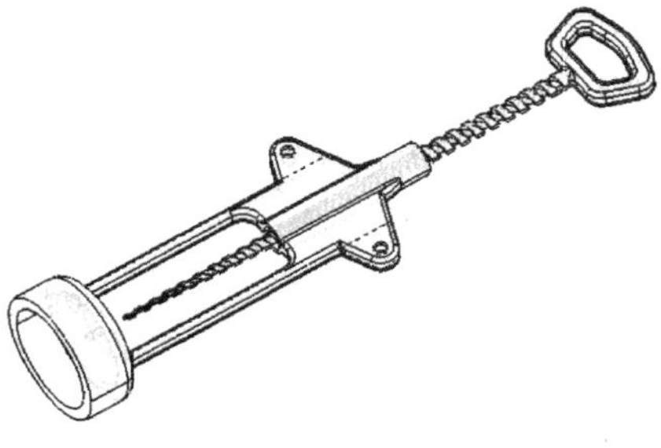

图 5-32　范例文件 qob

操作指引

❶ 单击【装配体】工具栏中的【配合】按钮。

❷ 单击【距离 2】属性管理器的【标准配合】选项区域中的【距离】按钮。

❸ 在图形工作区依次单击两个表面。

❹【距离 2】属性管理器的【标准配合】选项区域中的【距离】文本框中输入距离为 55mm。

❺ 单击【确定】按钮，完成距离配合，如图 5-33 所示。

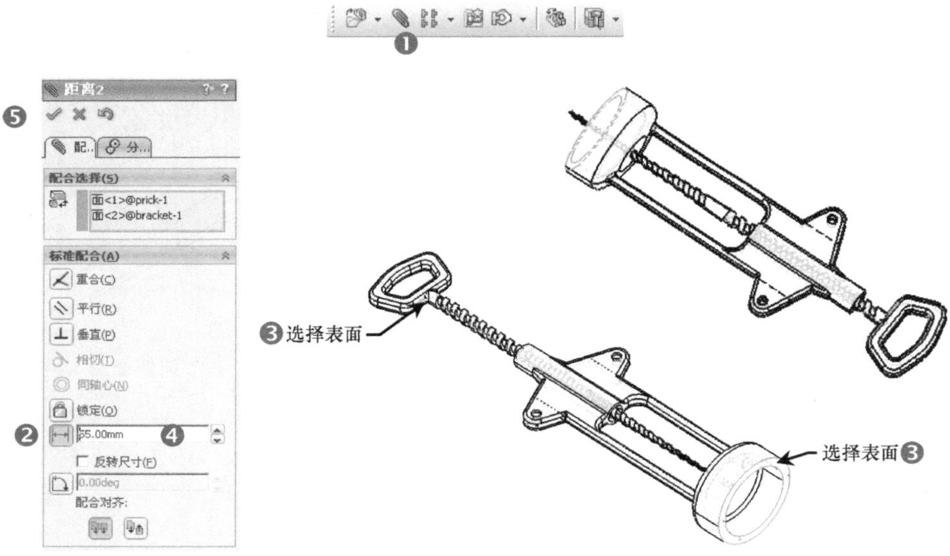

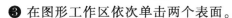

图 5-33　距离配合

7. 锁定配合

锁定配合用于保持两个零部件之间的相对位置和方向。零部件相对于对方被完全约束。锁定配合与在两个零部件之间成形子装配体并使子装配体固定的效果完全相同。

5. 3. 2　高级与机械配合

高级配合的类型有【对称】【宽度】【路径配合】【线性/线性耦合】等配合，机械配合的类型有【凸轮】【齿轮】【齿轮/齿条】【螺旋】【万向节】等配合，下面介绍两种常用的配合。

1. 对称配合

对称配合用于强制两个相似的实体相对于零部件的基准面或平面或装配体的基准面对称。

打开范例文件“5-11\asm. SLDASM”，如图 5-34 所示。

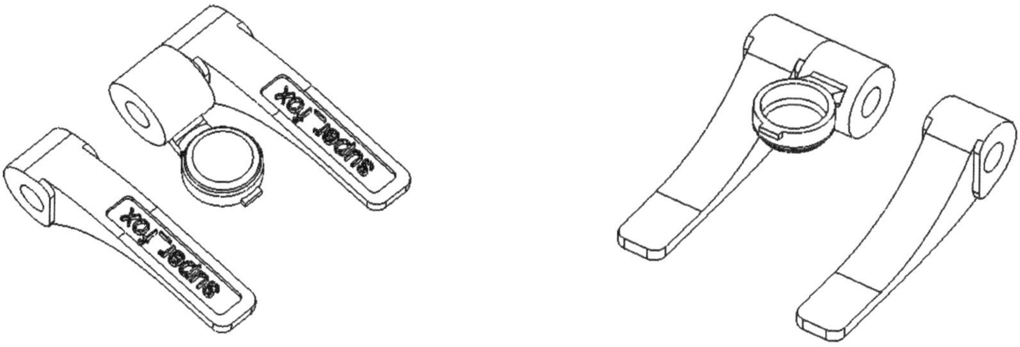

a)　　b)

图 5-34　范例文件 asm

操作指引

❶ 单击【装配体】工具栏中的【配合】按钮，单击【对称】属性管理器的【高级配合】选项区域中的【对称】按钮。

❷ 单击【要配合的实体】列表框，在图形工作区依次单击夹子的两侧面。

❸ 单击【对称基准面】列表框，选择前视基准面为对称面。单击【确定】按钮，完成对称配合，如图 5-35 所示。

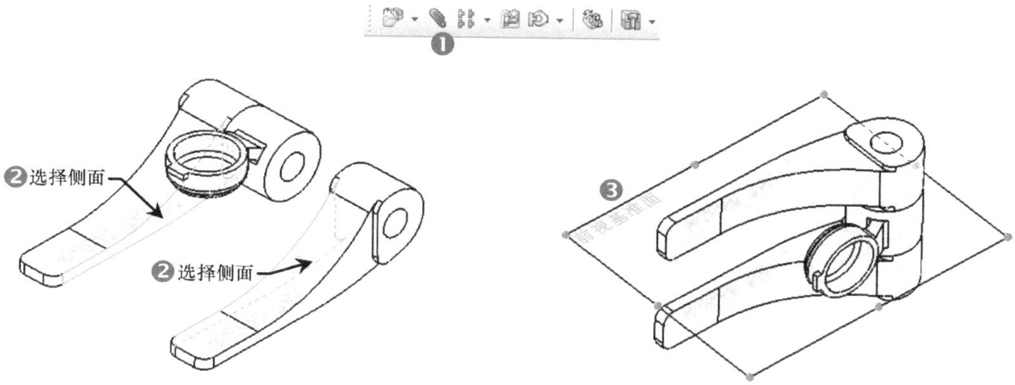

图 5-35　对称配合

2. 齿轮/齿条配合

齿轮与齿轮、齿轮与齿条传动机构是常用的机构，SolidWorks 软件专门提供了这两种配合功能。

对于齿轮配合，被加入齿轮配合的两个零部件会绕所选轴相对旋转（图 5-36a）。能够进行齿轮配合的有效旋转轴包括圆柱面、圆锥面、草图圆、轴或线性边线。

提示：可以为任何两个希望相对旋转的零部件加入齿轮配合，而不局限于真正的齿轮。

对于齿轮/齿条配合，可以用于希望某个零部件的线性平移引起另一零部件作圆周旋转的场合（图 5-36b）。

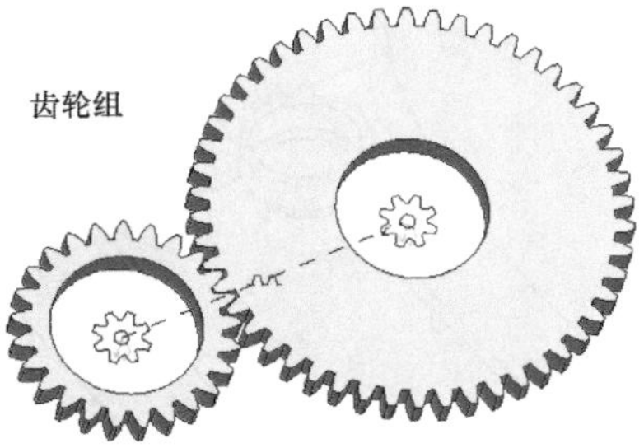

a)

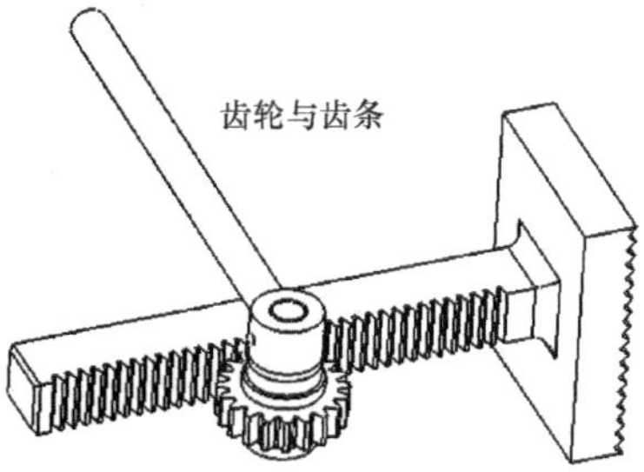

b)

图 5-36　齿轮/齿条配合示例

打开范例文件“5-12\pqd. SLDASM”，如图 5-37 所示。

操作指引

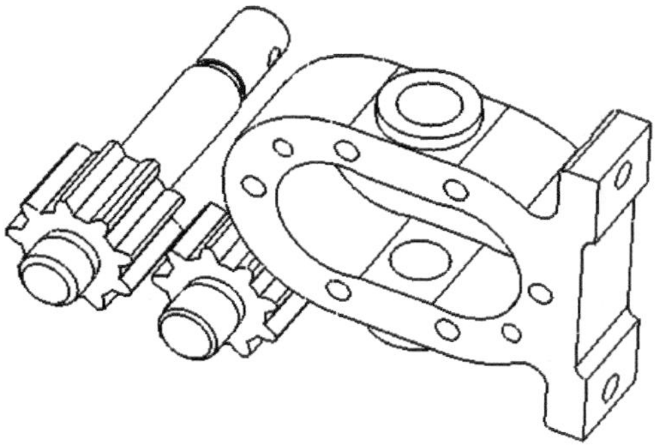

图 5-37　范例文件 pqd

❶ 单击【装配体】工具栏中的【配合】按钮。

❷ 在【配合】属性管理器的【标准类型】选项区域中，单击【同轴心】按钮。在图形工作区依次单击泵体的内圆柱面和主动齿轮轴的圆柱面 1，单击【确定】按钮。

❸ 在【配合】属性管理器的【标准类型】选项区域中，单击【同轴心】按钮，在图形工作区依次单击泵体的内圆柱面和从动齿轮轴的圆柱面 2。单击【确定】按钮，完成同轴心约束。

❹ 单击【配合】按钮。单击【配合】属性管理器的【标准类型】选项区域中的【重合】按钮。

❺ 在图形工作区依次单击主动齿轮轴和泵座的表面，单击【确定】按钮。

❻ 按照相同的方法，继续添加重合约束，使从动齿轮轴的表面与泵座的表面重合。

❼ 在特征管理器设计树中右击【(-)gear<1>】按钮 (-) gear<1>，在弹出的菜单中单击【打开零件】按钮。在图形工作区选择从动齿轮轴表面为草图平面，绘制圆形和过原点与齿廓中心的中心线。按照相同的方法，继续为主动齿轮轴表面绘制相同的图形。

❽ 单击【配合】按钮。单击【配合】属性管理器的【标准配合】选项区域中的

【重合】按钮。

❾ 在【选项】选项区域中，选中【只用于定位】复选框。

❿ 在图形工作区依次单击齿轮轴和齿轮上草图的中心线。单击【确定】按钮。

⓫ 单击【装配体】工具栏的【配合】按钮。

⓬ 单击【配合】属性管理器的【机械配合】选项区域中的【齿轮】按钮。

⓭ 在图形工作区依次单击主动齿轮轴和从动齿轮轴上新绘制的分度圆。

⓮ 单击【确定】按钮，完成齿轮配合，如图 5-38 所示。

用鼠标拖动任意一个齿轮，所选齿轮会自由旋转，另一个齿轮也会跟随旋转。

注意：圆形的直径为分度圆直径 ϕ27mm。

提示：添加重合约束使两中心线重合，是为使齿轮间不发生干涉。【只用于定位】复选框的定位是临时的，不需要一直存在。

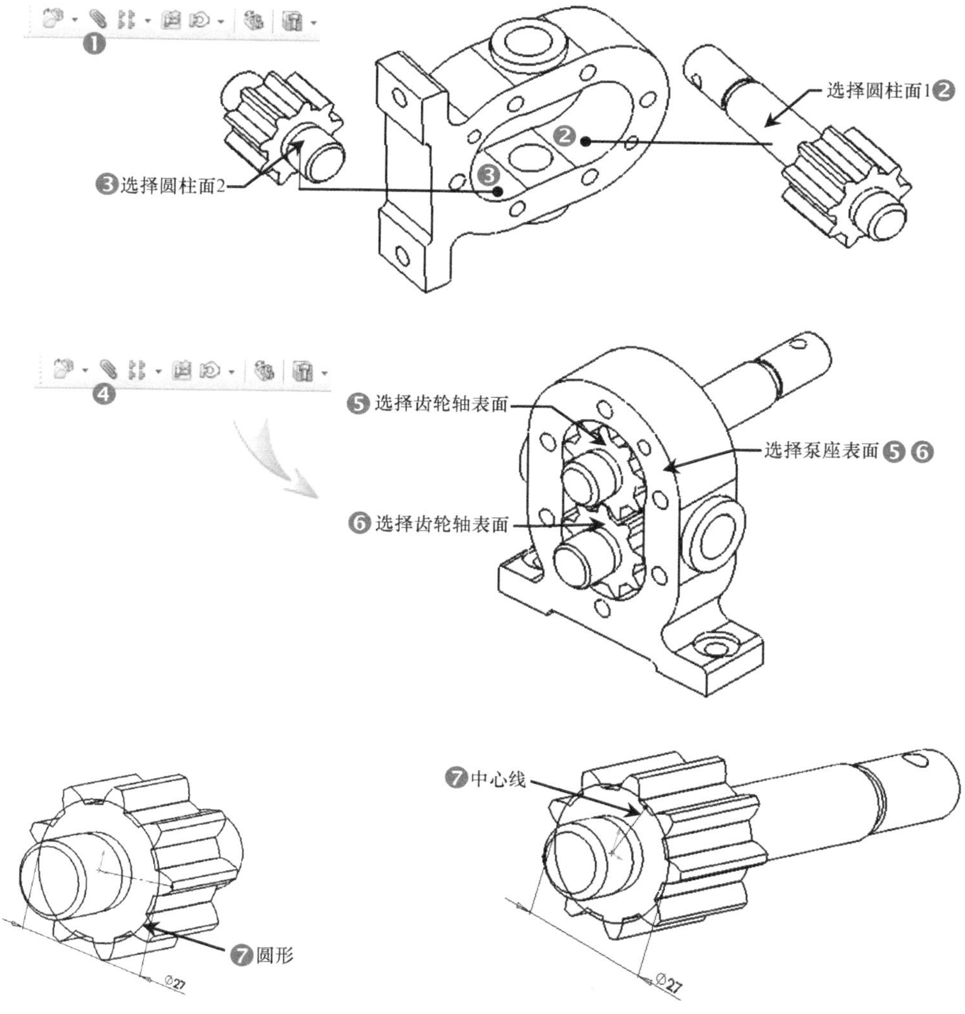

图 5-38　齿轮配合

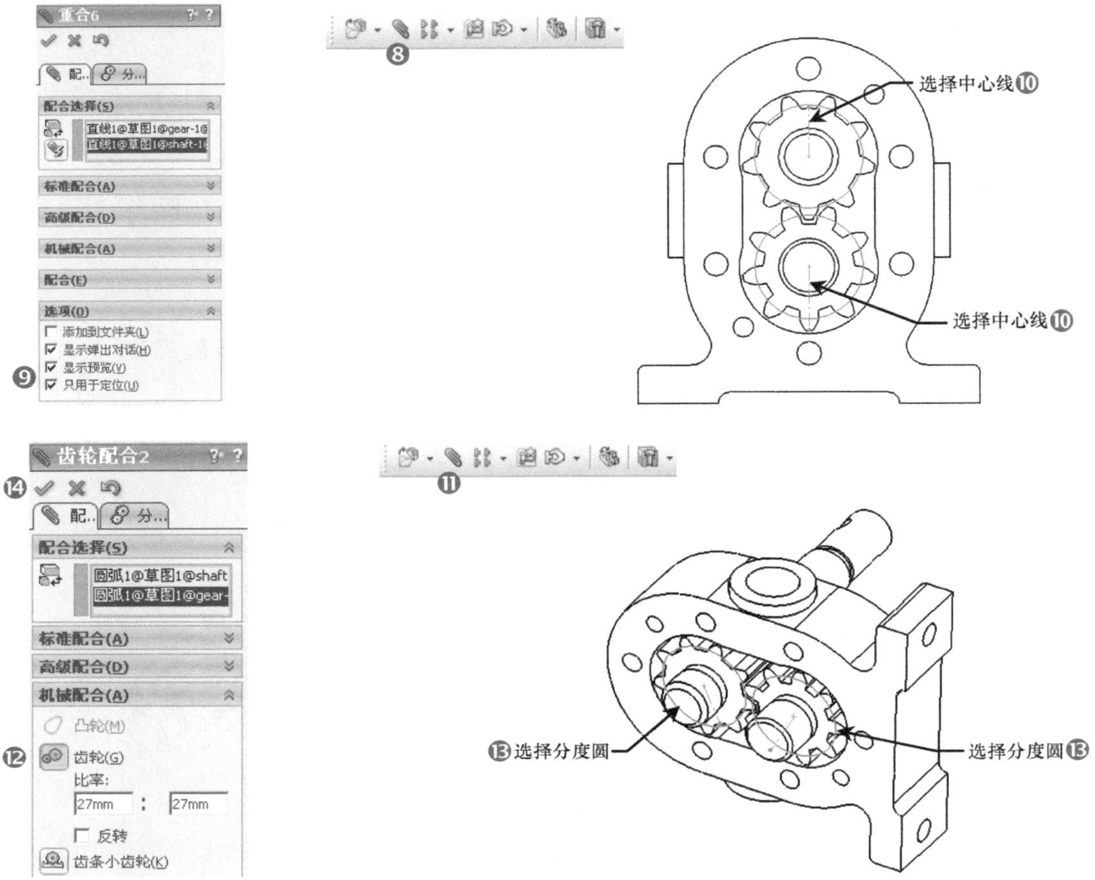

图 5-38　齿轮配合（续）

5.3.3　智能配合

当选择模型的不同特征时，SolidWorks 软件能够自动判断所选择的特征允许加入的配合类型，但是具体加入哪一种配合，还需要用户确定。如果利用系统提供的【智能配合】功能，操作会简单很多。

1. 无限制配合

利用智能配合，从打开的零部件文件中，动态拖动零部件到装配体文件时，系统可以自动捕捉到适当的配合关系，而且可以自动添加配合。自动捕捉的配合关系取决于设计者拖动时选择的模型实体类型，有如下三种情况。

1）基于几何体的配合。当拖动模型的某个几何体（面、边线或顶点）将零部件拖入装配体时，可自动建立某些类型的智能配合。拖动新的零部件时，可以推断已有零部件的几何体，当指针位于要配合零部件的某个实体上时，指针的形状会改变，以指示零件放在该位置时的配合关系。

2）基于特征的配合。

当拖动模型的某个特征时，系统将配合自动加在具有几何关系的特征之间。所选特征有下述要求：

① 要加入零部件的特征必须是基本体或凸台，要配合的零部件特征必须是孔或除料特征。

② 特征是可以被拉伸或旋转的。

③ 配合中使用的圆锥面必须是同一类型（圆锥或圆柱，不能分别为两种类型）。

④ 两个特征必须有一个平面与圆锥面相邻。

3）基于阵列的配合。如果希望插入的零部件和准备配合的零部件都具有圆周阵列特征，系统可以自动加入阵列配合。

表 5-2 给出了选择不同对象时能加入的智能配合类型和反馈的指针形状。

表 5-2　智能配合类型和反馈的指针形状

配合实体	配合类型	指针
两个线性边线	重合	
两个平面	重合	
两个顶点	重合	
两个圆柱面或轴	同心	
两条圆形边线	同心或重合	

打开范例文件“5-13\dia. SLDASM”，如图 5-39 所示。

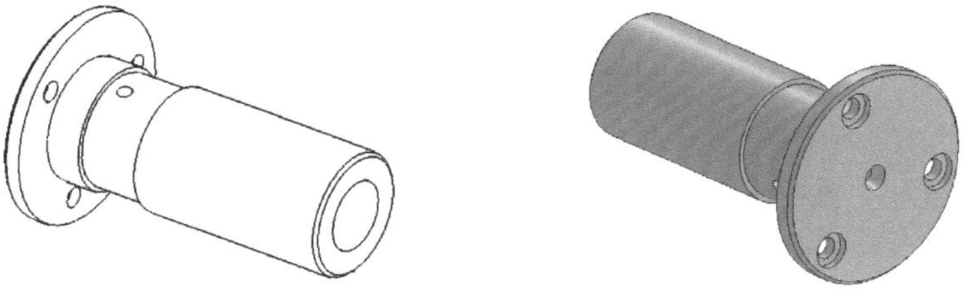

a)　　b)

图 5-39　范例文件 dia

操作指引

❶ 单击菜单栏中的【打开】按钮，打开 dia_2. sldprt 和 dia. SLDASM 文件。

❷ 选择【窗口】|【纵向平铺】命令。

❸ 在图形工作区选择 dia_2. sldprt 文件柱塞的轮廓圆，拖动零件模型到装配体文件窗口，模型在装配体文件中动态显示。

❹ 在图形工作区将指针靠近端盖的内边缘，变成。

❺ 按〈Tab〉键，切换对齐状态。释放鼠标，柱塞就加入到装配体图形工作区了。选择【文件】|【保存】命令，保存文档并退出，如图 5-40 所示。

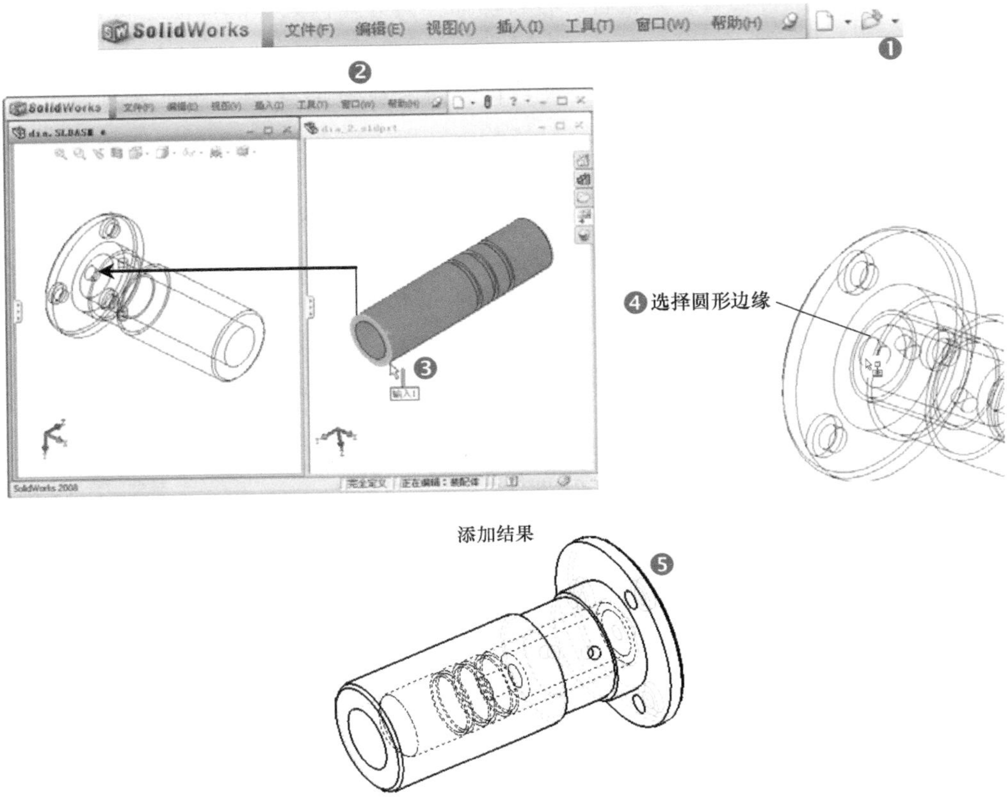

图 5-40　智能配合

2. 配合参考

虽然智能配合可以自动捕捉希望加入的配合，但同时也可能捕捉到其他配合。为此，系统允许对要加入的零部件预先设定配合参考。

所谓“配合参考”就是通过指定零部件的一个或多个实体供智能配合所用。当带有配合参考的零部件拖动到装配体中时，SolidWorks 软件会尝试查找具有同一配合参考名称及配合类型的其他组合。如果名称相同，但类型不匹配，软件将不会自动添加配合。

下面是使用配合参考的一些注意事项。

1）零部件：可以给零件和装配体中的几何体（装配体中的基准面）或零部件几何体（零部件的面）加入配合参考。

2）多个配合参考：零部件可包含一个及以上配合参考，加入的配合参考会出现在特征管理器设计树中的“配合参考”文件夹中。比如，在装配体中的零部件可以有两个配合参考，分别是螺栓和垫圈，当将带有命名为“螺栓”配合参考的零部件拖入装配体中时，配合将以相同的配合参考名称添加到实体。

3）多个配合实体：每个配合参考可包含至多三个配合实体，即主要、第二和第三参考实体。每个实体均可具有一个指定的配合类型和对齐关系，若要使两个零部件自动配合，其配合参考必须具有相同的名称、实体数以及对应实体的配合类型。

打开范例文件“5-14\rad. SLDASM”，如图 5-41 所示。

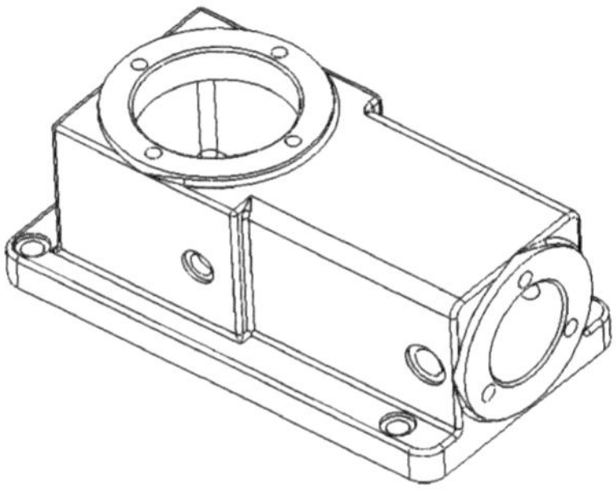
a)

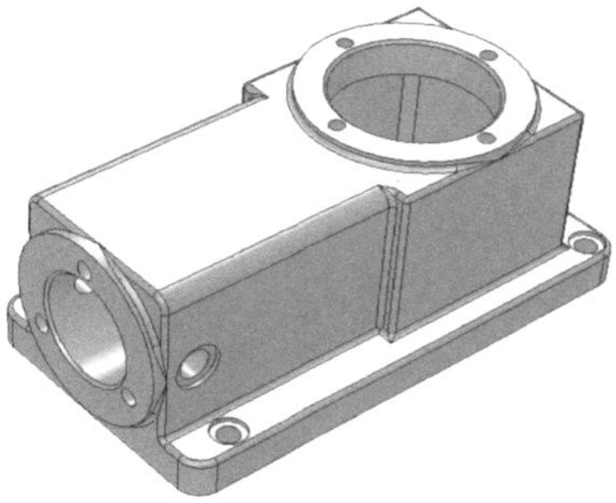
b)

图 5-41 范例文件 rad

操作指引

❶ 打开端盖 rad_2. SLDPRT 文件。选择【插入】|【参考几何体】|【配合参考】命令。在【配合参考】属性管理器的【参考名称】文本框中输入配合名称“端盖”。

注意：或单击【参考几何体】工具栏上的【配合参考】按钮。

❷ 在图形工作区选择端盖的平面 1 作为第一参考实体，设置配合类型为【重合】，对齐关系为【反向对齐】。

❸ 选择端盖的圆柱面 2 作为第二参考实体，设置配合类型为【同心】，对齐关系为【任何】。

❹ 单击【确定】按钮。

❺ 按照相同的方法，继续为柱塞泵体 rad_1. SLDPRT 添加“端盖”配合参考。

❻ 单击菜单栏中的【打开】按钮，打开 rad_2. SLDPRT 和 rad. SLDASM 文件。选择【窗口】|【纵向平铺】命令。拖动端盖模型到装配体文件窗口，只要光标靠近模型，在泵体端部就会自动出现正确的配合预览。释放鼠标，零件就加入到装配体图形工作区了。选择【文件】|【保存】命令，完成配合参考，如图 5-42 所示。

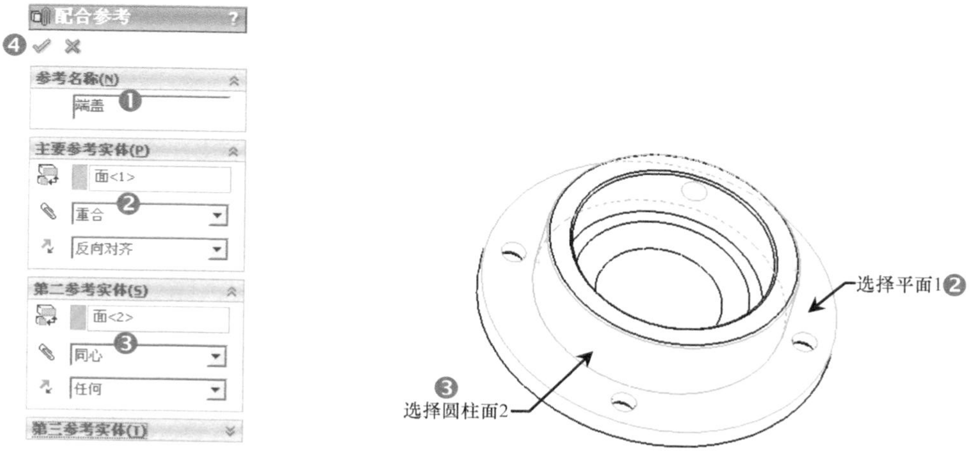

图 5-42 配合参考

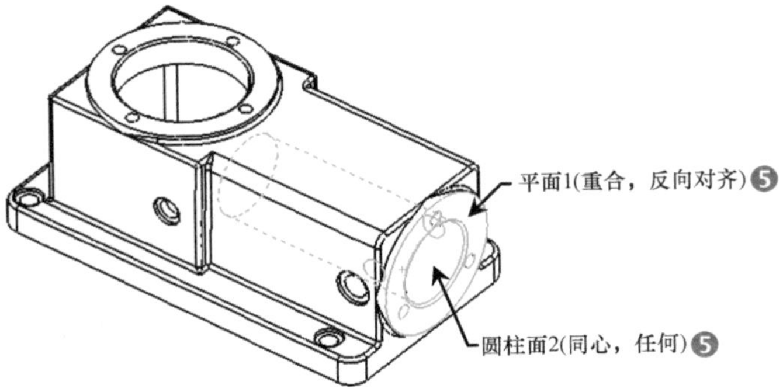

图 5-42　配合参考（续）

使用配合参考功能的好处就是能够保证智能配合准确无误，且不会受到其他自动捕捉的配合干扰。

提示：一个零部件中可以有多个配合参考，参考名称与装配体中的参考名称必须相同。零部件中配合参考的实体与装配体中配合参考的实体必须一一对应。就是说，如果零部件中的配合参考有两个参考实体，装配体中配合参考也必须有两个参考实体。

5.3.4　编辑配合

对于加入的配合，随时可以像编辑零件特征那样对其进行编辑。在图 5-43 所示特征管理器设计树最下面展开【配合】项目，其中列出了当前装配体的所有配合，在要编辑的配合项目上右击，在弹出的菜单中单击【编辑特征】按钮，系统会再次打开【配合】属性管理器。

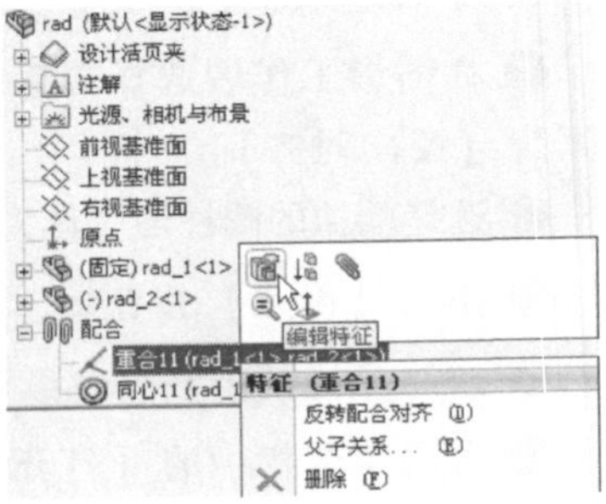

图 5-43　编辑配合

要删除配合，只需选择项目，按〈Delete〉键或右击项目在弹出的菜单中选择【删除】命令。

5.4　阵列、镜像零部件

在装配体中同样可以使用【阵列】【镜像】工具快速装配元件的多个实例，从而提高装配的效率。

5.4.1　阵列零部件

使用【阵列】工具可以在装配中用关联条件快速生成多个组件，比如要在图 5-44 所示的端盖上装四个螺钉时，可以用关联条件先装配其中的一个，其余螺钉的装配可以采用阵列方式，这样就可以不必对每一个固定夹设置关联条件。

利用 SolidWorks 软件阵列零部件有如下两种方法。

1）特征驱动阵列：又称为派生阵列。该方法是利用装配体中现有零部件上的阵列特征

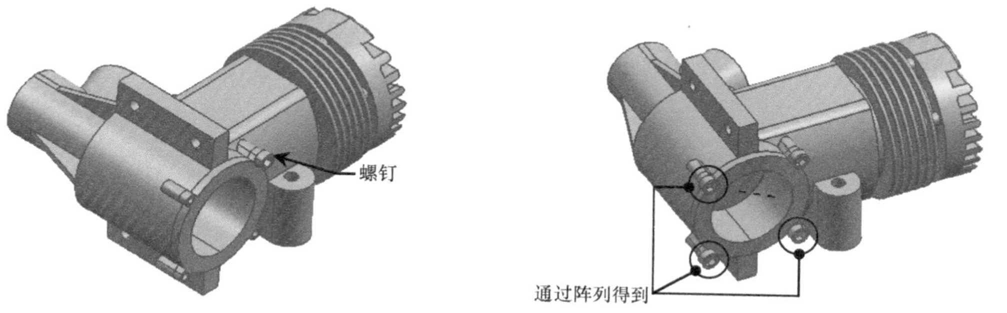

a)　　b)

图 5-44 螺钉的阵列操作

阵列零部件。

2）定义新的阵列：又称为局部阵列。该方法是在装配体文件中重新生成阵列从而得到阵列零部件。

打开范例文件“5-15\qia. SLDASM”，如图 5-45 所示。

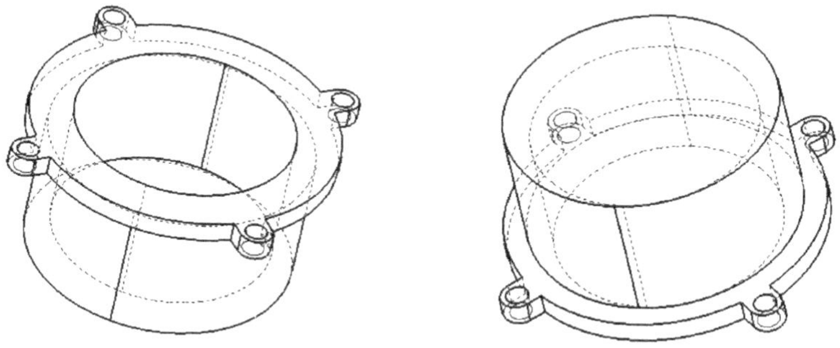

a)　　b)

图 5-45 范例文件 qia

操作指引

❶ 选择【插入】|【零部件阵列】|【特征驱动】命令。

❷ 在图形工作区单击螺钉作为要阵列的零部件。

❸ 单击【特征驱动】属性管理器的【驱动特征】列表框，然后在特征管理器设计树中单击【阵列（圆周）1】按钮 阵列(圆周)1。

提示：在利用特征驱动阵列时，要阵列的源零部件必须与阵列特征的源特征具有配合关系，否则阵列操作不能成功。

❹ 单击【确定】按钮 ✔ 完成零部件的阵列操作，如图 5-46 所示。

由于端盖上的四个螺栓孔是通过圆周阵列生成的，因此可以利用【特征驱动阵列】的方式阵列螺钉。如果端盖上的四个螺钉孔是直接切除生成的，要想阵列螺栓，只能定义新的阵列。

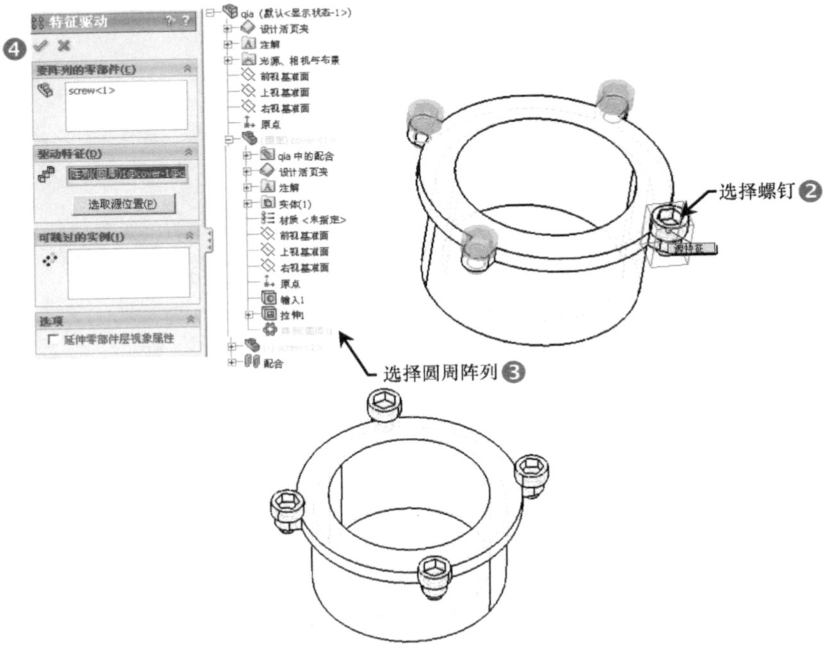

图 5-46　阵列零部件

5.4.2　镜像零部件

很多装配体具有对称或部分对称的特性，使用镜像装配功能，只需创建装配体的一侧，然后可以创建镜像版本以形成装配体的另一侧。

提示：镜像零部件同阵列零部件不同，阵列的零部件只是源零部件的实例。而镜像零部件在镜像后得到的不是实例，而是重新生成了新的镜像零部件。可以为新的零部件重新命名并保存到指定的文件夹中。

打开范例文件“5-16\qio. SLDASM”，如图 5-47 所示。

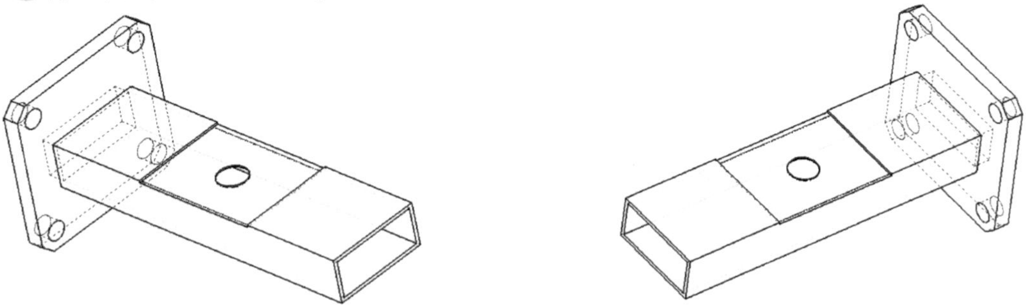

a)　　b)

图 5-47　范例文件 qio

操作指引

❶ 选择【插入】|【镜向零部件】命令，选择前视基准面作为镜向基准面。

❷ 在图形工作区单击端盖作为要镜向的零部件。

❸ 在【镜向零部件】属性管理器的【要镜向的零部件】列表框中，选中【crv-1】复选框。

注意：如果希望镜像的零部件有左右之分，镜像的零部件的几何体发生变化，生成一个真实的镜像零部件，则要选中需要镜像的零部件，系统将自动生成完全对称的零部件；如果只是希望镜像实例，则不用选中该零部件。

❹ 单击【确定】按钮✔，完成零件的镜像操作，如图 5-48 所示。

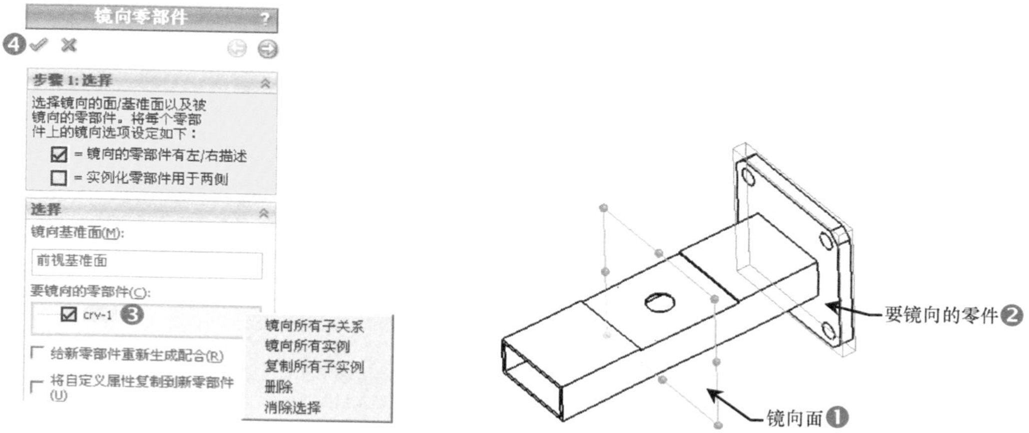

图 5-48　镜像零部件

在【要镜向的零部件】列表框中右击，会弹出菜单。可以从中选择一个命令，完成如下操作。

1）镜向所有子关系：镜像子装配体及其所有子关系。

2）镜向所有实例：镜像所选零部件的所有实例。

3）复制所有子实例：复制所选零部件的所有实例。

4）删除：从要镜像的零部件中移除零部件。

5）清除选择：从要镜像的零部件中消除所有零部件。

5.5　替换零部件和配合

装配体及其零部件在设计周期中可能需要多次修改，因此装配体需要进行更新。更新装配体最为安全有效的方法是替换零部件。在替换零部件的同时，还需要替换其中的配合关系。

打开范例文件“5-17\seat. SLDASM”，如图 5-49 所示。

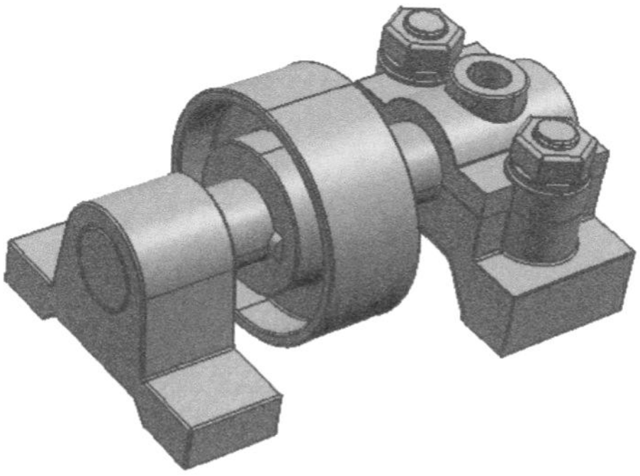

图 5-49　范例文件 seat

操作指引

❶ 在图形工作区的范例文件上右击。在弹出的菜单中选择【替换零部件】命令。

❷ 单击【替换】属性管理器的【选择】选项区域中的【浏览】按钮。

❸ 在【打开】对话框中选择 10-rearseat_replace. sldprt 文件。

❹ 单击【打开】按钮。

❺ 单击【确定】按钮✓。

❻ 单击【什么错】对话框中的【关闭】按钮。

提示：由于进行了零部件的替换，所以原零部件构成的配合关系中丢失了实体，造成了配合悬空（悬空的配合前面用×表示），要求为它们重新配置。

❼ 在【配合的实体】属性管理器的【配合实体】列表框中，选择失败的项目。

❽ 单击替换后的零件的圆柱面，悬空配合会消除。

❾ 单击【确定】按钮✓，完成替换零件的操作，如图 5-50 所示。

系统允许对某一个零部件或者所有零部件的配合进行替换。要替换配合实体，只需在特征管理器设计树中选择对应的零部件或者配合，然后单击【装配体】工具栏上的【替换配合实体】按钮即可。

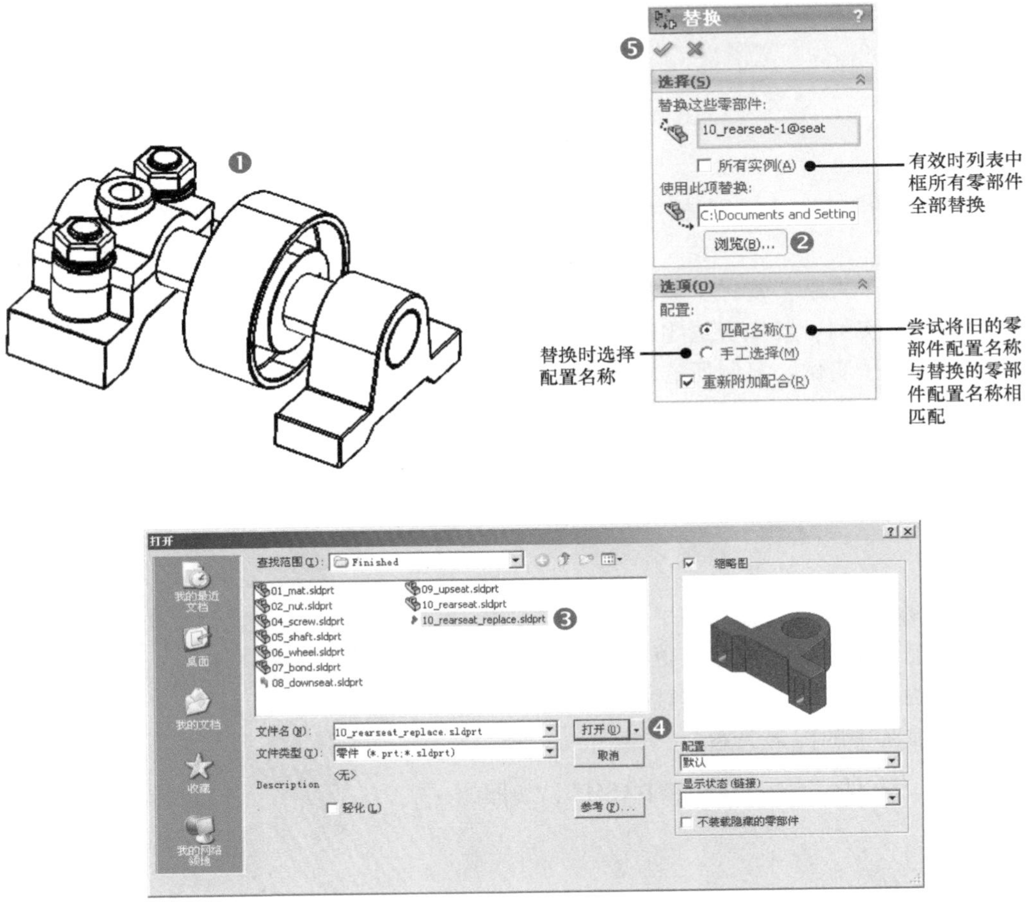

图 5-50　替换零部件

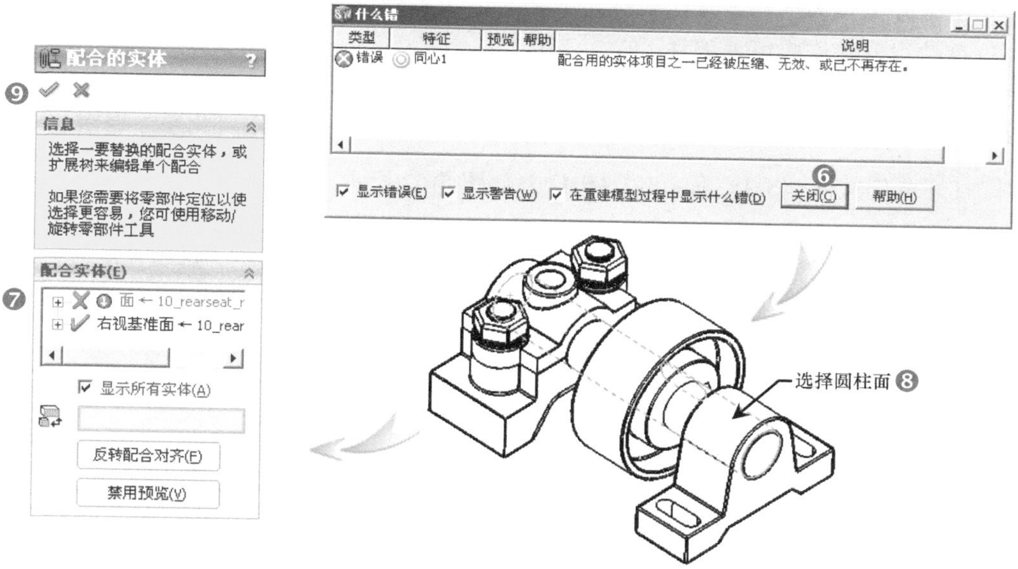

图 5-50　替换零部件（续）

5.6　装配体爆炸图

在产品设计过程中，出于制造目的，也为了更明确地表达产品的结构，形象地分析它们之间的相互关系，往往需要提供一张所有零件按拆卸关系放置的装配体图，这种装配体图就是爆炸视图，如图 5-51 所示。

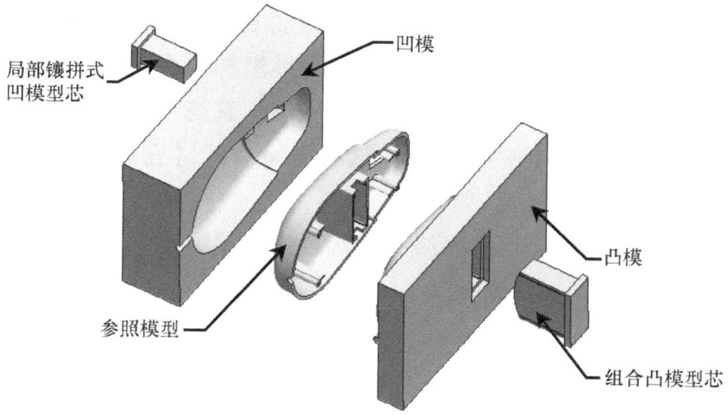

图 5-51　爆炸视图

一个爆炸视图由一个或多个爆炸步骤组成。每一个爆炸视图被自动保存在所生成的装配体的一个配置中，每一个配置都可以有一个爆炸视图。

SolidWorks 软件提供生成爆炸视图的功能，利用这一功能可以使装配体中的零部件按一定方向移动。利用爆炸功能，可以完成如下工作。

1）手工分布零部件在爆炸视图中的位置。

2）自动均分爆炸成组零部件。

3）将新的零部件加到另一个零部件的现有爆炸视图中。

4）如果子装配体有爆炸视图，可在更高级别的装配体中重新使用此爆炸视图。

打开范例文件“5-18\exn. SLDASM”，如图 5-52 所示。

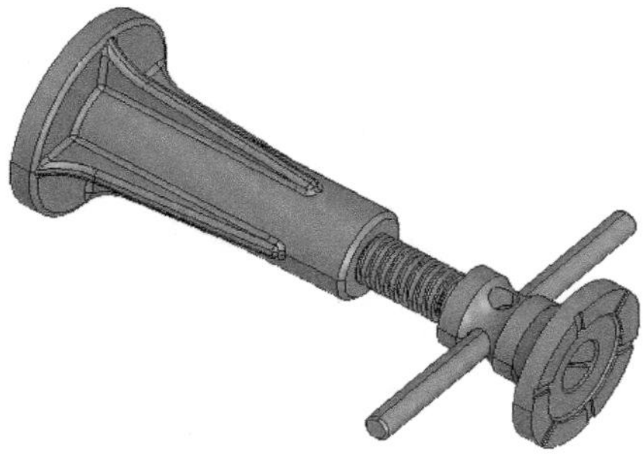

a)

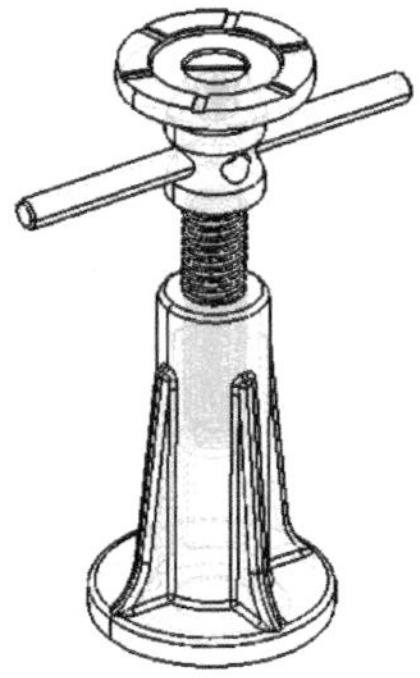

b)

图 5-52　范例文件 exn

操作指引

❶ 选择【插入】|【爆炸视图】命令，或者单击【装配体】工具栏中的【爆炸视图】按钮，打开【爆炸】属性管理器。

❷ 单击【设定】选项区域中的【爆炸步骤的零部件】列表框。

❸ 在图形工作区单击底座，底座上将出现一个操纵杆（参考三重轴）。

❹ 沿着组成轴方向拖动鼠标，使螺杆与底座分离，系统自动计算距离。

❺ 单击【爆炸】属性管理器的【设定】选项区域中的【完成】按钮，所做操作将显示在【爆炸步骤】列表框中。

❻ 按照相同的方法，继续对其他零部件进行爆炸操作。

❼ 单击【确定】按钮，生成的爆炸视图，如图 5-53 所示。

爆炸视图并不是独立的视图，它只能存在于配置中。一个配置只能有一个爆炸视图，如果希望编辑爆炸视图，展开特征管理器设计树中【配置】管理器对应配置，右击爆炸视图项，在弹出的菜单中选择【编辑特征】命令，就会重新打开【爆炸】属性管理器。在【爆炸步骤】列表框中，选择对应的步骤，可以重新进行编辑。

如果希望取消爆炸视图，在【配置】管理器中右击爆炸视图项，在弹出的菜单中选择【解除爆炸】命令即可。另外，还可以通过动画形式播放爆炸的过程，只需选择弹出菜单中的【动画解除爆炸】命令，系统会打开【动画控制器】，利用该控制器，可以像播放动画一样观察爆炸过程，形象逼真，如图 5-54 所示。

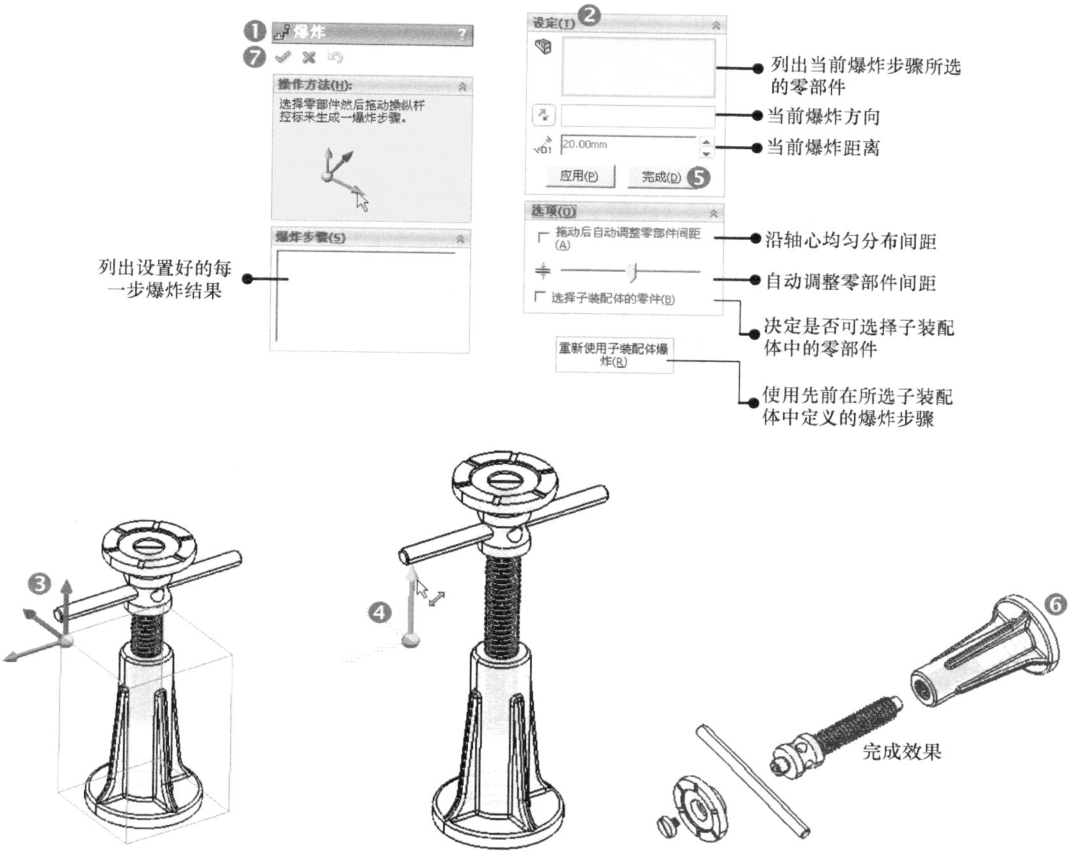

图 5-53　装配体的爆炸视图

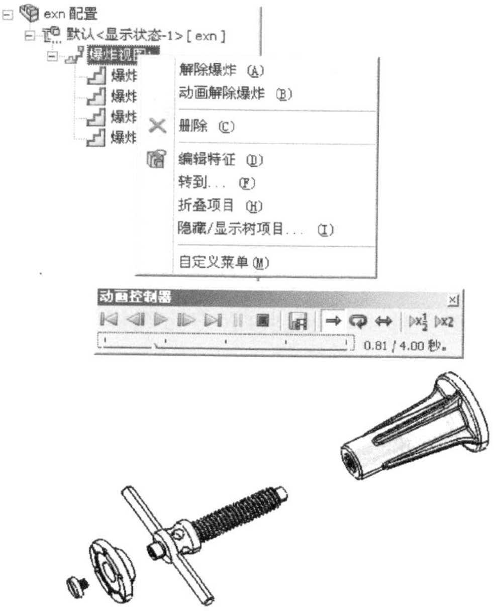

图 5-54　爆炸视图动画操作

第 6 章

工程图设计

SolidWorks 工程图模块可以从实体模型中得到合乎规范的工程图，它可以创建一般视图、剖视图和辅助视图，设置标题栏、明细表、技术要求等，从而得到各种零件图、装配图。工程图需要标注零部件的尺寸（定形尺寸和定位尺寸），用来确定零部件的结构、形状、大小和相对位置，还需要表示出零部件在制造和检验时应达到的几何形状和尺寸的精度要求、表面质量要求和材料性能要求等，例如极限与偏差、几何公差、表面粗糙度、表面处理、材料处理等方面的技术要求。本章将介绍 SolidWorks 工程图设计的方法。

6.1 工程图模块概述

SolidWorks 工程图模块可以将三维模型投影成二维工程图，工程图与三维模型完全相关，实体模型的尺寸、形状以及位置的任何改变都会引起工程图更新，这样就支持设计员与绘图员的协同工作。

本节将介绍工程图创建流程中涉及的一些基本概念，便于读者从整体上了解 SolidWorks 工程图的相关内容。

6.1.1 工程图环境

工程图是 SolidWorks 设计文件的一种，后缀名称为 *.slddrw。

在一个 SolidWorks 工程图文件中，可以包含多张图样，这样用同一文件可以建立一个零件的多张图样或多个零件的工程图。

SolidWorks 工程图文件窗口（图 6-1）分为如下两部分。

1）左侧区域为文件的管理区，显示当前文件的所有图样、图样中包含的工程视图等内容。

2）右侧的图形工作区可以认为就是传统意义上的图纸，图纸中包含图纸格式、视图、尺寸、注解、表格等工程图所必需的内容。

每一张单独的图样，包含两个相互独立的部分：图样和图纸格式。其中，图样用于建立图形和注解；图纸格式用于保存图纸中相对不变的部分，如图 6-2 所示。

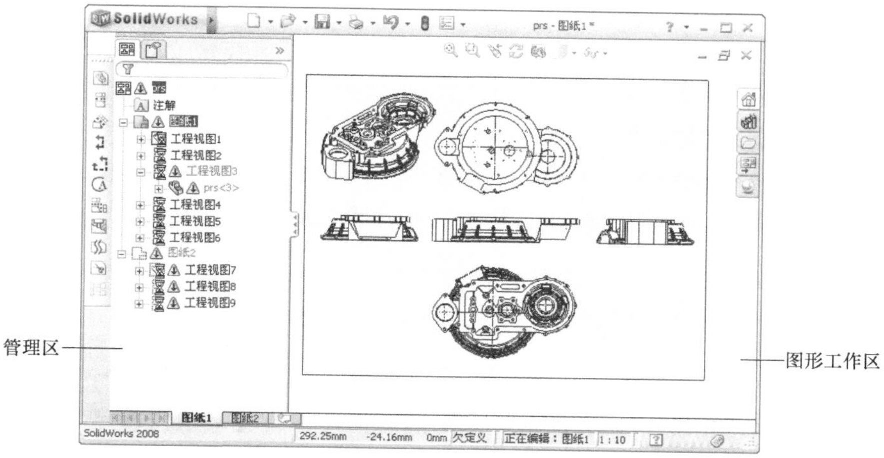

图 6-1　SolidWorks 工程图窗口

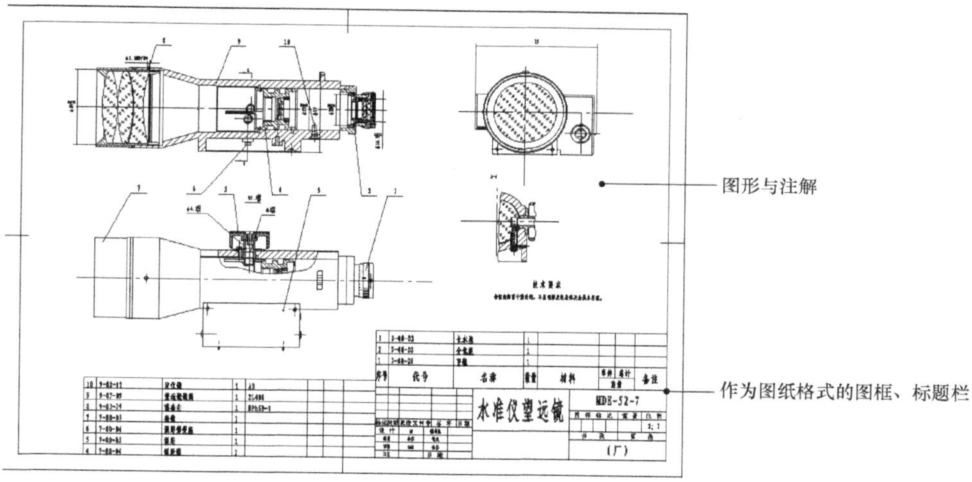

图 6-2　SolidWorks 工程图

工程图环境中最常用的工具栏包括如下五种。

1）【工程图】工具栏：大部分按钮用于建立工程图中的各种视图。

2）【注解】工具栏：包括各种在工程图操作中处理工程图尺寸、注释和各种符号的工具。

3）【线型】工具栏：包括定义工程图图层、颜色设置、线型样式和线条粗细的工具。

4）【表格】工具栏：包含在工程图中插入各种表格的工具，例如材料明细表、孔表或修订表。

5）【对齐】工具栏：用于对工程图的尺寸和注解进行对齐操作。

6.1.2　工程图创建流程

建立一个符合标准的工程图文件，大致包括如下步骤。

1）模型和准备模型。模型是工程图文件的基础，因此建立模型并对模型进行必要的准备工程是建立工程图文件的前提。

2）工程图模板和图纸格式。工程图模板和图纸格式应该在建立工程图文件之前建立，这样才能提高建立工程图文件的效率。工程图模板文件和图纸格式文件一旦建立，在建立其他模型的工程图时可以直接使用。

3）建立视图。在图纸中插入各种必要的视图，以完整表达模型的形状。

4）出详图。在图纸和视图中标注必要的尺寸，插入注解和表格。

6.2 创建工程图的准备工作

工程图很多信息来自模型文件，因此在建立工程图前对模型文件进行处理是非常必要的。这些准备工作包括在模型中建立视图、调整模型尺寸位置、建立模型文件的自定义属性、模型文件的材质属性、合理建立模型文件的配置。

6.2.1 调整模型视图

三维模型中的视图方向，可以直接用于在工程图中建立工程图视图。如果用户在建模过程中对模型的放置方向设计得不合理，可以在模型中添加新的视图方向，便于工程图中直接应用。

SolidWorks 软件提供了九个标准视图方向（图 6-3），包括六个正投影视图和三个轴测视图，这些标准视图都可以直接应用到工程图中建立工程视图。

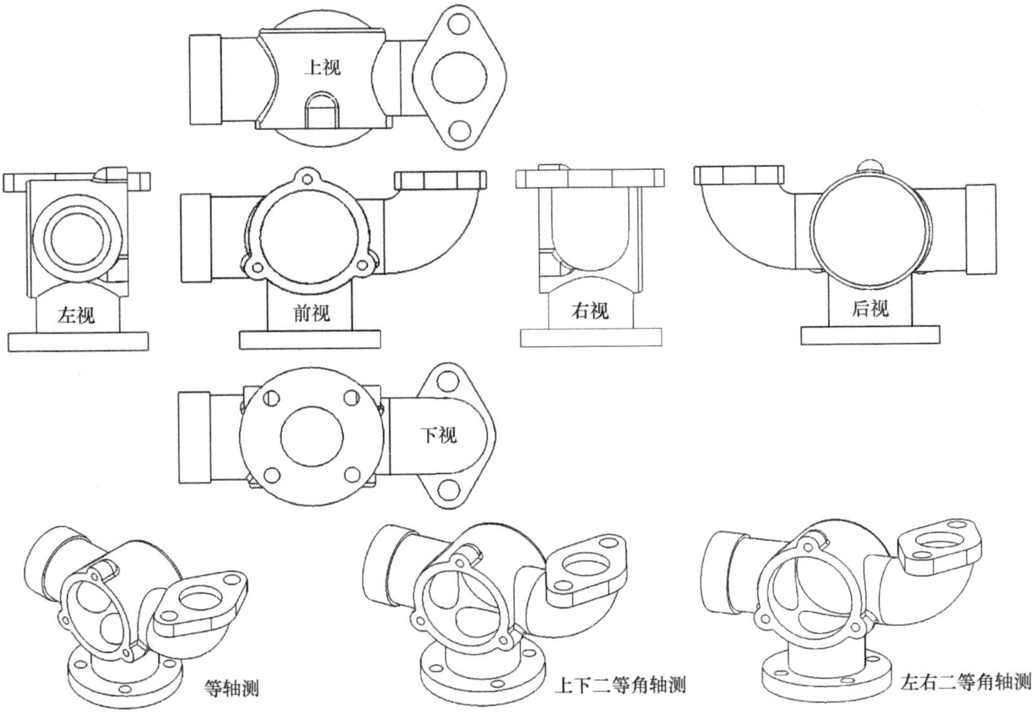

图 6-3　SolidWorks 软件中默认的九个标准视图方向

在模型中创建新的视图方向，便于在模型中快速切换到一个常用的观察角度和观察位置；便于在工程图中直接使用定义的视图方向建立工程视图。在本书 1.3.3 的内容中介绍了新视图的创建方法，用户可以创建新视图为工程图投影视图时的主视图。

6.2.2 调整模型尺寸

在工程图中插入模型尺寸时，系统首先参考模型中的尺寸位置，这些尺寸主要包括模型草图中的尺寸。

打开范例文件“6-1\cmd. SLDPRT”，如图 6-4 所示。

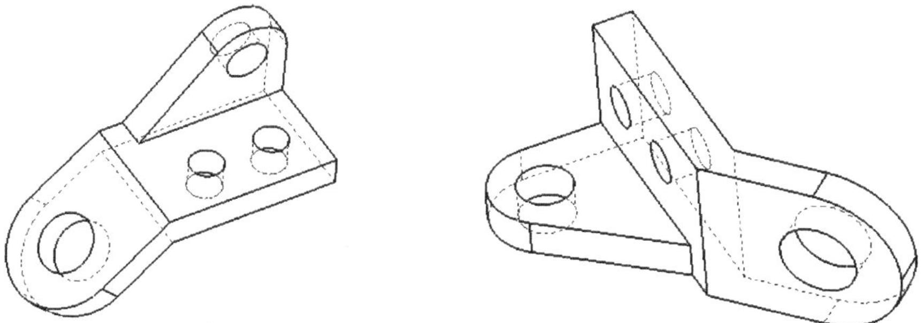

a) b)

图 6-4 范例文件 cmd

（1）设置要输入的尺寸

模型中的尺寸，可以使用【插入模型项目】工具添加到工程图中。默认状态下，模型草图中的尺寸和特征尺寸作为输入到工程图中的尺寸。如果用户不需要将某些尺寸插入到模型中，只需在【修改】对话框中取消【标注要输入进工程图的尺寸】按钮。

提示：默认情况下，输入到工程图中的尺寸和不输入到工程图中的尺寸在图形工作区中的显示颜色不同。

操作指引

❶ 在特征管理器设计树中双击【拉伸 1】按钮 拉伸1，在图形工作区双击尺寸数字 100。

❷ 在弹出的【修改】对话框中，单击【标注要输入进工程图的尺寸】按钮，使此按钮弹起，该尺寸不会输入到工程图中。按照相同的方法，继续将尺寸 15mm 设为不输入到工程图的尺寸，如图 6-5 所示。

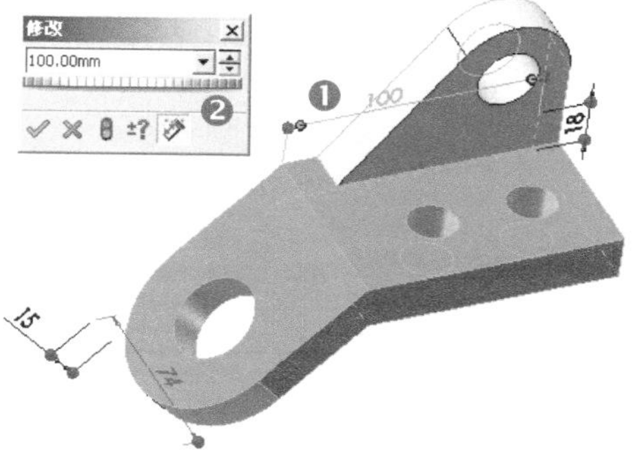

图 6-5 设置要输入的尺寸

（2）调整尺寸位置

如果零件中的草图尺寸位置凌乱不堪，在插入到工程图时，尺寸位置也会混乱，因此最好在绘制草图时合理标注尺寸并调整好尺寸的位置。

操作指引

❶ 双击【拉伸 1】按钮 拉伸3 下的【(-)草图 3】按钮 (-)草图3，进入草图的编辑

状态。

❷ 在图形工作区单击并拖动尺寸数字，调整尺寸至合适位置，如图 6-6 所示。在图形工作区空白处双击，退出草图的编辑模式。

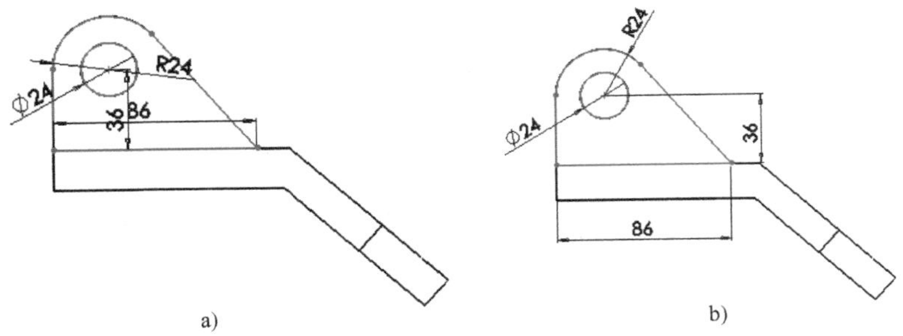

图 6-6　调整尺寸位置

（3）调整模型尺寸属性

可以在模型中对尺寸指定公差、尺寸的前缀或后缀，在这些尺寸输入到工程图后自动添加相应的内容。

操作指引

❶ 双击【拉伸 4】按钮 拉伸4 下的【(-)草图 4】按钮 (-)草图4，进入草图的编辑状态。单击【尺寸/几何关系】工具栏中的【智能尺寸】按钮，为圆形标注尺寸。

❷ 按住“Ctrl”键的同时，在图形工作区依次选择两个圆，选择【工具】|【几何关系】|【添加】命令，在弹出的【添加几何关系】属性管理器中，为其添加【相等】约束。

❸ 在图形工作区单击尺寸数字 ϕ20mm，在【尺寸】属性管理器中选择公差为【对称】，设置最大变化量为 0.05。

❹ 添加尺寸文字 2×。在图形工作区空白处双击，退出草图的编辑模式，完成模型尺寸属性的调整，如图 6-7 所示。

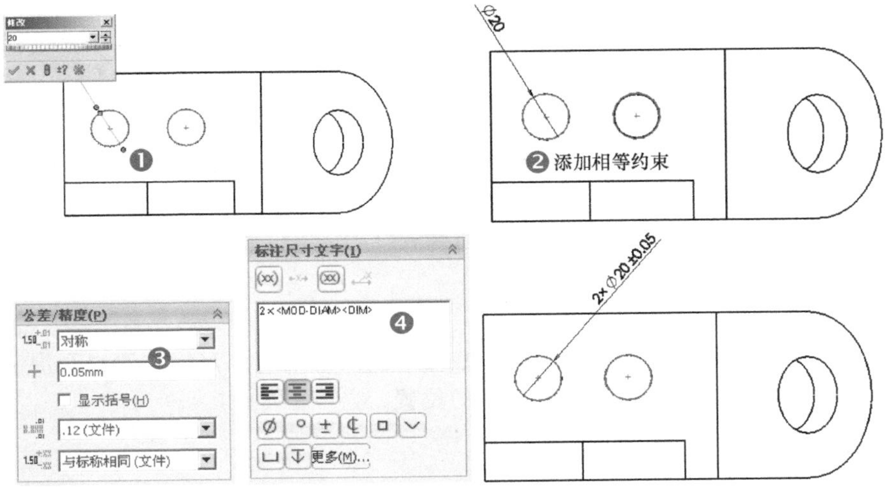

图 6-7　调整模型尺寸属性

6.2.3　建立模型文件自定义属性

模型文件中的自定义属性的应用非常广泛，不仅可以用于描述零件中与模型相关的文字信息，而且这些信息可以通过文字链接在工程图中显示。

由于 SolidWorks 软件的全相关的特点，在模型文件中设置的自定义属性可以链接到工程图，从而使工程图的建立和修改都比较方便，并且最大限度地保证了数据的准确性和唯一性，因此设定模型的自定义属性是非常必要的。

模型的自定义属性在 SolidWorks 软件中的应用有很大作用，在实际设计或操作中应当注意如下三点。

1）在 SolidWorks 软件中实施三维设计前，应根据零件图、装配图的要求，规划建立统一的自定义属性。

2）在建立零件或装配体的模板文件时，建立必要的自定义属性，可以为日后建立新零件或新装配体自动建立自定义属性。

3）自定义属性的参数名称最好使用英文命名，这样做的好处是考虑到在使用产品数据管理软件（比如 PDMWorks 软件）的方便性，因为 PDMWorks 软件默认采用这些英文名称作为自定义属性的参数名称。

打开范例文件“6-2\shell. SLDPRT”，如图 6-8 所示。

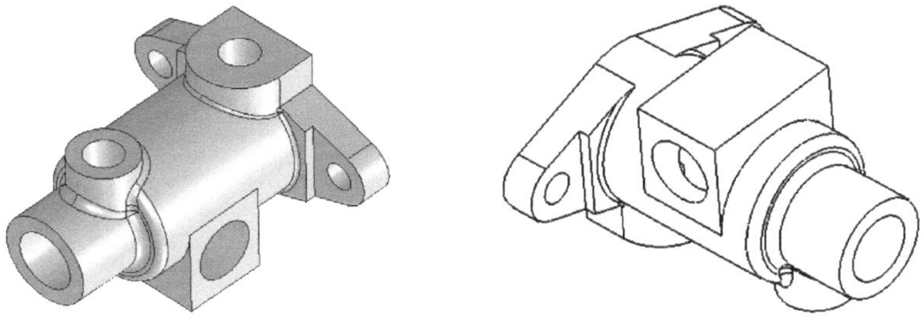

a)　　　　　　b)

图 6-8　范例文件 shell

（1）新建属性

操作指引

❶ 选择【文件】|【属性】命令，弹出【摘要信息】对话框，选择【自定义】选项卡。

❷ 单击第一个单元格中，激活【属性名称】列表，在列表框中选择【数量】选项，SolidWorks 软件会自动在【类型】列表中选择【文字】类型。

❸ 在【数值/文字表达】列表下的单元格中输入 A00010。

❹ 按照相同的方法，继续定义其他属性。

注意：在输入 Material 和 Weight 属性时，可以在【数值/文字表达】列表下的单元格中选择相应的值。这样可以链接数据库中对应的材质和质量属性。

❺ 单击【确定】按钮 确定 ，按<Ctrl+S>组合键保存当前修改，完成新建属性的操作，如图 6-9 所示。

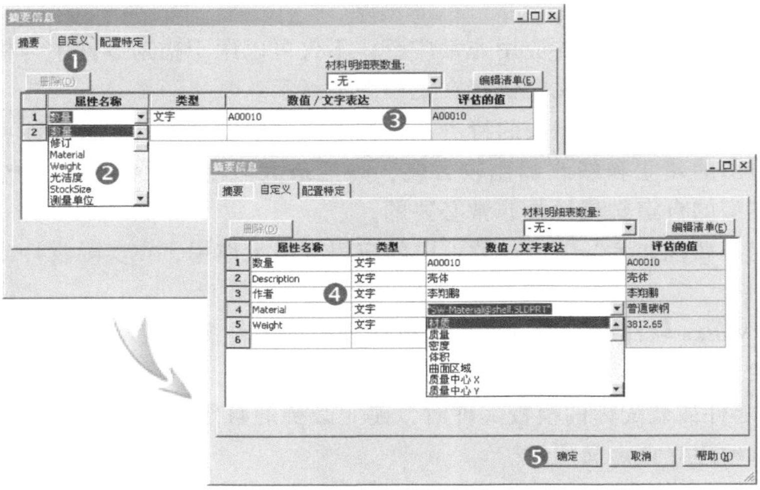

图 6-9　新建属性

（2）查看工程图属性

单击菜单栏中的【打开】按钮，打开名称为 shell. SLDDRW 的文档。查看 Title 栏中链接的自定义属性，如图 6-10 所示。

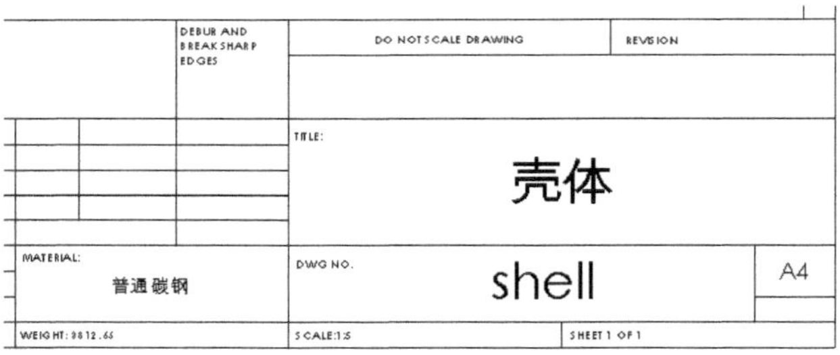

图 6-10　查看工程图属性

6. 2. 4　模型配置与工程图

模型配置不仅在零件设计和装配体设计中具有广泛应用，在工程图中也有很多用途。模型中的不同配置都可以在工程图中建立视图。在同一工程图中，可以用同一模型的两个不同配置建立视图。

对于包含复杂圆角特征的模型，例如，压铸、注塑成型的零件可能包含很多注塑圆角，如果使用真实模型建立各种视图，可能引起如下问题。

1）视图非常复杂。

2）在工程图中，圆角显示时线条很杂乱；而在建模时圆角不显示，又无法正确表达零件。

针对这一情况，可以考虑建立一个压缩了必要圆角的配置来建立工程图的某些视图。

打开范例文件“6-3\gou. SLDPRT”，如图 6-11 所示。

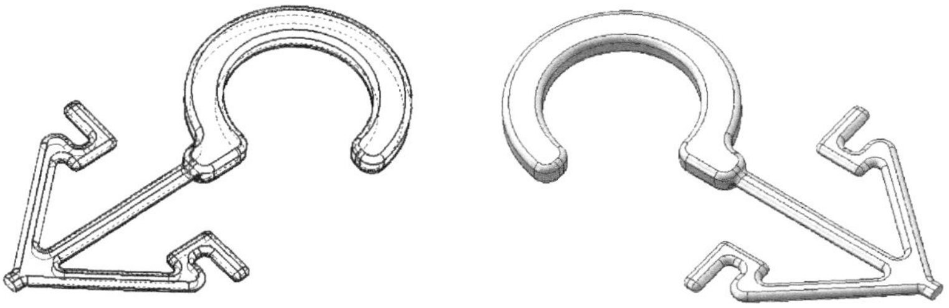

a)　　　　　　b)

图 6-11　范例文件 gou

操作指引

❶ 单击配置管理器中的【默认 gou】按钮 默认[gou]。

❷ 将其名称修改为【标准模型 gou】。

❸ 右击【gou 配置】按钮 gou 配置，在弹出的菜单中选择【添加配置】命令。

❹ 在【添加配置】属性管理器的【配置属性】选项区域中的【配置名称】文本框中，输入新的配置名称。

❺ 单击【确定】按钮 ，建立压缩圆角配置，如图 6-12 所示。在特征管理器设计树中，压缩所有的圆角特征。

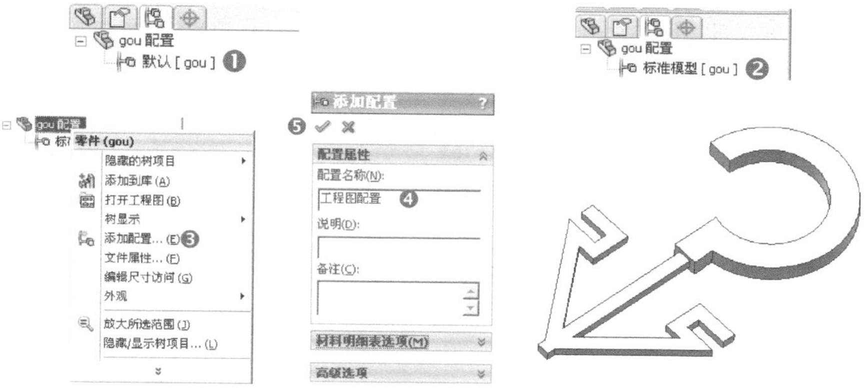

图 6-12　建立压缩圆角的配置

6.3　设置工程图模板

成功安装 SolidWorks 软件后，系统将自动提供零件模板、装配体模板和工程图模板，其中工程图模板是定义了工程图文件属性的文件。

工程图模板包含了工程图的绘图标准、尺寸单位、投影类型、尺寸标注的箭头类型、文字标注的字体等多方面设置选项。因此，根据国家标准建立符合要求的工程图模板，不仅可以使建立的工程图符合相关国家标准或企业标准的要求，而且在操作过程中能够大大提高效率。

一般来说，在工程图模板中可以定义如下内容。

1）工程图的文件属性：包含绘图标准在内的所有文件属性的设置。

2）图纸属性设置：定义了图纸的属性，例如视图的投影标准和图纸格式。

3）图纸格式：工程图模板文件可以包含图纸格式，也可以不包含图纸格式。

利用工程图模板建立的工程图，工程图文件属性会自动添加到新建的工程图中。在工程图中对默认设置的修改，会影响当前文件并随工程图文件一起保存。

接下来将以建立不包含图纸格式的工程图模板为例，练习工程图模板的创建方法。

操作指引

❶ 单击菜单栏中的【新建】按钮，在弹出的【新建 SolidWorks 文件】对话框中选择【工程图】模板。

❷ 单击【确定】按钮。

❸ 在【图纸格式/大小】对话框中，单击【取消】按钮，选择一个无格式的工程图模板。

❹ 在【模型视图】属性管理器中，单击【取消】按钮，取消模型选择，完成不包含图纸格式的工程图模板的建立，如图 6-13 所示。

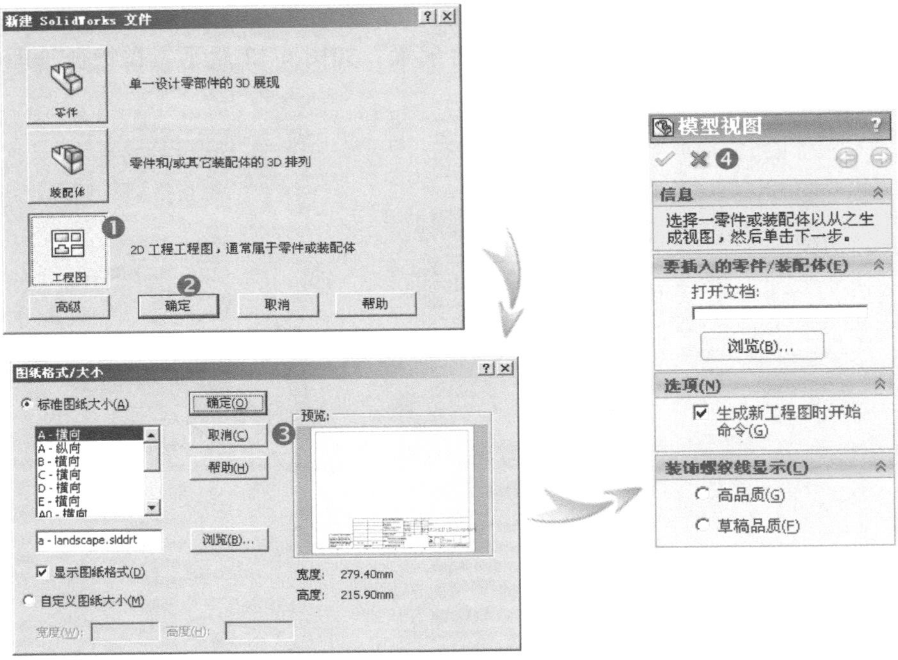

图 6-13　建立不包含图纸格式的工程图模板

注意：图纸建立后，因选择无格式的工程图模板，所以建立的工程图为一个不包含格式的空白工程图。如果建立的工程图模板文件包含图纸格式，那么使用模板建立新文件时，系统自动建立包含图纸格式的工程图；如果模板中不包含图纸格式，那么新建工程图时，系统将提示选择图纸格式。

6.3.1　绘图标准与单位

SolidWorks 软件支持中国国家标准（GB），选择 GB 作为绘图标准后，系统将给定默认设置选项，用户可以使用大部分默认选项，也可以根据情况进行必要修改。

操作指引

❶ 右击特征管理器设计树中的【工程图】按钮 工程图1。

❷ 在弹出的菜单中选择【文件属性】命令。

❸ 在【文件属性】对话框中，选择【出详图】选项，在【尺寸标注标准】列表框中选择【GB】选项。

❹ 取消选中【显示双制尺寸】复选框，选中【固定焊接符大小】复选框，在【引头零值】列表框中选择【标准】选项，在【尾随零值】列表框中选择【移除】选项，选中【切换剖面显示】复选框。

❺ 在【文件属性】对话框中，选择【单位】选项。

❻ 选中【单位系统】选项区域中的【自定义】单选按钮，设置工程图中各参数的单位，如图 6-14 所示。

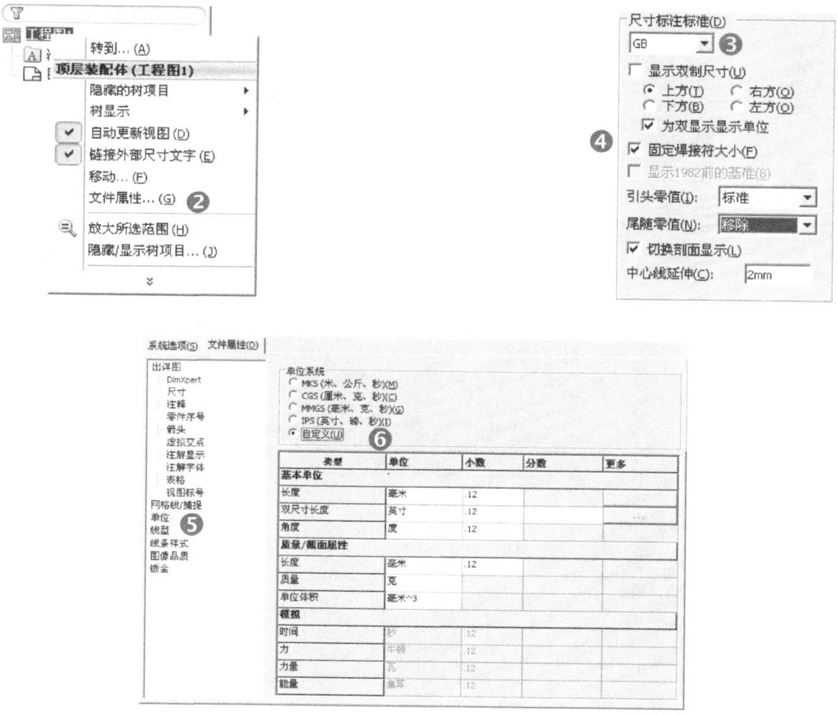

图 6-14 设置标准与单位

6.3.2 视图选项

视图的选项包括视图标号的显示方案、视图文字、剖切线显示。

操作指引

❶ 选择【文件属性】对话框中的【出详图】【视图标号】选项，分别设置各种视图的

视图标号显示方案。

❷ 选择【注解字体】选项，在【注解字体】列表框中选择【局部视图】选项。

❸ 设置视图文字属性。视图文字是指在视图中显示的，用于说明视图名称的文字。再依次设置【局部视图标号】【剖面视图】【剖面视图标号】【视图箭头】的字体属性：字体为仿宋_ GB 2312、字体样式为常规、高度为 5mm。

❹ 选择【出详图】选项，选中【切换剖面显示】复选框。

❺ 继续在【折断线】选项区域中设置折断线的缝隙和延伸值。设置默认缝隙为 10mm，延伸长度为 3.5mm，如图 6-15 所示。

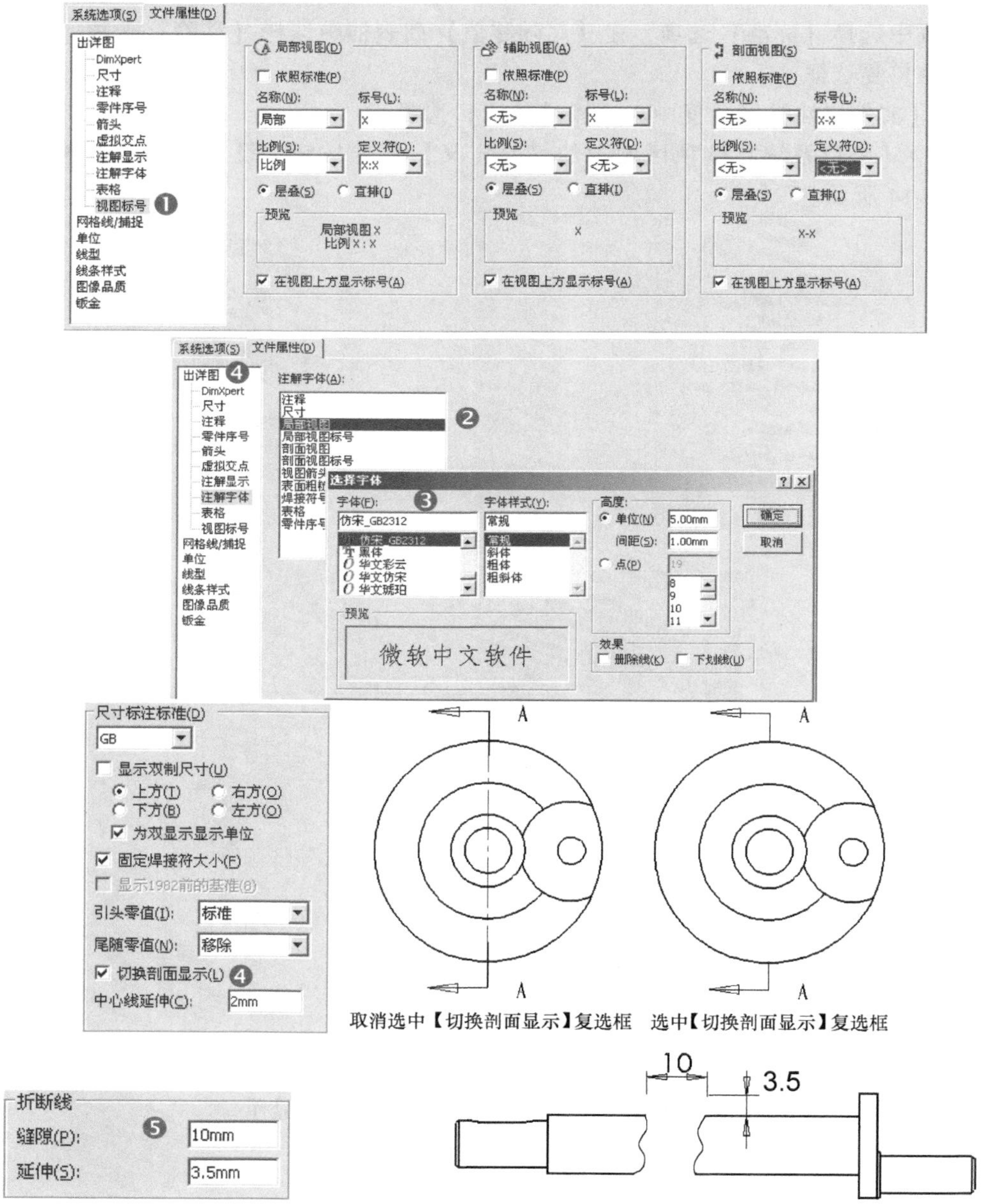

图 6-15　设置视图选项

6.3.3　箭头选项

工程图中的箭头包括尺寸线箭头、注解引出箭头和视图箭头。

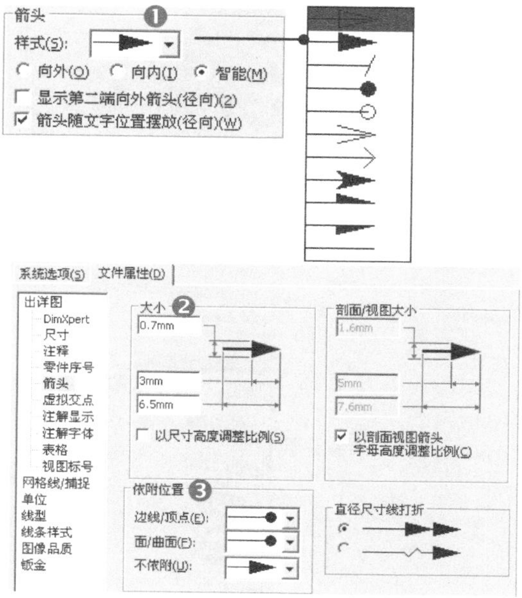

图 6-16　设置箭头样式

操作指引

❶ 选择【文件属性】对话框中的【出详图】|【箭头】选项，在【箭头】选项区域中设置箭头的样式为实心箭头。

❷ 选择【文件属性】对话框中的【出详图】|【箭头】选项，分别设置箭头的大小。

❸ 为了便于在装配图中添加零件序号，可以将【依附位置】选项区域中的【边线/顶点】列表框和【面/曲面】列表框的箭头样式设置为实心圆点，如图 6-16 所示。

6.3.4　尺寸与公差

对工程图中尺寸和公差的默认属性设置包括尺寸的标注方法、尺寸位置、引出线位置等。对公差的默认属性设置包括公差类型、公差值和公差的文字比例等。

操作指引

❶ 在【文件属性】对话框中选择【出详图】选项，在【延伸线】选项区域的【超出尺寸线】文本框中，设置超出长度为 3.5mm。

❷ 在【文件属性】对话框中选择【出详图】|【尺寸】选项，单击【引线】按钮，在弹出的【尺寸标注引线/文字】对话框中设置尺寸引线，完成后单击【确定】按钮。

❸ 单击【精度】按钮，在弹出的【尺寸精度】对话框中的【主要尺寸】选项区域和【角度尺寸】选项区域的精度设置为小数点后两位，将公差尺寸设置为小数点后三位，单击【确定】按钮。

❹ 单击【公差】按钮，在弹出的【尺寸公差】对话框中查看设置选项，如无特殊要求，可保留默认设置，单击【确定】按钮。

注意：对于公差字体，可以根据具体应用进行设置。如果在实际工作中经常使用对称形式的公差，可选中【使用尺寸字体】复选框；如果经常应用限制公差，可选中【字体比例】复选框，并将比例值设为 0.7，这些设置可以针对特定的尺寸进行修改。

❺ 选择【出详图】|【注解文字】选项，在【注解字体】列表框中选择【尺寸】选项。

❻ 在【选择字体】对话框中设置尺寸数字的字体属性，将字体设置成高度为 3.5mm 的仿宋字，如图 6-17 所示。

在【文件属性】对话框中，选择【出详图】|【尺寸】选项后，可设置尺寸参数，其中有如下重点选项。

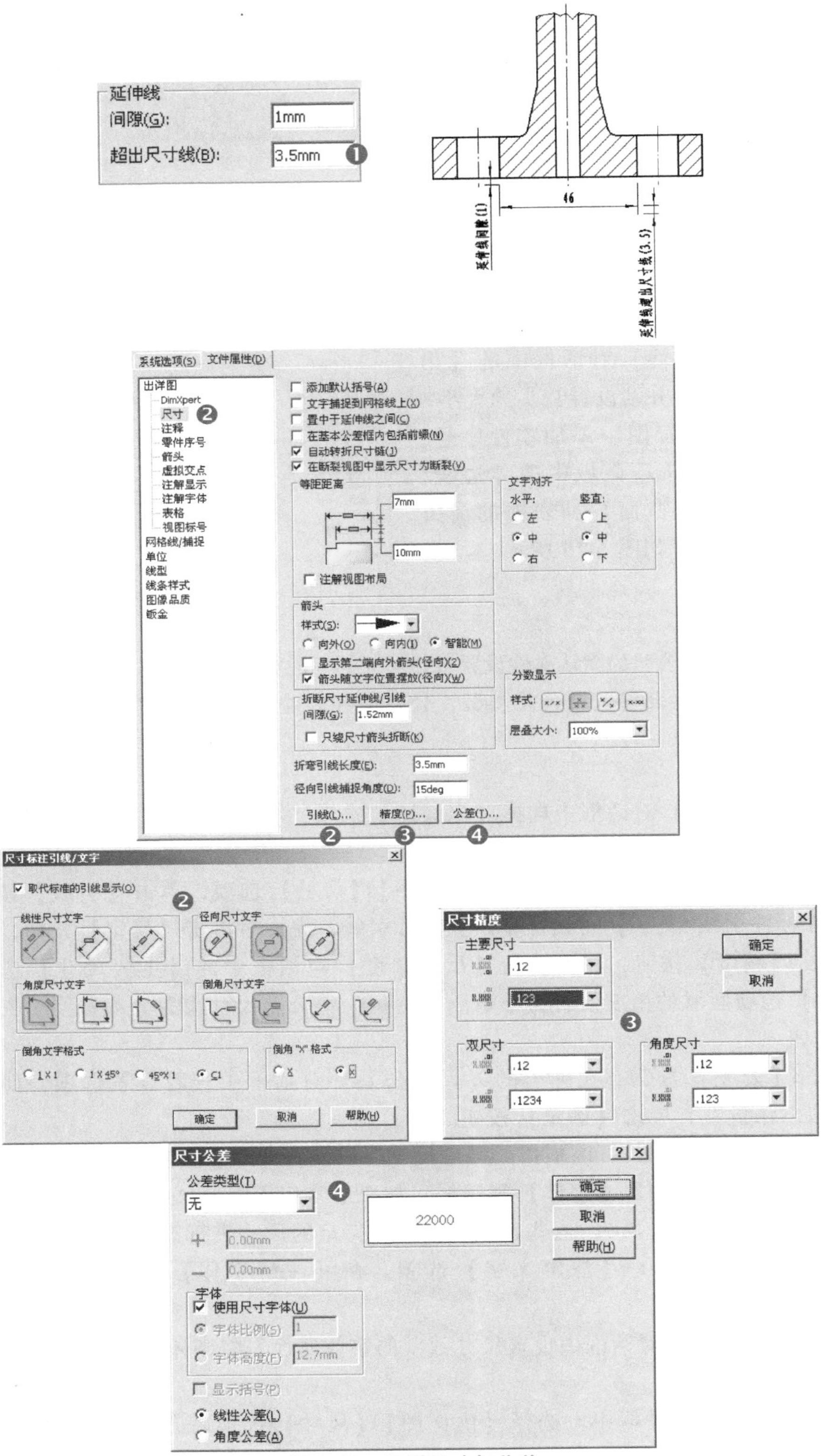

图 6-17　设置尺寸与公差

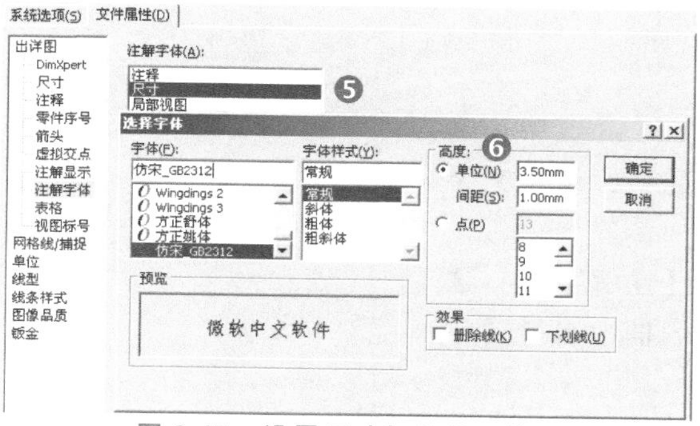

图 6-17　设置尺寸与公差（续）

1）【添加默认括号】复选框：选中该复选框，标注尺寸将自动添加圆括号，表示为参考尺寸，如图 6-18a 所示。

2）【显示第二端向外箭头】复选框：选中该复选框，直径尺寸将自动显示两端的箭头，如图 6-18b 所示。

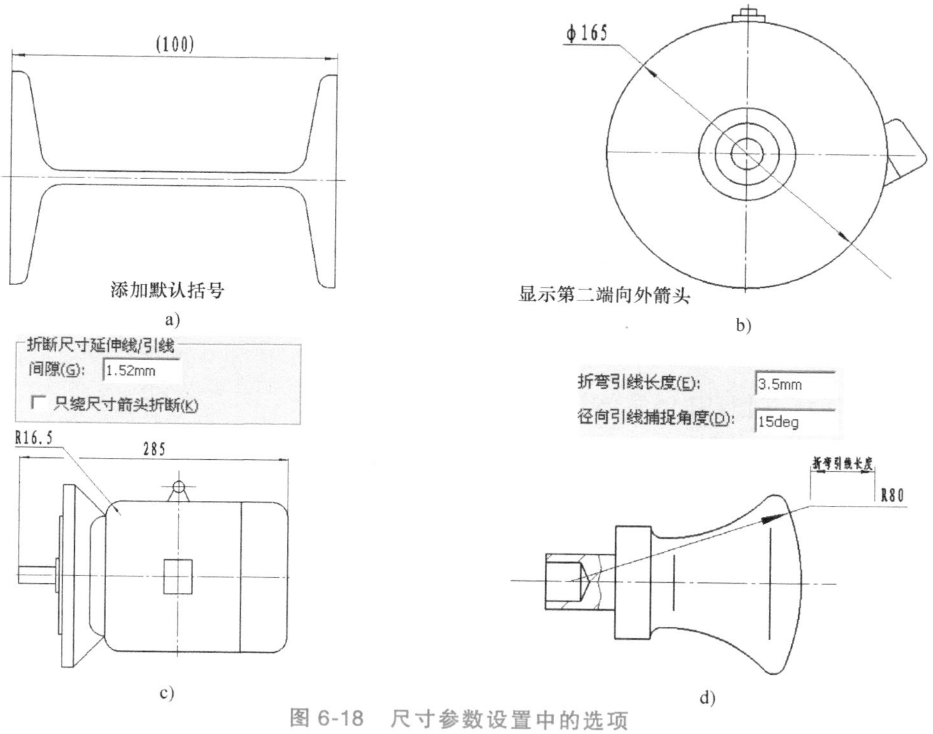

图 6-18　尺寸参数设置中的选项

3）【折断尺寸延伸线/引线】/【间隙】选项区域：设置尺寸线（或尺寸界限）相交时，被打断部分的间隙距离，注意不要选中【只绕尺寸箭头折断】复选框，如图 6-18c 所示。

4）【折弯引线长度】文本框：设置折弯引线水平距离，如图 6-18d 所示。

6.3.5　文字注释

文字注释包括工程图中的所有文字说明，在文件属性中可以设置默认文字字体和注解的引线方式。

操作指引

❶ 在【文件属性】对话框中，选择【出详图】|【注释】选项，设置文字注释的引线方式。

❷ 选择【出详图】|【注解字体】选项，在【注解字体】列表框中选择【注释】选项。

❸ 在【选择字体】对话框中，将字体设置成高度为 3.5mm 的仿宋字，如图 6-19 所示。

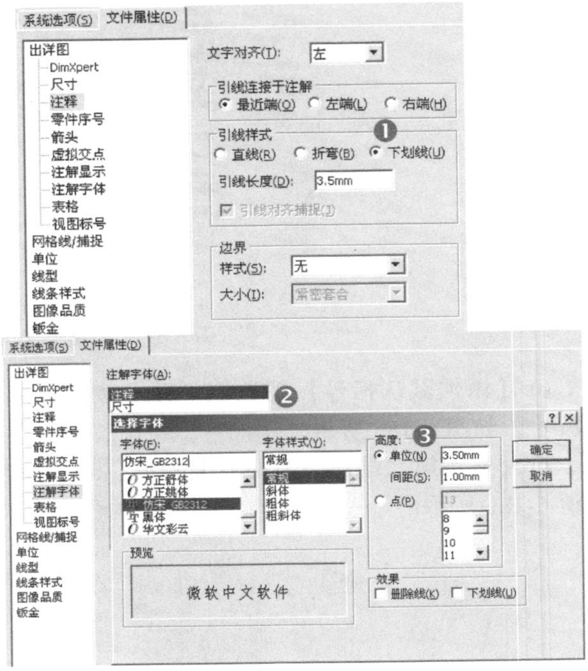

图 6-19 设置文字注释

6.3.6 零件序号

零件序号应用于装配图和特定类型的工程图。可以设置单个零件序号和成组零件序号的样式和大小，零件序号上面的文字，自动建立零件序号的排列方式等。

操作指引

❶ 在【文件属性】对话框中，选择【出详图】|【零件序号】选项。

❷ 设置零件序号的默认样式、大小和其他选项。

❸ 选择【出详图】|【注解字体】选项，在【注解字体】列表框中选择【零件序号】选项。

❹ 在【选择字体】对话框中，将字体设置成高度为 5.0mm 的仿宋字，如图 6-20 所示。

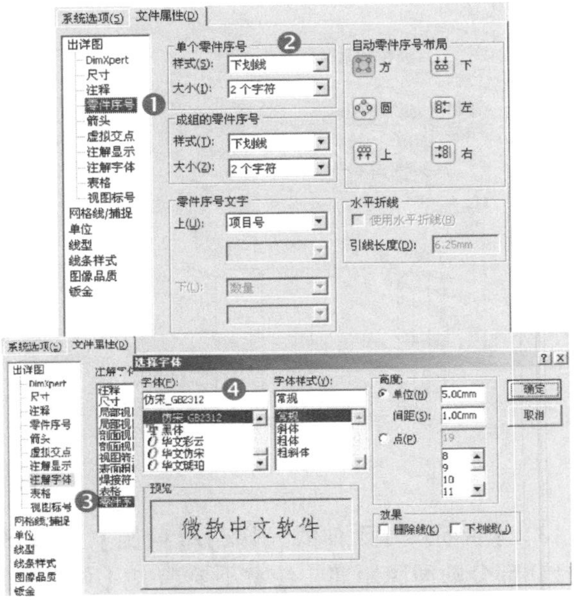

图 6-20 设置零件序号

6.3.7 表格选项

在 SolidWorks 工程图中，可以插入装配图的材料明细表、孔表、焊件切割清单表、修订表和其他类型自定义的表格。

在文字属性中，可以设置表格中的字体属性、孔表选项卡默认属性和材料明细表默认设置。

对于每一种表格，还可以建立适合需要的表格模板，可在插入表格时自动按照要求的格式添加有关内容。

操作指引

❶ 在【文件属性】对话框中，选择【出详图】选项，在【材料明细表】选项区域中，选中【自动更新材料明细表】复选框。选择【出详图】|【注解字体】选项，在【注解字体】列表框中选择【表格】选项。在【选择字体】对话框中，将字体设置成高度为 5.0mm 的仿宋字。

❷ 选择【出详图】|【表格】选项，在【孔表】选项区域中设置属性。

❸ 在【材料明细表表格】选项区域中设置材料明细表的属性，如图 6-21 所示。

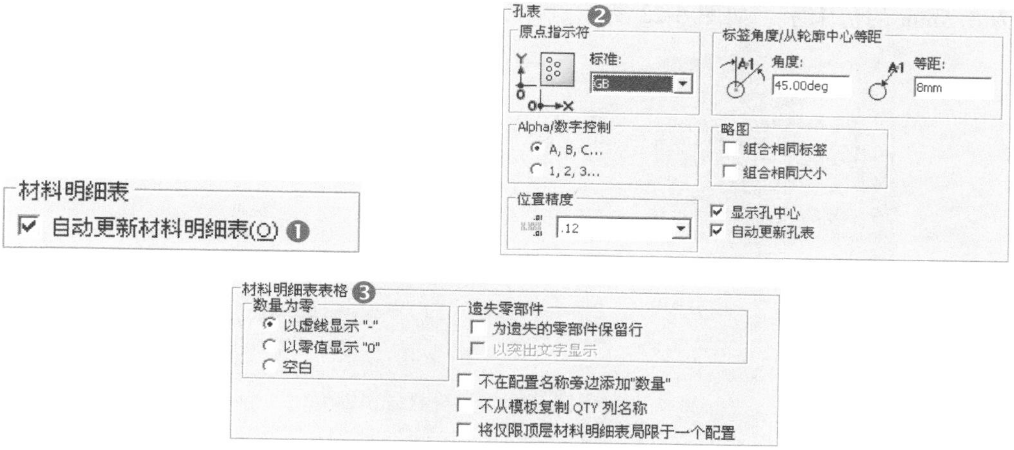

图 6-21　设置表格选项

6.3.8　中心线与中心线符号

可以在文件属性中设置中心线和中心符号线，例如是否自动插入中心线或中心符号线、中心线或中心符号线的延伸长度等。

操作指引

❶ 在【文件属性】对话框中，选择【出详图】选项。在【视图生成时自动插入】选项区域中选中【中心符号孔】复选框和【中心线】复选框。

❷ 在【中心符号线】选项区域中选中【延伸直线】复选框和【中心线型】复选框，设置中心符号线的大小为 3.5mm，如图 6-22 所示。

图 6-22　设置中心线与中心线符号

6.3.9　焊接符号与表面粗糙度

SolidWorks 软件支持中国国家标准定义的焊接符号和表面粗糙度符号，在文件属性中应设定焊接符号和表面粗糙度符号的字体属性。

操作指引

❶ 在【文件属性】对话框中，选择【出详图】选项。选中【固定焊接符大小】复选框，使工程图中的焊接符大小不以文字大小而改变。

❷ 取消选中【按 2002 显示符号】复选框。选择【出详图】|【注解字体】选项，在【注解字体】列表框中选择【焊接符号】选项。在【选择字体】对话框中，将字体设置成高度为 3.5mm 的仿宋字，如图 6-23 所示。

图 6-23　设置焊接符号与表面粗糙度

6.3.10　保存模板

操作指引

❶ 选择【文件】|【另存为】命令，打开【另存为】对话框。在【保存类型】列表框中选择【工程图模板（*.drwdot)】选项。

❷ 在【文件名】文本框中输入文件名称为【GB（mm）.DRWDOT】，文件保存在【\Application Data\SolidWorks\SolidWorks 2008\template】中，单击【保存】按钮，如图 6-24 所示。

图 6-24　保存模板

6.4 添加基本视图

基本视图是指部件模型的各种向视图和轴测图，它们依赖于模型的放置位置，这些视图可添加到工程图中作为基本视图，并可通过正交投影生成其他视图。

6.4.1 模型视图

最灵活的插入模型的方法是使用模型中已命名的视图。利用模型中的命名视图，可以向工程图中插入任何一个标准方向的视图、轴测图、钣金件的展平视图、任意命名视图等。

打开范例文件“6-6\jab. SLDPRT”，如图 6-25 所示。

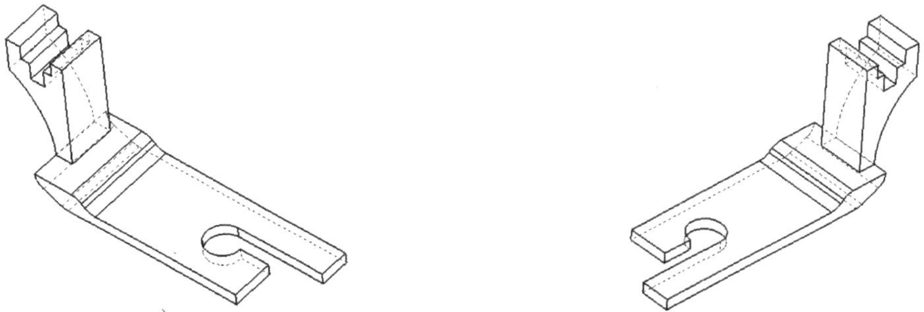

a) b)

图 6-25 范例文件 jab

操作指引

❶ 单击菜单栏中的【新建】按钮，在弹出的对话框中单击【从零件/装配体制作工程图】按钮。在【新建 SolidWorks 文件】对话框中选择【GB（mm）】模板。

❷ 单击【确定】按钮。

❸ 在【图纸格式/大小】对话框中，选择【A4-横向】图纸。

❹ 单击【确定】按钮，完成图纸的创建。

❺ 在【模型视图】属性管理器中，单击【浏览】按钮，选择范例文件 jab。

注意：在创建工程图文件后，SolidWorks 软件会自动激活【模型视图】命令，还可以在【工程图】工具栏中单击【模型视图】按钮激活此命令。

❻ 在【视图数】选项区域中，选中【单一视图】单选按钮。

❼ 在【方向】选项区域中，选中【预览】复选框，可以在图形工作区显示要建立视图的预览图形。

❽ 在【选项】选项区域中，取消选中【自动开始投影视图】复选框，在放置视图后不自动激活投影视图命令。

❾ 在【显式样式】选项区域中，单击【消除隐藏线】按钮，作为新建视图的显示样式。

❿ 在【比例】选项区域中，选中【使用图纸比例】单选按钮。

⓫ 在图形工作区中拖动光标至合适位置后，单击放置视图。由于文件模板中设置了视图生

成时自动插入中心线和中心符号线，因此在新建视图上将自动对圆添加中心符号线。单击【确定】按钮✔，完成模型视图的插入，如图 6-26 所示。选择【文件】|【保存】命令，保存文件。

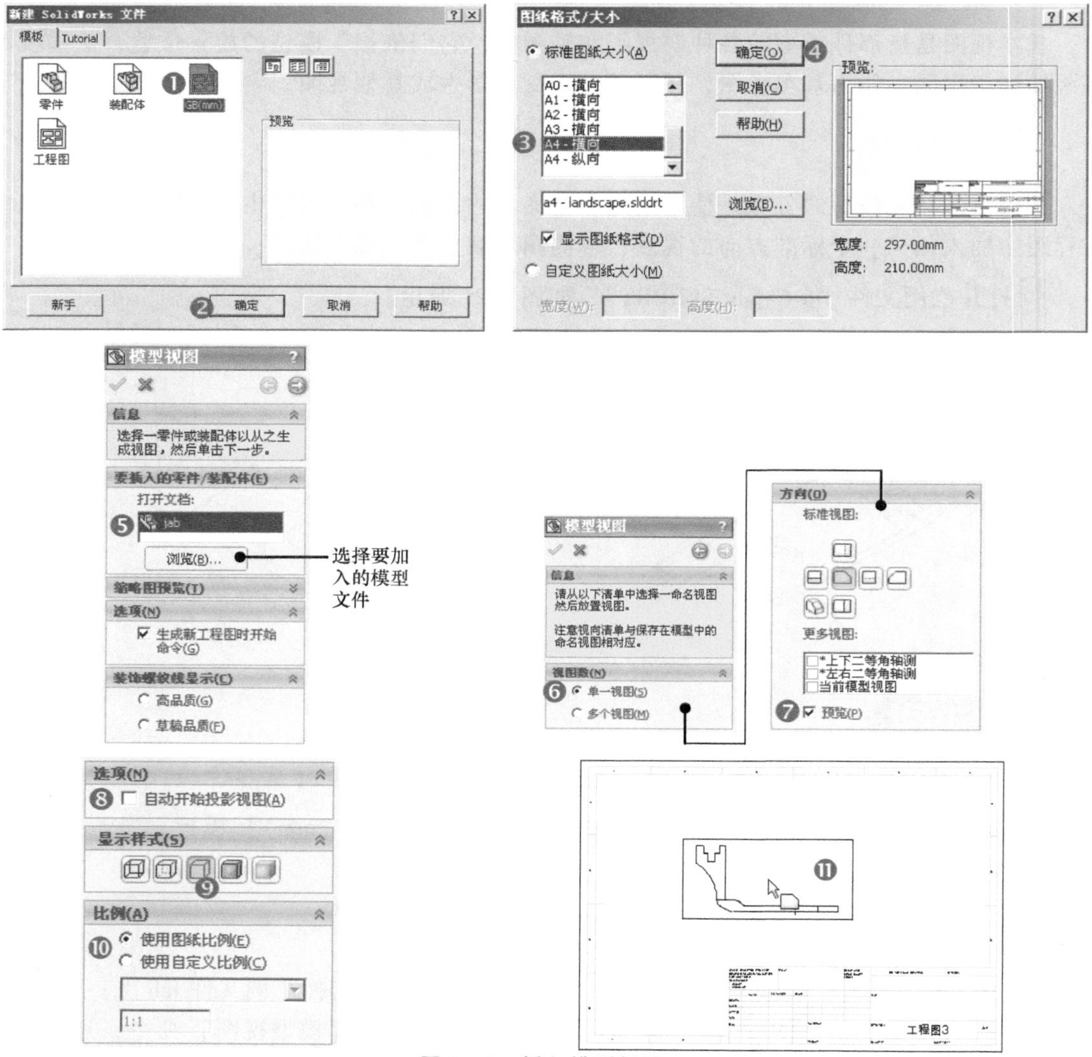

图 6-26　插入模型视图

模型在工程图中可以使用不同的显示样式，如线架框、隐藏线可见、消除隐藏线、带边线上色、不带边线上色等。一般说来，工程图中投影视图使用【消除隐藏线】显示，必要时使用【隐藏线可见】。

在工程图中建立的任意视图，可以使用三种比例形式。

· 图纸比例：图纸中的视图采用图纸比例，也就是在工程图图纸属性中定义的图纸比例。在工程图中插入模型视图、标准三视图时，系统一般自动使用图纸比例建立视图。

· 父关系比例：建立投影视图、剖面视图等视图时，新生成视图的比例默认使用父视图的比例。

· 自定义比例：用户自设的视图比例，可以不依赖于图纸比例和父视图比例。

6.4.2　标准三视图

利用标准三视图同时为模型生成三个默认正交视图：主视图、俯视图和侧视图。主视图是模型中的“前视”视图，俯视图和侧视图分别是主视图在相应位置的投影。

打开范例文件“6-7\pump. SLDPRT”如图 6-27 所示。

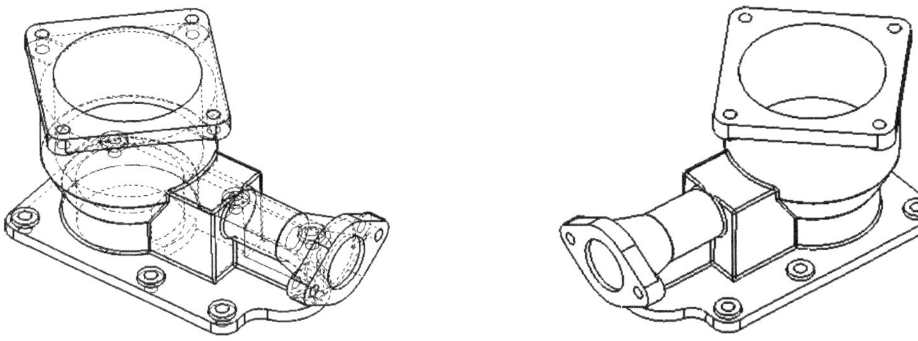

a)　　　　b)

图 6-27　范例文件 pump

操作指引

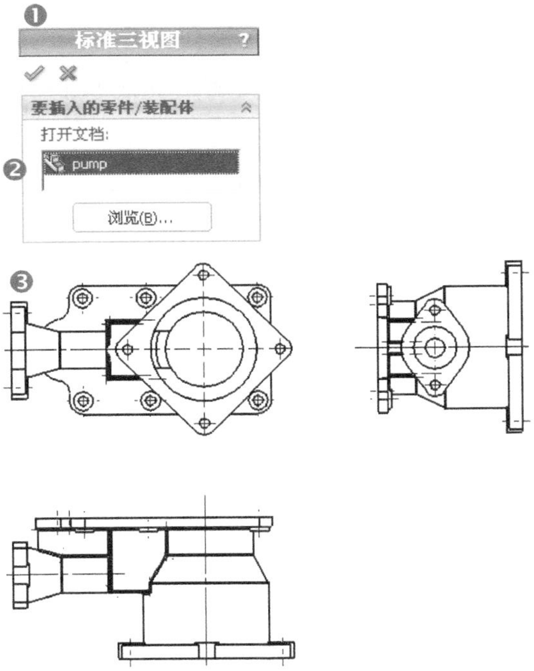

图 6-28　插入标准三视图

❶ 创建不包含图纸格式的工程图模板，步骤同 6.3 中介绍的内容。按<Esc>键退出当前模型视图命令。单击【标准三视图】按钮。

❷ 在【标准三视图】属性管理器的【打开文档】列表框中双击【pump】按钮 pump。

❸ 系统将自动插入三个视图，如图 6-28所示。选择【文件】|【保存】命令，保存文件。

注意：使用【标准三视图】命令建立视图时，系统将根据图纸幅面和模型大小确定图纸比例。

6.4.3　投影视图

利用工程图中现有视图，可以建立多种不同视图，例如投影视图、剖面视图、局部放大图等。由于这些视图是在现有视图基础上建立的，因此可称为“派生视图”。

利用【投影视图】命令，可以对工程图中现有的视图进行投影，建立正投影视图。

打开范例文件“6-8\pup. SLDPRT”，如图 6-29 所示。

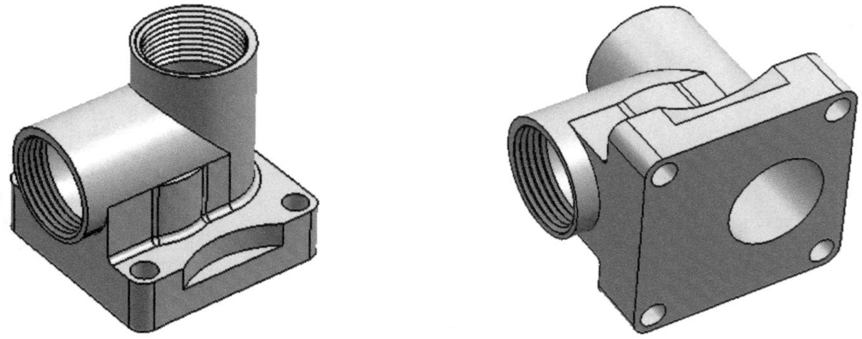

a)　　b)

图 6-29　范例文件 pup

操作指引

❶ 创建不包含图纸格式的工程图模板，步骤同 6.3 中介绍的内容。在右侧的视图栏中选择【＊前视】选项。

❷ 单击并拖动【＊前视】视图至图形工作区，至合适位置后释放鼠标。

❸ 单击【确定】按钮，完成添加前视图的操作。

❹ 单击【工程图】工具栏中的【投影视图】按钮。

❺ 在图形工作区中单击第一个视图作为父视图。

❻ 单击并拖动视图向右移动，系统会自动创建投影方向箭头，至合适位置后，单击放置视图，如图 6-30 所示。按照相同的方法，继续选择第一个视图作为父视图，创建其他方向的投影。

图 6-30　创建投影视图

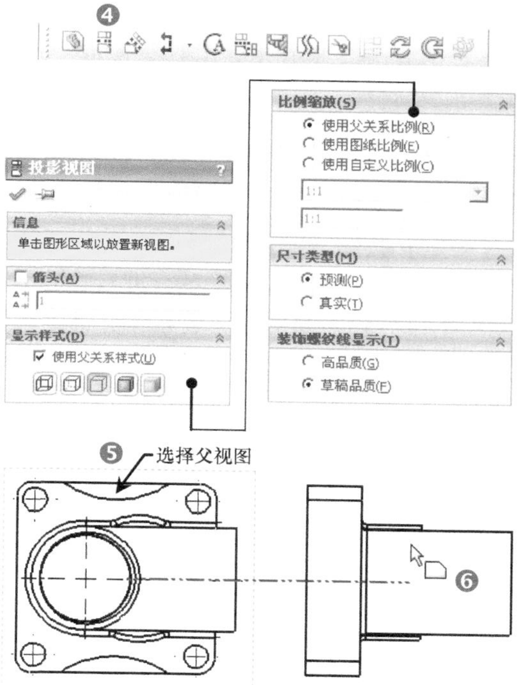

图 6-30 创建投影视图（续）

6.4.4 辅助视图

利用辅助视图可以建立任意方向的投影视图，从而可以建立斜视图。建立辅助视图需要选择垂直于投影方向的一条边线。

打开范例文件“6-9\auxi. slddrw”，如图 6-31 所示。

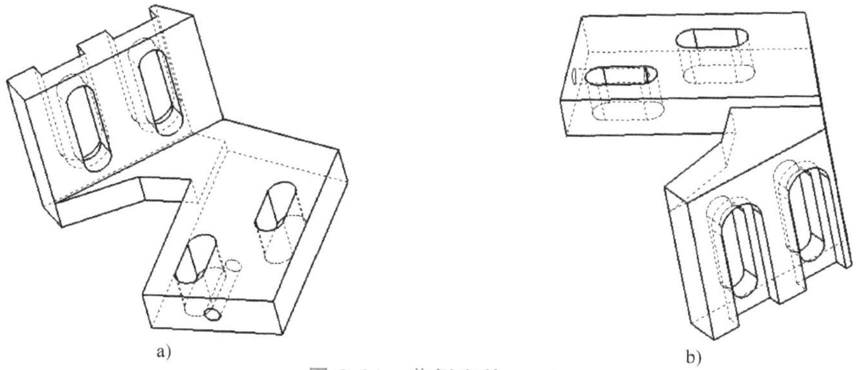

图 6-31 范例文件 auxi

操作指引

❶ 单击【工程图】工具栏中的【辅助视图】按钮。

❷ 单击视图中垂直于投影方向的一条直线。

注意：如果现有视图中没有用于定义投影方向的直线或曲线，可以在视图中绘制一条草图直线作为投影方向。

❸ 在【辅助视图】属性管理器中，选中【箭头】复选框，在【标号】文本框中输入名称为 B。

❹ 在【显示样式】选项区域中单击【带边线上色】按钮。

❺ 在图形工作区，沿垂直于直线的方向单击并拖动视图，至合适位置后，单击放置视图，如图 6-32 所示。单击【确定】按钮，完成辅助视图的创建。

注意：生成辅助视图时，视图自动保持对齐关系，可以在建立视图时按住<Ctrl>键在任意位置放置视图，也可以视图生成后解除视图对齐关系，并移动辅助视图位置。

图 6-32 创建辅助视图

6.4.5 局部放大视图

局部放大图用于表达视图的细小结构，在 SolidWorks 软件中，可对任何视图进行局部放大，图 6-33 所示为 SolidWorks 软件中的局部放大视图。

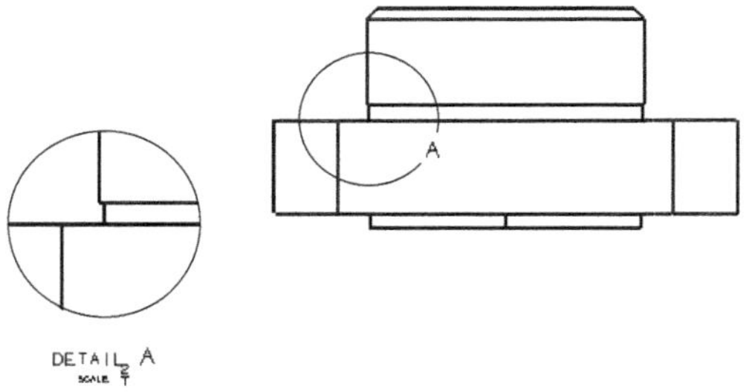

图 6-33 局部放大视图

打开范例文件“6-10 \ ton. SLDDRW”，如图 6-34 所示。

操作指引

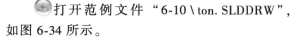

❶ 单击【工程图】工具栏中的【局部视图】按钮。

❷ 在图形工作区单击视图上的一点作为局部放大图的基点。

❸ 在图形工作区拖动光标确定圆形半径，可以在【圆】属性管理器中设置圆的绘制方法。

注意：除了可以使用系统默认的圆形边界，还可以用草图工具绘制自定义边界。

❹ 在【局部视图】属性管理器的【显示样式】选项区域中，单击【带边线上色】按钮。

❺ 在图形工作区合适位置单击放置视图，如图 6-35 所示。单击【确定】按钮，完

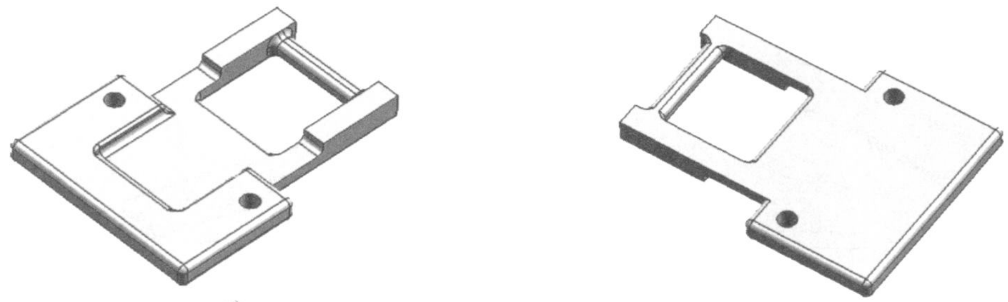

a)　　　　　　　　　　b)

图 6-34　范例文件 ton

成局部放大视图的创建。

注意：默认情况下，局部放大视图的放大比例是父视图的两倍。

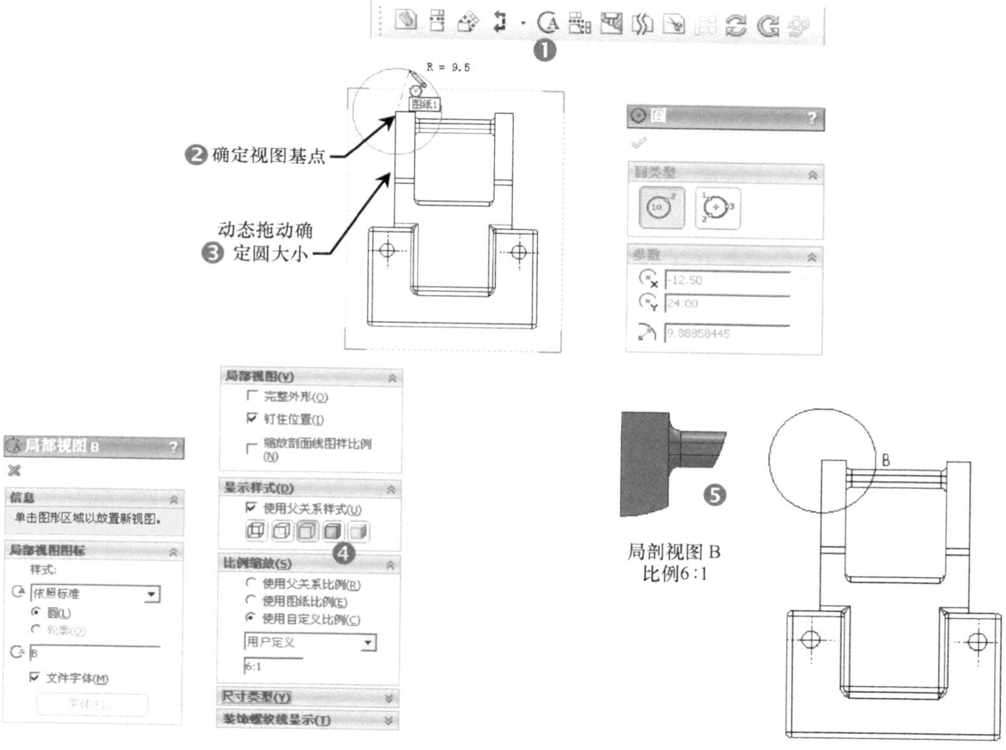

图 6-35　创建局部放大视图

6.4.6　断裂视图

断裂视图是在视图中移除两个选定点或多个选定点间的部分模型，并将剩余两部分合拢在一个指定距离内，如图 3-36 所示。在断裂视图中，可以对视图进行水平、垂直，或同时进行水平和垂直断裂。

注意：断裂视图只是在原有的视图基础上打断，而不产生新的工程图视图。

打开范例文件“6-11\tax. SLDDRW”，如图 6-37 所示。

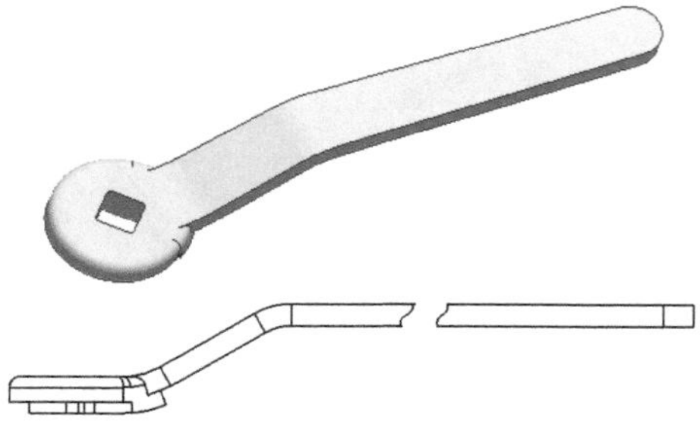

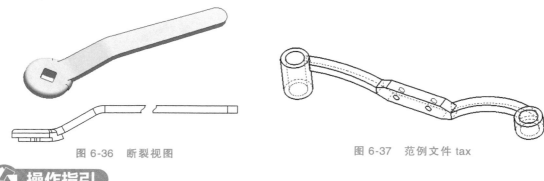

图 6-36　断裂视图

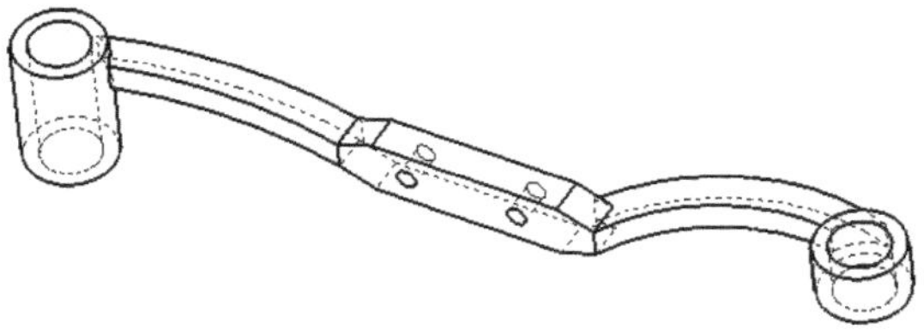

图 6-37　范例文件 tax

操作指引

❶ 单击【工程图】工具栏中的【断裂视图】按钮。

❷ 在图形工作区单击前视图作为父视图。

❸ 在【断裂视图】属性管理器的【断裂视图设置】选项区域的【缝隙大小】文本框中，设置缝隙值为 5mm。

❹ 在【折断线样式】列表框中选择【曲线切断】选项。

❺ 在视图内位置一处单击放置第一条切断线。

注意：只有在视图内部单击，才是有效位置。

❻ 在视图内位置二处单击放置第二条切断线。

❼ 单击【确定】按钮，完成断裂视图的创建，如图 6-38 所示。

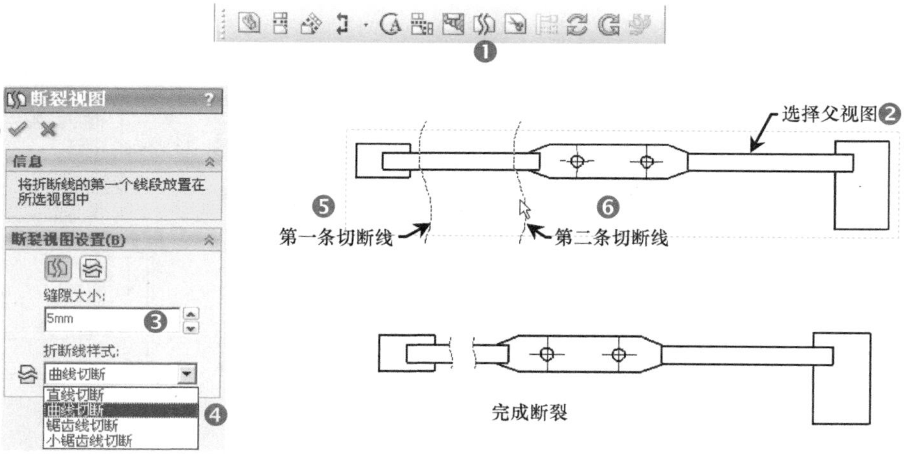

图 6-38　创建断裂视图

在 SolidWorks 软件中，取消视图的断裂有两种方式：在特征管理器设计树中右击已完成断裂线的视图，在弹出的菜单中选择【撤销断裂视图】命令，可以取消视图的断裂（图 6-39）；在图形工作区单击断裂线，按<Delete>键可以删除断裂线，取消视图的断裂。

6.4.7　剪裁视图

使用【剪裁视图】功能，可以去除视图中多余的部分，剪裁视图是在原来的视图上利用封闭区域进行视图的剪裁。

打开范例文件“6-12 \ pcr. SLDDRW”，如图 6-40 所示。

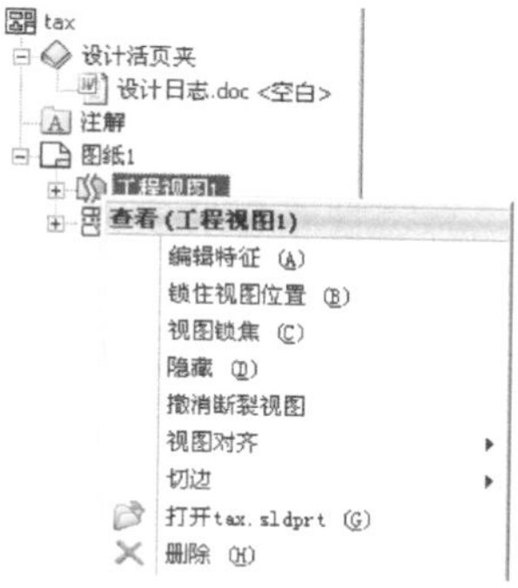

图 6-39　取消视图的断裂

操作指引

❶ 单击【草图】工具栏中的【样条曲线】按钮，在图形工作区的视图上绘制封闭区域。

❷ 选择刚绘制的封闭轮廓，单击【工程图】工具栏中的【剪裁视图】按钮，完成视图的剪裁，如图 6-41 所示。

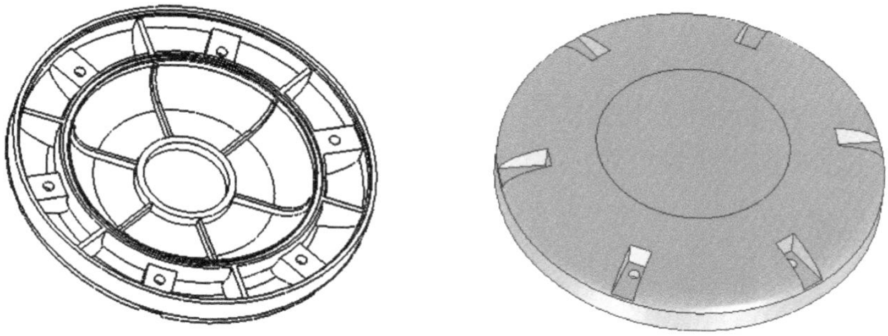

图 6-40　范例文件 pcr

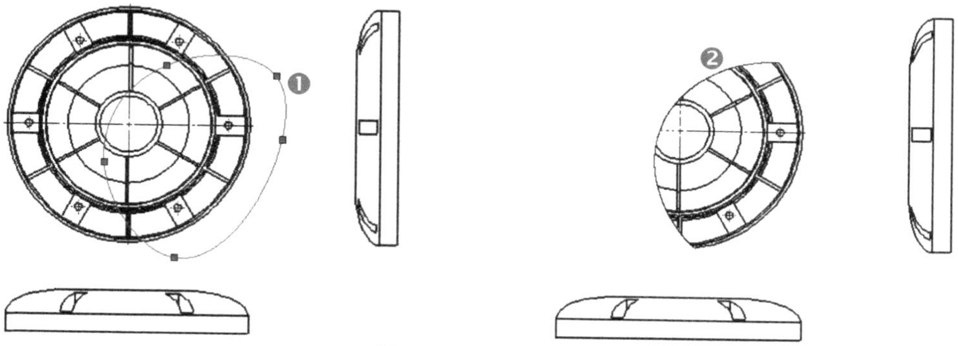

图 6-41　剪裁视图

如果要取消剪裁，可以在特征管理器设计树中右击已完成剪裁的视图，在弹出的菜单中选择【剪裁视图】|【移除剪裁视图】命令，可以移除对视图的剪裁，如图 6-42 所示。

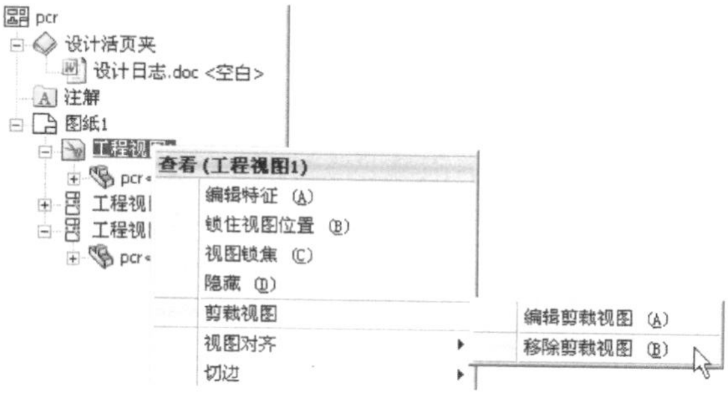

图 6-42　取消剪裁视图

6.5 添加剖视图

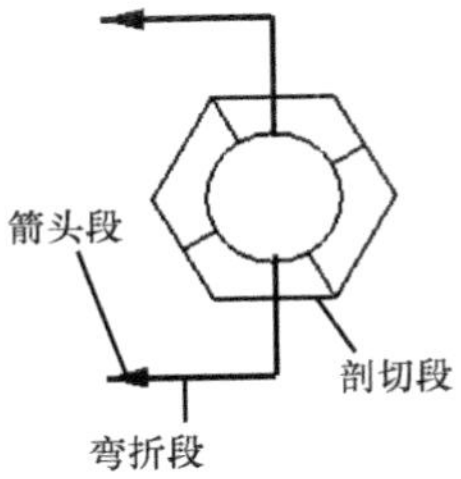

图 6-43 剖切线的组成

为了查看零件的内部结构，往往需要将零件沿假想的剖切面剖开。

在 SolidWorks 软件中，剖切线是定义剖切平面和弯折剖分的线段，由剖切段、弯折段、箭头段组成（图 6-43）。

1）剖切段：剖切线的一部分，用于定义剖切平面。

2）弯折段：非剖切位置，主要用于在阶梯剖和旋转剖中连接两个剖切段，在阶梯剖和半剖中，弯折段与剖切段垂直且和箭头段平行；在旋转剖中，弯折段为一段圆弧，连接两个剖切段。

3）箭头段：剖切箭头所在位置。

6.5.1 简单剖视图

简单剖视图是用剖切平面完全地剖开零件实体得到的剖视图，也称全剖视图，如图 6-44 所示。

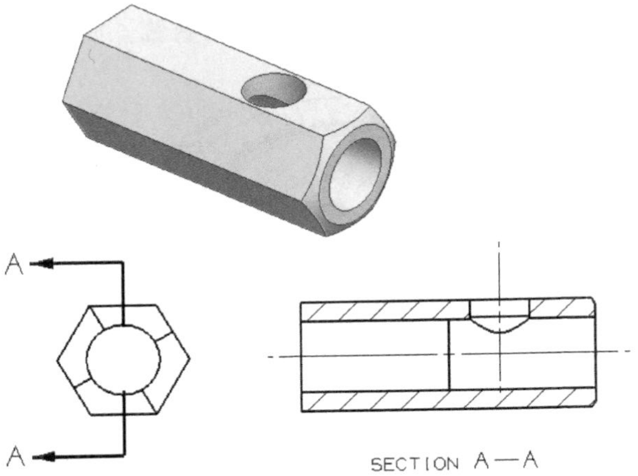

图 6-44 简单剖视图

打开范例文件“6-13\base. SLDDRW”，如图 6-45 所示。

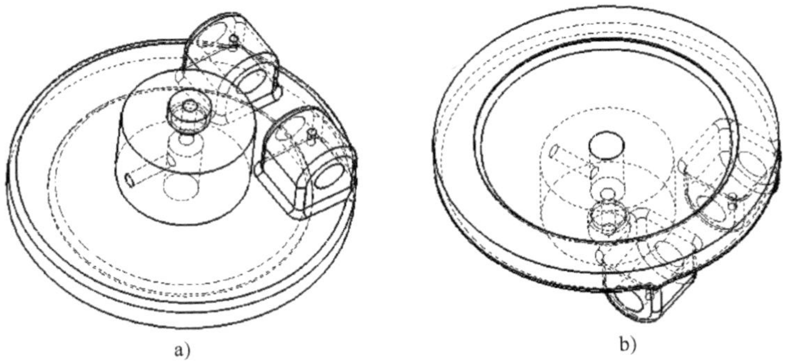

图 6-45 范例文件 base

操作指引

❶ 单击【工程图】工具栏中的【剖面视图】按钮。

❷ 在图形工作区，将光标移至圆心处单击，使其为导航点。

❸ 向左移动光标，此时导航点与光标间出现水平导航线，至合适位置处单击，该点作为剖切线起点。

❹ 再向右移动光标，至合适位置处单击，该点作为剖切线终点。

❺ 在【剖面视图】属性管理器的【剖切线】选项区域中，选中【反转方向】复选框，切换剖视图的剖切方向。

注意：双击剖切线可以改变剖切方向。

❻ 在【剖面视图】选项区域中，选中【只显示切面】复选框，生成的剖面视图上只显示剖切面上的线条。

❼ 单击【确定】按钮✔，完成简单剖视图的绘制，如图 6-46 所示。

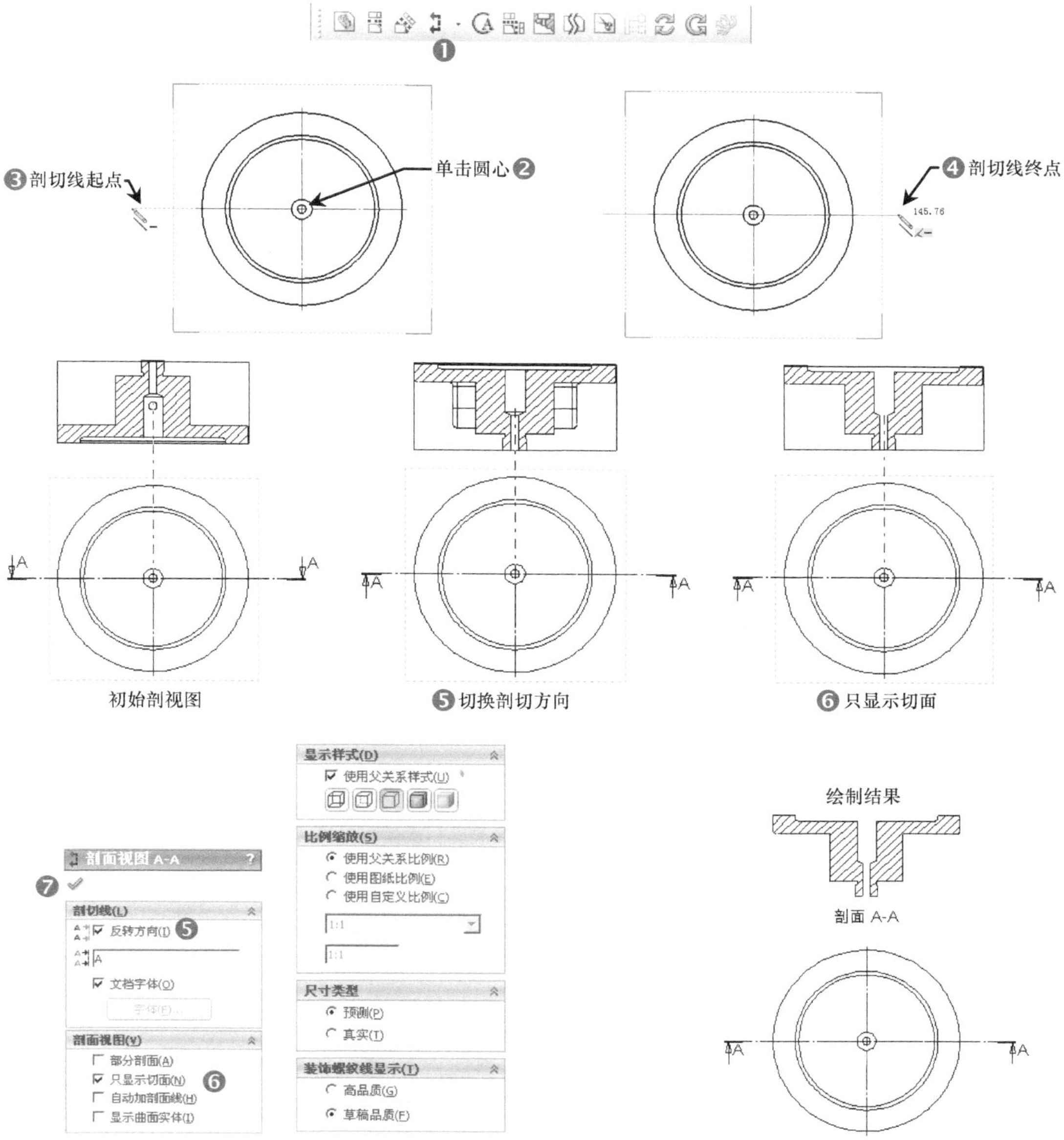

图 6-46 绘制简单剖视图

除了上面介绍的【只显示切面】复选框，【剖面视图】选项区域中的其他选项介绍如下。

1）【部分剖面】复选框：如果剖切线没有贯穿整个模型，则选中该复选框可以得到局部剖面视图，如图 6-47a 所示；如果剖切线不贯穿整个模型，并且没有选中【部分剖面】复选框，则生成剖面视图时出现错误。

2）【自动加剖面线】复选框：对于装配体或多实体零件，相邻零件（或实体）的剖面线自动采用交替形式出现，如图 6-47b 所示。

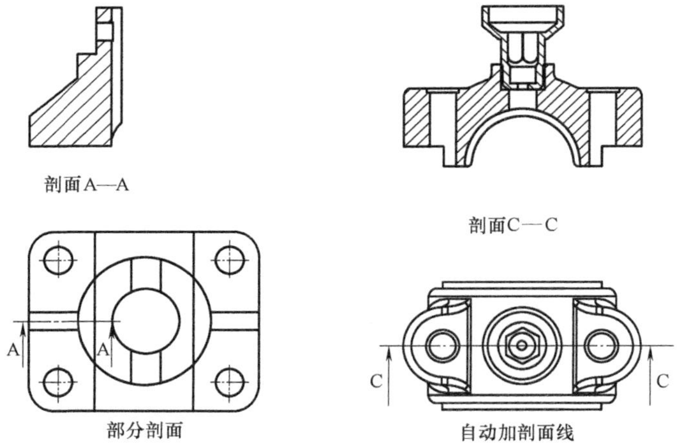

a)　　b)

图 6-47　【部分剖面】复选框与【自动加剖面线】复选框说明

6.5.2　阶梯剖视图

当绘制一条直线作为剖切线时，会生成上面介绍的全剖视图。当绘制的是相交的连续线段时，生成的是阶梯剖视图。

阶梯剖视图可以使用多个互相平行的剖切段，剖切段之间由弯折段连接，常用于生成多个平行截面上的零件剖切结构，如图 6-48 所示。

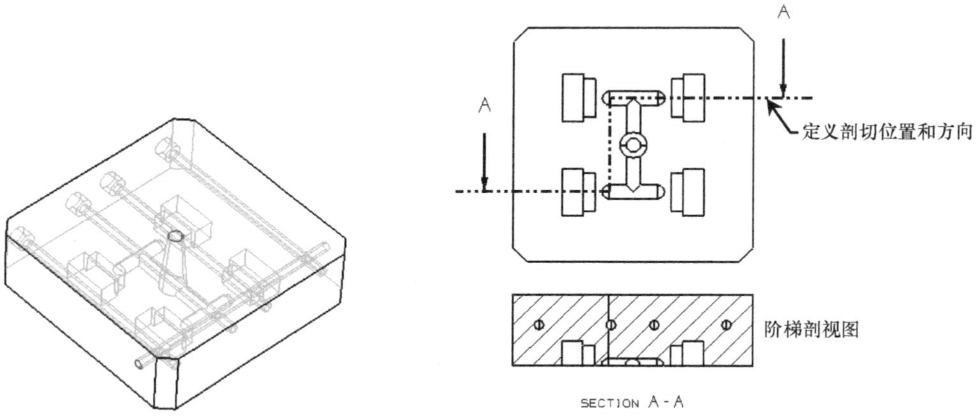

a)　　b)

图 6-48　阶梯剖视图

打开范例文件“6-14\mod. SLDDRW”，如图 6-49 所示。

操作指引

❶ 单击【草图】工具栏中的【直线】按钮，在图形工作区捕捉通道的端点，绘制三条线段。

❷ 按住<Ctrl>键的同时，依次单击三条线段。单击【工程图】工具栏中的【剖面视图】按钮。在图形工作区单击并向上拖动视图，预览视图的形状，至合适位置后单击放置视图。单击【确定】按钮，完成阶梯剖视图的绘制，如图 6-50 所示。

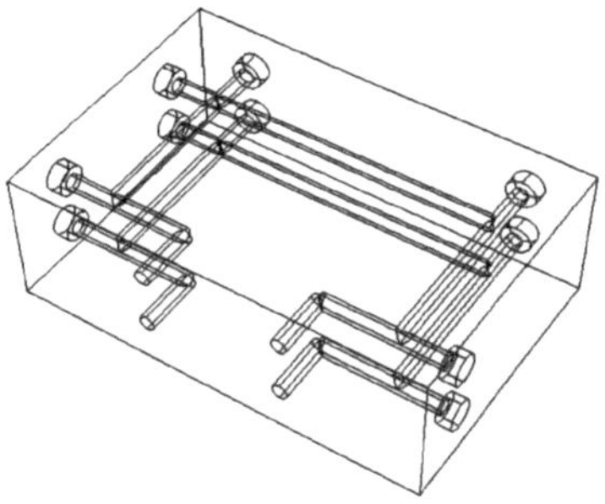

图 6-49　范例文件 mod

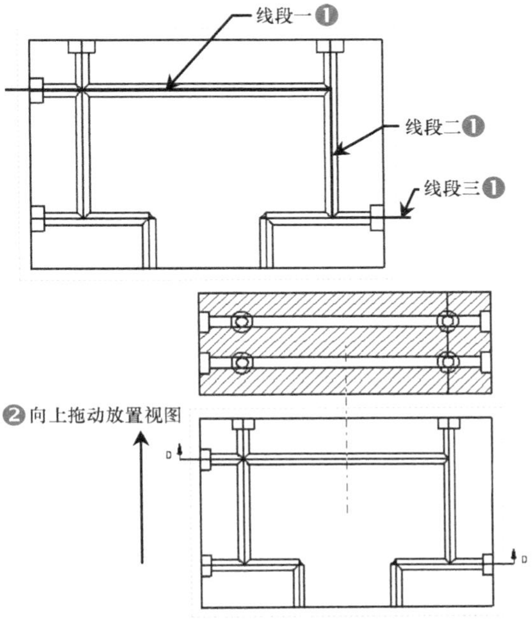

图 6-50　绘制阶梯剖视图

6.5.3　旋转剖视图

旋转剖视图是指用相交的剖切平面剖切零件才能表达清楚零件结构的视图。在旋转剖视图中，可以包含一两个支架，每个支架可以由若干剖切段、弯折段和箭头段组成，它们相交于一个旋转中心点，剖切线都绕同一个旋转中心旋转，并且所有的剖切平面将展开在一个公共平面上，如图 6-51 所示。

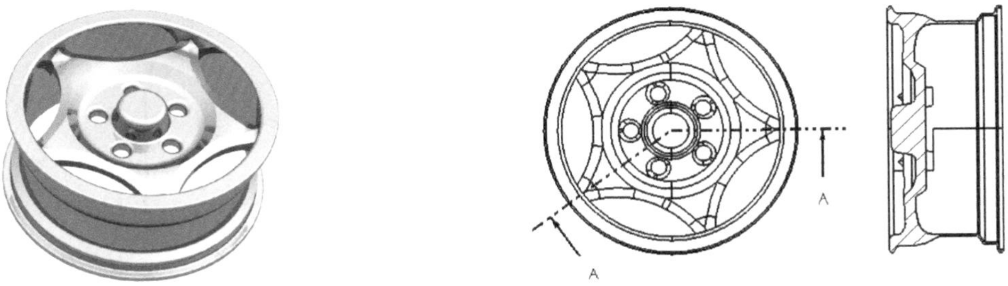

a)　　b)

图 6-51　旋转剖视图

打开范例文件“6-15\thv. SLDDRW”，如图 6-52 所示。

a)　　b)

图 6-52　范例文件 thv

操作指引

❶ 单击【草图】工具栏中的【直线】按钮。在图形工作区捕捉通道的端点，绘制两条线段。

❷ 按住<Ctrl>键的同时，依次单击这两条线段。单击【旋转剖视图】按钮。在图形工作区单击并向下拖动视图，预览视图的形状，至合适位置后单击放置视图。单击【确定】按钮，完成旋转剖视图的创建。

❸ 将光标移至剖切线附近，当变成时，右击剖切线，在弹出的菜单中选择【编辑草图】命令。

❹ 调整剖切段位置至图示位置。按<Ctrl+B>组合键更新视图，完成剖切线位置的调整。

❺ 双击剖面线，查看剖面线类型。在【区域剖面线/填充】属性管理器的【属性】选项区域中，取消选中【材质剖面线】复选框。

注意：剖视图默认使用模型文件中定义的材质剖面线类型。

❻ 选择【ISO（Aluminum）】类型。

❼ 在【剖面线图样比例】文本框中输入比例值为 2。

❽ 单击【确定】按钮，完成剖面线的调整，如图 6-53 所示。

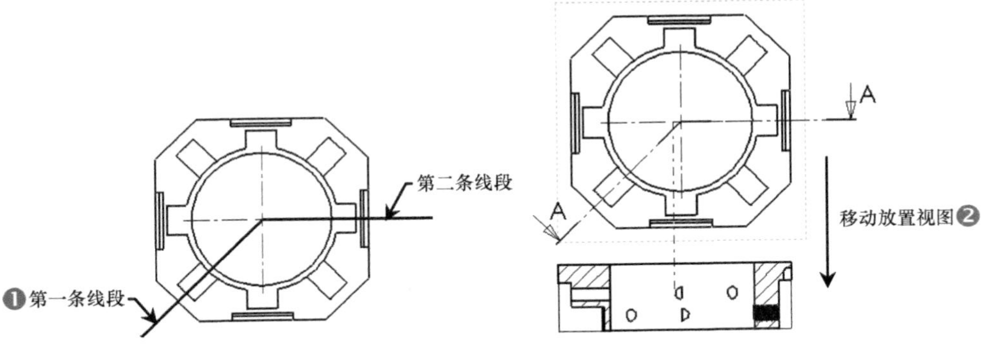

图 6-53　创建旋转剖视图

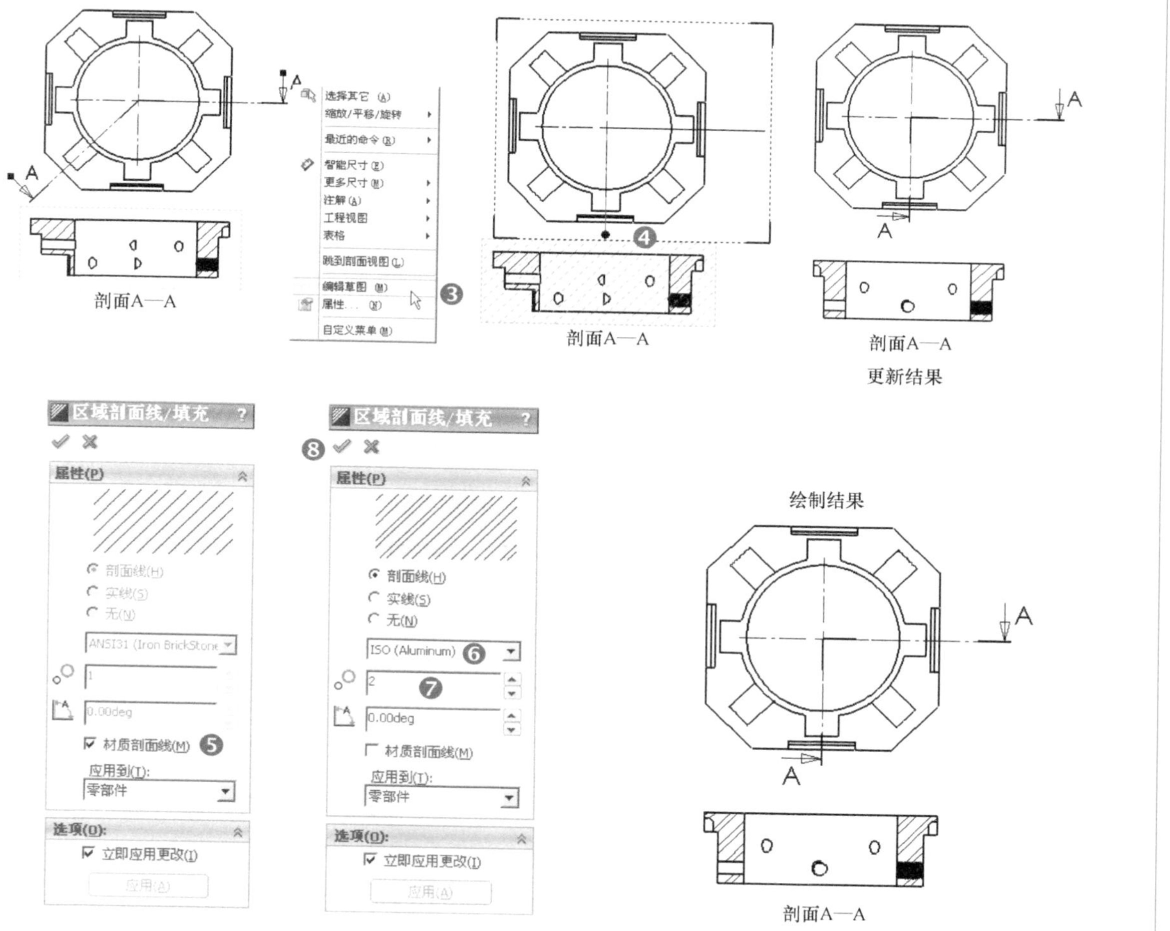

图 6-53 创建旋转剖视图（续）

6.5.4 展开剖视图

展开剖视图是不含弯折段，将连续剖切段相接的剖切方法，并且最终将剖切截面展开到一个视图中，如图 6-54 所示。

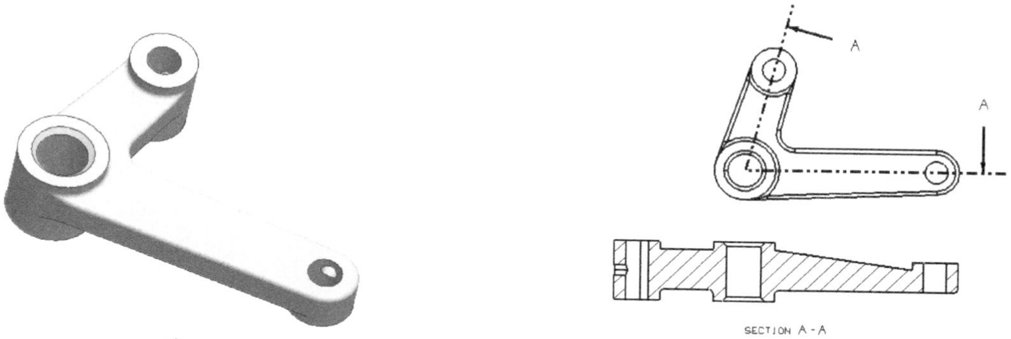

a) b)

图 6-54 展开剖视图

打开范例文件“6-16\yxu. SLDDRW”，如图 6-55 所示。

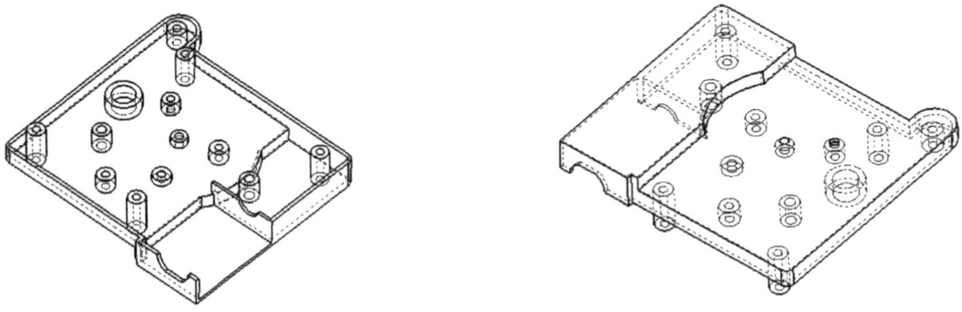

图 6-55　范例文件 yxu

操作指引

❶ 单击【草图】工具栏中的【直线】按钮。在图形工作区捕捉通道的端点，绘制七条线段。

❷ 按住<Ctrl>键的同时，依次单击这七条线段。单击【工程图】工具栏中的【旋转剖视图】按钮。单击并向上拖动视图，预览视图的形状，至合适位置后单击放置视图。单击【确定】按钮，完成展开剖视图的绘制，如图 6-56 所示。

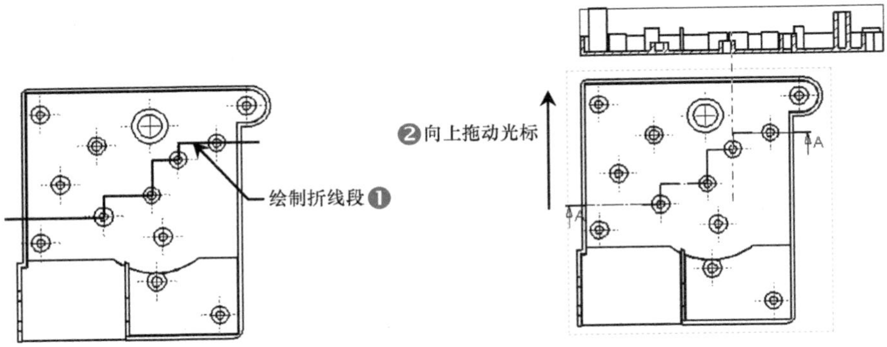

图 6-56　绘制展开剖视图

6.5.5　局部剖视图

局部剖视图用于表示零件的内部结构，剖切区域是由一段封闭的局剖切线定义，如图 6-57 所示。

打开范例文件“6-17\din. SLDDRW”，如图 6-58 所示。

操作指引

❶ 单击【草图】工具栏中的【圆】按钮。

❷ 在图形工作区的范例文件上绘制圆形作为剖切区域。

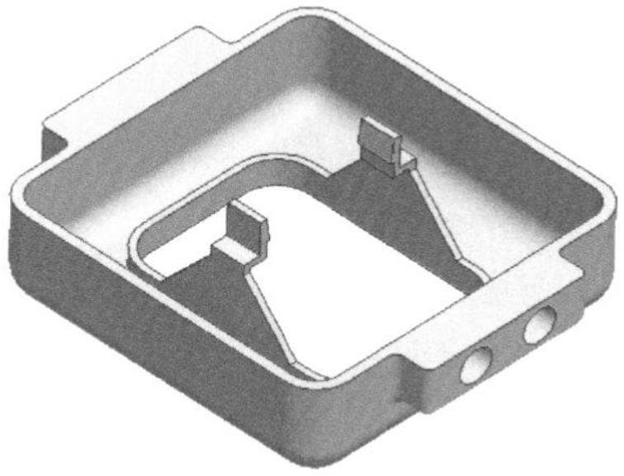
a)

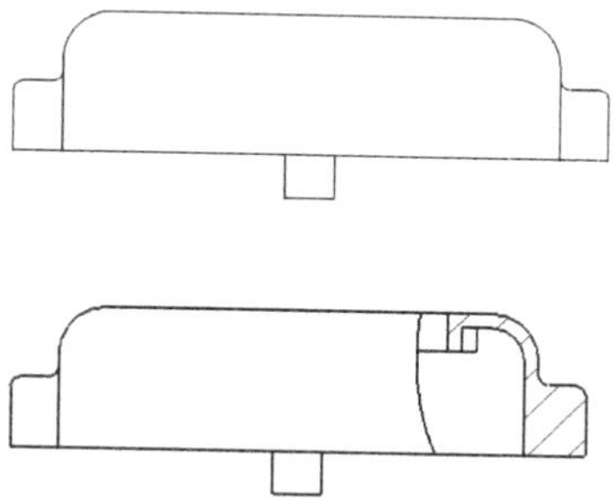
b)

图 6-57 局部剖视图

图 6-58 范例文件 din

❸ 选择圆形。单击【工程图】工具栏中的【断开的剖视图】按钮，SolidWorks 软件自动以圆形作为局部剖视的轮廓。

提示：如果事先没有选择轮廓，那么 SolidWorks 软件要求在现有视图上使用草图工具绘制一个封闭区域，绘制封闭区域时，要注意使绘制的封闭区域依附于视图。

❹ 单击【断开的剖视图】属性管理器的【深度】选项区域中的【参照】文本框，单击视图上的边线作为深度参照。

提示：定义剖切面的高度时，可以使用从当前模型最高点到剖切面的距离来定义，但最好参考其他草图的圆（剖切面通过所选圆的圆心）、直线或轴线。

❺ 单击【确定】按钮，完成局部剖视图的绘制，如图 6-59 所示。

使用【断开的剖视图】命令，还可以方便地建立半剖视图，如图 6-60 所示。

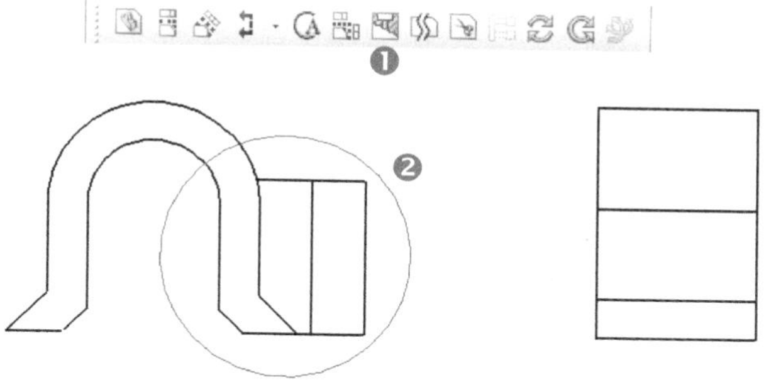

图 6-59 绘制局部剖视图

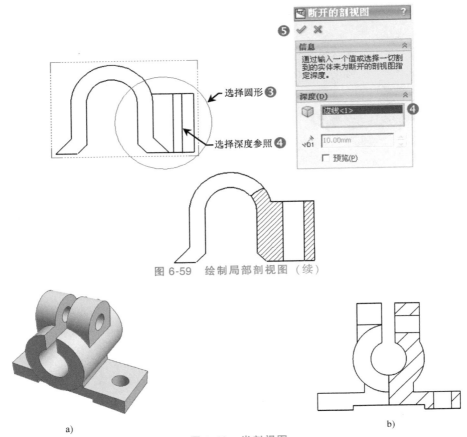

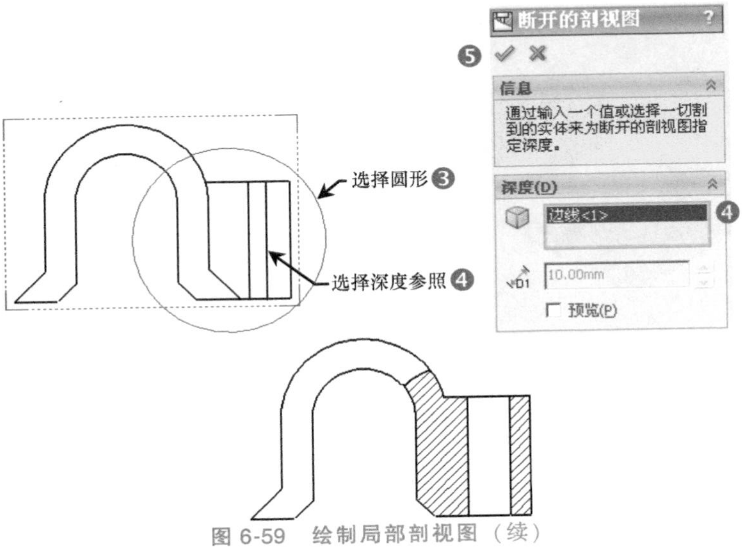

图 6-59　绘制局部剖视图（续）

a)　　b)

图 6-60　半剖视图

注意：默认情况下，生成的局部剖界限用粗线表示，此处与国家标准不符，可以选中局部剖界限，从【线型】工具栏中重新定义边界的线型为【细线】，如图 6-61 所示。

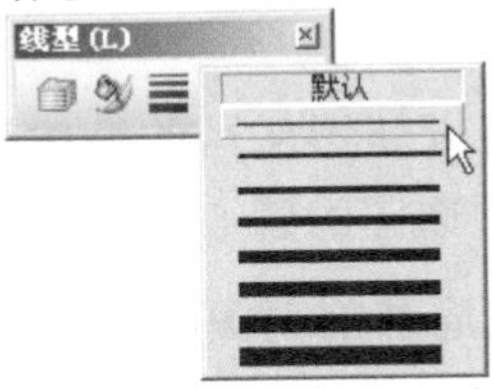

图 6-61　设置局部剖界限的线型

6.6　视图编辑与操作

在 SolidWork 工程图模块中提供了各种视图编辑功能，例如设定工程视图的显示样式，视图的切边显示，设定或解除工程图的对齐或旋转、视图锁焦和图纸锁焦，工程图的移动、删除、隐藏等。

6.6.1　视图切边显示

在 SolidWorks 软件中，用户可以控制视图中切边的显示方式，例如显示切边、不显示切边或以设定的线型来显示切边。

打开范例文件“6-18\qzz. SLDDRW”，如图 6-62 所示。

a)　　　　b)

图 6-62　范例文件 qzz

操作指引

在视图上右击，在弹出的菜单中，选择【切边】|【切边可见】命令，切换切边的显示状态，如图 6-63 所示。

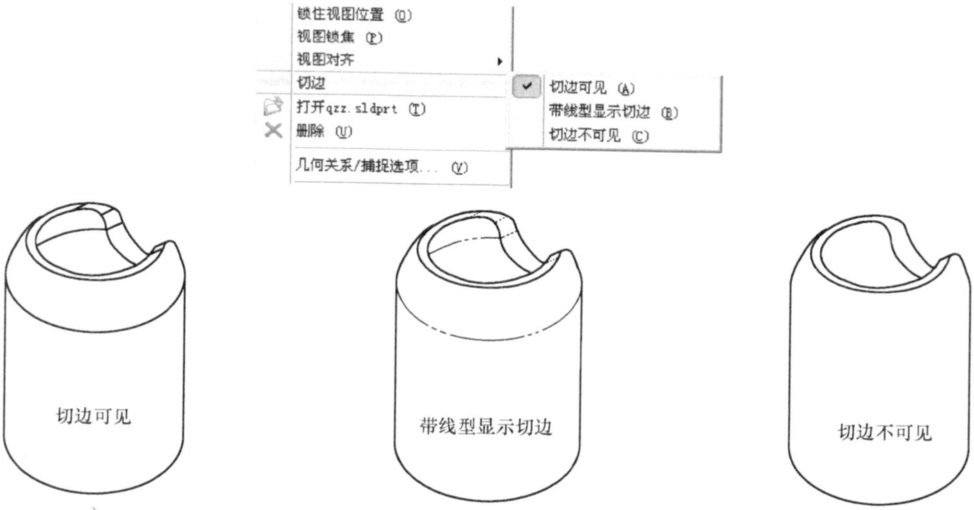

a)　　　　b)　　　　c)

图 6-63　切边显示状态

提示：选择【带线型显示切边】模式时，切边的显示线型在【文件属性】|【线型】|【切边】命令中进行设置。

6.6.2　视图对齐

在建立标准三视图、投影视图、剖面视图时，系统默认将新建的视图和父视图投影按照投影关系自动对齐。当移动视图时，对齐的视图将按照对齐关系只能在某个方向上移动。

视图的对齐关系可以解除，用户可以在任意位置移动视图。

打开范例文件“6-19\move. SLDDRW”，如图 6-64 所示。

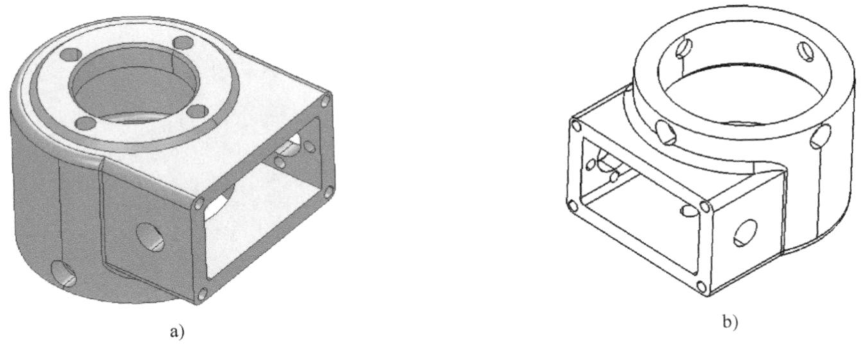

图 6-64 范例文件 move

操作指引

❶ 在图形工作区单击并拖动中间视图，其余视图会跟随移动。在左侧视图上右击，在弹出的菜单中选择【原点水平对齐】命令。

❷ 在图形工作区选择俯视图作为对齐的父视图，单击【确定】按钮，完成视图的对齐方式的调整，如图 6-65 所示。

注意：建立视图时，如果按住<Ctrl>键的同时放置视图，可以自动解除视图的默认对齐关系。

6.6.3 视图旋转

视图可以在图纸区域沿着垂直于屏幕的轴自由旋转。

打开范例文件“6-20\pob. SLDDRW”，如图 6-66 所示。

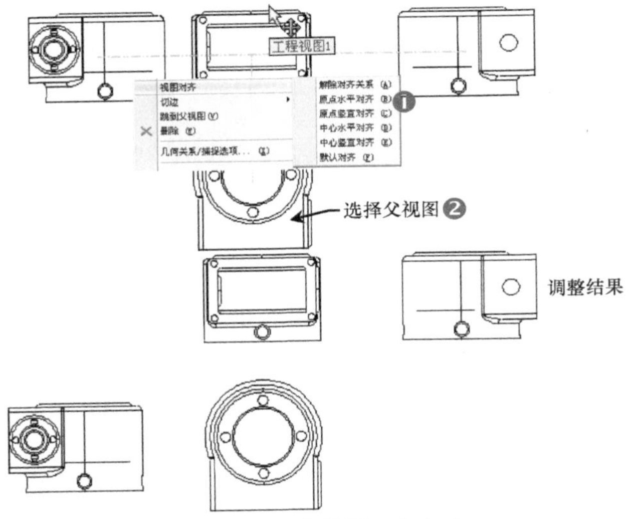

图 6-65 调整视图对齐方式

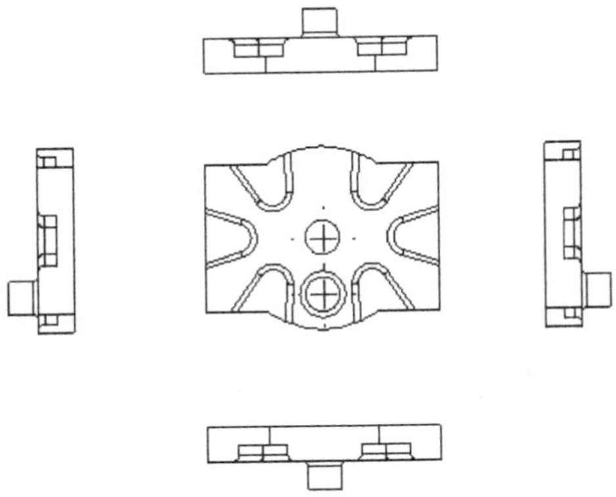

图 6-66 范例文件 pob

操作指引

❶ 单击【工程图】工具栏中的【旋转视图】按钮。

❷ 在图形工作区单击并拖动中间视图，查看各视图的动态旋转效果。

❸ 在【旋转工程图】对话框的【工程视图角度】文本框中输入角度值为 135°。

❹ 单击【关闭】按钮 关闭 ，完成视图的旋转，如图 6-67 所示。

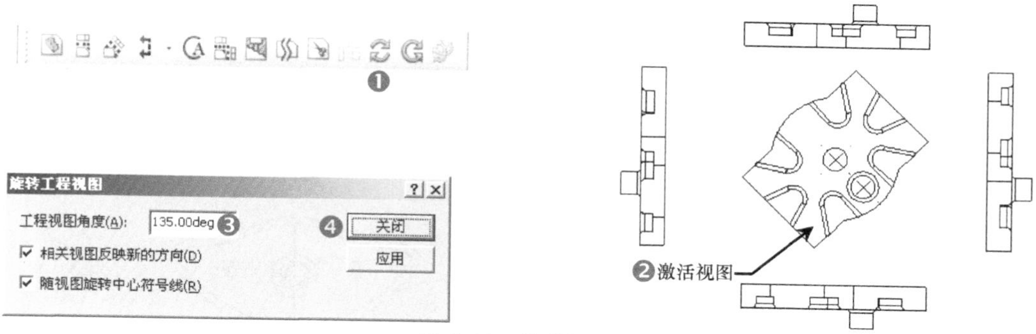

图 6-67　旋转视图

6.6.4　视图锁焦和图纸锁焦

在工程图中绘图草图元素或添加注解（例如文字注释）时，它们将自动依附于与光标距离最近的视图上（将自动激活视图），这样允许移动视图时同时移动视图中依附的项目。

在工程图有很多视图，且相互之间可能有交叉的情况下，对视图的自动激活可能不是非常准确，这时可以使用视图锁焦的方法人工锁定视图，以保证绘制元素或添加的注解依附于特定的视图。

操作指引

在图形工作区中右击视图，在弹出的菜单中选择【视图锁焦】命令。视图锁焦后，视图边框可见，即使光标移至其他视图，所绘制的草图元素仍依附于被锁焦的视图，如图 6-68 所示。右击视图，在弹出的菜单中选择【解除视图锁焦】命令，可以解除视图的锁焦。

提示：双击视图，可以直接锁焦视图。视图锁焦后，在图纸空白处双击，可以解除视图锁焦。

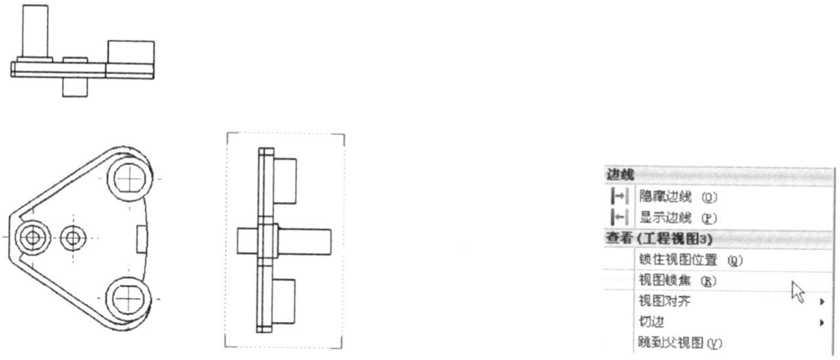

图 6-68　视图锁焦

当需要在图纸空间的某个位置添加注解时，可以使用图纸锁焦的方法。这样添加的注解不依附于任何视图而是依附于图纸。当移动视图时，依附于图纸的注解位置保持不变。

在图纸空白处右击，在弹出的菜单中选择【图纸锁焦】或【解除图纸锁焦】命令，可以对图纸锁焦或解除锁焦。

提示：在没有视图被锁焦的情况下，双击图纸空白处，可以锁焦图纸；再次双击图纸，可以解除图纸锁焦。

6.6.5 移动、删除和隐藏工程图

视图的移动依赖于视图的对齐关系。例如投影视图，当移动主视图时，可以同时移动俯视图和侧视图，但俯视图只能在上下方向移动，而侧视图只能在左右方向移动。

选择需要移动的视图，移动光标到视图边框，当光标变为 时，拖动光标可以在允许的方向上移动视图，如图 6-69 所示。

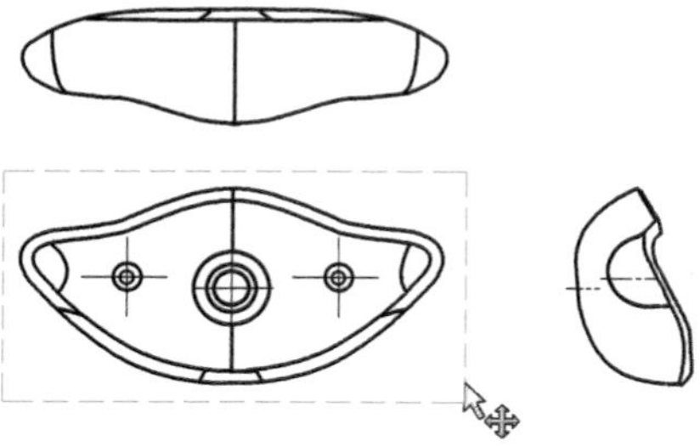

图 6-69 移动视图

对于多余的工程视图，可以进行删除或隐藏操作。右击视图，在弹出的菜单中选择【删除】命令即可。

提示：有些视图间存在父子关系，例如从标准视图得到的剖面视图，那么标准视图是剖面视图的父视图，删除父视图也会删除子视图。这种情况下，可以采用隐藏父视图而不隐藏子视图的方法达到要求。

6.6.6 视图属性

常见的视图属性可以在属性管理器中设置，例如视图的比例、显示属性等。视图的更多属性，可以通过打开【工程视图属性】对话框（图 6-70）来修改。

对于工程视图的属性设置，根据视图的类型不同而有所不同，设置内容包括如下注意事项。

1）如果模型具有其他配置，可以将标准视图显示为其他配置。

2）以虚线显示特征或零件被隐藏的边线。

3）以虚线显示装配图中被隐藏的零件。

4）修改装配图中的剖面范围，排除不被剖切的零部件。

5）将视图显示成装配体的爆炸状态。

6）确定是否在钣金件展开图显示折弯注释。

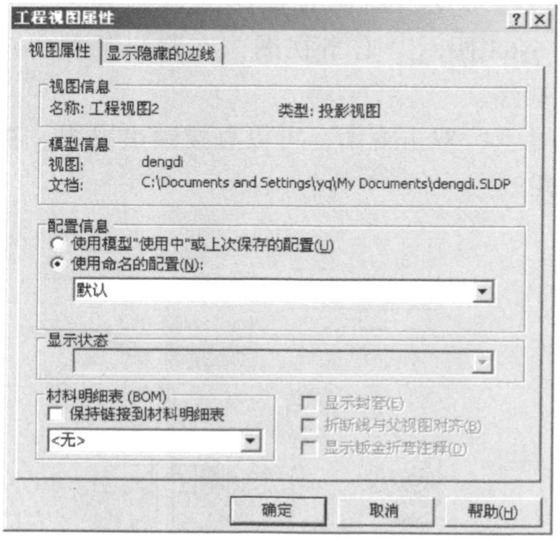

图 6-70 【工程视图属性】对话框

6.7　尺寸标注

SolidWorks 软件中的三维模型是全相关的，在制图模块中标注尺寸就是直接引用三维模型真实的尺寸，如果要改动零件中的某个尺寸参数，则需要在三维实体中进行修改。如果三维模型被修改，工程图中的相应尺寸也会自动更新，从而保证了工程图与模型的一致性。

6.7.1　模型尺寸

可以通过【插入模型项目】命令在工程图中插入模型中标注的尺寸，这些尺寸完全来自于模型，也可以称为“驱动尺寸”。

插入的模型尺寸可以在工程图中直接修改，尺寸数值修改后，将改变模型并进一步修改图纸中相应的视图。

注意：模型在工程图中显示的尺寸均采用工程图中设定的单位体系，而与模型中采用的单位体系无关。例如模型采用英寸为单位，某个尺寸为 1in，当模型插入到 mm 为单位的工程图中，应采用 mm 为单位，即在工程图中显示尺寸数值为 25.4mm，而不是 1 in。

打开范例文件“6-21\body. SLDDRW”，如图 6-71 所示。

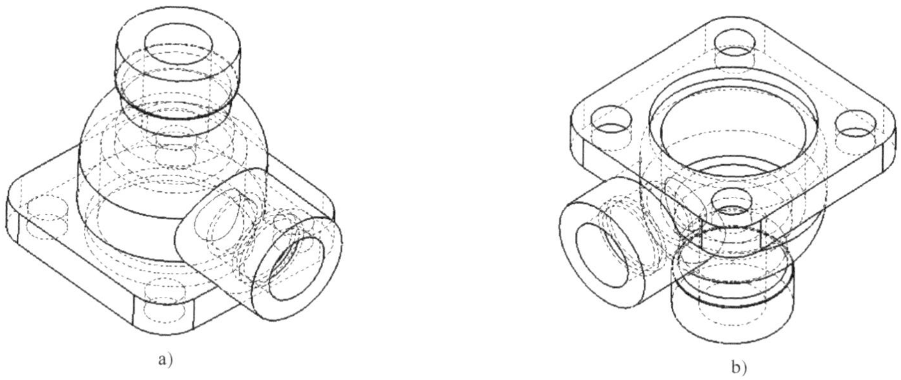

图 6-71　范例文件 body

（1）插入模型尺寸

操作指引

❶ 单击【注解】工具栏上的【模型项目】按钮。

❷ 在【模型项目】属性管理器的【来源/目标】选项区域的【来源】列表框中，选择【整个模型】选项。

❸ 选中【将项目输入到所有视图】复选框。

❹ 单击【确定】按钮，完成插入模型尺寸的操作，如图 6-72 所示。

确定后在图纸的视图上系统自动标注出一系列尺寸或其他注解，并且不会重复插入，尺寸一旦被加入，就自动与视图关联，会随着视图的移动而移动。

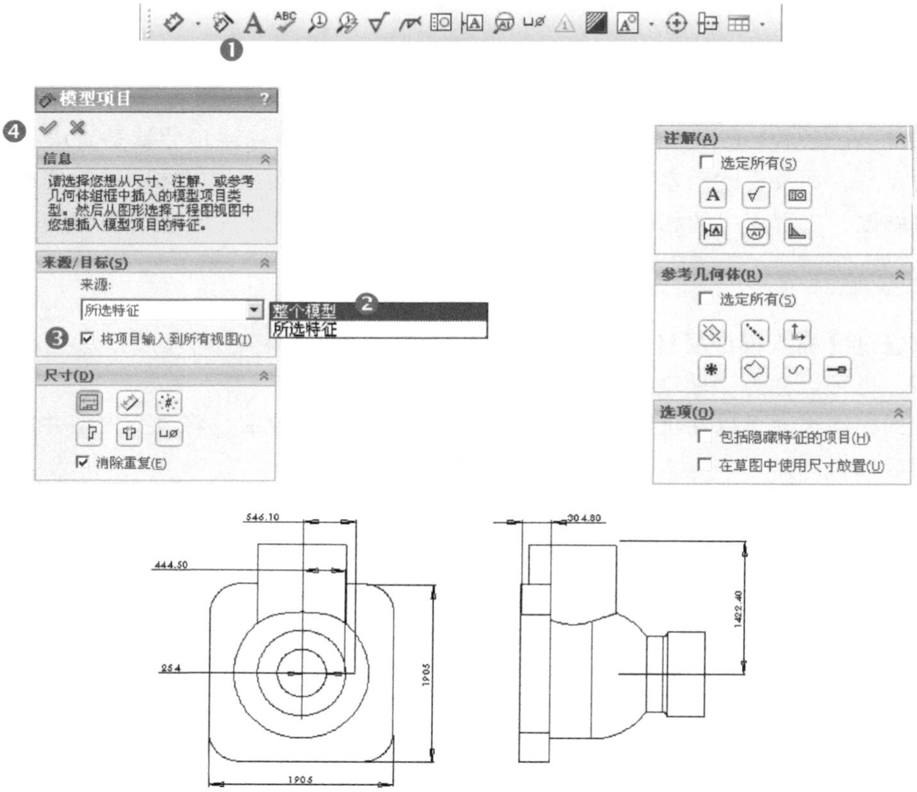

图 6-72　插入模型尺寸

【模型项目】属性管理器中的【来源/目标】选项区域用于选择是提取整个模型的尺寸还是只提取所选特征的尺寸；此外，如果选中【将项目输入到所有视图】复选框，则系统自动为每个视图安排合适的尺寸，否则需要选择尺寸放置的视图。

【尺寸】选项区域用于选择对一些特征标注的方法，如果模型中有异形孔等特殊的特征，选择对应按钮，系统可以自动为这些特征进行标注。

【注解】选项区域用于选择是否标注粗糙度、几何公差等注解。

【参考几何体】选项区域用于选择标注时的一些参考特征。

【选项】选项区域提供两个选项，用于决定是否显示隐藏特征的尺寸以及草图中是否放置尺寸等。

当模型特征较多时，插入的尺寸位置很乱，并且有许多不符合工程习惯，可以考虑使用下列方法来解决。

1）养成在模型中合理标注尺寸和注解的习惯，建议使草图处于完全定义状态，这样模型中必须标注的尺寸和注解才会插入到工程图中。

2）在建立的视图中，应标注足以表达模型结构的所有尺寸，否则有些尺寸将不会被插入。

3）工程图不显示模型中被压缩的特征，也不会插入被压缩特征的尺寸，因此可以考虑按特征范围插入模型尺寸，然后自上向下逐步对特征解除压缩。

4）在模型的草图中合理调整尺寸的位置。

（2）编辑尺寸

由于尺寸是系统自动加入的，因此尺寸的位置可能不合理，有些尺寸可能被漏标，有些尺寸可能重复，所以对尺寸进行编辑和整理是十分必要的。

操作指引

❶ 单击尺寸数字 1422.40，按<Delete>键。

注意：尺寸从视图中删除，但并没有从模型中删除。

❷ 按住<Shift>键的同时，单击并拖动尺寸数字 1905 至右视图中，释放鼠标，尺寸会移动到右侧视图中。

注意：如要将尺寸从一个视图复制到另一视图中，在将尺寸拖到其他视图时按住<Ctrl>键，需要注意的是，只有对应视图适合被移动的尺寸时才能移动或复制。

❸ 双击尺寸数字 308.4，在【尺寸】属性管理器中修改尺寸的属性，如图 6-73 所示。

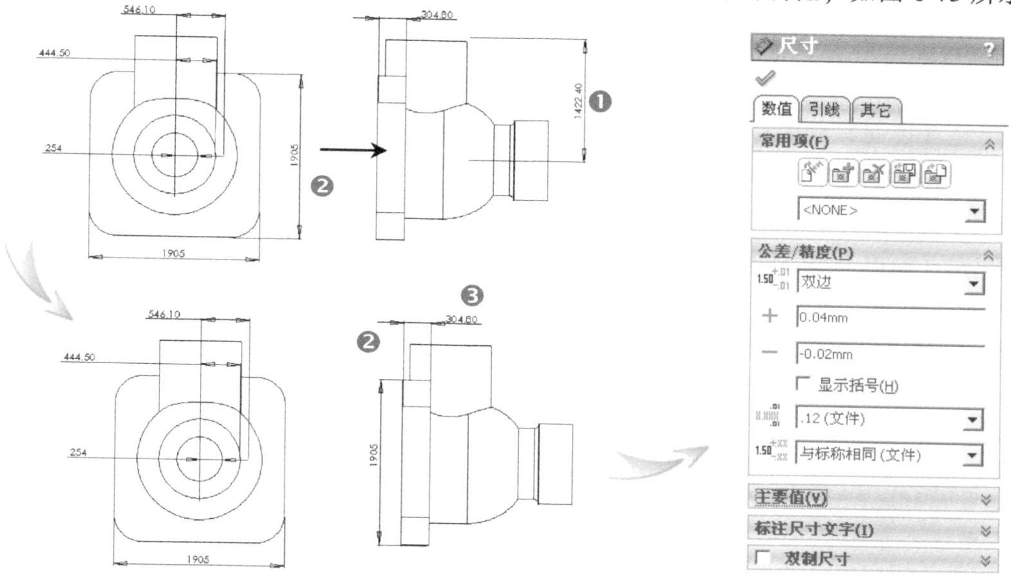

图 6-73　编辑尺寸

6.7.2　参考尺寸

事实上，系统自动加入的尺寸是模型创建时的草图和特征尺寸，因此模型与工程图尺寸是互相关联的，模型的改变会导致工程图中尺寸的改变，同样工程图中尺寸的改变也会驱动模型进行相应的改变。

除了系统自动加入的尺寸外，可以手工加入尺寸，但这些尺寸都是参考尺寸，它不能驱动模型的改变，默认情况下显示为灰色，而且尺寸数字被括号括起来。

6.8　注解

完整的工程图纸除了具有尺寸外，还必须包括必要的技术指标，例如几何公差、表面粗糙度和技术要求等注解。

6.8.1 表面粗糙度

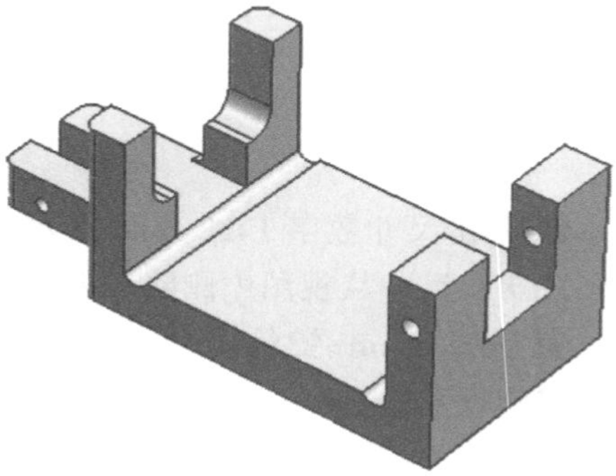

图 6-74 范例文件 yba

零件的表面粗糙度是指加工表面上具有较小间隙和峰谷所组成的微观几何形状特性。通常对有配合和相对运动的表面的表面粗糙度的要求会较高。

表面粗糙度要求越高，加工成本也就越高，所以应根据实际需要合理选用零件的表面粗糙度。

打开范例文件“6-22\yba. SLDDRW”，如图 6-74 所示。

操作指引

❶ 在【注解】工具栏中单击【粗糙度】按钮。

❷ 在【表面粗糙度】属性管理器的【符号】选项区域中，单击【要求切削加工】按钮。

❸ 输入数值为 0. 8。

❹ 在【角度】选项区域中单击【水平】按钮，在图形工作区视图的边线上单击放置粗糙度符号。

❺ 单击【确定】按钮，完成表面粗糙度的标注，如图 6-75 所示。

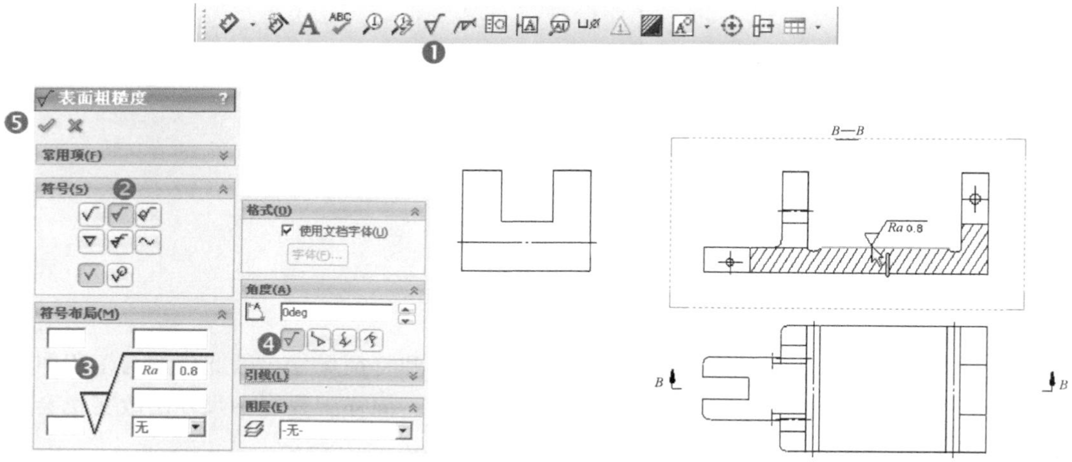

图 6-75 标注表面粗糙度

在【表面粗糙度】属性管理器的【符号】选项区域中提供了表面粗糙度符号。

【符号布局】选项区域用来指定材料表面高度偏差值的最大值和最小值，以及表面的最高点与最低点间的间距，并选择表面加工的刀痕方向，一般只设置最大偏差值。

【格式】选项区域用来设置注释的字体大小和类型。

【角度】选项区域用来设置表粗糙度符号放置的角度。

【引线】选项区域用来选择标注表粗糙度符号是否要有引线及设置引线类型。

6.8.2 形位公差

形位公差是形状公差和位置公差的简称，表示特征的形状、轮廓、方向、位置和跳动的允许偏差，国家标准（GB/T 1182—2008）中规定了形位公差的内容和标注方法。

国家标准规定用特征控制框添加形位公差，各框格中包含单个标注的公差信息。特征控制框由至少两个框格组成，如图 6-76 所示。框格左起第一格表示公差的几何特征，例如位置、轮廓、形状、方向或跳动；第二格标注该形位公差数值和其他内容；第三格起标注位置公差的基准。框格和项目及公差符号的线宽常用字高的 1/10，基准符号的线宽是项目符号线宽的两倍。

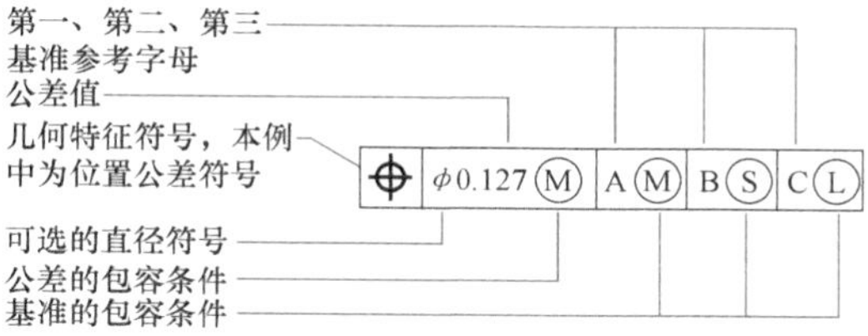

图 6-76 形位公差的标写格式

在【属性】对话框的【形位公差符号】选项卡列出了各种形位公差符号、基准符号和标注格式，以及公差框高度和公差标准选项。

在视图中标注形位公差时，首先要选择公差框架格式，可根据需要选择单个框架或组合框架。然后选择形位公差项目符号，并输入公差数值和选择公差的标准。如果是位置公差，还应选择隔离线和基准符号。

打开范例文件“6-23\syz. SLDDRW”，如图 6-77 所示。

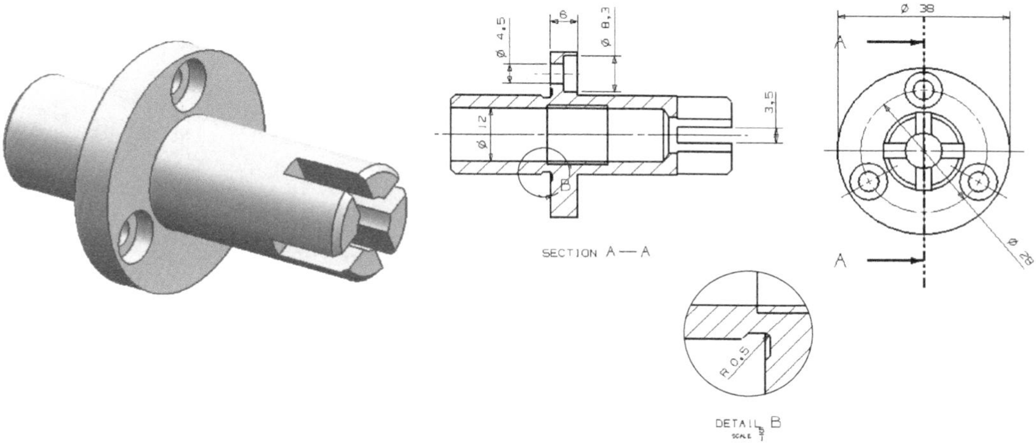

图 6-77 范例文件 syz

操作指引

❶ 在【注解】工具栏中单击【标准符号】按钮。

❷ 在图形工作区单击放置填充矩形的位置。

❸ 单击放置符号的位置。

❹ 单击【确定】按钮，完成基准特征符号的添加。

❺ 在【注解】工具栏中单击【形位公差】按钮。

❻ 在【属性】对话框中的【符号】列表框中，单击【同心】按钮◎。

❼ 单击【直径】按钮 Ø 。

❽ 在【公差 1】文本框中输入公差值为 0.02mm。

❾ 在【主要】文本框中输入主要值为 A。

❿ 单击【确定】按钮 确定 ，在图形工作区将光标指向目标轮廓或尺寸，单击后公差尺寸就放置好了，如图 6-78 所示。

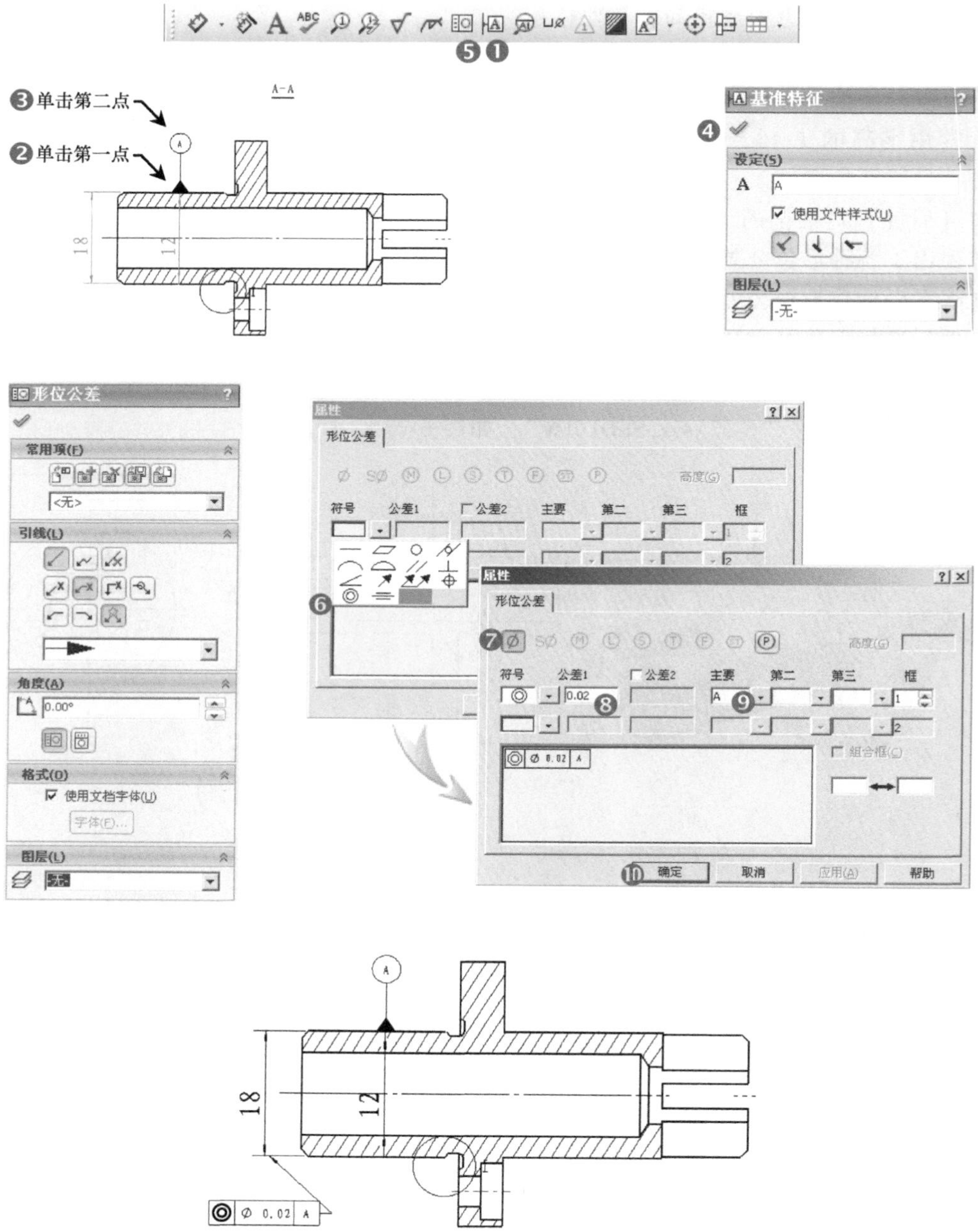

图 6-78　标注形位公差

6.8.3 文字注释

文字注释是工程图中常出现的表示方法，例如技术要求、说明都需要文字注释。

操作指引

❶ 单击【注解】工具栏中的【注释】按钮A。

❷ 在【注释】属性管理器的【文字格式】选项区域中，单击【居中】按钮，调整文字布局为居中对齐。

❸ 单击【插入超文本链接】按钮，在弹出的【插入超文本链接】对话框中，输入文本链接的URL地址。

❹ 单击【属性链接】按钮，可以将文件属性、自定义属性，或指定配置属性的值加入注释文字中。

❺ 单击【添加符号】按钮，将特殊符号，例如【最大材质条件】加入到注释文字中。

❻ 单击【锁定】按钮，将文字注释固定在某个部位。将光标指向要注释的位置，单击确定位置，鼠标指针附近出现【格式】工具栏，在方框中输入要注释的文字，确定即可。单击【确定】按钮，完成文字注释的标注，如图6-79所示。

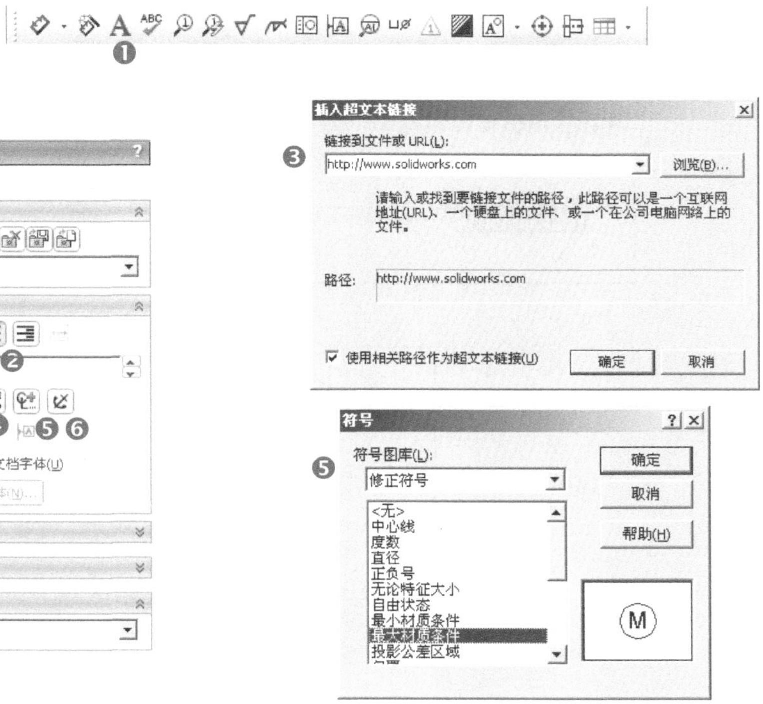

图 6-79 标注文字注释

6.8.4 中心线和中心符号线

对于工程图中的孔和对称中心，往往要绘制中心线符号。为了提高工作效率，SolidWorks 软件提供了一个专门用于标注孔中心线的功能。

打开范例文件“6-24\jkb.SLDDRW”，如图 6-80 所示。

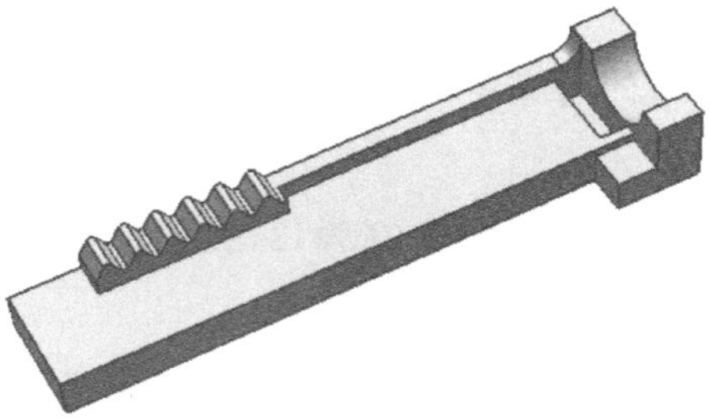

图 6-80 范例文件 jkb

操作指引

❶ 单击【注释】工具栏中的【中心线】按钮。

❷ 在图形工作区依次单击零件的两条边。单击【确定】按钮，完成中心线的绘制。

❸ 单击【注释】工具栏中的【中心符号线】按钮。

❹ 在图形工作区单击零件的圆弧边。单击【确定】按钮，完成中心符号线的绘制，如图 6-81 所示。

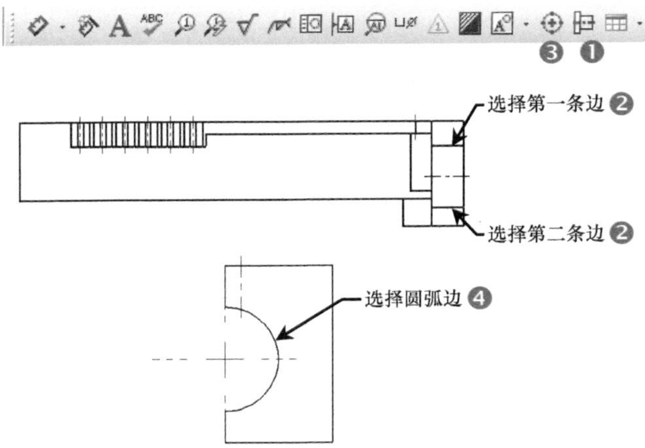

图 6-81 绘制中心线和中心符号线

参 考 文 献

［1］ 詹迪维. SolidWorks 快速入门教程（2010 中文版）［M］. 2 版. 北京：机械工业出版社，2010.

［2］ 杨瑛. SolidWorks 基础教程［M］. 北京：机械工业出版社，2015.

［3］ 陈旭. 中文版 SolidWorks 2013 技术大全［M］. 北京：人民邮电出版社，2014.